●林崇德◎著

LIN CHONG DE

ADOLESCENT PSYCHOLOGY

青少年心理学

北京师范大学出版集团
BEIJING NORMAL UNIVERSITY PUBLISHING GROUP
北京师范大学出版社

图书在版编目 (CIP) 数据

青少年心理学 / 林崇德著 .—北京：北京师范大学出版社，2019.8（2024.1 重印）

ISBN 978-7-303-24718-9

Ⅰ. ①青… Ⅱ. ①林… Ⅲ. ①青少年心理学 Ⅳ. ① B844.2

中国版本图书馆 CIP 数据核字（2019）第 090789 号

教材意见反馈　gaozhifk@bnupg.com 010-58805079

QINGSHAONIAN XINLIXUE

出版发行：北京师范大学出版社 www.bnup.com
　　　　　北京市西城区新街口外大街 12-3 号
　　　　　邮政编码：100088

印　　刷：北京天泽润科贸有限公司
经　　销：全国新华书店
开　　本：787mm × 1092mm 1/16
印　　张：25.5
字　　数：501 千字
版　　次：2019 年 8 月第 1 版
印　　次：2024 年 1 月第 3 次印刷
定　　价：68.00 元

策划编辑：周雪梅　　　　责任编辑：李云虎　葛子森　朱冉冉
美术编辑：焦　丽　李向昕　　装帧设计：焦　丽　李向昕
责任校对：赵媛媛　　　　责任印制：马　洁

前言

这本《青少年心理学》是1983年初版、2013年再版的《中学生心理学》的改版。尽管不少读者会有似曾相识的感觉，但从《中学生心理学》到《青少年心理学》，不仅仅是一个名称的问题，还涉及三个学术的问题。

第一，从十一二岁至十七八岁的少年期加青年初期，统称为青少年期，尽管在普遍的认知中，这个年龄阶段的学生绝大部分都在上中学，且在《中学生心理学》面世之初，我在书中也写道“中学生心理学又可叫青少年心理学”，但这个年龄段正好经历了学生从小学到初中、从高中到大学的两个重要转折点，从心理学研究体系，尤其从发展心理学体系来看，这个年龄分段称为青少年心理学的占多数，以前的书名颇有应用的意思。

第二，北京师范大学出版社要出版“林崇德文集”（以下简称“文集”），即把我过往的学术著作进行统合。既然是“文集”，那么在各本著作的体例上也应该求得一致性。例如，“文集”中《发展心理学》一书提及的青少年阶段在科学体系上还是称青少年心理学更为合适。所以这次更名，也给“文集”一个统一概念的尝试。

第三，《中学生心理学》是我早期的学术作品，此次更名为《青少年心理学》，也反映出我对青少年心理学认识的更新和发展。1983年初版中，阐述中学生心理发展的依据主要是来自我在中学工作的经验和20世纪80年代初初步的调查和实验的数据。2013年再版中，相关的依据则来自20世纪末之前国内外发展心理学的研究。这次改版，我们在更新时，坚持了四点：一是尽量按最新的科学数据来表达，如青少年在总人口中的比例从原先的20%下降到2012年全国人口普查的13.11%；二是在阐述遗传与环境对人的心理发展的影响中，展示了国际上关于“基因与环境”的最新研究成果；三是增加了国内外研究的新资料，如青少年新入学适应、学习成绩的表现、青春期社会方言、两类违法行为、青少年问题行为的隐义等方面的最新研究；四是更新了青少年发展主轴的两大方面，即思维（或认知）与社会性（或品格）发展的研究材料。

我年近80岁，在此次改版修订的过程中，再次深感岁月不饶人。在这里我首先要感谢我的弟子雷雳教授承担起这次主要的修改任务，他用了整整一年的时间，对全书做了系统的修改，当他给我送来新书稿时，也给我呈现了22页修改记录，从结构调整、内容更新到文字变动，都下了苦功夫，特别是第十九章“青少年的上网心理”，作为著名的网络心理学家，他几乎是帮我重写了这一章。可以说，没有雷雳的帮助，就不可能有这一版的《青少年心理学》。

我还要感谢这本书的策划编辑，我的另一位弟子周雪梅，她为这本书的出版做了大量策划和编校工作。

最后，我也要感谢北京师范大学出版社，在知道我对这本书有改版的想法后，表示愿意在“文集”出版前，先为这次改版发行一个单行本，以征求广大读者的意见。

在此，我希望广大读者与我一起探讨如何提高本书的科学性与时效性，从而更加完善这本书的学术观点。

林崇德

2019 年元旦于北京师范大学心理发展研究院

目录

第一编　总论

第二编　智力发展

第三编　社会性发展

第四编　全面发展

第一编　总论

青少年心理学，又可叫作中学生心理学。它是儿童青少年心理学的重要组成部分，又是发展心理学的一个分支。

青少年心理学研究哪些内容？一般来说，它要体现发展心理学的研究内容。发展心理学主要是研究人类心理发展的原理（规律）和年龄阶段性，而这个年龄阶段性又涉及两个主要问题（一是智力或认知发展，二是社会性或人格发展），并结合四个方面（环境、生理、活动和语言）来研究。在本书的第一编中，我们分三章，即青少年心理学概述、青少年心理发展的基本规律、青春发育期的生理特点。这一编无非要对青少年心理学做一个“鸟瞰式”的分析，也为后边三编的内容（智力发展，社会性发展，全面发展）奠定基础。

第一章
青少年心理学概述

青少年一般年龄为十一二岁至十七八岁，在整个国民教育体系中，主要处于中学阶段。在发展心理学里，零岁至十八岁为儿童青少年（childhood and adolescence）。其中零岁至三岁为婴儿期；三岁至六岁为幼儿期或学龄前期；六岁至十一二岁为童年期或学龄初期（小学阶段）；十一二岁至十四五岁为少年期或学龄中期（初中阶段）；十四五岁至十七八岁为青年初期或学龄晚期（高中阶段）。中学生正是少年期加青年初期，总的可称作青春发育期，又称青少年期。

青之春，青之春，无青不为春，无春不为青。青春是美丽的。处于青春发育期或青少年期的中学生，充满着活力、希望和理想，身心都在迅速地、茁壮地成长。这是生命的一个特定阶段，也是他们急剧地发展、变化和成熟的时期，需要青少年承担起更多社会责任的时期。

处于青春发育期的人口占总人口的比重很大。1981 年统计，国外为 20%，国内为 20.2%；根据国务院人口普查办公室、国家统计局人口和就业统计司公布的“第六次全国人口普查汇总数据”（2012-07-23），我国 10～14 岁人口为 74 908 462，15～19 岁人口为 99 889 114，合计超过 1.7 亿人，占总人口的 13.11%。这就是说，每七人之中，就有一个正处在青春发育期。如此巨大的数字不能不引起社会的重视。人们都在关注着这年青的一代，希望蓬勃的朝气让他们永远迸发出智慧的光芒，奔放的热情使他们永远积极向上，成为有用的人才。这是民族的寄托，是国家的希望和时代的要求。

教育和培养这年青的一代，要靠广大的中学教师，要靠广大的家长，还要靠整个社会的力量。然而，如何实施教育和进行培养呢？教育者要考虑青少年这一教育对象的特点，其中首要的是心理方面的特点。因此，了解一些青少年心理活动及其规律，对于更好地教育和培养青少年是十分必要的。

第一节　从心理的实质谈起

顾名思义，心理学是研究心理现象的，它是揭示人的心理活动规律的科学。

心理现象，对人们来说并不陌生。它的组成是多种多样的，相互之间的关系也非常复杂，总的说来，可以归类如下：

- 心理现象
  - 心理过程
    - 认识（或认知）过程：感觉、知觉、记忆、思维、想象、注意等
    - 情感（或情绪与情感）过程
    - 意志过程
  - 个性
    - 个性意识倾向性（动力系统）：需要及其各种表现形态等
    - 个性心理特征：智力、能力、气质、性格等
    - 自我意识（自我概念）：自我认识、自我评价、自我体验、自制力等

图 1-1 心理现象的组成

那我们怎样理解人的心理现象呢？

一、心理是脑的机能

心理学的研究必须以“走向大脑”为特点，也就是说，我们研究心理一定要以研究人脑为前提。人脑是心理活动的器官，大脑皮质是信息的存储器和行为的调节器。心理是脑的机能。没有脑，就没有心理活动；脑受了损伤，心理活动就要受到严重的破坏，即使有完好的耳目也可以变成全聋、全瞎、全哑或者丧失随意活动能力的人。心理疾病或精神病也来自脑的机能障碍，一旦脑的活动恢复正常，心理活动也会随之改善。可见，心理活动与脑是直接联系的。从辩证唯物主义哲学的观点上看，心理现象、意识等是物质（即物理的东西）的最高产物，是叫作人脑的这一复杂物质的机能。从脑科学的角度上说，人脑是非常复杂的物质组成，它是神经系统的中枢部位。所谓脑，包括小脑、延脑、桥脑、中脑、间脑和大脑两半球等部分，成年人大脑的平均重量约 1400 克。中枢神经系统的最高部位是大脑两半球，大脑表层有许多皱褶，如果摊开，大脑皮质的面积大概有 2000 平方厘米。大脑皮质上大约有 140 亿个神经细胞，人的心理活动绝不能离开大脑皮质上神经细胞的活动。这 140 亿个脑细胞，人类经常使用的只占 10%～20%，大多数脑细胞都处于休整和后备状态。如果一个人一生中每小时有 1000 个脑细胞发生“故障”，一年之间就有 876 万个细胞失去功能，人就算活到 100 岁，也只有 10 亿个脑细胞在工作，只占脑细胞总量的 1/14，还有 13/14 没有发挥作用。由此可见，作为脑的机能的人的心理发展，包括智能的发展潜力是很大的。

传统心理学重视反射活动，认为一切心理活动从产生方式来说都是反射。反射有如下三个环节。

开始环节——外界刺激和它在感官中引起的由传入神经（内导神经）向脑传导兴奋的过程。

中间环节——脑中枢发生的神经过程和这一过程的主要表现（心理活动）。

终末环节——神经过程由中枢传出神经（外导神经）传至效应器官，引起效应器官的活动，如动作、语言等。

反射活动分为无条件反射和条件反射，

前者是一种本能的活动，后者实际上是一种信号或信息系统。信号或信息活动是大脑两半球的最根本的活动。外部现实的信号或信息是多得不可计数的，根据它们本质的不同，可以分为两类：第一类是外界现实中具体的刺激物，如形状、颜色、气味、声音等，这是直接的、具体的信号或信息；第二类是人类的词、语言的信号或信息，这是具体信号的信号。两类信号或信息是密切联系的，前者是后者的基础，后者是前者的抽象化与概括化，它又是通过前者获得意义并起作用的。但是，词、语言的信号是社会的产物，社会生活对人的影响主要是通过词、语言起作用的。因此，词、语言信号不仅是信号的信号，具有概括作用，而且代表社会的要求，调节着具体的刺激物活动，调节着人的行为，使人在反映客观事物时具有目的方向性和自觉能动性。在两种信号系统协同活动的过程中，词、语言信号起着主导作用，它是人类行为的最高调节者。这两种信号或信息的协调活动，是组织人类心理活动特有的物质基础。

“走向大脑”，分析“脑的机能”，强调心理研究的自然面，主要是分析三个方面：一是脑定位（在脑的什么部位“唤醒”什么样的意识状态）；二是关键期（下一章要论述的“年龄特征”中生理特征及其发育关键期）；三是可塑性（环境与脑发育的关系）。这三个方面强调了心理的本体，既指出心理学有不同于神经科学的研究对象；又突出心理是脑的机能，心理活动中有相应的神经活动；还揭示了心理的内容及其发展趋势受社会现实环境所制约。我们在第三章“青春发育期的生理特点”中，会涉及“脑的机能”方面的材料。

二、心理的内容来自客观现实

我们说心理是脑的机能，并不是说，心理是人脑固有的。心理的内容来自客观现实。

(1) 心理现象的内容由客观现实决定。如果没有客观世界，就没有人对客观现实的认识、认知，也就没有人的心理。今天社会上常常谈论“认识”与“认知”的异同点，抛开争议，我们不妨把“认知”看成是“个体的认识”，正像“言语”是“个体语言”的道理一样。不论是认识还是认知，都是指对客体现实的感知、记忆、思维和想象等，因此，人的心理内容为什么是这样而不是那样的，应该到社会现实中去寻找答案；人的心理是社会心理与个体心理的统一。

(2) 任何包括认识、认知在内的心理现象都是在实践、活动中进行的。只有实践、活动，才构成主、客体的关系，才能反映主体活动领域内的现实。离开了实践、活动，就不会有心理，也就是说，心理在活动中形成。人的心理具有实践性，是活动和心理的统一。

(3) 心理过程是一种能动的过程。人的心理不是像照镜子般机械地反映对象，也不是消极、被动地照搬现实，而是一种能动的过程。由于人的心理活动是在人的社会实践中，在人的语言参与下进行的，它积极地认识（认知）客观事物，所以人的心理不仅是意识与无意识的统一，而且具有社会性和自觉能动性。

人不仅能够反映事物的表面现象和外部联系，而且能够揭示事物的本质和内在联系。心理、意识一旦形成，就能在人的活动中起调节、定向的作用。这就是说，人的心理是在实践、活动中产生的，同时，它又反作用于实践、活动。人将掌握事物的发展规律，并运用它来改造自然、变革社会。

三、心理与行为的辩证统一

与物理现象不同，心理现象不具形体，无法直接被观察到。因此在进行心理学研究时，人们会首先把注意力集中于人的外部行为活动上。为什么这么做呢？因为人对现实的心理是客观和主观的统一。按其内容说，心理是客观的，它是外界事物的反映，是由外界客观事物决定的，又是物质的脑的神经活动过程，并且通过人的各种实际的外部活动表现出来。同时，心理又是主观的，因为心理过程是由人或主体来进行的，总是要受其累积的全部个人知识经验和全部个性心理（或人格）的制约，并通过其个体的活动实现。由此可见，心理活动，来自客观现实，来自实践和活动，又通过其外部行为活动，主要是动作和语言表现出客观性；并呈现出主观性，但客观现实往往是影响主观性的重要因素。

(1) 人的行为活动很明显地要受个人心理活动的支配和调节。外部行为是个人心理活动的直接表现，认识、情感、意志等心理过程及个性或人格对行为又有很大的影响。

(2) 人是有意识的高等动物，人的心理非常复杂，人们可以有意识地掩蔽自己的某些心理活动，甚至做出一些与内心不符的外部假象，说出一些与心理事实不符的话语。因此，当我们根据直接观察到的行为去分析其某种心理活动时，必须非常谨慎。

(3) 人的心理的复杂性、外部行为的多变性，并不能使心理成为神秘莫测、不可捉摸、无法研究的东西。心理现象由客观事物引起，总会在行为活动上有所表现，是有规律可循的。即使直接表现受到掩蔽，它也会间接地在其他方面有所流露，因此通过较长时间的、全面系统的观察和仪器分析，我们仍然可以对一个人的心理有所了解。

由此可见，人的心理是客观性与主观性的统一。

第二节　青少年心理发展的概况

青少年心理学，是发展心理学的一个组成部分。

青少年心理学是研究青少年，即在校中学生心理发展的规律和特点的科学。具体地说，它研究青少年在教育影响下智能或认知能力的发展、对知识的掌握、情感与意志的变化、品德的形成与发展、社会性或人格特征的稳定与成熟，以及这个时期可能发生的心理障碍等心理特点。

青少年心理发展有哪些特点呢？我们从自己的研究材料出发，试加分析。

一、青少年心理发展的条件

乍看起来，中学阶段的青少年学生与小学儿童一样，都是在上学，学习是他们的主导活动。但是和小学时期相比，无论是在自身的生理发育和变化上，还是在学习活动的性质和内容上、集体生活的关系和要求上，都有着本质不同的新特点。

（一）生理的变化

中学生处于戏剧性变化的青春发育期，我们在第三章将专门探讨在青春发育期外形体态的急剧变化，生理机能，特别是脑、神经系统的发育及性的成熟。所有这一系列生理变化，不仅提高了中学生从事各种活动、学习和工作的能力，而且促使中学生的智能或认知能力、情感和意志以及整个个性或人格的发展变化。

心理是人脑对客观现实的反映。学习活动、集体关系和生理变化，为中学生心理发展提供了物质基础和生理基础，同时，生动而充实的中学生活，构成了他们深刻丰富的心理内容。尽管中学阶段青少年期的心理发展是人的生物性和社会力量交互作用的产物，但它是一种以社会性为主导的整合的变化。

（二）学习活动的变化

中学生的学习活动有别于小学生（我们会在第十章专门探讨中学生的学习活动）。概括地说，中学生的学习活动经历着以下三个方面的变化：

(1) 从学习内容上看，中学的学科与小学的学科相比，不仅门类多，而且每一门学科的内容趋向专门化，并接近科学的体系。随着中学生年级的增高，他们所面对的知识的常识性就越来越少，而反映客观事物的规律性与知识的严密性、逻辑性越来越强。

(2) 从学习方法上看，随着学科的多样化和深刻化，中学生的学习方法更具有自觉性、独立性和主动性。在学习时，他们不仅要主动地去制订计划，而且要逐步学会组织自己的智力活动。创造性的学习方法越来越被中学生接受，他们的自学能力也越来越强。

(3) 从学习结果上看，不管是初中毕业还是高中毕业，都要面临升学、职业甚至人生（生涯）规划的选择。因此，中学生的学习更具有严肃性、目的性和竞争性。

（三）集体关系的变化

中学生的人际关系或集体关系及其在集体中的地位，也与小学生有许多不同。

在学校和班级里，班主任不再像小学阶段那样对学生照顾得具体细致，不再实行“包班制”。上课的教师很多，班主任也不一定是主课教师。这样，学生干部的作用越来越明显，同时，也促进了中学生独立性、自觉性和积极性的发展。

中学阶段，随着学生年龄的变化和觉悟的提高，从八九年级起，逐渐地有学生加入共青团，九年级之后，每个班几乎都有团支部组织，随着组织教育的深入，他们进一步提高觉悟，发展理想和信念。

青少年在家庭中的地位也在变化着。随着青春发育期的体态与生理机能的变化，他们能做的事情越来越多。于是，成人往往逐渐地安排他们承担家庭的或社会的事务，尊重他们在这个阶段所表现出的独立性。他们自己也随着这些关系的变化，增强了自己的"成人感"，能积极主动地去完成"任务"，并日益了解家庭生活中的各种关系，意识到自己在家庭中的地位和职责。我们在第十八章中将专门论述青少年的人际关系。

二、青少年心理发展的特点

中学阶段的青少年期，是人的一生中最关键而又很有特色的时期，是人一生中的黄金时代的开端。青少年朝气蓬勃、风华正茂，在各方面都表现出积极向上的趋势，然而它又是动荡多变的阶段，国外心理学界给这个时期戴上了许多"桂冠"："动荡期""疾风怒涛期""第二断乳期"，甚至是对社会的"反抗期"等。我们把中学阶段的青少年期心理概括为过渡性、闭锁性、社会性和动荡性四个特点。

（一）过渡性

中学以前是真正的幼稚期，儿童要更多地依靠成人的照顾、保护，他们的独立性和自觉性都比较差。18 岁以后的青年期是个体发展中的成熟期，它标志着个体真正成为独立的社会成员。我国宪法规定：年满 18 周岁的男女青年就可以有选举权和被选举权，享受公民的权利和履行公民的义务，正式承担起建设祖国和保卫祖国的神圣职责。青少年期刚好是从儿童期（幼稚期）向青年期（成熟期）发展的一个过渡时期。

青少年心理发展的过渡性，反映出中学初期（少年期）和中学后期（青年初期）过渡状态的两种不同特点。前一时期，即少年期，是一个半幼稚、半成熟的时期，是独立性和依赖性、自觉性和被动性错综复杂、充满矛盾的时期；后一时期，即青年初期，则是一个逐渐趋于成熟的时期，是独立地走向社会生活的准备时期。前一时期，还保留着一定的幼稚性；后一时期，却包含着成熟后的独立性和自觉性。即使如此，青少年也只是刚刚进入成熟时期，他们的认识能力、水平还不高，他们的个性倾向还不稳定，还需要教师、家长和社会上的成年人对其关怀和指导，以便加强他们的自我修养，真正走向成熟。

（二）闭锁性

青少年的心理显示出闭锁性，即他们的内心世界逐渐复杂，开始不大轻易地将内心活动表露出来。

青少年的认识能力在迅速发展，抽象逻辑思维不仅占着主要优势，而且这种思维逐渐从经验型向理论型发展。于是智力活动的内化程度、抽象的水平越来越高，这是闭锁性的认识能力方面的基础。

青少年处于青春发育期，生理上的一系列变化必然要引起情感上的变化。青少年一般是不会因为生理变化而流露出来情感变化的，即使为此引起情感上的波动，由于这个时期青少年意志力的发展，往往也能被控制而不表现出来。这是闭锁性的情感与意志方面的基础。

由于闭锁性的特点，青少年心里的话有时不愿对长辈说，年龄越大，这个特点就越明显。有研究发现，八九年级以后的青少年，总爱给自己放东西的抽屉加锁，似乎有什么秘密不愿让别人知道，其实里边往往并没有什么要紧的东西。因此，要了解和研究这个阶段的学生，尤其是高中生的心理，如果只根据他们的一时一事或某个举动就做出判断或研究结论，是很容易发生错误的。但是，研究也表明，比起成年人，青少年毕竟经历有限，大多表现出纯真、直率，甚至是锋芒毕露，青少年容易对同年龄、同性别的人，特别是“知己”暴露自己的心理、思想，这是了解青少年心理活动的一个重要渠道。

（三）社会性

我们应该关注社会与文化对青少年发展的影响，关注教育过程与人社会化过程的关系。所谓社会化，是指个体掌握知识和积极再现社会经验、社会联系和社会必需的品质、价值、信念以及社会所赞许的行为方式的过程。社会化过程的基础是接受教育。基础教育尤其中学教育是使个体完成青少年（中学生）阶段社会化的过程，而终生教育是使个体，特别是成年人继续社会化和再社会化的过程。

与小学儿童的心理特点相比，青少年的心理有更强的社会性、政治性，更接近完成第一个社会化的过程。小学儿童的心理发展更多地依赖生理的成熟和家庭、学校环境的影响，而青少年的心理发展及其特点，在很大程度上则更多地取决于社会和政治环境的影响。特别是九年级之后的学生，对未来生活道路的选择，成为他们意识中的重要问题。他们在考虑未来的志愿及抉择时，具有很强的现实性和严肃性。对未来生活道路的选择，无论在青少年的学习上还是个性发展上，都具有极其重要的意义。

研究表明，青少年期是理想、动机和兴趣发展的重要阶段，是世界观从萌芽到形成的重要阶段，是品德发展的重要阶段。理想、动机、兴趣、价值观和世界观等个性意识倾向性，是青少年心理发展中的社会性的重要方面，是青少年活动的重要动力系统。良好的品德或不良品德都在中学阶段形成并初步成熟。因此，青少年心理学要在一定程度上很好地探讨青少年心理的社会性和社会化的过程，揭示其发展规律，以利于更好地培养年青的一代。

（四）动荡性

有不少人问我，从小学到博士生教育，哪个阶段学生最难教？我会毫不犹豫地回答：“中学阶段，特别是初中生！”他们追问为什么，我风趣且形象地回答，是因为“他们软硬不吃，刀枪不入”，意指这一阶段具有动荡性的特点。

青少年的思想比较敏感，有时比儿童和成年人更容易产生改变现实的愿望。正因为如此，中学生，尤其是高中生往往在一些活动中“打头阵”，起着“先锋和桥梁”的作用。与此同时，青少年也容易走另一个“极端”——品德不良。中学阶段，青少年的违法犯罪率（特别是初犯率）相当高。诸如车祸、溺水、斗殴等意外伤亡率最高的年龄阶段也是在中学阶段，国内如此，国际资料①也是这样记载。心理障碍的发生率，从中学阶段起逐年增高，青春期是精神病发病的起始年龄段。因此，青少年在这一阶段的发展中既有积极正向的方面，也有消极负面的因素。

为什么会出现这些现象呢？青少年期，是一个过渡时期。青少年希望受人重视，被看成“大人”，被当成社会的一员，他们思想单纯，敢想敢说、敢作敢为。但在他们的心目中，什么是正确的幸福观、友谊观、英雄观、自由观和人生观，还并不清晰。他们的自尊心和自信心在增强，对于别人的评价十分敏感，好斗好胜，但思维往往片面，容易偏激，容易摇摆。他们很热情，也重感情，但有极大的波动性，激情常常占有相当的地位。他们的意志特征也在发展，但在克服困难中毅力还不够，往往把坚定与执拗，勇敢与蛮干、冒险混同起来。他们的精力充沛，能力也在发展，但性格未最后定型，尚未找到正确的活动途径。总之，这个年龄阶段的心理面貌不稳定，可塑性强，这是心理成熟前动荡不稳的时期，是令人喜忧参半的阶段。因此，对青少年的教育和培养工作在整个国民教育中极为关键。

第三节　青少年心理学的任务

《国家中长期教育改革和发展规划纲要(2010—2020年)》（以下简称《纲要》）指出：“把育人为本作为教育工作的根本要求。人力资源是我国经济社会发展的第一资源，教育是开发人力资源的重要途径。”“把促进学生健康成长作为学校一切工作的出发点和落脚点。关心每个学生，促进每个学生主动地、生动活泼地发展，尊重教育规律和学生身心发展规律，为每个学生提供适合的教育。努力培养造就数以亿计的高素质劳动者、数以千万计的专门人才和一大批拔尖创新人才。”

《纲要》的这些要求，正是研究青少年心理学的任务。研究青少年心理学，为的是探索和尊重青少年身心发展的规律，以便更好尊重教育规律，为每个青少年提供适合的教育，促进他们成长，培养他们成才。

① ［美］贝克：《婴儿、儿童和青少年》，桑标，等译，692页，上海，上海人民出版社，2008。

一、了解青少年身心发展的特点是中学教育的出发点

我们要研究青少年身心发展的特点或青少年身心发展的年龄特征。我的恩师朱智贤教授早在20世纪60年代初就在《儿童心理学》一书中指出，儿童（含青少年）心理学要以自己的科学规律为我国新一代的教育事业服务。朱老指出："一个教育工作者，要很好地完成党和政府所交给自己的光荣任务，首先要掌握党的教育方针政策，这是教育工作的灵魂。与此同时，也必须理解儿童和青少年发展的规律和特点，根据这些规律和特点来进行教育工作，才能使教育工作更好地进行，才能更好地实现党的教育方针政策。"很显然，青少年身心发展的特点或特征在中学教育工作中具有重要意义。

中学教育工作必须按照《纲要》提出的"战略主题"：坚持德育为先，坚持能力为重，坚持全面发展。

在中学德育中，把社会主义核心价值体系融入教育的全过程，这是德育本身的要求。然而，怎样对初中和高中不同年级或年龄阶段的学生采用不同的教育方法来促使其形成正确的世界观、人生观、价值观；怎样通过对青少年的道德样例的分析和说明来逐步引导其获得抽象的理解和信念；怎样使对青少年的外部道德要求转变为其自己的道德习惯，以及怎样逐步使青少年形成良好的个性品质，等等，所有这些问题，都跟学生的身心发展规律有关，都在一定程度上有赖于青少年心理学的知识。我们将在第十七章中专门讨论这个问题。

在中学教学中，完善知识结构、丰富社会实践、强化能力培养，不仅是中学教学的要求，而且涉及青少年心理学的问题。能力与智力的核心是思维，青少年的思维发展存在年龄特征，在中学教学中，怎样对不同年级的青少年进行学思结合的训练，激发其好奇心，培养其兴趣爱好，为其营造独立思考、自由探索的良好环境；怎样对不同年级的中学生推进知行统一的训练，为其开发实践课程和互动课程，增强其科学实验、生产实习和技能实训的成效；怎样对不同的青少年因材施教，既以身心发展的年龄特征作为教育的出发点，又关注学生的不同特点和个性差异，发展每一个学生的优势潜能；怎样基于中学生的创新或创造性的特点，使他们接受创新或创造性教育，等等。所有这些问题，又都跟学生的身心发展规律有关，都在一定程度上有赖于青少年心理学的知识。本书的第二编主要讨论这些任务。

在中学教育中，教师要坚持全面发展的观点，促进学生在德、智、体、美诸方面都获得发展是执行党的教育方针以达到教育目标的大问题。然而，怎样针对不同年级的中学生坚持文化知识学习和思想品德修养的统一，理论学习与社会实践的统一，全面发展与个性发展的统一；怎样在不同年级的中学生中提出体育锻炼乃至"达标"的要求，怎样对不同年级的中学生进行有效的心理健康教育；怎样针对兴趣爱好不同、人生规划各异的中学生进行审

美教育和人文素养的培养等，所有这些问题，我们将在有关章节里加以阐述。而这些问题，也跟中学生的身心发展规律有关，都在一定程度上有赖于青少年心理学的知识。

二、探讨青少年心理的原理有助于发展心理学的研究

在发展心理学史上，普莱尔（W. T. Preyer，1841—1897）的《儿童心理》于1882年的问世标志着科学儿童心理学的诞生；霍尔（G. S. Hall，1844—1924）于1904年将儿童心理学研究扩展到青春期；精神分析学派于20世纪二三十年代最先研究了个体一生全程的发展；1957年美国《心理学年鉴》用“发展心理学”这一概念替代了“儿童心理学”。

发展心理学尽管研究人的毕生发展，但仍主要研究儿童青少年心理学（从出生到成熟），其中青少年心理学或中学生心理学是发展心理学的重要组成部分。

如前所述，发展心理学包括两个主要部分：心理发展的基本规律（或原理）和各年龄阶段心理特征发展的具体规律。由于心理发展的年龄特征涉及认知过程发展与社会性发展两个主要问题，研究者要结合社会条件或教育条件、生理因素、活动或动作、语言发展四个方面来研究。青少年心理学在发展心理学中之所以重要，是由青少年心理或中学生心理的特殊性决定的，这个特殊性主要表现在以下三个方面。

（1）前面我们已简述了青少年心理的“动荡性”，这是青春期身心发展的必然趋势，该阶段被人们视为“多事之秋”。为此，美国的发展心理学家麦克沃特（J. J. McWhirter）等人专门写了一本书《危机中的青少年》[1]，英国《每日电讯报》于2010年3月24日做了题为《14岁是最危险的年龄》的报道。心理学家对86名在电脑上玩赌博游戏的年龄在9～35岁的男性的研究表明，13～19岁的青少年最爱享受冒险的刺激——其中14岁的少年最甚。也就是说，13～19岁的青少年比其他年龄的人更容易沉溺于危险的行为或有较大风险的行为，他们尤其享受“侥幸逃脱”的激动心情。因此，“动荡”或“危机”成为发展心理学研究中的一个重点。

（2）青少年社会化发生在中学阶段。如前所述，毕生发展中有两个社会化，一个是青少年社会化，另一个是毕生社会化。青少年社会化的优势主要表现在以下六个方面。

一是追求独立自主，由于成人感的产生而谋求获得独立，即从他们的父母及其他成人那里获得独立。

二是形成自我意识，确定自我，回答“我是谁”这个问题，形成良好的自我意识。

三是适应性成熟。所谓适应性成熟，即适应那些由于性成熟所带来的身心的、特别是社会化的一系列变化。

四是认同性别角色。青少年获得真正

① ［美］杰弗里斯·麦克沃特等：《危机中的青少年》，寇彧，等译，北京，人民邮电出版社，2009。

的性别角色，即根据社会文化对男性、女性的期望而形成相应的动机、态度、价值观和行为，并发展为性格方面的男女特征，即所谓男子气（或男性气质）和女子气（或女性气质），这对幼儿期的性别认同来说是个质的变化。

五是社会化的成熟。青少年学习成人，适应成人社会，形成社会适应能力。逐步形成价值观、道德发展的成熟是适应成人社会的社会化的成熟的重要标志。

六是定型性格的形成。发展心理学家常把性格形成的复杂过程划分为三个阶段：第一个阶段是学龄前儿童所特有的、性格受情境制约的发展阶段；第二个阶段是小学儿童和初中少年所特有的、稳定的内外行动形成的阶段；第三个阶段是内心制约行为的阶段，在这个阶段，态度和行为方式已经定型，因而性格的改变就较为困难了。社会化在发展心理学研究中是个重要的领域，青少年心理学对青少年社会化的探讨有助于发展心理学的研究。

(3) 青少年心理的过渡性，其心理从幼稚走向成熟，既是对童年期的总结，又为发展心理学对成熟的成年期研究提供了重要的基石。我之所以欣赏美国发展心理学家霍尔的《青少年心理学》一书，是因为该书指出青少年阶段具有承上启下的作用，从中可以看出青少年心理学在发展心理学研究中的地位。

三、对青少年创新精神的研究有利于探索创造性人才的成长规律

本书第十一章是“青少年的创新心理”，这是基于对青少年的创造性所开展的研究。

青少年心理学要研究青少年的创新精神，首先是因为中学阶段需要积极贯彻以创新精神为核心的素质教育，这是创新精神发展的关键期。

其次是因为创新人才的成长由自由探索期、集中训练期、才华展露与领域定向期、创造期以及创造后期五个阶段构成。中小学时期甚至幼儿时期都属于自由探索期，在这个阶段里（尤其是在中学时期），早期促进经验，即父母和中小学教师的作用、成长环境氛围、青少年时期的广泛兴趣和爱好、具有挑战性经历和多样性经验，这些（特别是对青少年）都十分重要。因为这些早期促进经验不仅为创造性人才提供思维的源泉，而且为他们奠定人生价值观的基础或创造性人格的基础，即“做一个有用的人”。在中学时期，青少年表面上似乎在探索外部世界，其实是在探索自己的内心世界、寻求自我的发展。青少年阶段的探索不一定与日后从事学术或科技事业、创造性工作有直接联系，但为后来的创造提供重要的心理准备，是个体创新素质形成的决定性阶段。没有中学阶段的学习与发展——基础教育创新素质的奠基，任何创造性人才成长都是一句空话。

最后是因为青少年期的创造性特点值得研究。青少年在学习中不断发展着创造性。青少年创造性的特点表现在：在解决各类问题时追求新颖、独特且有意义的倾向；提问思考、作品创作、解题和作文都具有创造性，但灵感仅仅处于萌芽状态；

独创性在迅速地发展，但还不成熟，它的成熟，比其他智力品质要晚。以新昌中学为例，新昌中学是浙江省重点中学，1995年10月被确定为省级特色高中，是该省首批示范性高中之一。截至2018年3月，该中学的学生共提出发明构想提案12万多个，学生发明的作品获省级以上奖328项次，获国家级金奖27项次，获奖总体成绩在全国名列前茅，有82项国家发明专利。对新昌中学的调查结果有助于中小学创造性教育的实施。

只有了解青少年创新精神的特点、创造性影响因素的特点和创造性表现的特点，才能有的放矢地实施对青少年创新精神或创新能力的培养。我所领衔的教育部哲学社会科学重大攻关项目“创新人才与教育创新”课题组曾为青少年创新能力的培养提出七种途径：一是改善校园文化的精神状态；二是把培养青少年的创新能力渗透到各科教育中；三是教师在课堂教学中掌握和运用一些创造性教学方法（如发现教学法、问题教学法、讨论与反思教学法、开放式教学法等），以激发青少年创新的动机，开发青少年的创新能力；四是构建新型的校园人际关系；五是创新学校组织管理制度；六是教给青少年创新能力训练的特殊技巧；七是在科技活动中培养青少年的科学技术创新能力。这七种途径正是来自我们对青少年心理学研究任务的理解和运用。

四、青少年的动荡性决定其心理健康教育的特色

本书在1983年初版时率先提出了心理卫生、心理治疗和心理健康教育的含义。这是被中国心理学界和教育界公认的。自20世纪80年代中期以来，我国不少省、自治区和直辖市在大中小学中开展了心理健康教育，比起发达国家，我国的心理健康教育起步迟、基础差，但发展迅速，规模又大，因此问题也频繁地暴露出来。2001年秋季，针对当时我国心理健康教育的状况，我在“心理健康教育路一定要走正”的谈话（《中国教育报》，2001年11月26日）中认为，心理健康教育问题的症结在于缺乏及时的理论探讨。从青少年心理学研究任务出发，研究者认为有以下几个问题值得探讨。

（一）心理健康教育的目的

1999年，《中共中央国务院关于深化教育改革，全面推进素质教育的决定》在谈到“心理健康教育”时，明确地指出了心理健康教育的目的：“加强学生的心理健康教育，培养学生坚韧不拔的意志、艰苦奋斗的精神，增强青少年适应社会生活的能力。”很显然，心理健康教育主要应该从正面来论述，它的目的在于提高学生的心理素质。从中也可以看出，心理健康教育是学校教育本身的内容之一，也是推行素质教育的必然要求。

我们要看到广大学生的两个主流：一是学生心理健康是主流；二是有些学生由

于人际关系、学业、生活环境的压力产生暂时的心理不适，要求咨询和辅导，说明学生自己主观上要求心理健康，这也是主流。因此，学校心理健康教育必须是教育模式，而不能是医学或医疗模式。

（二）青少年心理问题的表现及其产生原因

目前，青少年中出现越来越多的心理健康问题，迫切需要开展和加强心理健康教育。调查表明，他们中普遍存在心理问题或行为问题，其中既有“问题”儿童青少年，也有“学校处境不利”儿童青少年。前者，通常指品格上存在问题且经常表现出来的青少年，一是指品德发展上的缺点；二是指性格发展上有不良倾向。这类学生在学校较多地表现出纪律松弛、情绪消沉、焦虑紧张，甚至闹学、混学、逃学和辍学等。后者通常指智能潜能正常，但在学校处于低下地位，实际上被剥夺了学习权利和学习可能的学生，也包括本身能力发展迟滞、学习成绩落后、行为不良等不能适应学校学习的学生和从较低水平学校转到较高水平学校时不能很快适应新环境的学生。

我们将心理健康方面存在的问题归纳为三个方面：一是学习造成的压力；二是人际关系的紧张；三是在自我方面出现问题。北京市青少年心理咨询服务中心原主任王建宗曾统计了5年中所接收的6万多人次的热线咨询内容，对各类问题做了分析。其中，人际关系方面的问题占42%，学习方面的问题占27%，两项占了近70%，“自我”的问题占20%，其他方面的问题占10%；咨询者来自重点学校的占45%以上，可是重点学校在全部学校中的比例仅为5%。可见，重点学校的学生在心理健康方面的问题要远远超过普通学校的学生。

学生的心理健康问题或行为问题并非近期才有，只不过现在更为严重、更为突出，具体原因有以下两点。

其一，外部社会原因。主要表现在以下方面。

(1) 社会上滋长的唯经济主义的影响，一部分学生表现为“一切向钱看”的消极现象，不仅妨碍学生树立正确的人生观和价值观，而且助长他们产生拜金主义、享乐主义和极端个人主义的心理。

(2) 在当前教育体制未能全面贯彻党的方针的情况下，学校容易产生重智轻德、分数至上的消极现象，这往往使学生产生焦虑情绪、挫折感和人格障碍，甚至萌发轻生的念头。

(3) 有些家庭教育不当也会产生各种各样的消极现象。例如，离异家庭子女失去正常的家庭教育环境，易情绪低落，不能适应现实生活，致使学习成绩下降、人际关系紧张，甚至品德滑坡、人格异常。有些独生子女家庭过于娇惯、纵容、溺爱，导致孩子任性、懒惰、独立性差、依赖性强、不够合群。

(4) 大众传媒中不健康的内容也是造成学生心理和行为问题的重要原因。一些文艺作品、影视广播和网络等充满“拳头”

加“枕头”的内容，对青少年起着教唆作用，使他们心理变态，误入歧途。所有这一切，都是产生“问题”青少年、“学校处境不利”青少年的根源。

其二，学生自身原因。这就是前述的青少年心理动荡性的特点。学生心理或行为问题较多的青少年期，正是心理学家所说的“动荡期”甚至“危机期”。青少年期是人生发展的十字路口，这是一个幼稚与成熟、冲动与控制、独立性与依赖性交错的时期，是两极分化严重的阶段。

（三）青少年心理健康教育的任务和心理健康的标准

从社会和谐与心理和谐的角度上说，心理健康教育的任务是促进受教育者或学生心理和谐。具体地说，是处理和协调好六种关系，这六种关系集中体现了心理健康教育所期待学生具有的心理素质的最终要求。

(1) 处理和协调好人与自我的关系，提高自我修养。信心是人与自我关系的首要因素。教育者应培养学生的自信心，使他们养成自信、自尊、自立、自强的品质。

(2) 处理和协调好人与人的关系，提高群体意识，确立关爱他人的理念，应该把“孝道”和团队合作精神放在人际关系的首位。

(3) 处理和协调好人与社会的关系，注重青少年社会化。其中，爱国主义是人与社会关系的核心，应重视在学生社会化的过程中，促进其爱国主义的形成和发展。

(4) 处理和协调好人与自然的关系，注重“天人合一”的教育。应该要求学生树立良好的环境观，培养其爱护生命、爱护环境、爱护自然的品质。

(5) 处理和协调好硬件与软件的关系，坚持以人为本的原则，应该培养学生“人是第一要素”的思想，落实中央提出的心理健康教育的目标。

(6) 处理和协调好中国与外国的关系。这个问题似乎涉及范围太大，但我们应该培养学生强烈的中华民族的自豪感，使他们逐步形成振兴中华的责任感以及辨别是非、理智爱国的品质。

当然，这是心理健康教育总的任务，我们还强调以学生年龄特征作为心理健康教育的出发点。心理健康包括两个方面的含义：一是没有心理障碍；二是具有一种积极向上发展的心理状态。针对以上提到的学习、人际关系和自我的三个主要问题，我们从问题的正面出发，大体可把它们概括为：敬业、乐群和自我修养。

此外，中学心理健康教育还有原则、途径和方法问题，以及心理健康教育的教师队伍建设问题，如何探讨以上所有问题，获得什么样的结论等，这些都应看作青少年心理学的研究任务之一。为此，我们专设一章，即第二十章“青春期心理健康与心理卫生”。

第二章 青少年心理发展的基本规律

一般的发展心理学著作，包括《儿童心理学手册》① 这样的巨著，都要论述心理发展的理论。我主编和撰写的《发展心理学》②③④ 在第二章都阐述了心理发展的理论问题。我主要介绍了五种心理发展观：精神分析学派的心理发展观（从弗洛伊德到埃里克森）；行为主义学派的心理发展观（巴甫洛夫、华生、斯金纳和班杜拉）；维果茨基的心理发展观；皮亚杰的心理发展观；朱智贤的心理发展观。

为什么要论述心理发展理论？所谓心理发展理论，实质是阐明心理发展的规律。物质世界的运动不是杂乱无章的，而是有其规律的，没有规律的运动是不存在的。物质世界如此，心理或意识世界也是这样。于是我们在探讨青少年心理发展时，也要探索并揭示其规律。这就是强调青少年心理发展理论的原因。

什么是规律？规律就是事物内部固有的本质的和必然的联系。规律具有什么样的特点呢？一是客观性，它是不以人的主观意志为转移的，是客观存在的；二是重复性，它是相对稳定的，只要具备一定的条件，就会以一种必然的趋势重复出现，具有一定的周期性；三是普遍性，它所反映的是同类事物的共性，规律在同类事物的范围内毫无例外地起作用。我国古诗“离离原上草，一岁一枯荣。野火烧不尽，春风吹又生”是说明芳草枯荣的客观性、重复性和普遍性的典型规律现象。规律是能被人们认识的。对客观规律的认识和掌握，使人们能够按照规律去认识和改造世界，以避免主观主义和盲目性，少犯错误，促进事物的发展。

根据国务院人口普查办公室、国家统计局人口和就业统计司公布的“第六次全国人口普查汇总数据”（2012-07-23），我国 10～14 岁人口为 74 908 462，15～19 岁人口为 99 889 114，合计超过 1.7 亿人，占总人口的 13.11%。在教育和培养他们成长的过程中，也要按照规律办事。这个规律包括社会发展规律和他们心理发展的

① ［美］戴蒙，勒纳：《儿童心理学手册（第 6 版）：第 1 卷，人类发展的理论模型》，林崇德、李其维、董奇，译，上海，华东师范大学出版社，2009。

② 林崇德：《发展心理学》，北京，人民教育出版社，1991、2010。

③ 林崇德：《发展心理学》，台北，东华书局股份有限公司，1998。

④ 林崇德：《发展心理学》，杭州，浙江教育出版社，2000。

规律。认识和揭示青少年心理发展规律，是做好教育工作的前提。

青少年心理发展的规律，早已成为遗传学家、社会学家、哲学家、教育家和心理学家们探讨的课题。我国心理学界一直在探讨和寻找青少年心理发展的规律。明确而系统地提出这个理论的是我的恩师朱智贤教授。

1962年，朱智贤教授（以下简称“朱老”）的《儿童心理学》出版，这是我国第一部以辩证唯物主义观点为指导的儿童（包括从出生到成熟期）心理学[①]教科书。在这部著作里，朱老明确地指出，儿童心理学的研究对象是儿童心理发展的规律和儿童（包括青少年）各年龄阶段的心理特征两个方面。他用唯物辩证法观点阐述了儿童青少年心理发展的基本规律，这一基本规律涉及以下几个根本问题。

(1) 遗传、环境和教育在心理发展上的作用问题（先天与后天的关系）。

(2) 心理发展的动力问题（内因与外因的关系）。

(3) 教育和发展的辩证关系问题（量变与质变的关系）。

(4) 心理发展的阶段性问题（年龄特征与个体差异的关系）。

遗憾的是，由于“文化大革命”，心理学被禁锢了12年，“心理发展的规律”也被打入地狱，无人敢问。

1977年，研究心理学的权利得到恢复后，我国不少心理学工作者开始重新探索心理发展规律的问题。在1978年的一次心理学学术年会上，朱老做了《关于儿童心理学研究中的若干基本问题》的报告，不仅重新提出了儿童青少年心理发展的四个基本规律问题，而且引用了国内外的一些新的科学研究成果，进一步丰富了这个科学的理论。

尽管儿童青少年心理的发展规律是一个探索中的问题，但揭示这些基本规律，对于了解儿童青少年的心理、造就和培养人才，不论是在理论上还是在实践方面，都有重大的意义。

第一节　遗传、环境和教育的作用

人的心理发展是由先天遗传决定的，还是由后天环境、教育决定的，这在心理学界争论已久，教育界也有不同的看法。一种是强调遗传的作用。例如，美国心理学家桑代克（E. L. Thorndike，1874—1949）说：“人的智慧80%决定于基因，17%决定于训练，3%决定于偶然因素。”霍尔（G. S. Hall，1844—1924）也说“一两的遗传胜过一吨的教育”。中国古语“龙生龙，凤生凤，老鼠的儿子钻地洞”，也是

① 国际心理学界与学术界的儿童心理学，一般都把“儿童”泛指从出生至成熟。

把生物的遗传规律运用到人的心理上，认为父母不聪明，子女也一定笨。另一种是强调环境和教育的机械决定作用或把环境的作用绝对化，把教育看成是“万能”的。从美国行为主义心理学家华生（J. B. Watson，1878—1958）到斯金纳（B. F. Skinner，1904—1990），再到班杜拉（A. Bandura，1925— ）都坚持这个理论。华生认为人的心理行为是由“刺激—反应”构成的，给个体什么刺激他就有什么反应，看到什么反应，就可以知道他受到了什么刺激。斯金纳主要通过行为研究来预测和控制人类社会行为。班杜拉则提出社会学习理论，他虽然也重视认知因素，但主要偏重于对人的行为的研究，强调观察（模仿）他人行为及其结果而进行学习。上述看法，就是走极端的遗传决定论和环境决定论。

20世纪40年代之前，关于遗传和环境对心理发展的作用，曾导致国际心理学界展开了一场激烈的论战。由于这场论战在不分胜负的情况下不了了之，于是1945年第二次世界大战后大部分心理学者就按这样的结论来解析心理发展的问题，即心理受遗传和环境“双因素”的作用：遗传限制心理发展的可能性，环境则在遗传所限制的范围内决定着心理可能发展的总和。平静状态大约保持了25年，然后这场争论又由于詹森（A. Jensen，1923—2012）在1969年发表关于种族的智力差异观察报告，强调遗传的决定作用而重新挑起，使已经保持了1/4世纪休战状态的遗传—环境的争论，再一次成为发展心理学家的主要课题。1998年，塞西（S. J. Ceci，1948— ）提出“生态学智力观”，强调心理、智力是天生智力（天赋）、环境（背景）、内部动机（主观努力）相互作用的函数，这一理论比较全面而科学地论述了先天与后天的关系。

朱老认为，遗传提供了心理发展的可能性，环境和教育则给予这种可能性以现实性。

一、遗传是儿童青少年心理发展的生物前提

人类的产生虽然复杂，但也是从单个细胞开始的。不过单个细胞有两个来源，一个是父源，另一个是母源，这与生物中的两性生殖是完全一样的。人体细胞都是由一个受精卵（合子）细胞开始，经过一次又一次分裂而来。每次分裂出的细胞的细胞核里，都出现了专一的、特异的具有一定数目、形态、结构的染色体。染色体是生物遗传的物质基础，它的主要成分是脱氧核糖核酸，简称DNA，即每个染色体带有许多组DNA分子，这些DNA分子组称为基因，基因带有遗传信息的密码。基因并非一直留在它们自己的染色体里，它有一种交错（基因交换）现象。

这种交错现象如何实现呢？一方面，在受精卵（合子）中无论染色体以哪一种结合而告终，总归是由双亲所提供的。它既然是以自己的密码的排列顺序为模板，就保证了每次细胞分裂的复制成双，这在本质上决定了遗传的保守性。在这个意义上，一个家族里所能产生的个别差异有一

定限制，有亲属关系的必定比没有亲属关系的个体要像得多。另一方面，在复制中有偏差和错误，造成遗传学上的所谓变异。现在或过去，人类绝对不会有两个人在遗传结构上一模一样。变异意味着个别差异。遗传与变异是矛盾的两个方面。遗传的保守性也就是上下两代的相像性，这种相像性是相对的；变异即不相像性，是相像性的对立面，是绝对的。在人类个体之间，不管亲缘关系多么近，如父子、母女、兄弟、姐妹，只是大致相像，但总有一些不相像的地方。这表明了变异的普遍性和绝对性。

遗传在儿童青少年心理发展中起着生物前提或物质前提的作用。这个作用主要表现在两个方面：一是通过素质影响儿童青少年的智力；二是通过气质影响儿童青少年的性格。

心理学中的“素质”（diathesis）与我国教育界所倡导素质教育的“素质”（quality）是有区别的，后者强调的是素养、品质和质量，而我们这里所说的素质，主要指生理（生物学）的素质，即人先天的某些解剖和生理特点，主要是感觉器官、运动器官和神经系统方面的特点。这些特点，是智力发展的生物物质前提。例如，音、体、美等表演性智力，从其物质前提或天赋来看是先天的生理素质。我们在对不同双生子的运算测验、学习成绩、语音发展和思维品质的研究中，看到在相同或相似的环境下，代表遗传素质一致的同卵双生子的相关系数显著地高于异卵双生子，这说明遗传素质对儿童青少年智力的影响或作用是明显的，这就要求教师和家长要善于发现学生素质的优点，有的放矢地加以引导和培养。但是，遗传对儿童青少年智力发展的影响，是存在年龄特征的。总的趋势是，遗传因素对智力的影响随着年龄增大而减弱。随着年龄的增长，尤其是到了中学的高年级，遗传因素的作用就不如环境及教育的影响那么明显和直接。

气质是人的高级神经系统（主要是大脑类型）在个性心理特征上的表现。我们在研究中看到，气质主要表现在情绪情感体验与动作发生的速度、强度、灵活性和隐显性上，它影响着性格的态度特征和相应的行为方式。气质本身是先天与后天的“合金”。从这个意义上说，气质类型是性格的机制或基础，反映了遗传因素在儿童青少年性格发展中的作用。然而，气质本身不等于遗传素质，气质在后天条件下得到改造，受到人的整个个性心理特征与个性意识倾向性的控制。气质尽管提供了性格的自然前提，但它本身不等于性格表现。我们会看到，由于性格的复杂性，不少同卵双生子在各种性格成分或特征上表现出的差异较大，这证明了性格的复杂性。可见，遗传仅通过气质为性格发展提供了可能性，但不能决定性格在实质上的发展和变化。

总之，遗传在儿童青少年心理发展中起着一定的作用，但不是决定性的，因为大多数人的先天遗传条件都是差不多的。一个人将会成为怎样的人，并不是由遗传所决定的，而是环境起着决定性的作用，特别是他所受的教育。因此，我们既不能否定遗传的作用，也不能夸大遗传的作用。

二、环境和教育在儿童青少年心理发展中的决定性作用

儿童青少年心理的发展是由他们所处的环境（包括生活条件）和所受的教育决定的，特别是由其所从事的活动和实践决定的。也就是说，物质和文化环境以及良好的教育是心理发展的决定性因素。

心理学研究的材料证明了以上的论点。同卵双生子女，遗传因素相同，如果放在不同环境下抚养，接受不同的教育，却形成了截然不同的心理面貌；异卵双生子女，遗传因素不太相同，如果放在同一环境中抚养，接受相同的教育，可能获得类似的智力和性格。心理朝什么方向发展，水平的高低，速度的快慢，心理内容与范围，心理品质的好坏及对遗传因素的改造程度，都是由环境决定的。

在儿童青少年的成长环境中，最重要的是社会环境，这对他们的心理发展起着决定性的作用。正因为如此，我国的儿童青少年与其他国家的儿童青少年的心理特征是有一定区别的。我主持的教育部重大攻关课题“创新人才与教育创新研究”，跨文化比较了中国、日本、英国、德国青少年的创造性人格特点，获得了如下结论（见图 2-1）。

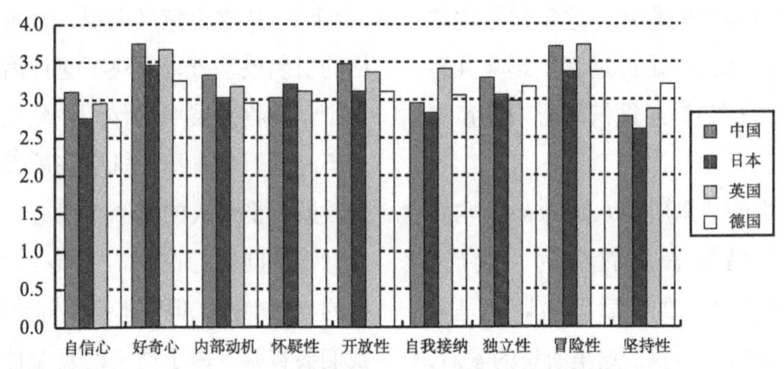

图 2-1　东西方青少年创造性人格的比较

尽管这些国家的儿童青少年的创造性人格乃至心理与我国的儿童青少年有共同之处，但是又有着本质的差异。因此，我们可以借鉴国外的心理学及其研究，却不能生搬硬套。同样地，由于我国社会变革和社会关系的不断调整，儿童青少年尽管在各个不同时期在心理发展上有着本质上的继承性，但 20 世纪 50 年代、60 年代、70 年代、80 年代和 90 年代与 21 世纪的儿童青少年的心理特点也存在一定的区别。此外，我们曾研究了独生子女的心理特点和离异家庭子女的心理特征。独生子女心理的“独”，离异家庭子女心理的“怪”，正是来自不同家庭环境和家庭教育的结果。因此，我们在选择对他们的教育内容和方式上，就应该有所不同。

社会生活条件在儿童青少年心理发展中的决定作用，常常是通过有目的、有计

划的教育来实现的。教育条件在儿童青少年心理发展中起着主导作用。儿童青少年的知识、智力的发展，思想觉悟的提高，道德品质的培养，理想、价值观和世界观的形成，主要是由教育，特别是学校教育决定的。当然，家庭教育和社会教育也是不可忽视的两个方面。

三、遗传与环境的相互作用

在儿童青少年心理发展中，遗传与环境的关系是十分密切的。遗传只提供他们心理发展的可能性，而环境和教育则决定着他们心理发展的现实性。一般来说，大多数人的遗传素质是差不多的，其心理发展之所以有差异，决定性的因素在于环境和教育的不同。随着儿童青少年年龄的增长、年级的升高，遗传的作用越来越小，而环境和教育的作用则越来越大。儿童青少年心理的发展，正是体现了遗传与环境在心理发展中的相互作用。

关于遗传与环境之间在儿童青少年心理发展中的相互作用问题，遗传学家们曾提出过一些假设[①]：A、B两种基因在x、y的环境中，假如A在x条件下产生最优的智力，那么B在x条件下、A在y的条件下、B在y的条件下就会产生不同水平的智力。x对A可能是最优越的条件，而对B未必是好条件，也可能是最坏的条件。如果我们考虑多于两种基因和两种环境，则在实践中可能排列的数目就大为增加。比如，A、B和C三种基因型在x、y和z三种环境中，其排列的方式能够达到40 320种。为什么会这样呢？儿童从出生后，一开始就是一个积极能动的主体，其所处环境作为外因必须通过主体的内因起作用。具体地讲，我们一方面承认环境和教育对儿童青少年心理发展的决定作用，同时又反对对环境和教育的决定作用做机械的、简单化的理解。环境和教育对儿童青少年心理发展的决定作用总是通过他们的活动，即主客观的交互作用，通过他们心理发展的内部原因（当然也包括遗传因素）来实现。

近期关于遗传和环境的相互关系的研究提出，两者之间的关系可以表现为两大类型：一是基因型与环境的交互作用；二是基因型与环境的相关。

首先，基因型与环境的交互作用，通常指的是相似的环境条件对不同遗传素质个体的影响。比如，很多人都会接触到花粉和灰尘，但是具有某种遗传倾向的人可能比其他人更容易出现过敏反应。

同时，这种交互作用也会有不同的作用方式，即遗传相似的儿童常常因为家庭环境的不同而有不同的发展轨迹（Collins et al.，2000）。比如，困难型气质的儿童在某个家庭可能会出现适应问题，而在另一个家庭则未必，这主要取决于父母对待孩子的方式。

因此，个体的发展到底出现什么样的结果，有赖于遗传和环境因素的交互作用，而不是仅仅由其中的某一个因素决定的。

① ［美］C. 斯特恩：《人类遗传学原理》，吴旻，译，392页，北京，科学出版社，1979。

其次，基因型与环境的相关，环境经常反映或强化了遗传差异。也就是说，某种基因和环境的影响往往是以相同的方向发生作用。这就是所谓的“基因型与环境的相关”，或“基因与环境的协变性”，它以三种方式强化基因型倾向的表型表达（Bergeman & Polmin，1989；Plomin，2009）。

第一，被动型相关。父母提供了某种基因，也就预设了孩子的某种特质，他们往往会提供鼓励这种特质发展的环境。比如，作为音乐家的父母可能会创造一个经常听到音乐的家庭环境，会给孩子上音乐课，会带孩子参加音乐会。那么，孩子的音乐能力就会反映遗传和环境的综合影响。这种相关是被动的，因为孩子控制不了遗传和环境的影响作用；这尤其适于幼儿，这时候父母对孩子的早期经验也有较多的控制。

第二，反应型相关。遗传结构不同的孩子会激发成人不同的反应。如果孩子在音乐上表现出感兴趣、有能力，并不擅长音乐的父母可能就会为他们付出特别的努力创造机会。这反过来又会促使孩子的遗传倾向朝向音乐方面发展。

第三，主动型相关。在孩子长得大一点，有了更多的自由去选择自己的活动和环境时，他们会主动地选择或创造与自己的遗传倾向一致的经验。有音乐天赋的孩子可能会选择懂音乐的朋友，会去上音乐课，会去听音乐会。害羞的孩子与喜欢外向的孩子相比，可能会花更多的时间追求自己孤独的爱好。

第二节　心理发展的动力

什么是儿童青少年心理发展的内因呢？目前人们有各种不同的理解。我们认为探讨心理发展的动力问题，必须要考虑到动机系统和普遍原理。所谓考虑到动机系统，即涉及心理发展的动力时，要考虑到引起心理活动和各种行为的一系列动机；所谓考虑到普遍原理，即谈论心理发展的动力时，要考虑到能普遍地反映各种心理现象（心理过程和个性心理特征）的主要矛盾。

辩证唯物主义的哲学观认为，事物发展的动力在于其内部矛盾。既然儿童青少年心理发展动力乃是其心理的内部矛盾，那么儿童青少年心理的内部矛盾是什么呢？如果考虑到动机系统和普遍原理，我同意我国20世纪60年代在对这个问题讨论时以朱老的观点为代表的一般的理解：在儿童青少年主体和客观事物相互作用的过程中，亦即在儿童不断积极活动的过程中，社会和教育向儿童青少年提出的要求所引起的新的需要和其已有的心理水平之间的矛盾，是儿童青少年心理发展的内因或内部矛盾，这个内因或内部矛盾也就是他们心理发展的动力。简言之，儿童青少年在活动中产生的新需要和原有心理水平之间构成的矛盾，是他们心理发展的动力。动力产生于实践、活动之中，统一于实践、活动之中，并实现于实践、活动之中；新的需要是这对矛盾的活跃的一面；新的需要能否获得满足，关键在于原有的心理水平。

以下从四个方面来论述儿童青少年心理发展的动力。

一、主观和客观的矛盾

在实践、活动中，主观和客观的矛盾是心理发展内部矛盾产生的基础。心理现象中的矛盾是人对客观过程中的矛盾的反映，但人对这些客观的矛盾不是机械地反映的，而是人在能动的实践活动中，在主观和客观的矛盾过程中反映到人的主观上来的。也就是说，任何反映都是在实践、活动中进行的。只有实践、活动才构成主客体的矛盾，才能反映主体活动领域内的现实。离开了实践、活动，就不会有心理的源泉。

如果我们不研究儿童青少年和外界的联系，特别是和人的联系，不研究他们的活动，就无从说明心理的起源和发展。同时，心理、心理发展，在个体和外部世界相互作用的实践、活动中逐步“内化”，即成为内部的心理活动。心理发展的内因或动力正是在这种实践、活动中逐步发展起来的。儿童青少年心理发展的各个阶段，都有一种主导活动。例如，在幼儿时期游戏是他们的主导活动，大中小学生以学习为主导活动，毕业离校的青年乃至成年人以工作、劳动为主导活动。这种主导活动，就是心理发生和发展的最重要的基础，直接决定着心理发展的方向、内容和水平。

我们强调在实践、活动中主客观的矛盾是心理发展内部矛盾的基础，并不是说它们就是心理发展的内因或动力。我认为，如果把“主体与客体的矛盾”归结为“心理现象本身所具有的内在的普遍的基本矛盾”是不确切的。如果说主客体是内部矛盾，那势必会把客观现实说成心理的一个矛盾方面，这不仅违背了唯物主义反映论的基本原理，而且从根本上否认了心理发展存在内因和外因的区别，这样心理发展还有什么外因可言呢?

二、需要

需要在人的心理内部矛盾中代表着新的一面，它是心理发展的动机系统。马克思和恩格斯指出：“任何人不管做任何事，都出于自己的需要。”他们认为：“人们习惯于从自己的思想，而不是从自己的需要出发来解释自己的行为（当然，这种需要也是反映在人脑中的，是可以意识到的），这样一来，久而久之便发生了唯心主义的世界观。”可见，所谓需要，也是一种反映形式。任何需要都是在一定的生活条件下，即在一定社会和教育的要求或自身的要求下产生的对一定客观现实的反映。需要这种反映与一般的反映形式共同之处是“能被人意识到的”反映形式；与一般反映的不同之处在于，需要是心理活动的动机系统，能够引起主体的“内外行动”。

由于需要这种反映形式的重要性，长期以来，它一直受到心理学家的重视。

1938 年，默里（H. A. Murray，1893—1988）在其所著的《人格的探索》中列举了二十余种人类需要。在此基础上，马斯洛（A. H. Maslow，1908—1970）也提出了“需要层次系统”这一理论。需要层次系统把人类多种多样的需要按照其重要性和发生的先后次序分成五个等级：生理需要、安全需要、社交需要、尊敬需要、自我实现需要。

(1) 生理需要。这是人类最原始的基本需要，如衣、食、住、行、延续后代等，是人类生存的基础。

(2) 安全需要。摆脱各种危险、获得健康、希望解除严酷监督的威胁等，都属于安全需要。

(3) 社交需要（或称爱的需要）。个体希望伙伴之间、同事之间关系融洽或保持友谊和忠诚，以及希望得到爱情等。

(4) 尊敬需要。它是指自尊和受人尊敬，对名誉、地位的欲望，个人能力、成就，要求被人们承认等。

(5) 自我实现需要。实现个人的理想抱负是最高层次的需要。满足这种需要，要求最充分地发挥一个人的潜在能力。

马斯洛认为，上述需要的五个层次是逐级上升的。当下一级的需要获得相对满足以后，追求上一级的需要就成为行为的驱动力。当满足了高级需要，却没有得到低级需要时，个体则可能牺牲高级需要，而去谋求低级需要的满足，甚至会“铤而走险”。我认为，马斯洛的需要层次系统理论，尽管有值得借鉴的地方，但其根本的一点是忽视了人的主观能动性，忽视了在一定条件下通过精神力量改变需要主次关系的可能性。

如何理解需要的实质及其在心理发展中的作用呢？我认为可以从以下几个方面理解。

(1) 需要的分类尽管复杂，但不外乎两种：需要从其产生上分类，可以分为个体的需要和社会的需要，前者因个体的要求而产生，后者因社会的要求而产生；需要从其性质上分类，可以分为物质方面的需要和精神方面的需要。这两种分类是交错的。不管采用哪种分类方法，人的需要总是带有社会性的，个体需要和社会需要，物质方面的需要和精神方面的需要，它们之间是相互制约的。因此，人的需要又是带有主观能动性的。

(2) 需要可以表现为各种形态，动机、目的、兴趣、爱好、理想、信念、世界观等是需要的不同表现形式，构成人的动机系统，使人做出主观努力。在个性方面，这些形态就形成了个体或个性意识倾向性。某种原始性需要的表现形式可能是高级需要的表现形式的发展基础，反过来，高级需要的表现形式往往支配和抑制了低级需要的表现形式。例如，人们为了实现理想、信念及事业目标等，往往牺牲了某种生理需要和安全需要。可见，需要的主次关系是可以变化的。

(3) 需要在人的心理发展中经常代表着新的、比较活跃的一面。客观事物总是在不断变化，因此主客观的关系也在不断发展，于是人的需要也会随之变化，起着动机系统的作用。我们在讨论需要的作用时，应着重指出它的动力性，动机的进程在很大程度上是以需要的动力性为转移的。正如马克思、恩格斯所说的：“事实上人类从开始就以这样一种方式，即攫取外界客体为自有来满足自己的一定的需要。”“第一需要的自我满足，已满足了的行为和已获得的满足才引起新的需要。”可见，需要是在主客观矛盾中产生于客观现实，由适应来满足这种需要，一种需要满足了，又会产生另一种需要，由此推动人的心理及行为的发展变化（见图 2-2）。

图 2-2　人的心理及行为发展变化示意图

三、原有心理水平

原有心理水平（原有的完整心理结构）是过去反映活动的结果。心理是人脑在实践活动中对客观现实的反映。通过反映，形成一定的心理水平。昨天还是客观的东西，通过主客体的矛盾，就可能被反映成为今天的主观的东西；同样，今天的客观的东西，通过实践活动，也可能被反映成为明天的主观的东西。这种反映的结果，逐步构成人的心理的完整结构。完整的心理结构是一个十分复杂的整体，大致由下列成分组成，代表着当时的心理发展水平：①心理过程，即认识、情感和意志过程的发展水平；②个性特征，即能力、气质和性格的发展水平及其表现；③知识、技能与经验的水平；④心理发展中的年龄特征及其表现；⑤当时的心理状态，即注意力、心境、态度等。

我们平时说，教育工作必须要从学生的实际出发，就是要从上述的完整的心理结构出发，这样才能做到“有的放矢”“一把钥匙开一把锁”。原有的心理水平，即原有的完整心理结构是一个统一整体，它代表着人的心理活动中旧的一面，比较稳定的一面。但是，不应该将原有的心理水平看作保守的。任何人原有的完整心理结构都有积极的因素，同时也存在不足或有待于发展的方面。

四、新的需要与原有心理水平的对立统一

在儿童青少年的实践活动中产生的各种新的需要，必然与原有心理水平或结构构成新的矛盾。矛盾双方互相依存，也互相转化；矛盾双方是统一的，又是斗争的。其结果不外乎两种：一种是新需要为原有的心理水平即完整结构所同化，且趋于一致，促使心理在原有水平的基础上发展；另一种是新需要被原有心理水平即完整结构所否定、排斥，则使心理保持原有的水平，使新需要顺应原有的水平。是第一种

状况好还是第二种状况好，要看其内容和心理发展的方向。例如，新的求知欲需要形态，促使主体在原有水平上去学习探索、获得知识、发展智力，这有利于儿童青少年的心理健康发展。但是吃喝玩乐的需要，促使儿童青少年的原有心理水平获得“同化”，往往使他们走向歧途。又如，正确的思想教育的要求激发起学生积极上进的新的需要，但原有心理水平中有不良思想教育留下的痕迹，就可能否定新的需要，这种对原有水平的保持说明该学生未能进步；与此相反，健康的原有心理水平抵制社会上不正之风的侵蚀所激起的各种需要，这种对原有“本色”的保持则意味着进步。

总之，新的需要与原有心理水平所构成的矛盾是十分复杂的。在社会和教育的影响下，在儿童青少年的活动中，他们所产生的新需要与原有心理水平的对立统一是普遍存在的。正是这个矛盾的运动，构成了儿童青少年心理发展的内部矛盾，推动着儿童青少年的心理不断变化发展。因此，这个矛盾是儿童青少年心理发展的动力。

内部矛盾是儿童青少年心理发展的动力，环境和教育则是其心理发展的条件。其中教育是最主要的外因，是儿童青少年心理发展中最重要的条件。

如何发挥教育的主导作用呢？这里，必然会面临一个问题：教育所提出的要求，是严一点好，还是宽一点好？这在教育界是有争议的。

我认为，过低的要求和过高的要求都是不适宜的。过低的要求（不管是学习要求还是品德要求）激发不起学生的兴趣。没有兴趣，没有求知欲，产生不了新的需要或动机系统，就不能很好地构成儿童青少年心理发展的内部矛盾。而过高的要求，远远脱离学生原有的水平，使他们“望而生畏”，不仅产生不了学习和上进的愿望，即使能够激起新的需要，也不能为原有心理结构所“同化”，难以构成心理发展的动力。只有那种高于学生原有水平，即他们经过主观努力后能达到的要求，才是最适合的要求。这就是所谓的“跳一跳，就能摘下果子”的原理。中学阶段的教育与教学措施必须符合这个要求。教师和家长在工作中应该遵循这些规律，向中学生提出适当的要求，这样才能使学生在原有水平的基础上不断提高，使合理的要求变成其新需要，并以此为动力促使他们的心理向前发展。

第三节　教育和发展的辩证关系

儿童青少年的心理发展，既不是由外因决定，也不是由内因决定的，而主要是由适合他们心理内因的那些教育条件来决定的。我们的研究表明，教育是儿童青少年获得知识经验的关键，教育加速或延缓儿童青少年发展。合理而良好的教育是适合于儿童青少年心理变化的条件，促使其心理发展动力的形成。这就是儿童青少年心理发展上外因和内因的相互关系。

从提出教育措施以激发儿童青少年新的需要的产生，到实现他们的心理发展是怎样的过程呢?

一、知识的领会是教育和发展之间的中间环节

从教育措施到儿童青少年的心理得到明显而稳定的发展，并不是立刻实现的。也就是说，教育并不能立刻直接地引起儿童青少年心理的发展。但是教育之所以能引起青少年心理的发展，是以他们对知识的领会或掌握作为中间环节的，需要经过一定的量变和质变的过程。

不管是儿童青少年的智力发展，还是包括品德在内的社会性或人格的变化，都要以领会知识和掌握技能为基础。中小学教育是十分强调“双基”，即基本知识和基本技能的。

知识是人类社会历史经验的总结。从心理学的角度来说，知识以思想内容的形式为人所掌握；技能是指操作技术，它以行为方式的形式为人所掌握。

知识、技能与能力、智力有密切的关系。知识、技能的掌握，并不一定意味着一个人能力的高低，但知识、技能与能力是相辅相成的。能力、智力的发展是在掌握和运用知识、技能的过程中完成的。离开了学习和训练，什么知识都不懂、什么事情都不做的人，他的能力、智力是得不到发展的。中小学教学，就是在不断地提高基本知识和基本技能的基础上发展儿童青少年的能力、智力的。

知识、技能与品德、社会性和人格也是密切相关的。道德知识的领会并不一定意味着品德的良好，社会态度的领会也并不等于人格和社会性就高，但道德知识、社会经验、态度正是品德和人格形成的基础。有了这些品德和人格的基础，才能更好地发展道德情感、社会体验，才有更好的道德行动的动机，以形成完整的品德和人格。离开了学习和训练，什么知识都不懂、什么事情都不做的人，他的品德、人格也是得不到发展的。因此，在中小学教育中要强调“动之以情，晓之以理，循循善诱，以理服人”；在中小学教学中要加强“双基”训练，因为这正是发展儿童青少年品德和性格的基础。

20世纪中期，产生了一门综合性的学科——控制论。控制论认为，信息变换和反馈调节是一切控制系统所共有的最基本的特点。这就是说，不仅技术系统具有信息和反馈，而且生物界、社会直至心理都具有。第一信号系统的信号是信息；第二信号系统（语词）是社会信息。信息变换过程就是信息的接收、存储（相当于记忆）和加工的过程。人类领会了知识、掌握了技能就是接受和存储信息，在此基础上加工才能促使心理发展。现代控制论、信息论有力地说明，领会知识是教育和心理发展之间的中间环节，片面强调智力、品格的发展而忽视知识、技能的掌握，对心理发展是十分不利的。

当然，经过教师的教育和教学，学生

对知识也不是立刻就能领会的。为什么呢？因为对于学生来说，从教育到领会是新质要素不断积累、旧质要素不断消亡的细微的量变和质变过程，从不知到知，从不能到能，要受原有心理水平左右。对于教育条件来说，教育内容和方法的选择不同，会产生不同的结果。如前所述，教材太难或太容易，都会产生一些不良的后果。教师和家长要以学习内容的难度为依据，安排好教材，选好教法，以适应学生原有的心理水平并能激发他们的学习需要。

学生从领会知识、丰富经验、掌握技能、完成教育到心理发展的中间环节，这就是他们心理发展的量变过程。

二、教育的着重点是促使心理的质的发展

量变过程的实现和学生知识的丰富，并不是教育的全部目的。事实上，儿童青少年领会知识、掌握技能后，并不立刻引起他们的心理发展。例如，我们教育学生的目的不仅仅在于提高他们的思想认识，更重要的是发展他们良好的道德品质，培养他们良好的道德习惯。但从认识的提高到行为习惯的形成，整个道德品质的发展都要经历一个过程。又如，对学生进行教学，目的也不仅仅在于提高他们的知识和技能，更重要的是发展他们的能力和智力，但从知识的提高到能力、智力的发展也是需要经历一个过程的。

前面提到，知识的领会这个中间环节是学生心理发展中的“量变”，学生道德习惯的稳固形成与能力、智力的发展是他们心理发展的“质变”。无数“量变”促进质的飞跃，学生对知识的无数次的领会和掌握才逐渐促进其品德和智力的发展。教师和家长的工作，就是要通过教育与教学这个量变过程来促进学生心理的发展。

以数学为例，数学是思维的体操。中小学的数学教学，不仅仅要让学生领会和掌握数学知识，还应着重发展他们的思维和智力。人们常说要通过数学教学发展学生的思维能力，但什么是中小学生运算中的逻辑思维能力呢？我们认为，中小学生运算的思维能力包括概括能力、空间想象能力、命题能力、数学推理能力及敏捷、灵活、抽象、独创和批判等思维的智力品质。通过数学教学，中小学生在领会或掌握数学知识这个量变的基础上，产生比较明显、比较稳定的逻辑思维的运算能力，达到质的变化，这时才能说中小学生思维的心理水平真正得到了发展。教师的责任就是要通过教学，运用知识武装学生的头脑，同时给予他们方法，引导他们有的放矢地进行大量的练习，促使他们的思维和智力尽快地提高和发展，不断地发生质变。

第四节 年龄特征与个别差异

儿童青少年的心理发展也跟一切事物的发展一样，是一个不断对立统一、量变到质变的发展过程。在整个心理发展过程中，各个不同阶段表现出相应的特殊矛盾和特殊质变。我们把儿童青少年心理各个阶段所表现出来的质的特征称为儿童青少年心理发展的年龄特征。应当指出，虽然同龄的儿童青少年具有这个共性，但在同一时期，他们每个人又具有个性，这就是所谓的个别差异。

为了搞好教育，教育者必须把受教育者心理发展的年龄特征作为重要的出发点。

一、心理发展的年龄特征的一般概念

如何理解儿童青少年心理发展的年龄特征呢?

第一，心理发展的年龄特征是指儿童青少年心理的年龄阶段特征。

心理年龄特征，并不是说不同年龄具有不同心理特征。如前所述，在一定的社会和教育条件下，儿童从出生到成熟经历六个时期：婴儿前期或乳儿期（零岁至一岁)、婴儿期（一岁至三岁)、幼儿期或学前期（三岁至六七岁)、学龄初期或小学期(六七岁至十一二岁)、少年期（十一二岁至十四五岁)、青年初期（十四五岁至十七八岁)。这些时期是互相连续，又互相区别的。尽管在某一年龄阶段之初，个体可能保留着大量的前一阶段的年龄特征，而这一年龄阶段之末，也可能产生较多的下一阶段的年龄特征，但从总的发展过程来看，这些时期或阶段的次序及时距大体上是恒定的。

第二，心理发展的年龄特征，是指儿童青少年心理在一定年龄阶段中的那些一般的、典型的、本质的特征。

一切科学在研究特定事物的规律时，总是从事物的具体的、多种多样的表现中概括出一般的、本质的东西。虽然具体的东西是最丰富的，但本质的东西是最集中的。儿童青少年的心理年龄阶段特征就是从许多具体的、个别的儿童青少年心理发展的事实中概括出来的，是一般的、本质的、典型的东西。例如，中学生即青少年的思维，是以抽象逻辑思维占主导地位的，这是就最一般的、本质的东西来说的。事实上，初中阶段与高中阶段并不一样。在初中学生的思维中，抽象逻辑思维虽然开始占优势，但是在很大程度上还属于经验型。七年级学生的思维与小学高年级学生的思维有类似之处，离不开具体形象的成分，但随着年级的升高，他们思维中的具体形象成分所起的作用逐渐减少。高中学生的抽象逻辑思维已由经验型水平急剧地向理论型水平转化，并逐步了解特殊和一般、归纳和演绎、理论和实践等对立统一的辩证思维规律。

第三，儿童青少年的心理年龄特征，还反映出儿童青少年在各个阶段、各种心

理现象发展的关键年龄。

心理发展是从量变到质变的过程，是许多小的质变构成一个大的质变的过程。每个心理过程或个性心理特征都要经过几次大的飞跃或质变，并表现为一定的年龄特征。这个质的飞跃期，叫作关键年龄。

我们的一些实验研究初步表明，中小学生在思维和品德的发展中，表现出以下几个明显的质变。

小学四年级是小学生思维发展的质变期；八年级是中学阶段思维发展的质变期。

小学三年级是小学生品德发展的质变期；八年级又是中学阶段品德发展的质变期。

我们在后面的章节里将专门探讨这些问题。但是，为什么要考虑与研究关键年龄呢？目的在于更好地进行教育。也就是说，教育者要了解儿童青少年心理发展飞跃时期的特点以便进行适当的教育。例如，有经验的中学教师和家长很重视八年级学生的心理变化，会创造一系列条件，让他们的思维与品德更好地发展，为他们进一步健康成长奠定智力与思想品质的基础。当然，抓住关键期教育也要适当，要考虑此时儿童青少年心理发展的内因和身心特点。由于心理发展存在个体差异，所以我们不能对每个人都抓一个相同的年龄阶段，更不能得出“过了这个村，就没有这个店”的错误结论，以致错误地认为，如果过了这个时期，某些方面的心理发展就没有希望了。

第四，心理发展还有一个成熟期。从出生到青年初期，个体总的矛盾是不成熟状态和成熟状态之间的矛盾。儿童生下来是软弱无能、无知无识的，到了青年初期，发展成为一个初步具有觉悟、知识的人，为成为合格的公民奠定基础。这个变化是巨大的，是一个重大的质变。

心理发展有一个成熟期。心理学实验研究初步表明，16～17 岁（高中一年级第二学期至高中二年级第一学期）是思维活动的初步成熟期；15～16 岁（九年级第二学期至高中一年级第一学期）是品德的初步成熟期。

心理成熟有怎样的特点呢？一是成熟后心理的可塑性比成熟前要小得多；二是一旦心理成熟，年龄差异的显著性会逐步减小，而个体差异的显著性会越来越大。

第五，年龄特征表现出稳定性与可变性的统一。一般来说，在一定社会和教育条件下，心理发展的年龄特征具有一定的稳定性或普遍性。例如，阶段的顺序性，即每一阶段的变化过程和速度，大体上都是稳定的、共同的。但是，由于社会影响和教育条件在儿童青少年身上起作用的情况不尽相同，所以在他们心理发展的过程中和速度上，彼此之间可以有一定的差距，这也就是所谓的可变性。

心理发展的年龄特征既有稳定性，又有可变性或特殊性，两者是相互依赖、相互制约、相互渗透的。不过心理发展的年龄特征的稳定性和可变性都是相对的，而不是绝对的。心理发展的年龄特征的稳定性和可变性的关系，正是共性与个性的关系。

心理发展的稳定性还表现在，不同时

代、不同社会的儿童青少年的心理特征有一定的普遍性与共同性。尽管许多年龄特征，特别是智力方面的特征，有一定的范围和幅度的变化，但各年龄阶段的心理特征之间有一定的顺序性和系统性，它们不会因为社会生活条件的改变而打破原有的顺序性和系统性，也不会跳过某个阶段。

心理发展的可变性表现在，不同的社会生活条件下，儿童青少年某些心理发展的程度和速度会产生一定的变化；会出现有本质区别的年龄特征，如品德行为；会出现某些相同的年龄特征，但这些特征的具体内容有变化和差异。在相同的社会生活条件下，每个儿童青少年的心理发展原有水平或结构不同，存在明显的个别差异，即个性特征。

二、心理发展的年龄特征与个别差异的产生原因

儿童青少年心理发展的年龄特征与个别差异是怎样产生的呢?

第一，从生理基础来分析。心理是脑的机能，儿童青少年的生理在不断地发生变化。例如，脑的重量变化、脑电波逐步发育、脑中所建立的联系等也按一定的次序和过程在发展。而且，大脑和神经系统的发展是稳定的，并有一定的阶段性。但生理发育、脑的发展的差异是存在的，这既有时代的差异（例如，我们的研究结果表明，20 世纪 90 年代的儿童青少年的脑电波发育比 60 年代的儿童青少年提前了两年)；又有个体差异，每个儿童青少年的生理发育、脑的发展不是固定不变和完全一致的，他们的神经类型和机能情况都有个体差异，这就是心理发展年龄特征和个体差异的生理基础。

第二，从社会生活条件来分析。虽然社会生活条件，乍看起来千变万化、错综复杂，但也有其稳定的顺序性的一面。人类的知识经验本身具有一定的顺序性，儿童青少年不能违背这个顺序来掌握它。他们所掌握知识的深度和广度也是循序渐进的。然而这一切，对于不同的儿童青少年又是不尽相同的。可见，社会生活条件造成儿童青少年的发展具有阶段性和可变性。

第三，从儿童青少年活动的发展来分析。不同社会、不同阶段的儿童青少年都有其主导活动，都要经历从游戏到学习再到工作的转化过程。但活动的性质、范围、内容和要求有所不同，这时就会出现儿童青少年心理发展的年龄阶段性特点，同时又会表现出稳定性与可变性统一的特点。

第四，从心理机能发展来分析。儿童青少年的任何一种心理现象都是一个从量变到质变的发展过程。例如，思维发展要经历从直观行动思维，到具体形象思维，再到抽象逻辑思维的过程。这些都是在掌握知识经验的过程中实现的。这个过程不是一蹴而就的，而是有顺序、有阶段的，绝不能跳级。这充分体现出心理年龄阶段的普遍性与稳定性。但是，就个体来说，每个阶段、顺序和过程，在时间上和品质上都可能存在差异，心理发展必然会表现出个别差异，这就体现出了可变性。

从上述四个方面的分析可看出，儿童青少年心理发展的年龄特征的存在是必然

的。同时，年龄特征兼备稳定性与可变性，二者统一为一个整体，互相依赖、互相制约、互相渗透，这是儿童青少年心理年龄特征规律的突出表现。学校教育和家庭教育都必须考虑儿童青少年心理发展的年龄特征，这是做好教育工作的一个出发点。教师和家长的任务在于从这个出发点去引导儿童青少年的心理发展。同时，教育者还要考虑到儿童青少年年龄特征的可变性，考虑到他们的个别差异，对不同的儿童青少年要区别对待，注意因材施教。

第三章
青春发育期的生理特点

青少年在生理的发展上，正是处于青春发育期。

青春发育期这个阶段，既不同于儿童，也不同于成人。它的最大特点是生理上蓬勃地成长，急剧地变化。

人从出生到成熟，生理发育有快有慢，其中两个阶段是增长速度的高峰期，一个是出生后的第一年，另一个就是青春发育期。科学界称其为“人生的两次生长高峰”(见图 3-1)。除此之外，生理发育的速度比较缓慢。

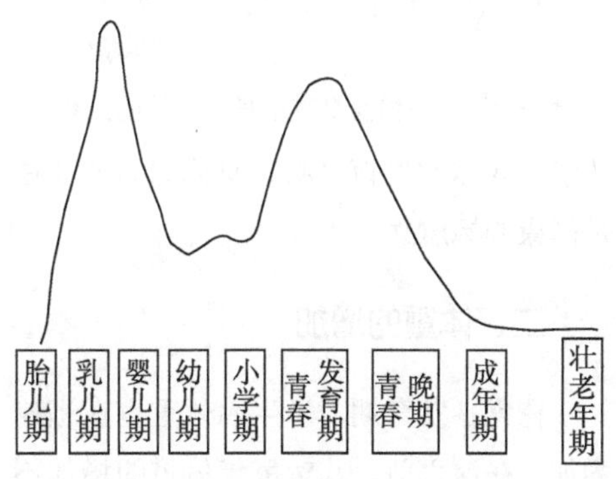

图 3-1　人生的两次生长高峰

青春发育期生理上的变化多种多样且十分显著：在形态方面，身高、体重、胸围、头围、肩宽、骨盆等都加速增长；在机能方面，神经系统、肌肉力量、肺活量、血压、脉搏、血红蛋白、红细胞等均有加强；在身体素质方面，速度、耐力、感受性、灵活性等变化很大；在内分泌方面，各种激素相继增量；在生殖系统方面，生殖器官及性功能也迅速成长；等等。上述生理的变化虽然涉及方面很多，但归结起来，主要有三类，总称为“三大变化”：一大变化，身体外形改变了；二大变化，内脏的机能健全了；三大变化，性的成熟，这是人体内部发育最晚的部分，标志着人体的全部器官接近成熟。

心理的发展，必须有生理的基础。青春发育期生理上的显著变化，为青少年心理的急剧发展创造了重要条件。

第一节　身体外形的急剧变化

青少年外形的急剧变化主要表现在以下三个方面。

一、身体长高

身高迅速增长是青少年在青春期最为显著的变化之一。我国女孩大约从 9 岁时开始进入生长发育的高峰期，身高增长一直持续到 15 岁左右，此时女孩基本上有了成人的身段，到了 17 岁以后身高的增长就很少了。男孩大约从 11 岁开始进入生长高峰期，身高增长一直持续到十六七岁（中国学生体质与健康研究组，2015）（参见表 3-1）。

表 3-1　中国 2010 年 10～18 岁儿童青少年身高及体重均值

年龄/岁		10	11	12	13	14	15	16	17	18
身高/厘米	男（城）	142.45	148.14	154.23	161.71	166.99	170.01	171.48	172.24	172.17
	男（乡）	139.31	144.36	150.54	158.06	163.55	167.49	169.58	170.52	170.68
	女（城）	142.87	149.17	153.46	157.13	158.91	159.33	159.91	160.00	159.91
	女（乡）	139.64	145.32	150.85	154.85	156.68	157.75	158.15	158.57	158.48

男女青少年，在身体长高的变化上是不一样的（见图 3-2）。童年期男女的身高是差不多的，男孩稍高于女孩，但到青春发育期的前期就发生了明显的变化。女孩从 9 岁开始，进入生长发育的突增阶段，11～12 岁时，达到突增高峰；男孩的这一过程，却比女孩晚将近两年，从十一二岁起急起直追，终于在 14 岁前后身高超过女孩。但到一定的年龄，身高就不再往上长了，女性一般长到 19 岁，最多长到 23 岁。男性一般长到二十三四岁，有的甚至长到 26 岁。可见，男性和女性既有发育的一般趋势，又有早晚之分。对于发育晚的，教师和家长也不必担心。长期观察资料表明：发育晚的青少年的身高，往往高于发育早的青少年。

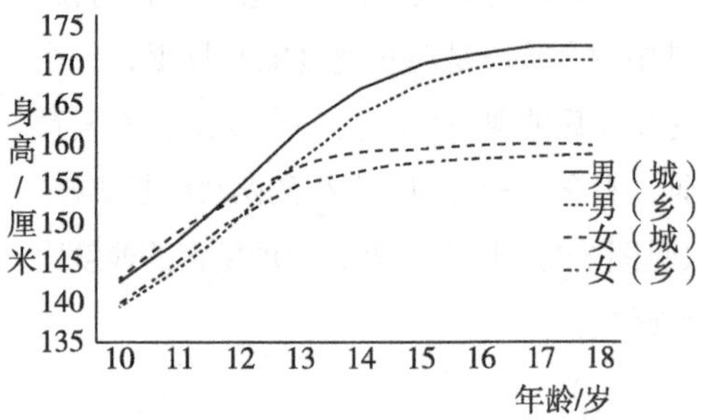

图 3-2　城乡男女身高增长与年龄的关系

身体高矮取决于什么呢？取决于人的骨头。一个人身上共有 206 块骨头，对身高起作用的，主要是几块脊椎骨和下肢骨。从整个人体的发育来看，身体的高矮往往是健康的标志之一。

二、体重的增加

在青春发育期，学生的体重也在迅速增加。在这之前，儿童每年体重的增加不超过 5 千克；而到了青春发育期，学生的体重增加十分明显，每年可增加 5～6 千克，突出的可增加到 8～10 千克（参见表 3-2）。

表 3-2　中国 2010 年 10～18 岁儿童青少年体重均值

年龄/岁		10	11	12	13	14	15	16	17	18
体重/千克	男（城）	37.16	41.69	46.25	51.79	56.37	59.36	61.03	62.68	63.08
	男（乡）	33.76	37.56	41.70	46.96	51.32	55.08	57.37	59.24	59.86
	女（城）	35.05	39.94	43.60	47.55	49.83	50.97	51.86	52.21	52.08
	女（乡）	32.51	36.37	41.05	44.88	47.43	49.27	50.37	51.20	51.28

男女青少年体重的增加也是有差异的。在过去，10 岁之前，男女生的体重相仿。10 岁之后，女生领先发育，体重增加。两年之后，一般情况下男生的体重会赶上女生。但最近的调查数据则稍有不同（见图 3-3）。

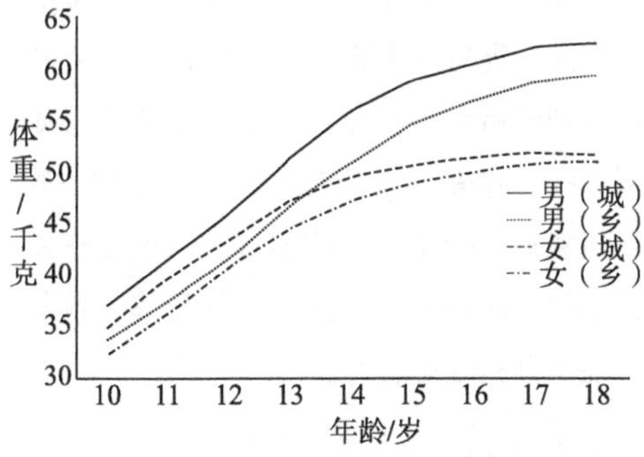

图 3-3　城乡男女体重增长与年龄的关系

体重的增加，反映了内脏、肌肉和骨骼的发育情况，它也是发育好坏的标志之一。

三、“第二性征”的出现

第二性征是指性发育的外部表现，一般来说有如下的表现。

（一）男性

(1) 喉结突起，声音变粗。喉结与变声的关系是极为密切的，喉结增大的同时声带增宽，因而发音频率降低，于是声调就变得粗而低沉。科学调查表明，男孩一般于 13 岁时进入变声期，最早的是 8 岁，到 15 岁时几乎已全部进入变声期，并有 50%的男孩声音变粗。19 岁以后所有男性的喉结突起，声音变粗。变声期长短不一，短者四五个月，长者可达一年。

(2) 上唇出现密实茸毛或唇部有须，额两鬓向后移。男生常为此感到“自豪”，认为这样才像个男子汉。之后，胡须依次扩展到上唇中部及下唇中部，最后扩展到下颏，至此完成胡须发育的全过程。

(3) 阴毛、腋毛先后出现。男孩的阴毛大都于十四五岁时出现，腋毛比阴毛发育晚一年。

（二）女性

(1) 声音变尖。在青春发育期的女孩的喉结虽然没有明显的外观变化，但喉结内部有显著的变化，即声带增长变窄，因而发音频率高，声调也随之变高。

(2) 乳头突起。女孩进入青春发育期的第一个信息是乳房的变化。由于种族、地区和营养条件的不同，乳房发育的早晚差别较大。根据北京地区调查，最早的从 8 岁开始发育，约半数在 10 岁开始发育，有少数到 13 岁才开始发育。

(3) 盆骨逐渐长得宽大，臀部变大。

(4) 阴毛和腋毛先后出现。阴毛和腋毛的发育迟于乳房。女孩的阴毛大都于13岁开始发育，最早见于10岁；腋毛大都于15岁开始发育，最早见于11岁，但偶然也有腋毛发育早于阴毛的。

青少年青春发育期外形的变化，对青少年心理发展的影响作用很大。他们认识到“自己已经长大”了，意识到自己不再是“小孩”了，增强了自我意识的新体验，产生了“成人感”，个性的发展速度加快。但由于生理发展迅速，心理发展往往跟不上相应的变化，所以在青春发育初期，即初中阶段，他们的行为举止常常显得笨拙。

青少年青春发育期的生理变化，给教师与家长提出了保健工作和教育工作的新课题。教师与家长要加强对青少年在物质上和精神上的管理。处于外形急剧变化的时期，青少年需要消耗大量的营养物质，所以，在这时给他们加强营养是非常有必要的，还要引导他们加强体育锻炼，以促进其身体发育。此外，家长要给他们安排适度的劳动，让他们注意饮食起居的卫生。抽烟和喝酒对青少年的生理发育是极为有害的，应该严加禁止。

外形的变化也会造成某些青少年心理上的一些不正常的变化，教育者应关注他们的心理健康状况，特别是健康的美感。有的女孩为发胖而发愁；有的男孩为自己的胡子茂密而顾虑重重；有的女孩因胸部丰满怕难为情而束胸，穿紧身小褂，影响了肺部、乳房的发育；有的男孩为显得利落而把腰带勒得紧紧的，影响了内脏（如胃、肝、脾等）的发育；等等。为此，教师与家长应给予合理的引导，告诫正在发育的孩子注意生理卫生，使其身体各部分都能得到充分的发育。

第二节　体内机能的增强

体内的器官和组织，各有各的机能。到了青春发育期，个体体内的各种机能迅速增强，并逐步趋向成熟。

一、心脏的发育

有人做过一个统计，假定新生儿心脏的发育程度为1，随着年龄增加，心脏发育的趋势如表3-3所示。

表3-3　个体心脏发育的趋势

新生儿	近1个月	12岁	35～40岁
1	3	10（接近成人）	心脏恒定

血压能说明整个循环系统的工作情况。成人正常的血压，高压为120毫米汞柱，低压为80毫米汞柱。人在刚出生时脉搏约为140次/分钟，20岁左右约为62次/分钟。为什么年龄小的人心脏跳得快呢？一是由于脑的兴奋度高；二是由于排出血量少会导致供血不足，要满足机体对血液的需要，心脏就要加快跳动。

青春期发育使得个体的内脏机能得以

加强。一方面，心脏的重量大大增加。10岁时，心脏重量增长为新生儿的6倍，到青春期后，增长可达12倍。同时，血压、脉搏也接近成人水平。青少年男孩12岁时血压为105毫米汞柱/63毫米汞柱，脉搏为84次/分钟；18岁时，血压为113毫米汞柱/70毫米汞柱，脉搏为79次/分钟。青少年女孩12岁时血压为102毫米汞柱/63毫米汞柱，脉搏为85次/分钟；18岁时，血压为105毫米汞柱/66毫米汞柱，脉搏为81次/分钟（中华人民共和国教育部等，2007）。

心脏的发育，从心脏形体、恒定性、血压、脉搏等指标变化来看，大致在20岁以后都趋向稳定。尽管男女发育有所差异，一般女性要比男性早两年，但抓好青春发育期学生心脏的保健和锻炼，是血液循环系统发育的重要基础。

二、肺的发育

儿童在7岁时，肺的结构就已发育完成。肺的发育经过两次"飞跃"，第一次在出生后第三个月，第二次在12岁前后。从12岁前后开始，肺发育得又快又好。青少年的肺功能也大大增强。12岁时，肺的重量约为新生儿时的9倍，青少年男孩肺活量为2007毫升，18岁时，肺活量达到3521毫升；12岁时，青少年女孩肺活量为1728毫升，18岁时，肺活量达到2283毫升。肺活量的增长是肺发育的重要指标。

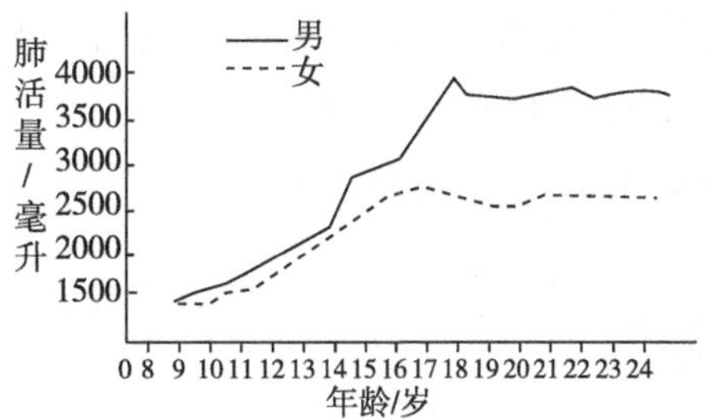

图3-4 男女学生肺活量平均数曲线[①]

由图3-4可见，男女青少年的肺活量的差距是明显的。男生到十七八岁、女生到十六七岁就可以达到或接近成人的肺活量。在肺的发育过程中，青少年期是十分重要的阶段，教师和家长要对男、女生采取不同方法进行教育与引导。例如，对男生，要教育他们不要过高估计自己的能力，更不要去冒险；对女生，要鼓励她们加强体育锻炼和户外活动，不要束胸和束腰。

三、肌肉力量的变化

肌肉力量是身体素质的一个方面，是人体在运动、活动和劳动中所表现出来的机能力量。

体重的增加，表明肌肉和骨骼发生了变化，尤其是肌肉在青春期发育得特别快，肌肉发达了，力量也增大了。不过，肌肉的发展有着明显的性别差异，男孩的肌肉发展更快、力量也比女孩大，手的握力差异就是最好的例证。12岁时，青少年男孩握力为21.62千克，18岁时达到42.68千克；12岁时，青少年女孩握力为19.01千克，18岁时达到26.36千克（中华人民共和国教育部等，2007）。以手的握力为代

① 叶恭绍：《中小学生卫生保健手册》，97页，北京，科学普及出版社，1987。

表，我们可以看出在14岁以前，男生的握力略高，14岁以后，男女生之间握力的差距越来越明显（见图3-5）。

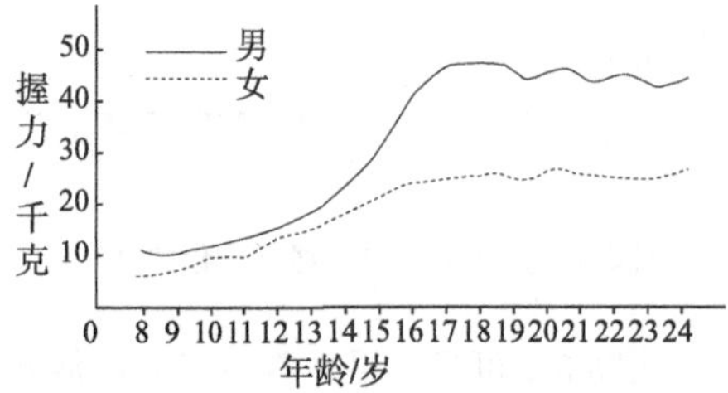

图3-5 男女握力发展对比曲线[①]

肌肉力量的增长为青少年体力的增强提供了可能性。青少年意识到这一点，对于他们的心理发展具有很大的意义。体会到有力量，会加重他们的"成人感"，促进他们意志行为的发展。但是，比起成年人来，青少年的肌肉要疲劳得快些，还不能适应长期的紧张状态，这一点在参加体育活动和体力劳动的时候必须考虑到。运动器官的发育伴随着运动的不协调，表现为不善于控制自己的身体，如运动过多，动作不协调、不灵活，动作生硬等，这可能会使他们产生消极情绪体验或失去信心。对此，应当引起教师与家长的重视。

在青春发育期，男生的肌肉力量发展水平要高于女生，在13～17岁时，这种差别迅速加大。例如，女生的臂肌静止耐力只是男生的1/3，腰腹肌力量为男生的2/3，下肢爆发力为男生的3/4，速度和速度耐力相当于男生的4/5。因此在体育活动时，男女生应该分开，锻炼的内容和要求的标准也要有所不同。

四、脑和神经系统的发育

如前所述，心理是脑的机能，是高级神经活动的机能。脑的发育、神经系统的发育，是心理发展的直接前提和物质基础。

脑和神经系统是怎样发展的，青春期的脑和神经系统发展又有什么特点呢？

（一）脑的重量的发展

研究表明，人脑平均重量的发展趋势为：新生儿为390克；八九个月的乳儿为660克；两三岁的婴儿为990～1010克；六七岁的幼儿为1280克；9岁的小学儿童为1350克，12岁的少年达到1400克。成人脑重量平均为1400克。可见，到青春发育前期，青少年脑的平均重量已经和成人差不多了。

（二）脑的容积的变化

研究表明，人脑平均容积也有一个发展的过程。新生儿脑容积为成人的63%，1周岁儿童为成人的82%，10岁儿童为成人的95%，12岁时脑容积接近成人。可见，到青春发育前期，脑的平均容积就几乎达到成人的水平了。发展认知神经科学家还对男性与女性大脑容积的差异进行了

① 叶恭绍：《儿童少年卫生学》，北京，人民卫生出版社，1960。

研究，发现男性的大脑比女性的大 9%～12%。[①] 男性的大脑总容积在 14.5 岁左右达到峰值；而女性则发育得更快，大约在 11.5 岁时就可以达到峰值，6 岁时大脑的容积已经发育到峰值的 95%。[②]

（三）脑电波的发展

所谓脑电波的记录，就是把电极贴在人的头皮的不同点上，把大脑皮质的某些神经细胞群体的、自发的或在接受刺激时所诱发的微小的电位变化引出来，通过放大器在示波器上显示或用有输出电位控制的墨水笔，记录在连续移动的纸上，形成各种有节律的波形。频率（用“周/秒”表示）是脑发育过程最重要的参数，也是研究儿童脑发展历程的一项最主要指标。研究发现，4～20 岁中国被试的脑电波的总趋势是 α 波（频率 8～13 周/秒）的频率逐渐增加。脑的发展主要通过 α 波与 θ 波（频率 4～8 周/秒）之间的斗争而进行，斗争的结局是 θ 波逐渐让位给 α 波。4～20 岁中国被试的脑发展有两个显著加速的时期，或称两个“飞跃”。5～6 岁是第一个显著加速的时期，它标志着枕叶 α 波与 θ 波之间最激烈的斗争；13～14 岁是第二个显著加速时期（如表 3-4 所示），它标志着除额叶以外，几乎整个大脑皮质的 α 波与 θ 波之间斗争的基本结束。

表 3-4　我国 8～20 岁儿童和少年被试的脑的发展成熟年龄表[③]

成熟指标	成熟年龄
枕叶皮质细胞震荡达到 α 波范围而 θ 波消失	9 岁
枕叶与颞叶皮质细胞震荡均达到 α 波范围而 θ 波消失	11 岁
枕叶、颞叶与顶叶皮质细胞震荡均达到 α 波范围而 θ 波消失	13 岁
枕叶 α 波的频率接近成人	13 岁
“重脉搏”与“复脉搏”呈现的百分值接近成人	13～14 岁

13～14 岁时人脑已基本成熟，人脑成熟过程的顺序是：枕叶→颞叶→顶叶→额叶（见图 3-6）。

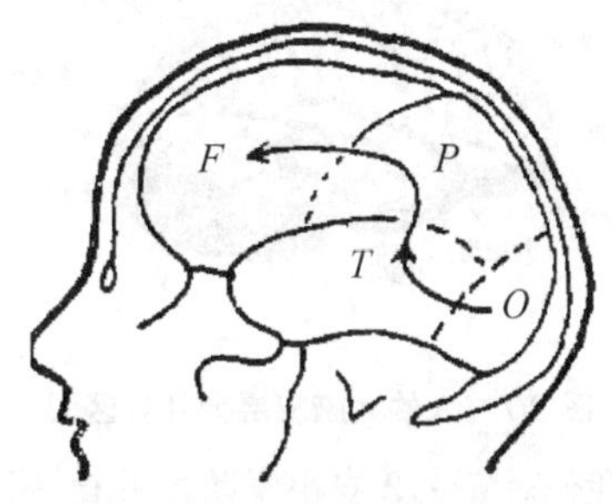

“O—T—P—F”线路
O—枕叶　T—颞叶
P—顶叶　F—额叶

图 3-6　儿童脑发展成熟程序示意图

---

① Giedd, J. N., Vaituzi, s A. C., Hamburger, S. D., Lange, N., Rajapakse, J. C., Kaysen, D., et al., “Quantitative MRI of the Temporal Lobe, Amygdal, and Hippocampus in Normal Human Development: Ages 4-18 Years,” *Journal of Comparative Neurology*, 1996, 366, pp. 223-230.

② Dekaban, A. S., Sadowsky, D., “Changes in Brain Weights During the Span of Human Life: Relation of Brain Weights to Body Heights and Body Weights,” *Annals of Neurology*, 1978, 4 (4), pp. 345-356.

③ 刘世熠：《我国儿童的脑发展的年龄特征问题》，载《心理学报》，1962 (2)。

（四）神经系统的结构和机能的发育

到青春发育初期，青少年神经系统的结构基本上和成人没有什么差异了。此时，大脑发育成熟，大脑皮质的沟回组织已经完善、分明（见图 3-7）。神经元细胞也完善化和复杂化，传递信息的神经纤维的髓鞘化已经完成，好像裸体导线外边包上了一层绝缘体，保证信息传递畅通，不互相干扰（见图 3-8）。

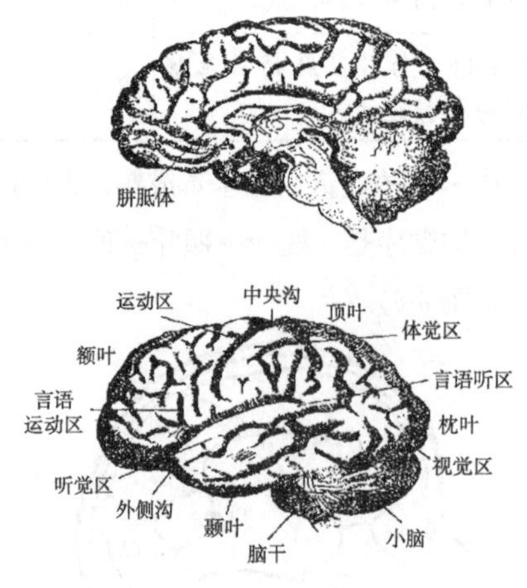

图 3-7　人的大脑皮层分叶分区图

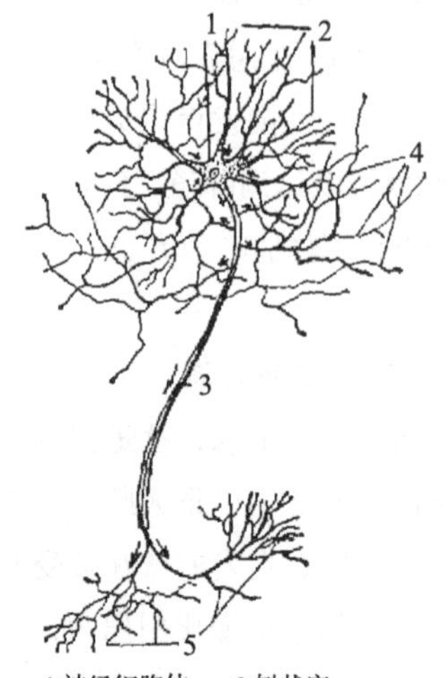

图 3-8　神经元的构造示意图

我们对 6～12 岁小学阶段儿童不同频率的 α 波成分变化特点进行了研究。[①]研究发现，儿童 8Hz 和 9Hz 脑电成分在 α 波中所占比率逐渐降低；10Hz 和 11Hz 脑电成分在 α 波中所占比率逐渐增高；12Hz 和 13Hz 的比率变化不大，呈微弱的上升趋势。这说明儿童脑电 α 波结构中的低频成分逐渐减少，中高频成分则逐渐增多。此外，不同年龄儿童 α 波的平均频率存在显著差异，随着年龄的增长，6～12 岁儿童脑电 α 波的平均频率呈明显的上升趋势，在这一变化过程中没有表现出明显的性别差异。从儿童脑电 α 波的优势成分的年龄特点来看，6 岁时 8Hz 和 9Hz 成分为 α 波的优势成分；7、8、9 岁时 9Hz、8Hz 和 10Hz 成分为 α 波的优势成分；10Hz 成分是 10 岁儿童 α 波的优势成分；10Hz 和 9Hz 成分是 11 岁儿童 α 波的优势成分；10Hz、9Hz 和 11Hz 成分是 12 岁儿童 α 波的优势成分。可见，儿童脑电 α 波的优势成分随年龄增长频率逐渐升高，其主导频率从 6 岁时的 8Hz 发展到 7、8、9 岁时的 9Hz，到 10、11、12 岁时 α 波的主导频率已增高到 10Hz，11Hz 也逐步开始占主导地位。这一结论与前人的研究结果基本一

① 沃建中，曹河圻，潘昱等：《6～12 岁儿童脑电 α 波的发展特点》，载《心理发展与教育》，2000（4）。

致，支持了“儿童脑电α波的平均频率随年龄的增加而增高”的观点。同时我们还发现了一些不同的规律。对比上述的研究结果，本研究中的6～12岁儿童脑电α波的发展已明显超前于20世纪60年代的被试。就平均频率而言，在本研究中6岁被试α波的平均频率已达到20世纪60年代时的10岁被试的发展水平，7岁、8岁、9岁和10岁被试α波的平均频率介于20世纪60年代12～13岁被试的水平之间，11岁和12岁被试α波的平均频率则相当于20世纪60年代13～14岁被试的水平。儿童脑电α波的这种加速发展，其原因可能是多方面的。随着经济的发展、生活水平的提高，儿童各项生理指标的发展都出现了超前趋势，大脑的发育也不例外。此外，社会的进步、人口素质的提高，使人们越来越重视对下一代的培养与教育，特别是早期教育、智力开发等教育手段越来越得到众多家长的青睐。这些无疑给儿童提供了丰富的环境刺激，因而大大促进了其大脑的发育与成熟。

青春期，在新的更加复杂的生活条件影响下，大脑机能显著发展并逐步趋于成熟。兴奋与抑制过程逐步平衡，特别是内抑制机能逐步发育成熟，到十六七岁后，兴奋和抑制能够协调一致。到青春发育期，第二信号系统不仅逐步占据优势地位，而且在概括和调节作用上也有显著的发展。

最近10年来，认知神经科学家利用磁共振技术对儿童青少年的脑发育进行了更细致的研究，发现儿童青少年的大脑发育存在非同步性的特点。大脑发育的非同步性首先体现在不同皮层区域上，最先发育成熟的是一些初级皮层，如躯体感觉皮层和视觉皮层等，而最后成熟的则是需要整合各初级功能的高级联络皮层，如背侧前额叶等①。大脑发育的非同步性还体现在大脑的两种重要组成部分——灰质和白质的发育上。研究发现，大脑灰质的体积随着年龄的增长呈现出倒U形的发育轨迹，青春期时大脑灰质的体积达到峰值，而青春期以后则呈现出缓慢下降的趋势，而脑白质的体积从儿童期到青春期是持续增加的②③。研究还发现，越是与高级功能相关的脑区，其细胞构造越复杂，并具有更复杂的发育轨迹④。

针对青少年的大脑神经影像学研究发

① Gogtay, N., Giedd, J. N., Lusk L., Hayashi, K. M., Greenstein, D., Vaituzis, A. C., et al., “Dynamic Mapping of Human Cortical Development during Childhood through Early Adulthood,” *The National Academy of Sciences of the USA*, 2004, 101 (21), pp. 8174-8179.

② Giedd, J. N., Blumenthal, J., Jeffries, N. O., Castellanos, F. X., Liu, H., Zijdenbos, A., et al., “Brain Development during Childhood and Adolescence: A Longitudinal MRI Study,” *Nature Neuroscience*, 1999, 2 (10), pp. 861-863.

③ Lenroot, R. K., Giedd, J. N., “Brain Development in Children and Adolescents: Insights from Anatomical Magnetic Resonance Imaging,” *Neuroscience Biobehavioral Reviews*, 2006, 30 (6), pp. 718-729.

④ Sowell E R, Thompson P M, Leonard C M, Welcome S E, Kan E, Toga A W., “Longitudinal Mapping of Cortical Thickness and Brain Growth in Normal Children,” *Journal of Neuroscience*, 2004, 24 (38), pp. 8223-8231.

现，在青少年期大脑自上而下的控制系统（如前额皮层）与皮下组织（如边缘系统、伏隔核）功能发展不平衡，额叶控制皮层发育不成熟，脑部边缘系统等与情绪、动机加工有关的脑区发育迅速，即奖赏加工的脑区比决策和控制相关的脑区发育更快。因此，青少年不能很好地抑制冲动的冒险行为。换言之，脑部两个系统发育的进程不同，导致青少年期更多表现出冒险的行为倾向（图 3-9）。

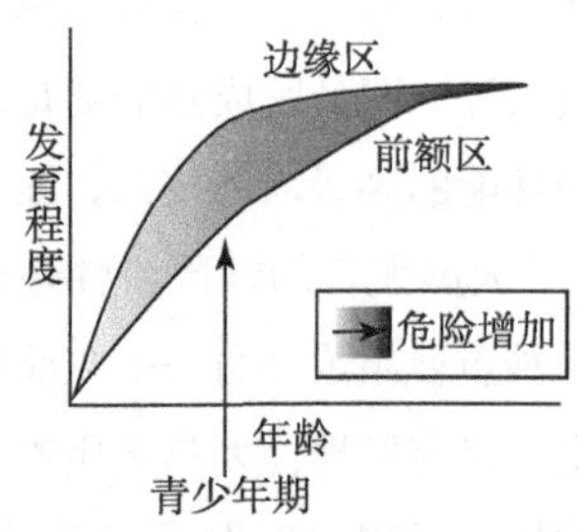

图 3-9　青少年期前额皮层与皮下组织的发育轨迹（Casey et al.，2011）

尽管如此，脑和神经系统要发育到与成年人一模一样，还得到 20～25 岁以后，而不是在中学阶段——青春发育期。比如，在 20～25 岁之前，长在脑下部的脑下垂体、长在颈部喉结的甲状腺、长在肾脏上的肾上腺在青春发育期期间都分泌出激素，促使全身的组织迅速发育，同时也加强了脑和神经系统的兴奋性，因而青少年容易情绪激动，也容易疲劳。到了 20～25 岁，这种激素分泌显著减少。

此外，研究青少年期大脑发育的研究者惊喜地发现小脑对一些高级活动也有重要作用，如数学、音乐、决策、社交技能以及幽默理解。而且他们还发现小脑在青少年期和成年初期一直在发育（Tiemeier et al.，2010）。事实上，这是最后一个停止发育的大脑结构，直到 25 岁左右才完成突触的过度成长与修剪，甚至在额叶发展之后。

由此可见，脑和神经系统的基本成熟，为青少年心理的基本成熟提供了可能性，但青少年毕竟处于从不成熟向成熟过渡的阶段，脑和神经系统的机能都有待进一步加强。因此，教师与家长应引导青少年合理安排作息时间，兼顾学习与娱乐，注意劳逸结合，这对他们的身心健康成长与成熟是非常必要的。

第三节　性器官与性功能的成熟

生殖器官只有到青春期才迅速发育起来，这时人才有了生殖机能。

一、女性生殖器官与生殖机能的成熟

女性生殖器官的发育从十一二岁开始，先是外生殖器的变化，继而是阴道深度的增加。

月经初潮，是指女孩第一次来月经，它标志着性发育即将成熟，是女性青春期来临的信号。月经初潮多半出现在身高增长速度开始下降后的半年到一年。体重的

增长晚于身高的增长，但在月经初潮之后，体重增长的速度显著加快。月经初潮时，卵巢还未达到成熟时重量的 30%，因此，在初潮之后的半年至一年内，月经还不规律。

月经初潮开始的年龄，在国内外和各地区并不相同，一般在 10～16 岁。在发达国家，初潮年龄逐渐提前（见图 3-10）。目前，这些国家的女孩月经初潮的平均年龄为十二三岁。据统计，有些国家的女孩初潮年龄每 10 年平均提前 3 个月，也就是每 40 年，初潮时间可提前 1 年。我国的女孩初潮年龄相对较晚。例如，北京市女孩初潮的平均年龄，1963—1964 年为 14.5 岁（最早 9 岁，晚的甚至到 20 岁）；1980 年再次调查，发现已提前到 13～13.3 岁；近期资料显示又提前了约 1 年。

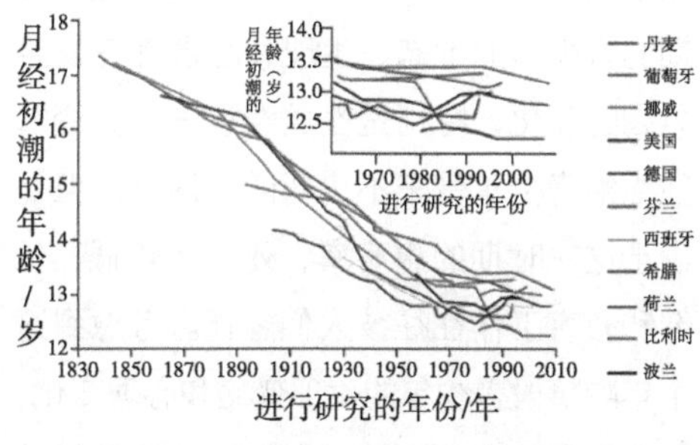

图 3-10　月经初潮年龄的长期趋势

来源：Sørensen et al.，2012

二、男性生殖器官与生殖机能的成熟

男性生殖器官的成熟比女性要晚。10 岁以前，睾丸只是缓慢地成长，到 13 岁才开始活跃，15 岁男孩睾丸的重量已接近成人。

随着生殖器官和第二性征的发育，男生长到十五六岁，出现了遗精。医学上把非性交活动状况下的射精叫作遗精。我国健康男性 16 岁左右出现首次遗精，据 1963—1964 年在北京市的调查，男生首次遗精年龄平均为 16.4 岁，且以夏季较多；20 世纪 80 年代的调查发现，首次遗精年龄提前到 14～14.5 岁；近期研究又发现提前了约 1 年。由于地区及个体发育的差异，一些早熟男生的首次遗精年龄可能会提前一两年。首次遗精意味着男性的生殖腺开始走向成熟，性机能成熟，能够产生精子。80%以上的男性有遗精现象。

三、性成熟与心理变化

性成熟在青少年心理形成与发展中起很大的作用，青少年开始意识到自己向成熟过渡，同时对性机能产生好奇心与新颖感。例如，对于女生来说，尽管事先具有性的知识，但是她们对月经初潮的突然出现，还是会感到强烈的不安和恐惧，一般来说，还会感到害羞，有的甚至会陷入孤立或产生自卑感。又如，男生倾向于在女生面前表现自己，不愿教师或家长在女生面前批评指责自己；在情感上愿意接近女生，在行动上又故意疏远，处于一种矛盾的心理状态。不管是男生还是女生，都已开始意识到两性的关系，对异性产生“兴趣”，产生新的情绪、情感和体验。例如，他们开始“爱美”，注意自己的外表仪容，喜欢照镜子、追求打扮。

在我国，绝大多数青少年能健康成长，

能够正确地对待性成熟及其所带来的一系列的变化。但如果不能正确引导他们对两性关系的认识，不加强必要的性知识教育，则会使青少年出现不良的习惯与不良的道德品质，甚至会发生不正当的男女关系。我们曾在北京市一些中学里调查女生的过早性行为问题，发现 45 名女生有类似行为，其中 85%集中在 13～16 岁，在 16 岁之后，除去个别的，绝大多数有明显的收敛或克制。我们还在其他一些中学进行了追踪式的调查，发现八年级学生是出现过早性行为问题的一个关键时期，可见这与性成熟时期青少年心理变化的年龄特征有关。

教师与家长要了解性成熟给青少年心理带来的变化，要对他们进行必要的性知识的教育，不应该过于强调生理学因素，而应该更多地启发他们树立正确的人生观。教师可以组织丰富多彩的文体活动，自然地引导男女学生之间建立团结友爱的集体关系，尽量避免不良刺激的影响，把青少年的主要精力引导到学习活动中去，以培养健康的心理和良好的道德品质。

上面介绍了青春发育期的三大变化。有人会问，为什么会有这些变化呢？

现代生理学研究认为，促使全身变化的总根源就是激素。在我们身体内部，有一些机构专门制造某些化学物质，虽然量不多，却起着左右身体机能的作用。这种化学物质就是激素。

产生激素的机构之中，最主要的就是脑下垂体。脑下垂体，又叫脑垂体，它产生的激素有十多种，其中除了关系到发育生长的激素以外，还有作用于肾上腺、泌乳、催产、排尿等的激素，作用范围相当广。

到了青春发育期，丘脑的多肽释放激素，催动脑垂体，于是脑垂体分泌与发育有关的几种激素，特别是号称“三把钥匙”的激素：一是打开甲状腺的大门，增进人体的新陈代谢；二是打开长骨生长的大门(生长素)，使人体增高变重；三是使性腺的大门开启。三扇大门打开了，就产生了青春发育期。

青春发育期的飞速变化，形成了人一生中迅猛发育的“第二高峰”。处于这一时期的青少年的形态、生理和心理都在发生急剧的变化，特别是性成熟这一“突变”，往往给青少年带来不少暂时的困难。但是由于这一时期的患病率、死亡率较低，保健和教育工作往往被人们忽视。考虑到这个年龄阶段青少年的生理变化和心理变化，教师和家长应切实地、有针对性地做好教育工作，使青少年顺利地度过这一生理上的特殊时期。

第二编 智力发展

在心理学的概念中，不少心理学家把智力（intelligence）、认知（cognition）和思维（thinking）视为同义语。这是有一定道理的。尽管我们也可把这三者区分开来，探讨其各自的特点，但是，它们之间又紧密地联系着。

中学的学习活动和集体关系的变化，都会引起青少年智力发展的新需要，并和他们已经达到的原有心理结构、智力（认知、思维）水平之间产生矛盾，构成中学阶段青少年智力发展的动力。在教育影响下，在小学儿童智力发展的基础上，这对矛盾不断产生和解决，推动着青少年的智力不断地向前发展。

第四章 智力的实质

智力问题，主要是心理学问题，同时也和一些别的学科（如遗传学、神经生理学、教育学、逻辑学等）有密切联系。因此，心理学家应联系有关学科，从理论上和实践上对它进行探讨。探索智力的奥秘，必须要揭示其心理实质。

第一节 有关智力的主要观点

国际心理学界的智力观点很多，光是智力的定义就达一百四十五种之多。下面我们介绍几种与本书有关的观点。

一、因素说和结构说

（一）因素说

因素说是研究智力构成要素的学说。智力由哪些因素构成呢？早在19世纪末20世纪初，桑代克就提出了特殊因素理论，认为智力由许多特殊能力组成，他设想智力由C（填句）、A（算术推理）、V（词）和D（领会指示）组成。

斯皮尔曼（C. Spearman，1863—1945）于1904年提出了“二因素说”，认为智力由贯穿于所有智力活动中的普遍因素（G）和体现在某一特殊能力之中的特殊因素（S）所组成。

凯利（T. L. Kelly，1905—1967）和瑟斯顿（L. L. Thurston，1887—1955）分别于20世纪30年代和40年代提出了“多因素说”，认为智力是由彼此不同的原始能力组成。不过凯利和瑟斯顿的提法不尽相同。凯利提出数、形、语言、记忆、推理五种因素；而瑟斯顿提出数字因子、词的流畅、词的理解、推理因素、记忆因素、空间知觉、知觉速度七种因素。

（二）结构说

结构说实际上也是因素说的一种，但它是从结构角度阐明智力因素的。也就是说，结构说强调智力是一种结构。

美国心理学家吉尔福特（J. P. Guilford，1897—1987）于1959年提出了智力三维结构模式，认为智力由操作（即思维方法，可分认知、记忆、发散思维、辐合思维、评价五种成分）×内容（即思维的对象，可分图形、符号、语义、行为四种成分）×结果（即把某种操作应用于某种内容的产物，可分为单元、种类、关系、系统、转换、含义六种成分）所构成的三维空间（120 种因子）结构（如图 4-1 所示)。

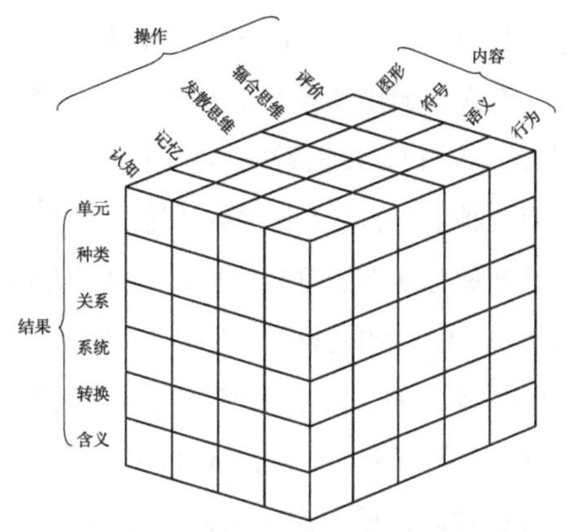

图 4-1　吉尔福特的三维智力结构模型

此外，英国心理学家阜南（P. E. Vernon，1905—1987）于 1960 年提出了智力层次结构理论，认为智力是一个多层次的心理结构。其中，最高层次是智力的一般因素；第二层次包括两大因素群，即言语与教育方面的能力倾向及操作和机械方面的能力倾向；每个大因素群又分为第三层次的几个小因素群，言语和教育的能力倾向分为言语、数量、教育等，操作和机械方面的能力倾向又分为机械、空间、操作等；第四层次是各种特殊能力。

美国心理学家施莱辛格（I. M. Schlesinger）和格特曼（L. Guttman）于 1969 年提出二维结构模型理论。他们认为，智力的第一维是语言、数和形（空间）的能力（用直线表示其范围），第二维是规则应用能力、规则推理能力和学校各科学业测验成绩（用曲线表示其范围)。

1986 年，美国心理学家斯腾伯格（R. J. Sternberg，1949—　）又提出了人类智力的三层次理论，该理论主要包括智力的三个子理论，它们分别是智力的情境子理论、智力的经验子理论和人类智力的成分子理论。他所强调的是智力、情境和经验的关系，并提出按功能可以把智力成分分为元成分、执行成分和知识获得成分。这种智力三层次理论，使我们能够从多方面来理解智力的本质。

二、皮亚杰的智力理论

皮亚杰（J. Piaget，1896—1980）始终认为，心理的机能是适应，智力是对环境的适应。也就是说，智力的本质就是适应，使个体与环境取得平衡。这种适应不是被动的、消极的，而是主动的、积极的。皮亚杰明确地提出并一再强调，智力是一种主动的、积极的结构。

皮亚杰指出："智力在一切阶段上都是把材料同化于转变的结构，从初级的行动结构升为高级的运算结构，而这些结构的构成乃是把现实在行动中或在思维中组织起来，而不仅是对现实的描摹。"① 在他看来，智力是一种思维结构的连续形成和改组的过程，每一阶段都有一种相对稳定的认知结构来决定学生的行为，并说明该阶段的主要行为模式；教育要适合于这种认知结构或智力结构，即要按学生的认知结构或智力结构来组织教材，调整内容，进

① ［瑞士］皮亚杰：《教育科学与儿童心理学》，傅统先，译，37 页，武汉，长江少年儿童出版社，2014。

行教学。如果学生的认知结构或智力结构不合理，那么他们就会记忆缓慢，思维迟钝，不能灵活地解决问题。这时，即使教师试图加速他们的发展，也只能是浪费时间和精力。

认知结构或智力结构是什么？皮亚杰最初强调图式（schema，即动作的结构或组织）概念。图式经过同化、顺应和平衡，构成新的图式。到了晚年，他强调这个结构的整体性（思维形式的逻辑结构）、转换性（认知是一个主动积极的且发展变化的建构过程）和自调性（主客体的平衡在结构中对图示的调节作用）。皮亚杰提出的所谓“建构主义”（constructivism）中的“建构”区别于一般的结构，它是主体与客体相互作用的结果。它所强调的三方面，一是主客体的相互作用；二是共时性和历史性的统一；三是活动中心范畴（把活动作为考查认识发生与发展的起点和动力）。

三、认知心理学的智力观

20 世纪 50 年代末 60 年代初，由于控制论、信息论和计算机技术的发展，心理学要改变行为主义把人脑看成“黑箱”的悲观论调，出现了认知心理学。一般认为，美国心理学家奈塞尔（U. Neisser，1928—2012）为“现代认知心理学之父”（1967 年他出版了第一部《认知心理学》专著）。

认知心理学家安德森（J. R. Anderson，1947— ）指出：“认知心理学试图了解人的智力的性质和人们是如何进行思维的。”① 在这里，他指明了认知心理学的研究对象是人的智力和思维。但是，现代心理学对认知（cognition）的理解很不统一。有人［如霍斯顿（J. P. Houston）等］对关于认知的各种看法进行了归纳②，认为有五种主要的观点：①认知是信息加工；②认知是心理上的符号运算；③认知是问题解决；④认知是思维；⑤认知是一组相关的活动，如感觉、记忆、思维、判断、推理、问题解决、学习、想象、概念形成、语言使用。这里，实际上只有三种观点：①和②是狭义的认知心理学，即信息加工论；③和④认为认知心理学的研究核心是思维；⑤是广义的认知心理学。

认知心理学强调，认知应包括三个方面，即功能（适应）、过程和结构③。这里最突出的是，认知是为了达到一定的目的，在一定的心理结构中进行信息加工的过程。从一定意义上说，智力就是为了达到一定的目的，在一定的心理结构中进行信息加工的过程。

认知心理学研究智力有一个发展过程，当前的认知心理学不仅重视知觉研究，而且更重视思维等内部的高级认知因素的研究；不仅重视一般的认知模型的建立，而且更重视联结的网络，反应时就是分析加工过程的一个新突破；不仅重视生理机制的探索，而且重视根据人的神经元和神经

① ［美］J. R. 安德森：《认知心理学》，杨清，张述祖，等译，长春，吉林教育出版社，1989。

② Houston J. P.，Helen Bee，Kimm D. C. et al.，*Essentials of Psychology*. New York：Academic Press，1981.

③ Dodd D. H.，White R M.，*Cognition*：*Mental Structures and Processes*. Boston：Allyn & Bacon，1980.

网络的特点来改进计算机的设计；不仅关心理论课题，而且关心现实生活中的课题。

认知心理学对智力与思维问题的研究，主要有以下三个特点：①把心理学、思维心理学和现代科学技术（控制论、信息论、计算机科学等）结合起来研究。例如，纽厄尔（A. Newell，1927—1992）和西蒙（H. A. Simon，1916—2001）研究了机器模拟思维的基本模型；②尽管研究以认知为主要对象，但它并不局限于认知的范围，它不但把从低级的感知到高级的思维当作一个不可分割的连续体，而且试图把认知（智力）因素和非认知（智力）因素结合起来，从而将人的心理、意识、认知、智力当作一个整体或系统来看待；③应用新的方法作为从感知到思维的过渡环节的表象，进行较合理的探索，这样有利于把感性认识和理性认识更好地联系起来，也有利于对人的心理、智力内部过程的研究。

四、三种智力的新理论

斯腾伯格在1998年提到，当今国际上有五种新的智力理论，即多元智力理论、成功智力理论、真智力理论①、生态智力理论②（我们在第二章里已提到）和情绪智力理论，这里主要介绍以下三种。

（一）加德纳的多元智力理论

1983 年，美国哈佛大学的加德纳（H. Gardner，1943— ）出版《智力结构》（*Frames of Mind*）一书，提出了“多元智力”（multiple intelligence）的概念③。之后 20 多年，加德纳一直探讨这个问题。1993 年，他又出版了《多元智力的理论与实践》（*Multiple Intelligence：The Theory in Practice*），该书的中文版《多元智能》于 1999 年出版后，引起了中国广大读者的重视。

加德纳提出了一种多元智力理论。起初，他列出了 7 种智力成分（见表 4-1）。他认为，相对来说，这些智力彼此不同，而且每个人都或多或少具有这 7 种智力。他承认，智力可能不止这 7 种，不过他相信并支持 7 种智力的观点达十几年之久。

表 4-1 加德纳的多元智力

智力类型	界定	运用领域
语言	知道词汇的含义，能够用来理解新的观念，并用语言向他人传达观念	写作，编辑，翻译
逻辑—数学	理解物体、活动及观念之间存在的关系，以及其中的逻辑或数学运算	科学，商业，医学

① Perkins D. N.，*Outsmarting IQ：The Emergence Science of Learnable Intelligence*. New York：Free Press，1995.

② Bronfenbrenner，Ceci.，“Nature-nurture Reconceptionalized in Developmental Perspective：A Bio-ecological Model，” *Psychological Review*，1994 (4)，pp. 568-586.

③ ［美］加德纳：《多元智能》，沈致隆，译，北京，新华出版社，1999。

续表

智力类型	界定	运用领域
空间	对物体的知觉非常准确，能够判断物体的空间关系	建筑，木工，城市规划
音乐	音乐演奏、创作、欣赏	作曲，指挥
身体—动觉	身体精确移动的能力	跳舞，竞技运动，外科
人际（知人）	识别他人的不同感受、情绪、动机、意图	教学，演艺，政治
内省（自知）	理解自己的情绪，知道自己的优缺点	咨询，精神病学，精神领袖
自然主义	认识和区分物种，描述其间的关系	打猎，钓鱼，务农，园艺，烹饪
存在主义	思考“终极”问题，比如生命的目的、死亡的本质	哲学，神学

一是语言智力（linguistic intelligence），就是有效地运用词语的能力；

二是逻辑—数学智力（logical-mathematical intelligence），就是有效地运用数字和合理地进行推理的能力；

三是知人的智力（interpersonal intelligence）或人际关系的智力，就是快速地领会并评价他人的心境、意图、动机和情感的能力；

四是自知的智力（intrapersonal intelligence），又译为“自控能力”，是指了解自己从而做出适应性行动的能力；

五是音乐智力（musical intelligence），就是音乐知觉、辨别和判断音乐、转换音乐形式以及音乐表达的能力；

六是身体运动智力（bodily-kinesthetic intelligence），就是运用全身表达思想和情感的能力；

七是空间智力（spatial intelligence），是指准确地知觉视觉空间世界的能力。

1993年，加德纳又添加了一种智力，叫自然主义智力（naturalistic intelligence），这是一种能对自然世界的事物进行理解、联系、分类和解释的能力。诸如农民、牧民、猎人、园丁、动物饲养者等都表现出了已经开发的自然主义智力。

到20世纪末，加德纳又增加了一种智力，即存在主义智力（existential intelligence），它涉及对自我、人类的本质等一些终极性问题的探讨和思考，神学家、哲学家在这方面的智力最突出。本章第三节，在阐述我自己的智力观时，还会对多元智力理论做些评论。

（二）斯腾伯格的成功智力理论

美国耶鲁大学的斯腾伯格长期从事智力的研究，提出了“成功智力”（successful intelligence）的理论。这种理论让人认识到，人生的成功主要不是靠智商（IQ），而是取决于成功智力。

斯腾伯格不仅从事成功智力的理论研究，而且进行实践应用的实验，他于 1996 年出版的《成功智力》一书颇有影响力。这本书已有中文译本①。

(1) 成功智力的概念。斯腾伯格认为，我们应少关注传统的智力观念，尤其是智商的概念，多关注成功智力。他在《成功智力》的序里风趣地说，他曾在小学时考砸了智商测验，他勉励自己，如果将来成功了，那也不是其智商的作用。为此，他最终走上了探索智力的道路，并努力寻找能够真正预测个人今后成功的智力。所谓成功智力，就是为了完成个人的以及自己群体或者文化的目标，而去适应环境、改变环境和选择环境的能力。如果一个人具有成功智力，那么他就懂得什么时候该适应环境，什么时候可以改变环境，什么时候应当选择环境，并能在三者之间进行平衡。具有成功智力的人能认识到自己的优势和劣势，并能想方设法地利用自己有限的时间，同时能够补偿自己的劣势或者不足。懂得如何充分发挥自己的优势，克服自己的劣势，这是人们能够成功的原因之一。

(2) 成功智力的成分及其任务。分析思维、创造思维和实践思维的能力是对于成功智力极为重要的三种思维能力（见图 4-2)。分析思维能力的任务是分析和评价人生中面临的各种选择，它包括对存在问题的识别、问题性质的界定、问题解决策略的确定、问题解决过程的监控。创造思维能力的任务在于，最先构思出解决问题的方案，富于创造力的人就是那些在思想世界中“低价买进而高价卖出”的人，研究表明，这些能力与传统的智商至少存在部分的不同，它们大致属于特定领域的能力。实践思维能力的任务在于，实施选择并使选择发生作用，如果将智力应用于真实世界的环境之中，那么实践思维能力就开始发生作用了。

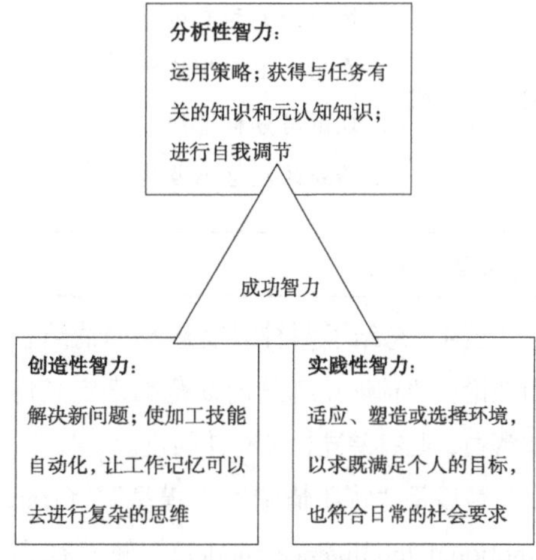

图 4-2 斯腾伯格的成功智力三元模型

（三）梅耶尔与戈尔曼的情绪智力理论

“情绪智力” (emotional intelligence) 这个词最早于 1946 年出现于贝尔多奇 (M. Beldoch) 的一篇论文中，之后梅耶尔 (J. D. Mayer) 等人于 1990 年提出了较早的情绪智力理论模型。1995 年，科学记者

① ［美］R.J. 斯腾伯格：《成功智力》，吴国宏，钱文，译，上海，华东师范大学出版社，1999。

戈尔曼（D. Goleman）的《情绪智力》一书的出版，对这个理论起到了推波助澜的作用。现在我们常常听到的“情商”概念，实际上来自“情绪智力”的理论。

情绪智力是什么呢？它由哪些要素构成呢？梅耶尔等人与戈尔曼分别提出了各自的情绪智力理论（见表 4-2），对此做了说明①②。

表 4-2　两个情绪智力模型的比较

理论	梅耶尔等人	戈尔曼
定义	情绪智力用以说明人们如何知觉和理解情绪、在思维中同化情绪、理解和分析情绪、调控自己及他人情绪的能力	情绪智力包括自我控制、热情、坚持性和自我激励能力。这种情绪智力原来被称为性格
内容与说明	1. 情绪知觉和表达 2. 在思维中同化情绪 3. 理解与分析情绪 4. 情绪的反思性监控	1. 知道自己的情绪 2. 情绪管理 3. 自我激励 4. 识别他人的情绪 5. 处理关系
类型	能力	能力与性格的混合

表 4-2 总结了两种最有影响的情绪智力理论。两种理论都从内涵范围来定义情绪智力，既有差异，又有共同点。

最后是“特质情绪智力模型”（trait emotional intelligence model）。佩萃德斯（K. Petrides，2000，2004，2007）认为，情绪智力是个人对其情绪能力的自我知觉，它包含了行为意向及自我知觉到的能力。特质情绪智力可以在人格的框架内进行测量，也可以称之为特质情绪自我效能感。

该模型提出了 15 种特质情绪智力的表现：适应性（灵活、愿意适应新的条件），张扬（豪爽、坦白、会维护自己的权利），情绪知觉（清楚自己和他人的情绪），情绪表达（能与他人交流自己的情绪），情绪管理（能够影响他人的情绪），情绪调节（能够控制自己的情绪），冲动性低（反省、不太可能屈从于自己的欲望），关系（能够建立令人满意的关系），自尊（成功、自信），自我动机（有动力、面对逆境不言放弃），社会意识（通过出色的社会技能建立良好的人际网络），压力管理（能够顶住压力、调节压力），特质共情（能够考虑他人的观点），特质快乐（愉快、对自己的生活感到满意），特质乐观（自信、能够看到生活的光明面）。

① Mayer J. D.，Salovey P.，Caruso D.，“Models of Emotional Intelligence，” Sternberg R. J.，ed. in *Handbook of Intelligence*. Cambridge，UK：Cambridge University Press，2000，pp. 396-420.

② Goleman D.，*Emotional Intelligence*，New York：Bantam Books，1995，pp. 1-40.

特质情绪智力模型被认为更具一般性。

第二节　我对智力的理解

国内外学者对智力有不同的理解。我是从智力与能力的关系上来认识智力的。我认为，智力与能力不能绝对分开，它们既有一定的区别，又有很强的内在联系。

一、什么叫智力与能力

智力与能力是成功地解决某种问题（或完成任务）所表现出的、具有良好适应性的个性心理特征。

怎样解释这个定义呢？

首先，智力与能力同属个性范畴，它们是个性心理特征。把智力与能力理解为个性的东西，说明其实质是个体的差异。这不仅是心理学家的观点，也是许多伟人的观点，从孔夫子到孙中山、毛泽东都是这么说的。在《纪念白求恩》这篇传世佳作中毛泽东提道，“一个人能力有大小……”（1939）。能力有大有小，不就是个体的差异吗？可见，能力是一种个性心理特征。在批判“天才论”时，毛泽东指出，“天才者，无非就是聪明一点……”（1971），显然他是承认这种个体智力差异的。可见，智力是一种个性心理特征。

其次，智力与能力定义的第一个定语是“成功地解决某种问题（或完成任务）”。为什么要这么说呢？作为个性心理特征的智力与能力，与个性心理特征的另一些因素（如气质、性格等）有何区别呢？我认为，区别在于智力与能力的根本功能是成功地解决问题或完成任务。因此，在一定意义上，智力与能力的高低首先要看解决问题的水平。毛泽东说，“在学校里，应培养学生分析问题与解决问题的能力”（1964）[①]，其道理就在这里。

最后，智力与能力定义的第二个定语是“良好适应性”。它是指智力与能力的任务，即主动积极的适应，使个体与环境取得协调，达到认识世界、改造世界的目的。皮亚杰始终坚持心理的机能是适应，智力是对环境的适应的思想。也就是说，智力与能力的本质就是适应，目的是使个体与环境取得平衡[②]。今天，这几乎已成为国际心理学界的共识。我国教育界不也在为某些毕业生走上社会时适应能力不强而大为感叹吗？这说明“良好适应性”在人们心目中的重要地位。

怎样看待智力与能力的区别和联系？

智力与能力是有一定区别的。一般地说，智力偏于认识（认知），它解决的是知与不知的问题，是保证有效地认识客观事

① 张健：《毛泽东教育思想研究》，杭州，浙江教育出版社，1993。

② ［瑞士］皮亚杰：《教育科学与儿童心理学》，傅统先，译，37页，北京，文化教育出版社，1981。

物的稳固心理特征的综合；能力偏于活动，它着重解决会与不会的问题，是保证顺利地进行实际活动的稳固心理特征的综合。但是，认识和活动总是统一的，认识离不开一定的活动基础，活动又必须有认识的参与。所以，智力与能力是一种互相制约、互为前提的交叉关系。从国外的智力与能力观点来看，有人持“从属说”，认为智力从属于能力，是偏于认识的一种能力；有人持“包含说”，认为智力包含着诸如感觉、知觉、思维、记忆和注意等各种能力。我们认为，智力与能力的交叉关系，既体现“从属”关系，又体现“包含”关系。教学的实质就在于认识和活动的统一，教学中发展智力和培养能力是分不开的。我们提出的数学教学中的“智能训练”，既包括智力的训练，又包括能力的训练。因为能力中有智力，智力中有能力。

智力与能力的总称叫智能。

正因为智力与能力的联系如此密切，我国古代思想家一般把智与能看作既有区别又有联系，互相转化、共同提高的两个概念。例如，《吕氏春秋·审分》《九州春秋》《论衡·实知》等名篇中，均将两者结合起来称为“智能”，其实质都是把智力与能力结合起来作为考查人才的标志。

二、智力的组成

智力是一个完整的结构。它是由哪些成分组成的呢？一般来说，它包括言语、感知、记忆、想象、思维和操作技能因素(见图 4-3)。思维是智力的核心。

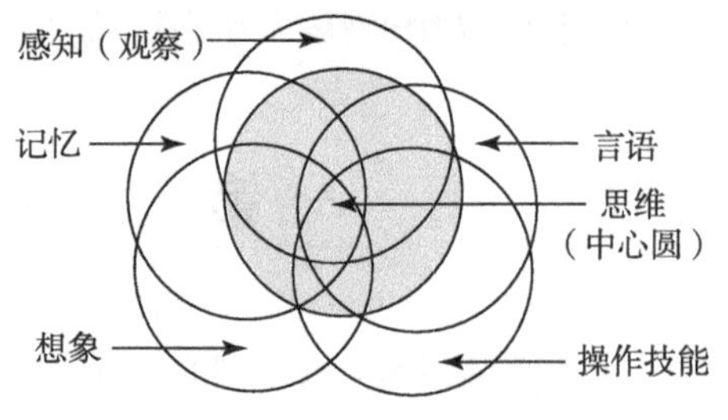

图 4-3　智力结构成分模型

（一）言语

言语是指个体对语言的掌握和运用的过程。“言语”和“语言”既有联系，又有区别（在本书第九章中将做出详细的论述)。口头言语、书面言语和内部言语这三类言语的水平因人而异，不同的言语能力水平是个体“聪明”与“不太聪明”的具体表现。

（二）感知

我们眼睛看到的颜色，耳朵听到的声音，身体的感受，舌头尝到的味道，鼻子嗅到的气味，都是人脑对事物的某些个别属性的认知，叫作感觉。纵观自然，或万里晴空，或乌云密布；或波涛起伏，或风平浪静；或风景如画，或一叶孤舟，这些都是人脑产生的对事物的整体认知，这便是知觉。感觉、知觉有个能力问题，特别是观察力，它是一种有意识的、有计划的、持久的知觉活动能力，是智力的组成部分。感知能力因人而异，显示出不同人的“聪明”与“不太聪明”。

（三）记忆

记忆是我们对过去感知过或经验中发

生过的事物的重新认知或再现。它的内容很广，可归纳为四种：游览颐和园之后，可以回想起万寿山的形象，这是表象的记忆；阅读一本书后，对抽象的概念、公式、法则的记忆，这是语词概念的记忆；回忆某个激动的情景时感到兴奋和鼓舞，这是情绪情感的记忆；去年学会了游泳，现在下水仍十分熟练，这是运动记忆。记忆能力的个别差异也是很大的。例如，识记的方法、再认的能力与回忆的能力、记性的好坏、记忆的快慢、记忆的持久与牢固、记忆的正确程度等都因人而异。这里，记忆能力的好坏，显示出因人而异的“聪明”与“不太聪明”。

（四）想象

我们不但能回忆起过去感知过的事物形象，而且能创造出过去从未感知过的事物形象。这就是在客观事物的影响下，在语言的调节下，人脑中已有的形象经过改造和结合而产生新形象的心理过程，这个过程就是想象过程。例如，少年儿童都爱听《西游记》的故事，都喜欢孙悟空。孙悟空就是想象中的人物。如果没有想象，人就不可能有所创新，不可能有任何预见。人与人之间的想象力也存在差异，创造性的程度不一样，空间想象能力不一样，现实性与预见程度也不一样。不同的想象能力，显示出人们在革新中的“聪明”与“不太聪明”。

（五）思维

思维是人脑对事物本质和事物间规律性关系的认知，它以感知、记忆为基础，以已有知识为中介，借助于言语而实现。思维属于理性认识，是智力的核心部分。思维之所以为理性的认识是因为其有概括性。概括是思维的第一特征。合并同类项就是概括能力的一种表现形式。所谓概括，就是在思想上将许多具有某些共同特征的事物，或将某些事物已分出来的一般的、共同的属性或特征结合起来。概括的过程，是把个别事物的本质属性推及为同类事物的本质属性的过程。这个过程，也就是思维由个别通向一般的过程。此外，平时我们说一个人的智力好坏，还要说各种思维能力的高低。诸如分析能力、综合能力、命题判断能力、逻辑推理能力等，都是逻辑思维能力的表现。人类认识客观事物、学习基本知识、掌握基本规律、进行创造发明，都离不开思维能力。不同的概括水平、不同的思维能力，显示出不同学生的“聪明”与“不太聪明”。

（六）操作技能

智力不完全指动脑，也包括动手、操作和实践，其中有一个重要因素叫技能。技能是个体运用已有的知识经验，通过练习而形成的智力动作方式和肢体动作方式的复杂系统。技能包括在知识经验基础上，按一定方式进行反复练习或由于模仿而形成的初级技能，也包括按一定的方式经多次练习使活动方式的基本成分达到自动化水平的高级技能，即技巧或技巧性技能。技能按其性质和特点可以分为心智（智力）技能（如数学运算技能）和动作技能两种，但通常所说的技能是指动作技能或操作技能。技能与知识不同。知识是对经验的概括而在人脑中形成的经验系统；技能是对动作和动作方式的概括，是个体身上固定下来的复杂的动作系统。然而，技能与知识又是相互联系、相互转化的。操作技能的水平，也能显示出不同人的“聪明”与“不太聪明”的程度。

三、智力的层次

智力不但有多方面的因素，而且有不同的层次。

在北京、上海等地的调查中发现，儿童的智力发育很差的所谓低常儿童，约占3‰左右，这是一个不小的数字，是有关国家建设，特别是有关人口素质的一个值得注意的问题。智力发育超常的（即所谓天才）儿童也是少数。所谓超常或天才，“无非是聪明一点”，即组成智力的几个方面的能力或才能高度综合发展，或者在某个因素上表现异常突出。它是在一定的物质和精神条件下形成的，古今中外都有这样一些人物，这并不神秘。除低常与超常两个层次之外，大多数儿童属于正常的层次。用统计术语来说，智力水平的分布呈“正态分布”，它是一个对称的“钟形曲线”（见图4-4）。

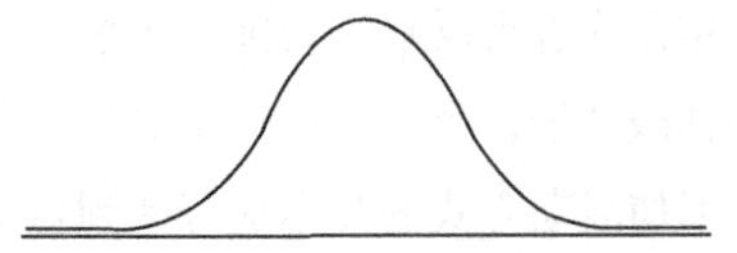

图4-4 智力水平分布常态分配示意图

一个人的智力是正常、超常或低常，主要由智力品质来确定。智力品质是智力活动中，特别是思维活动中智力特点在个体身上的表现，因此它又叫思维的智力品质或思维品质，其实质是人的思维的个性特征。它既是评价智力高低的指标，又是培养智力与能力的突破口。

思维品质体现了个体思维的水平和智力、能力的差异。学校教育教学的主要目的之一是提高学生的思维能力。因此，在智力与能力的培养上，教师往往要抓学生的思维品质这个突破口，做到因材施教。

思维品质的成分及其表现形式很多。我们认为，它主要包括深刻性、灵活性、独创性、批判性和敏捷性五个方面。

（1）深刻性是指思维活动的抽象程度和逻辑水平，以及思维活动的广度、深度和难度。它表现为个体在智力活动中深入思考问题，善于概括归类，逻辑性强，抽象程度高，善于抓住事物的本质和规律，开展系统的理解活动，善于进行各种逻辑推理，善于预见事物的发展进程。超常智力的人抽象概括能力强，低常智力的人往往只是停留在直观水平上。

（2）灵活性是指思维活动的灵活程度。它反映了智力与能力的迁移水平，如我们平时说的“一题多解”“举一反三”“运用自如”。灵活性强的人，智力方向灵活，善于从不同的角度与方面思考问题；从分析到综合，从综合到分析，灵活地做综合性的分析，较全面地分析、思考问题，解决问题。西方心理学把这种思维品质叫作发散思维（divergent thinking）。

（3）独创性是指思维活动的创新精神，或称为创造性和创造力。在实践中，人们除了善于发现问题、思考问题外，更重要的是要创造性地解决问题。社会发展、科技进步，乃至个体有所发明、有所创新，都离不开思维的独创性。爱迪生在既无设备又无资料的条件下，一生能完成数以千计的发明，取得辉煌的成就，主要是因为他有杰出的独创性智力品质。独创性是一种比较高级的智力品质，古往今来的发明家、科学家，都具有这种智力品质。培养青少年的独创性智力品质是极其重要的。

(4) 批判性是指思维活动中独立分析和批判的程度。西方心理学称之为批判性思维（critical thinking）。是循规蹈矩、人云亦云，还是独立思考、善于发问？这就是思维在批判性上的差异。批判性是一种很重要的思维品质。有了批判性，人类能够对思维本身进行自我认识，也就是说，人们不仅能认识客体，而且能认识主体，并在改造客观世界的过程中改造主观世界。所以，批判性是人类反思能力或元认知等“知其然，知其所以然”的表现。

(5) 敏捷性是指思维活动的速度，它反映了智力正确而迅速（敏锐）反应的程度。智力超常的人，思考问题敏捷，反应速度快；智力低常的人，往往迟钝，反应缓慢；智力正常的人则处于一般的速度。

思维品质的五个方面，是判断智力与能力的层次的主要依据。在一定意义上，思维品质是智力与能力的表现形式，智力与能力的层次，集中地表现在深刻性、灵活性、独创性、批判性和敏捷性等几个方面的水平上。思维品质这些方面的表现，是确定一个人智力与能力是正常、超常或低常的主要指标。

在我们开展的教学实验中，我们结合中小学各学科的特点，制定了一整套培养学生思维品质的具体措施。由于实验中强调了思维品质的培养，所以实验班学生的智力、能力和创造精神获得了迅速发展，各项测定指标大大高于对照班，而且实验时间越长，这种差异越明显。由此我们可以得出结论：培养思维品质是发展智力与能力，乃至包括数学教学在内的各种教学改革的一条可信又可行的途径。

四、智力与知识、技能的关系

中小学各科教学，十分强调培养学生的基本知识和基本技能（以下简称为“双基”），并把“双基”作为学校教学的重要任务。

什么是知识？从心理学的观点来说，知识是人类社会历史经验的总结，它以思想内容的形式为人所掌握。知识来源于社会实践，社会实践是人类一切知识的基础和检验标准。知识的形成要以人类的语言为工具，知识借助于一定的语言，物化为社会实践活动产品的经验形式，用以交流或代代相传，成为人类共同的精神财富和精神文明。

如在第二章第三节中“教育和发展的辩证关系”所述，知识、技能与智力有着密切的关系：知识、技能是发展智力的基础，发展智力是提高知识、技能的目的。因此，中学教学要在不断提高学生“双基”水平的基础上，发展学生的智力；同时教师要在发展学生智力的条件下，进一步促使其“双基”水平的提高。

我国著名心理学家朱智贤教授谈到青少年儿童心理发展规律时指出：“从教育措施到青少年儿童心理发展，这里面是以青少年儿童对教育内容的领会或掌握为中间环节的，是要经过一定的量变质变过程的。”可见，教师通过教学，向学生传授知识是重要的，但这只是使学生思维能力、智力发展的量变过程，它是一个中间环节，不是最终的目的。重要的是思维能力、智力本身的发展，这是质变过程，这才是真正的终结。从知识、技能的量变发展，到成为智力与能力的质变，中间环节是概括过程。前面分析思维成分时提到了概括，正是这种概括的过程，实现了知识、技能向智力、能力的转化。

如前所述，思维最显著的特性是概括。概括是形成概念的前提，是发展思维品质的关键。善于概括是思维深刻的重要特点。学习与运用的过程就是概括—迁移的过程。没有概括，就谈不上迁移；没有概括，就不能掌握和运用知识，也就不能学习新知识；没有概括，就无法进行逻辑推理，就谈不上思维的深刻性和批判性；没有概括，就没有灵活的迁移，就谈不上思维的灵活性与创造性；没有概括，就没有缩减形式，也就谈不上思维的敏捷性。因此，概括是一切思维品质的基础。概括的过程就是迁移的过程，概括的水平越高，迁移的范围就越广，跨度就越大。由于概括，学生抓住了数学知识的本质、整体和内部联系，掌握了数学知识的规律性。由于概括，学生善于发现已经掌握的数学知识与新的数学问题之间的联系，善于运用已学知识去解决新问题，获得新知识和新技能，做到举一反三，触类旁通，温故而知新。因此，概括能力是一切数学能力的基础，概括能力的提高将会使学生学习数学的能力显著增强，这应当引起我们的特别重视。

综上所述，知识、技能与智力、能力发展的关系是：人们获得知识、技能后，经过不断的概括过程，相关的智力与能力就得到了发展；同时，智力与能力的发展又使人们能更好、更快地获得知识和技能。

第三节　我的智力结构观

从比奈（A. Binet，1857—1911）开创智力研究以来，探求智力的本质与发展模式就一直是心理学中最活跃的研究领域。一个多世纪以来，学者提出了众多有关智力的理论，大大促进了我们对智力的理解。我是研究思维心理学的，认为思维是智力的核心，基于40多年的研究经验，我们对加德纳的多元智力理论提出了质疑，提出了智力的三棱结构观，从结构的、系统的观点来认识智力及其发展。

一、加德纳的多元智力理论与中国古代的“六艺”

如前文所述，目前存在五种新的智力理论，其中对我国教育界影响最大的是加德纳的多元智力理论。值得注意的是，加德纳的多元智力理论与中国古代“六艺”教育所蕴含的智力理论具有惊人的相似之处。①

所谓“六艺”，是指中国西周时期官学和春秋时期孔子私学的六门基本课程，即礼、乐、射、御、书、数。这六门基本课程分别包含着多种因素，于是构成了“六艺”的内容：五礼、六乐、五射、五御、六书、九数。加德纳于 1993 年指出，智力是在特定的文化背景或社会环境中解决问题或者制造产品的能力。中国古代的“六艺”教育的目的在于培养六种能力，亦即六种智力。所以，可以说“六艺”教育所蕴含的理论也是一种智力理论，我们称之为“六艺”教育的智力理论。它包括：“礼”的智力——人际关系的智力或知人智力，“乐”的智力——音乐智力，“射”的智力——身体运动智力，“御”的智力——空间智力，“书”的智力——语言智力，“数”的智力——数学逻辑智力。在“六艺”教育中，似乎没有单独阐述的课程对应于加德纳的自我控制智力（或自知智力）；那么，“六艺”教育是不是就忽视了自我控制或自知智力呢？完全没有，中国古人一向重视自知能力的培养和教育。“知人者智”“自知者明”以及“克己”“爱人”的思想，是中国古人一向重视自知智力的生动写照。不管是西周的官学，还是孔子的私学，“礼”是第一位的，而“仁”又是“礼”的中心内容。因此，教育的“礼”的课程不但包括加德纳智力理论的人际关系（知人）智力，而且蕴含了自我控制（自知的）智力。

加德纳的多元智力理论和“六艺”教育的智力理论具有相似之处，不仅表现在具体内容上，而且表现在两个实质性的观点上：一是两种智力理论的核心相似，即“因材施教”，加德纳强调发现每个儿童青少年的天赋，有的放矢地进行教育，这不就是因材施教吗？二是两种智力理论都重视评价过程与学习过程的有机统一。然而，多元智力理论与“六艺”教育的智力理论还是有区别的，除了年代和时代不同之外，还有两点本质的区别：一是前者认为七种智力相互独立、没有内在的联系，而后者则强调以“礼”为中心的相互联系性；二是前者的“未来学校”还处于实验阶段，而“六艺”已经历了近千年的教育实践了。当然，加德纳在不断发展自己的“多元智力”。例如，前面已提到，他后来提出了牧民、工人等的“自然主义”智力，神学家和哲学家的“存在主义”智力，进入 21 世纪后他又重视别人提出的“道德智力”。但值得注意的是，这些智力缺乏同质性和逻辑性。因语言智力、数学逻辑智力、空间

① Lin C，Li T.，“Multiple Intelligence and the Structure of Thinking，” *Theory & Psychology*，2003，13 (6)，pp. 829-845.

智力、音乐智力、身体运动智力和自然主义智力属于“特长”智力，是一种才华的智能表现，通过因材施教，发现每个受教育者的天赋，有的放矢地教育，可以造就和培养语言、数字、空间、艺术、运动、技术方面的专门人才；而人际关系（知人）智力、自我控制（自知）智力、存在主义智力和道德智力却属于智力中的非智力因素，它们没有或很难确定某些人在这些因素中形成特长，倒是每一位高素质创造性人才，不论他有何智力或才华，都需要知人、自知、有信仰和讲道德。所以，加德纳的多元智力理论在内在逻辑性上是有一定缺陷的。

然而，我们评论加德纳并不是说加德纳不好。加德纳了不起的地方就是强调了智力的个体差异。他提出多元智力理论无非是要强调类似于我们老祖宗提出的因材施教。但是，他的理论有缺陷。加德纳过于强调人的个体差异，而没有充分认识到其中的共同的智力或思维基础。这就是，尽管每个人都有表现突出的特殊才能，但这些才能都以共同的智力结构为基础，遵循着相似或同样的思维发展模式。而且，个体之间智力差异的根本原因在于其思维结构的差异。在这个基础上，我提出了新的思维发展观以及智力的三棱结构，展示了思维乃至智力结构的多元性，说明了智力主要是人们在特定的物质环境和社会历史的文化环境中，在自我监控的监控和指导下，在非智力因素的作用下，为了达到某种目的，识别问题、分析问题和解决问题所需要的思维能力。由此可见，真正的智力心理学的理论基石是思维的结构观。

二、智力的三棱结构

人类个体之间智力差异的根本原因在于其间智力结构的差异。因此，只要解决了人类智力结构的问题，人类智力的种种问题即可迎刃而解。那么，智力是一种什么样的结构呢？图 4-5 是我提出的智力结构。我国心理学界有关的评论文章称其为“智力的三棱结构”（见图 4-5），我也认可这种提法。

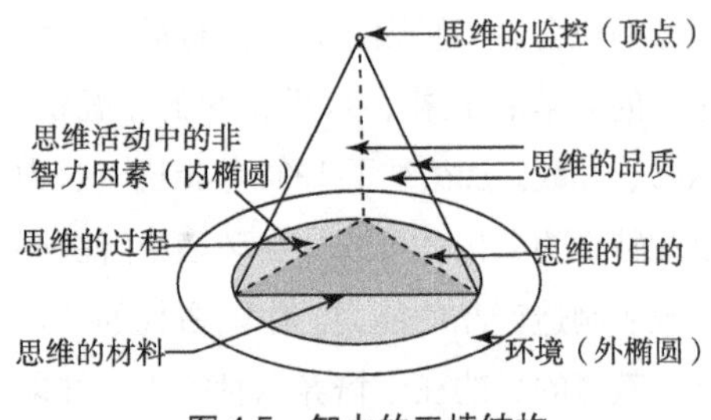

图 4-5　智力的三棱结构

这个结构是我中学从教期间（1965—1978）在教学实践中提出来的。1979 年在中国心理学会的学术年会上，经恩师朱智贤教授的推荐，我在所做的大会报告中展示了这个智力结构的初步模型。随后在朱智贤教授的指导下，我逐步完善了这个模型。接着，我对智力结构图进行了量化研究（1982—1984 年）：对被试——100 名专家（其中包括心理学家 50 名、中学有声望的教师 25 名、小学有声望的教师 25 名）做了从开放到封闭的两次问卷调查，其结果是模型中的六种因素在被试中的赞同率达 75%（第三个四分点）上下。于是，我根据这六种因素在思维乃至智力中的地位和功能，制作了三棱结构图。

（一）智力活动的目的

智力活动的目的表现为智力活动的目的性，就是思维活动的方向和预期的结果，即实现适应这样的思维功能。它的发展变化或完善表现在定向、适应、决策、图式、预见五个指标上。人类智力活动的根本目的就是为了适应和认识环境。问题提出和问题解决是最主要的高级智力活动之一，这就体现出人类活动的目的性，而这种目的性是建立在主体的智力结构基础上的，其中图式和策略尤为显著，其不断地发展与完善对保证智力活动的方向性、针对性、目的性、专门化有着重要的意义。

（二）智力活动的过程

传统心理学认为智力或思维是一种分析综合的活动，它的过程主要也是一种分析和综合，以及其形态的抽象、概括、比较、系统化和具体化的过程。认知心理学强调认知是为了一定的目的在一定的结构中进行信息加工的一种过程，而信息加工的过程又包括串行的、平行的和混合加工的过程。这实际上就是思维或智力。我们也把思维或智力活动看成为了一定的目的在一定的心理结构上进行信息加工的一种过程，它同样表现为串行的、平行的和混合加工的过程。智力活动的框架和指标为：确定目标→接收信息→加工编码→抽象概括→操作运用→获得成功。

（三）智力活动的材料

如果说智力活动的基本过程是信息加工的过程，那么智力活动的材料就是信息，即外部事物或外部事物属性的内部表征。外部信息的内在表征有多种类型或形式，但归根结底可以分为两类：一类是感性的材料，包括感觉、知觉、表象；另一类是理性的材料，主要是概念，即运用语言对事物各种形态、各种组合、各种特征的概括。能展示出智力内容的发展变化或具体完善的具体指标应该是：感性认识（认知）材料的全面性和选择性；理性认识（认知）材料的深刻性和概括性；感性材料向理性材料转化过程中的准确性和灵活性。

（四）智力活动的品质

如前所述，智力品质或思维品质不仅是思维的个性特征，而且是思维结果的评定依据。我的弟子李春密的博士论文《高中生物理实验操作能力的发展研究》（2002）研究了中学生思维品质的变化和完善过程，有如下发现。

（1）学生的深刻性思维品质得分最高，反映了深刻性是诸品质的基础，这是逻辑抽象思维发展的必然趋势；学生的创造性思维品质得分最低，这说明创造性思维品质的发展，较其他品质发展要迟、要慢，难度最大。

（2）敏捷性品质与其他品质的相关系数最高，说明敏捷性主要由各品质派生或决定；灵活性、批判性与创造性呈高相关，证明了发散思维是创造思维的前提或表现，创造性程度与批判性程度具有密切关系；深刻性与创造性的相关系数最低，说明抽象逻辑思维未必都能产生创造性思维，同样说明创造性思维也未必都来自抽象逻辑思维，因为创造性思维也来自形象逻辑思维。

（五）智力活动的自我监控

智力活动的自我监控，也就是反思和反省，它是自我意识在思维里的表现，叫作思维的自我监控、反思。美国心理学家提出的元认知在一定意义上就是智力活动的自我监控，它在思维的个体差异上表现为思维的批判性。自我监控是思维结构的顶点或最高形式，其功能有：①确定思维的目的；②管理和控制非智力的因素；③收集和选择恰当的思维材料及恰当的思维策略；④实施并监督思维的过程；⑤评价思维的结果。思维的反思或者自我监控的发展变化和完善的指标有计划、检验、调节、管理和评价五个方面。

（六）智力活动中的非智力因素

非智力或非认知因素是指不直接参与智力过程，但对智力过程起直接作用的心理因素。非智力因素主要包括与智力活动有关的理想、动机、兴趣、情感、意志、气质和性格等。非智力因素的性质往往取决于思维材料或思维结果与个体目的之间的关系，它在智力发展中起动力、定型和补偿三个作用。在学生的智力形成和发展过程中，非智力因素的影响是非常显著的；良好学业成绩的取得，不仅与智力品质有关，而且与非智力因素有关；智力不能和非智力因素割裂开来，两者相辅相成构成一体，教师在教育教学中要重视学生非智力因素的发展。

第四节　聚焦智力结构的教育

前文已经说明，通过在教学中聚焦智力结构可以显著促进学生的智力与能力的发展，我们30多年来在全国26个省、自治区、直辖市3000多个试验点的教学实验都证明了这一点；近十几年来，我的弟子胡卫平基于智力的三棱结构，构建了以思维为核心的“学思维”课程，研究也发现，聚焦学生的思维活动可以显著地促进学生智力的发展并提高其学习成绩[①②]。基于这一点，我们提出了思维型课堂教学理论。

一、思维型课堂教学理论的基本原理

课堂教学是教师的教和学生的学构成的一个有机整体，是教师有计划、有目的地创设教学情境、促进学生发展，尤其是智力发展的过程。智力活动的核心是思维，

① 林崇德，胡卫平：《思维型课堂教学的理论与实践》，载《北京师范大学学报（社会科学版）》，2010（1）。

② Hu W，Adey P，Jia X，Liu J，Zhang L，Li J，Dong X.，“Effects of a ‘Learn to Think’ Intervention Programme on Primary School Students，” *British Journal of Educational Psychology*，2011，81，pp. 531-557.

教育是促进学生智力发展的重要因素，因而教师要在教育教学活动中注重培养学生的思维能力。基于智力的三棱结构，以思维为核心，思维型课堂教学理论要把握好如下几个基本原理。

（一）认知冲突

认知冲突指认知发展过程中原有认知结构与现实情境不相符时在心理上所产生的矛盾和冲突。这就是朱智贤教授提出的，在学生主体和客体事物相互作用的过程中，社会和教育向学生提出的要求所引起的新需要和学生已有的心理水平或心理状态之间的矛盾，也就是维果茨基的“最近发展区”。这是学生心理发展的内因或发展动力。[①] 在课堂教学中，教师要根据课堂教学目标，抓住教学重点，联系已有经验，设置一些能够使学生产生认知冲突的“两难情境”或者看似与现实生活和已有经验相矛盾的情境，以此激发学生的参与欲望，启发学生积极思维，引导学生在探究问题的过程中领悟方法、学会知识、发展智力。

（二）自主建构

自主建构包括认知建构和社会建构两个方面。智力发展的核心是智力结构的发展，应用到课堂教学中，体现了认知建构的思想：学习是一个积极主动建构的过程，知识是个体经验的合理化；先前的经验是建构新知识的基础；教学是学生主动建构知识的过程。在思维型课堂教学中，师生的情感互动是基础，行为互动是表现，思维互动是核心。

（三）自我监控

智力活动中的自我监控是智力结构的顶点，同时是教师教学能力的核心和学生学习能力的核心。在思维型课堂教学中，教师要在课前的计划与准备、课堂的反馈与评价、课堂控制与调节以及课后反思等方面加强对教学活动的监控。特别是要设计教学反思环节，即在课堂活动将近结束时，引导学生对学习对象、学习过程、思维方式、所学知识及方法等进行总结和反思，通过总结和反思，使学生加深对知识和方法的理解，学生总结学习中的经验和教训，形成自己的认知策略，发展自己的认知结构，提高自我监控能力。

（四）应用迁移

智力、思维的发展是在掌握和运用知识、技能的过程中完成的，应用概念、规律、理论解决实际问题，是学习这些知识的目的，也是检验知识掌握情况的主要标志。其中，能否灵活地将一种条件下学习活动的知识和技能迁移到相似的情境中就成为评价智力发展的重要指标。在思维型课堂教学中，教师要注重培养学生的应用迁移性，促进学生类比思维、迁移思维、发散思维等的发展。

---

① 朱智贤：《儿童心理学》，78页，北京，人民教育出版社，1979。

二、思维型课堂教学的基本环节

把握思维型课堂教学的上述基本原理，教师要在四个教学环节上培养学生的思维，这就是教学导入、教学过程、教学反思和应用迁移。

（一）教学导入

教学导入的基本目标是引出课题，为学生主动积极地思维创设问题情境。其基本要求是：通过观察和实验、已有知识的逻辑展开、提出问题和分析问题等方法，教师激发学生的兴趣和动机，创设教学情境，引起学生的认知冲突，激发学生的思维。

（二）教学过程

教学过程的目标是在教学导入的基础上，通过对教学过程的监控和调节，通过学生主动积极的思维使学生掌握知识和技能，培养其能力和非智力。基本要求是：①创设问题情境，产生认知冲突，激发学生积极思维；②注重师生互动和生生互动，特别强调思维互动；③加强方法教育，注重知识形成的过程；④注重学生探究，培养学生的智力和能力。

（三）教学反思

教学反思的目标是掌握本节课的知识、方法，反思经验教训，形成认知结构。其基本要求是：①教师引导，学生自己总结；②总结本节课所学到的知识、方法等；③掌握知识的来龙去脉，形成认知的结构；④注意对经验教训的总结。

（四）应用迁移

应用迁移的目标是掌握知识的应用，并能迁移到其他情境中去，培养学生分析问题和解决问题的能力以及创造力。教师要设置有利于知识、技能迁移的题目，鼓励学生举一反三、一题多解、寻找规律等。

三、思维型课堂教学的基本要求

聚焦智力结构，在上述教学的四个环节中提出一系列基本要求[①]，会产生今天社会上种种“教育”的效果。

（一）明确课堂教学目标，制订课堂教学规划

一种有目的、有计划的促进学生学习知识、发展能力、形成态度的课堂教学，必须有明确的教学目标。在思维型课堂教学中，一是要根据学生、教师的情况和教学内容，制订比较明确的课堂教学目标和教学规划。二是在教师创设的教学情境中产生问题，引起学生的认知冲突，从而使学生明确教学活动的目标，激发学生积极主动的思维。这与目标教育相一致。

① 胡卫平，魏运华：《思维结构与课堂教学——聚焦思维结构的智力理论对课堂教学的指导》，载《课程·教材·教法》，2010，30（6）。

（二）突出知识形成过程，注重各种方法教育

智力的三棱结构强调智力活动的过程，教学中要做到重视概念、规律、理论等的形成过程；让学生掌握建立概念和规律、形成知识、分析问题、解决问题的方法；重视探究教学，在教学中，能够引起学生认知冲突的高认知问题才有探究的价值，学生积极主动的思维是衡量探究效果的重要指标。

（三）重视联系已有经验，体现认知建构思想

智力结构是动态和静态的统一，课堂教学中要使学生积极主动地思维，必须丰富学生的感性认识，联系学生的已有知识，并不断促进学生认知结构的发展和完善。在课堂教学中，教师应恰当地列举生活中的典型事例，唤起学生已有的感性认识；运用观察和实验来展示有关事物发生、发展和变化的现象与过程；联系学生已有的生活经验和已有知识进行教学，这样才能使学生真正理解和掌握知识。

（四）激发非智力因素，推动学生主动学习

非智力因素对学生的学习活动起着动力作用、定型作用和补偿作用。因此，教师要讲究教学方法，为学生创设一种愉快的氛围，使学生积极主动地“乐学”。这与快乐教育、成功教育相一致。

（五）培养智力品质，提高思维能力

智力活动的思维品质，体现了个体的思维水平、智力与能力的差异。训练学生的智力品质是培养学生能力的突破口，从而为课堂教学中促进学生以思维能力为核心的智力发展提供了科学的理论和有效的操作方法。这与思维教育相一致。

（六）监控课堂教学，注重师生反思

智力结构的顶点是自我监控，不仅强调师生在教学过程中的反思，而且要使教师的自我监控能力成为其教学能力的核心。教学监控能力包括：课前的计划与准备性、课堂的反馈与评价性、课堂的控制与调节性和课后的反思性①。同时，引导学生主动地监控自己的学习，养成良好的反思习惯。

（七）创设教学情境，促进学生思维

积极思维的前提条件是具有良好的思维环境，也就是说教师要创设能够促进学生思维的情境，只要在情境创设中抓住思维核心，就能够为有效的课堂教学打下基础。为了使学生积极思维，问题情境就是重要的教学情境。教师要用积极的态度对待学生的提问，引导学生产生“质疑”的情境；要提出能使学生产生认知冲突，激发学生积极思维的问题；要创设师生互动

① 林崇德：《教育的智慧——写给中小学教师》，北京，北京师范大学出版社，2007。

和生生互动的教学情境，包括情感互动、行为互动和思维互动，其中思维互动是核心。这与情境教育相一致。

（八）建构学科能力，发展多元智力

所谓学科能力，是指学科教育与学生智力发展的结晶。一是学生掌握某学科的特殊能力；二是学生学习某学科的智力活动及其相关的智力与能力成分；三是学生学习某学科的能力具有明显的个性差异。任何一种学科能力，都要强调是一种结构，不仅有某学科能力常见的表层结构，而且有与非智力因素相联系的深层结构。在学科教学中，教师应以培养学生的学科能力为基础，促进学生的智力发展。这与能力教育相一致。

（九）重视师生作用，平衡师生关系

真正科学的教学理论要求既重视教师的作用，又重视学生的作用，不能偏颇，也就是说坚持教师和学生双主体的思想：教学活动是教师教的活动和学生学的活动的结合，教的活动和学的活动是统一的。对于教的活动，教师是主体，学生是客体，知识是媒体；对于学的活动，学生是主体，知识是客体，教师是媒体。这一思想突出了课堂教学中教师和学生的积极思维过程，同时强调了教师和学生的作用，对于调动教师和学生的积极性极为有利。

第五章
青少年思维发展的基本特点

对于青少年思维发展的研究，最著名的当属皮亚杰的观点，然而，与整个青少年心理特质的研究相比，青少年思维发展的研究是一个薄弱环节。我们就看到的资料，做一概述。

第一节　国际上对青少年思维发展趋势的研究

欧美的一些有关青少年心理学的著作①，甚至苏联的一些有关青少年心理学的著作②，当谈到青少年思维发展问题时，都要介绍皮亚杰的形式运算思维的理论，这说明皮亚杰的形式运算思维在一定程度上是很有代表性的青少年思维的发展阶段。对于皮亚杰的观点，欧美的一些心理学家在其基础上从不同方面进行了扩展，而苏联心理学家则更加重视环境和教育对思维发展的作用，下文分别进行介绍。

一、皮亚杰的形式运算思维

皮亚杰从结构主义出发，认为思维发展过程是一个内在结构连续的组织和再组织的过程，发展具有阶段性。人类的思维最初以感知运动图式为基础，通过同化和顺应机制不断发展，逐渐由感知运动阶段（0～2 岁）发展到前运算阶段（2～7 岁），再到具体运算阶段（7～11 岁）。到了 11～15 岁，青少年的思维能力超出了所感知的具体事物，表现出能进行抽象的形式推理，这就进入了“形式运算阶段”。形式运算思维是在具体运算思维的基础上发展起来的。③ 这是和成人思维接近的、达到成熟的思维形式，亦即命题运算思维。

所谓形式运算或命题运算思维，就是可以在头脑中把形式和内容分开，可以离开具体事物，根据假设来进行逻辑推演的思维。关于形式运算图式，皮亚杰引用现代代数中“四变换群”和“格”的逻辑结构来加以描述。四变换群和格的结构，不

① Conger，J. J.，Petersen，A. C.，*Adolescence and Youth*：*Psychological Development in a Changing World*. New York：Harper & Row，1973.

② ［苏联］И. С. 科恩：《青年心理学》，史民德，何得霖，方琬，译，南宁，广西人民出版社，1983。

③ ［瑞士］皮亚杰，英海尔德：《儿童心理学》，吴福元，译，99 页，北京，商务印书馆，1980。

同于群集结构，这是一个逻辑结构的整体或系统，此时青少年可以根据假设和条件进行复杂而完整的推理活动。

所谓“四变换群”，即可逆性的一种整体结构形式。可逆性包括逆反性（亦即否定性，用N表示）和相互性（用R表示），在群集运算阶段，这两者还未形成一个系统。到了形式运算阶段，则逐步构成了一个“四变换群”系统。一个命题或一个事物的关系，可以有四个基本变换：正面或肯定（identity，用I表示）、反面或否定（negation，用N表示）、相互（reciprocity，用R表示）、相关或对射（correlation，用C表示）。每一正面运算，从分类上必有一逆反（否定）运算，从关系上必有一相互运算，而相互的逆向则是相关或对射。这样，INRC这种组合关系就构成“四变换群”，它可以穷尽命题的各种关系。例如，“P蕴涵着Q”，它的否定是“P而不是Q”；它的相反就是“Q蕴涵着P”；我们还可以得到互反的否定“Q而不是P”，等等。所谓“格”，就是在四个变换群的基础上，通过“并集”和“交集”而组合起来的命题组合系统。到了11～15岁，青少年尽管还没有意识到这些变换组合系统的存在，但他们已经能运用这些形式运算结构来解决所面临的逻辑课题，诸如组合、包含、比例、排除、概率、因素分析等，此时已经达到了逻辑思维的高级阶段，即成人的逻辑思维水平。

皮亚杰的理论，从20世纪50年代后期被引入美国以后，应用于探讨中小学的课程、教材和教学方法的改革，已取得很多成果。这方面的研究工作仍在继续进行，而且影响正日益扩大。20世纪70年代以后，美国不少心理学家提出，皮亚杰的认识发展阶段论，经过30年的实践检验，基本上已经被证明是一种科学的心理发展理论。但是，皮亚杰的认识发展阶段论只限于儿童从出生到少年期，年龄截至15岁。皮亚杰的形式运算阶段，即形式逻辑思维可以进一步发展至更高级的抽象逻辑思维阶段——辩证逻辑思维。辩证逻辑思维与形式逻辑思维同属抽象逻辑思维，但二者既有区别，又有联系。辩证逻辑思维的概念更具有灵活性和具体性，能反映事物的内在矛盾。

二、佩里对皮亚杰思维发展理论的扩展

哈佛大学心理学家威廉·佩里（William Perry，1913—1998）探讨了15岁以后的青少年，特别是大学生思维的发展，他将这段时期的思维发展划分为以下四个阶段。

第一阶段叫作两重性（dualism）阶段。处于这个阶段的青少年总是以对和错来看待每一件事。他们对所接触的事物，认为非对即错，非此即彼，别无其他情况。两重性的特点是，凡事总要问“什么是正确的答案”。

第二阶段叫作多重性（multiplicity）阶段。在这个阶段里，青少年相信：世界是复杂的，事物是多种多样的，看待一件事乃至解答一道习题也可以有多种方法；但也有一部分世界，在那里任何事物都是

不能确切知道的。因此，“每一个人都有权利发表自己的意见”。这句话便可用来表述多重性阶段的特点。

第三阶段叫作相对性（relativism）阶段。相对性阶段的特点是：“一切要看情况而定。”在这一阶段里，青少年接受了这样的事实：他们需要在逻辑判断中感知、分析和评价。

第四阶段叫作约定性（commitment）阶段。这一阶段的青少年已经认识到，世界上没有绝对的事情。他们认识到建立正确逻辑的必要性，而且可以对在具体场合中如何行动做出选择。用一句话来说明约定性阶段的特点，就是“这对于我是正确的”。

佩里的智力或思维的发展阶段论，主要是来自教育经验的总结和调查，很少运用实验研究方法，在很大的程度上带有思辨性。但佩里认为这种理论同皮亚杰的认识发展阶段论一样，也是一种关于人的思维发展的理论，并且与皮亚杰的理论观点之间有一定的联系。

其一，他的智力发展阶段论实际上是皮亚杰理论中最后两个阶段的引申和补充。15 岁至刚进入大学的学生，多数具体推理都处于两重性阶段：处于具体运算向形式运算过渡的青少年，常常用多重性方法来理解和整理知识；真正掌握形式运算思维的青少年，在智力上还可以分为两个时期，前期处于相对性阶段，后期处于约定性阶段。

其二，他和皮亚杰一样，十分重视自我调节的作用。他认为每个阶段向前过渡，都需要自我调节，自我调节是客体与主体的相互作用过程，是人类认识客观世界、获得新知识的重要环节，也是人的认识或智力发展的重要环节。

其三，他主张将其智力发展理论和皮亚杰的理论结合起来，应用于教育实际中去，在应用中应考虑到：一是认知或智力的作用；二是如何促进青少年从现有阶段发展到高一级阶段；三是阶段的先后次序不可超越。但他的智力发展理论在年龄阶段上有一定的伸缩性，与皮亚杰的发展阶段的年龄有着交错关系，将两种发展理论结合起来应用到教育实际中去，效果则会更好。

皮亚杰认为青少年正处于形式运算思维阶段。形式运算思维是由具体运算思维发展而来的，那么，如何来认识各种思维阶段的发展，特别是具体运算思维和形式运算思维的关系呢？11～15 岁的青少年是否都进入形式运算思维阶段？超过 15 岁的青少年是不是都已经达到了形式运算的水平呢？对于这些问题，美国不少心理学家提出过不同程度的质疑。近几年，有人深入研究发现，在美国大学生（一般是 18～22 岁）中，有半数或更多的学生，或者仍在具体运算阶段，或者处于具体运算和形式运算两个阶段之间的过渡时期。我们通过研究初中生函数概念的发展也发现，整个初中阶段学生的思维尚处于具体形象思维阶段或向形式逻辑思维过渡的阶段，学生还不能脱离问题的实际内容，概括化地理解抽象的数量关系；进行正与反、肯定与否定之间相互转化的辩证逻辑思维能力还很差。① 我们的研究还揭示，从九年级开始，半数以上的学生能够达到形象逻辑思维水平，并且向更高水平发展；到高二有超过 1/3 的学生达到了形式抽象逻辑思维，达到辩证抽象逻辑思维的学生则更少。② 这也就是说，青少年达到形式运算思维阶段比皮亚杰认为的年龄要晚一些。中学生尚未达到形式运算思维阶段，而 15 岁以后中学生学习的课程却要更多地运用形式推理。青少年如何从具体运算阶段进入形式运算阶段，形式运算思维到底有什么特点呢？这激发了一些心理学家的兴趣。

三、弗拉维尔对皮亚杰思维发展理论的扩展

皮亚杰从宏观上对思维发展阶段进行了理论探讨，新皮亚杰学派则在吸收信息加工思想的基础上，探讨了思维发展的具体机制。20 世纪七八十年代以后，斯坦福大学的新皮亚杰学派代表弗拉维尔(J. H. Flavell，1928—　) 通过研究，把具体运算思维者和形式运算思维者的差别归纳为七个方面，以此来比较青少年与成年人认知的差异。③

(一) 现实与可能

具体运算思维者在解决问题时，通常从实际出发，再消极地向可能性方面进展；相反，形式运算思维者则容易从可能性开始，然后才着手于实际。对前者来说，抽象可能性领域被看作一个不确定的现实的安全可靠领域的偶然延伸；而对后者来说，现实则是可能性更广泛的领域中的一个特殊组成部分。前者是可能性从属于现实，后者是现实从属于可能性。

(二) 经验—归纳与假设—演绎

形式运算者审查问题的细节，假定这种或那种理论或解释可能是正确的，再从假设中演绎出从逻辑上讲这样或那样的经验现象实际上应该出现或不出现，然后检验他的理论，看这些预见的现象是否确实出现。这就是所谓的假设—演绎推理。而具体运算者的“经验—归纳”推理与此形成鲜明对照，它是非理论的、玄想的。

(三) 命题内的与命题间的

具体运算思维者处理命题时，只是单个地、彼此孤立地考虑与经验的真实性的关系，所证明的或所否定的只是看到对外部世界的单个命题，故皮亚杰称之为“命题内的”。形式运算思维者则看到命题与现实之间的关系，他要推论两个或更多的命题之间的逻辑关系，故皮亚杰称之为“命题间的”。

(四) 组合与排列

具体运算思维过程出现组合性特点，但不能进行系统组合分析。形式运算思维

① 朱文芳，林崇德：《初中生函数概念发展的研究》，载《心理发展与教育》，2001，17 (4)。

② 林崇德：《我的心理学观——聚焦思维结构的智力理论》，北京，商务印书馆，2008。

③ [美] J. H. 弗拉维尔，P. H. 米勒，S. A. 米勒：《认知发展》，邓赐平，刘明，译，上海，华东师范大学出版社，2002。

者则能把一组元素（变量、命题等）进行系统化的组合分析，如对A、B、C、D的组合，他会系统地且用有效方法把A开头的组合排列出来（AB、AC、AD），然后再把B开头的、C开头的组合排列出来……

（五）逆向性与补偿作用

在天平的一边加一点重量，天平就失去平衡，怎样使天平重新平衡呢？有两种办法，一是把所加的重量拿走（逆向性的可逆思维），二是移动天平的加重的盘子，使它靠近支点，即使其力臂缩短，这是补偿或互反的可逆思维。具体运算思维者只能采用第一种方法，即只有逆向性的可逆思维而没有补偿性的可逆思维；而形式运算思维者则能采用两种方法来解决同一问题，说明他了解天平的动力结构，具有逆向性和补偿作用的思维能力。

（六）信息加工的策略

在对付范围较广而多变的问题（作业）时，组织和应付信息方面的计划性、策略性和有效性，既存在随问题的差异而产生的差异，又存在年龄的差异。这里有一个重要的趋向，形式运算思维者比起具体运算思维者，在调动其注意、组织作业的材料方面都更灵活，更有适应性，更善于采取很有效的提问策略，在抽象、迂回、有明确的计划性方面都更有策略性。

（七）巩固与稳定

思维发展中，存在一个巩固与稳定的问题。以重量守恒和可传递性为例，这种概念最早是在童年中期形成的，进入青春期后变得更加巩固。这就是说，形式运算思维比起具体运算思维来，在整个认识、技能和思维发展上，更为巩固和稳定地显示为一个主体的智力品质。

我们认为，弗拉维尔和佩里在皮亚杰的思维理论的基础上，对青少年的思维发展从实验到理论上都做了一系列的探讨，都提出了各自的见解，这种探新精神是值得我们学习的。同时，他们揭示的青少年思维发展的理论，不同程度地涉及青少年阶段，在发展形式思维的同时，也在发展着辩证思维，这是值得我们重视的一个问题。

四、苏联心理学家关于思维发展的观点

皮亚杰认为思维发展的动力来源于思维本身，通过同化和顺应机制来达到更高水平的适应，表现为思维结构的发展，对于青少年来说，是由具体运算思维发展到形式运算思维。苏联心理学家对皮亚杰按思维阶段来确定思维发展的正确性和阶段的连续性，对皮亚杰提出的十一二岁至十五岁产生假设—演绎思维的理论，很少表示异议。他们同样认为，学生从少年期开始明显出现假设—演绎推理，进入了假

设—演绎思维的阶段。[1] 皮亚杰的理论遭到批评的一个原因是其忽视了教育和社会因素的作用，苏联心理学家和一些新皮亚杰学派的学者都强调了思维发展的教育与环境因素。苏联心理学家维果茨基、鲁利亚和列昂节夫一起提出了心理发展的“社会文化—历史理论”。他们强调人类心理发展，包括思维发展，与教育、环境有着密切联系，人的思维是在与周围社会文化环境交往过程中发展起来的，教育在其中起着重要作用，也就是他们的“最近发展区”的理论。他们认为，只要确定儿童现有的思维水平，然后通过合适的教育方式就可以促进儿童思维的发展。由于强调教育对思维发展的作用，所以他们对皮亚杰提出的思维发展阶段与一定实足年龄之间的联系究竟达到什么程度，从具体运算到形式运算的过渡是否可以作为儿童期和青少年期之间的分水岭，提出了否定的结论。

理由是什么？苏联心理学家科恩指出：首先，不可能与教学过程分割开来谈掌握一定的思维运算，苏联心理学家加里培林、达维多夫及其他人的研究证明，在适当的教学条件下，三年级学生就能够解答抽象性的代数题。其次，个体差异很大：有些人在10～11岁就已经具有假设—演绎思维，而另一些人在成年时还不能进行这种思维；几乎有半数成年人不能解答有关假设—演绎的问题。按照皮亚杰的观点，如能正确地解答这种性质的问题，就证明具有了形式运算思维。再次，皮亚杰认为青年期开始前，智力的质的发展就结束了。[2] 许多苏联心理学家对他的这种看法感到困惑不解。有些学者认为，在皮亚杰认为已经结束的那个解决问题的阶段之后，还应当有一个阶段，这个阶段的特征就是具有了发现问题和提出问题的能力。智力发展最后这个阶段的特点是：对已知的问题不采用墨守成规的解答方法，善于将个别问题纳入更一般的同类的问题中，甚至在问题表述得不清楚的情况下，也能提出有助于问题解答的一般性问题，等等。最后，我们也应当考虑到，即使具有一般智力的全体少年都能运用假设—演绎思维，他们也远远不能把这种能力同样地运用于不同的现实领域。

苏联心理学家认为，青少年正在发展着理论的、形式的、反省的思维：青少年思维发展中新的东西，在于改变他对认识任务的态度。他们认为，首先要通过建立各种假设并且检验这些假设，有准备地从思想上来解决这些认识任务。与儿童不同，青少年开始分析产生于他们面前的智力任务，试图阐明现有材料中一切可能有的关系，建立关于它们的联系的各种假设，然后检验这些假设。青少年在分析现实时所取得的最重要的收获，就是学会了运用假设去解决智力任务的技能。通过运用假设的思维乃是科学推理的特殊工具。思维发展的这种水平的特殊性不仅在于抽象的发

---

① ［苏联］А.В. 彼得洛夫斯基：《年龄与教育心理学》，北京师范大学，译，1980年内部发行。

② ［苏联］И.С. 科恩：《青年心理学》，史民德，何得霖，方琬，译，南宁，广西人民出版社，1983。

展，而且在于青少年自己的智力运算变成他们的注意、分析和评价的对象。因此，这种思维被称为反省的思维。青少年意识到自己的智力运算并且能控制它们，就是到达理论思维水平的特征。当然，青少年学生在学校掌握科学概念这件事本身，已经为形成他们的理论思维创造了一系列的客观条件，但是并不是所有在校的青少年都能形成这种思维，这就是青少年思维发展的个体差异性。由于这种个体差异或者发展的不平衡性，每个青少年在形成理论思维的水平和质量上，可能是各不相同的。

第二节 青少年思维发展的特点

不同研究者对思维发展提出了多种不同的看法，那么，青少年思维的发展到底有哪些特点呢？按照我们的研究，青少年的思维在小学阶段思维发展的基础上，在新的教学条件和社会生活条件影响下，表现出以下三个方面的特点。

一、青少年的抽象逻辑思维处于优势地位

什么叫抽象逻辑思维？一般认为，它是一种通过假设的、形式的、反省的思维，这种思维具有五个方面的特征。

（一）通过假设进行思维

思维的目的在于解决问题，解决问题要依靠假设。青少年阶段，是产生撇开具体事物运用概念进行抽象逻辑思维的时期。通过假设进行思维，使思维者按照提出问题、明确问题、提出假设、检验假设的途径，经过一系列的抽象逻辑过程，以实现课题的目的。

（二）思维具有预计性

思维的假设性必然出现主体在复杂活动前，事先有了诸如打算、计谋、计划、方案和策略等预计因素。古人说："凡事预则立，不预则废。"这个"预"就是思维的预计性。计划是自我监控中的核心成分之一，从青少年开始，在思维活动中就表现出这种预计性。通过思维的预计性，在解决问题之前，主体已采取了一定的活动方式和手段。我们的研究发现，在问题解决之初和问题解决中的计划有不同的表现。①在问题解决之初，计划包括了解题目的条件与结构，从长时记忆中提取有效信息并形成自己解决具体问题的大致思维路线；在问题解决中，计划则是指问题解决者必须不断提醒自己要注意问题的关键，从错误中吸取有益的成分，重新确定思维方向等。随着年龄的增长，青少年在问题解决

① 宋其争，沃建中，林崇德：《高中生物理问题解决中自我监控能力的结构》，载《心理发展与教育》，2002，18（2）。

或认知操作中用于计划的时间逐渐延长，操作任务越难，计划时间越长。

（三）思维的形式化

从青少年时期开始，在教育条件的影响下，思维的成分中，逐步地由具体运算思维占优势发展为由形式运算思维占优势。

一些研究表明，形式逻辑思维并不是形式逻辑的同义词。[①] 美国心理学家沃森（P. C. Wason）制作了四张卡片，其中一张卡片的正面写着字母 E，背后写着数字 3；另一张卡片的正面写着字母 K，背后写着数字 5；第三张正面为 4，背面为 Y；第四张正面为 7，背面为 A。主试让这四张卡片的正面 E、K、4、7 对着被试，并给被试这样的指导语："在这些卡片中，每一张卡片都是一面为字母，一面是数字。规则是这样：如果卡片的一面是元音字母，那么另一面就应当是偶数。试问，为了验证是否遵循了这个规则，需要把哪些卡片翻过来？只应把可能破坏这个规则的那些卡片翻过来。"所有的被试，甚至专业的逻辑学家，都感到这个问题不好解决；大多数人都说是 E 和 4，或者只说是 E。其实正确答案是 E 和 7。不错，E 的背面是任何一个奇数都将破坏规则；但大多数被试都没有察觉到，7 的背后是任何一个元音字母也将破坏这个规则。卡片 K 和 4 是不需要翻的，因为规则上已指明（"如果卡片的一面是元音字母"）。由此可见，被试明白了问题的内容之后，就能运用逻辑思维能力来解决这个问题；在抽象的条件下，如在带有数字和字母的情况下，被试就缺乏这种能力。因此，任何一个思维研究的设计都要考虑到被试的生活条件和活动性质。否则，再好的逻辑课题也不一定能成为其智力发展的可靠指标。青少年正是在自己生活和活动的范围内，积极地解决各类形式化的逻辑课题，年龄越小，越选择有兴趣的或对其来说有意义的课题。

（四）思维活动中自我意识或监控能力的明显化

自我调节思维活动的进程，是思维顺利开展的重要条件，对认知操作、学业成绩等都有重要影响。从青少年开始，反省性、监控性的思维特点越来越明显。我们对 13 岁、15 岁、17 岁和 19 岁四个年龄段的被试进行的研究发现，随着年龄增长，青少年的自我监控能力在不断发展，认知操作越来越好。青少年自我监控能力的发展呈现出逐渐从他控到自控、从不自觉经自觉到自动化、迁移性逐渐提高、敏感性逐渐增强、从局部到整体等基本规律。然而，尽管青少年能意识到自己智力活动的过程并且控制它们，使思路更加清晰，判断更加正确，但是，青少年自我监控能力的发展落后于其他心理能力的发展，自我监控能力的培养是中学教学中的薄弱环节。当然，青少年阶段反省思维的发展，并不排斥这个时期出现的直觉思维，培养直觉

① ［苏联］И. С. 科恩：《青年心理学》，史民德，何得霖，方琬，译，南宁，广西人民出版社，1983。

思维仍是这个阶段教育和教学的一项重要内容。

（五）思维能跳出旧框框

任何思维方式，都可以导致新的假设、理解或结论，都可能包含新的因素。从青少年开始，由于发展了通过假设的、形式的、反省的抽象逻辑思维，思维必然能跳出旧框框（美国的青少年心理学著作称其为“thinking beyond old limits”）。于是从这个阶段起，创造性思维或思维的独创性获得迅速发展，并成为青少年思维的一个重要特点。在思维过程中，青少年追求新颖的、独特的因素，追求个人的色彩、系统性和结构性。与学前、小学儿童的创造性相比，青少年的创造性有如下特点。

(1) 青少年的创造力不再带有虚幻的、超脱现实的色彩，而更多地带有现实性，更多地由现实中遇到的问题和困难情境激发。

(2) 青少年的创造力带有更大的主动性和有意性，能够运用自己的创造力去解决新的问题。

(3) 青少年的创造力正逐步走向成熟。我们课题组的研究显示，青少年的创造性在不同学科中有不同表现。例如，在作文中表现为运用不同的方式灵活表达自己的思想；在数学学习过程中，表现为解决数学问题时善于提出问题、做出猜测和假设，并加以证明；在物理和化学中则表现为对实验现象进行思考和探索，尝试去揭示和发现事物的内在规律，运用对比、归纳等方法加深对规律的理解，并运用这些规律来解释现象，解决问题。①

青少年抽象逻辑思维的发展有一个过程。少年期和青年初期的思维是不同的。在少年期的思维中，抽象逻辑思维开始占优势，但是在很大程度上，还属于经验型(experience type)，他们的抽象逻辑思维需要感性经验的直接支持。青年初期的抽象逻辑思维，则属于理论型（theoretical type)，他们已经能够用理论做指导来分析综合各种事实材料，从而不断扩大自己的知识领域。青年初期的思维过程既包括从特殊到一般的归纳过程，也包括从一般到特殊的演绎过程，也就是从具体提升到理论，又用理论指导去获得知识的过程。从中我们可以看出青少年思维的过渡型，即由经验型向理论型的转化，于是，抽象与具体获得了高度的统一，抽象逻辑思维获得高度的发展。青少年思维发展的特点还表现在最高级的抽象逻辑思维，即辩证逻辑思维的发展上，我们在第八章将专门探讨这一问题。

二、青少年思维品质的矛盾性

思维的发生和发展服从于一般的、普遍的规律，又表现出个性差异。这种差异表现为个体思维活动中的智力特征，这就是思维品质，又叫作思维智力品质。思维品质的成分及其表现形式有很多，诸如独立性、广阔性、灵活性、深刻性、创造性、

① 林崇德：《我的心理学观——聚焦思维结构的智力理论》，320页，北京，商务印书馆，2008。

批判性、敏捷性等。在不同的年龄阶段，思维品质的各成分及表现形式体现着不同的发展水平，这就构成了思维的年龄特征。青少年期思维品质最突出的特点是矛盾表现。

由于社会要求青少年有独立思考的能力，青少年思维品质的发展表现出新的特点。最为突出的是，其独立性和批判性有了显著的发展，但他们对问题的看法还常常是只顾部分，忽视整体，只顾表象，忽视本质，即容易片面化和表面化。这里，我们常常会发现和提出两个问题：青少年为什么有时要“顶撞”成人？青少年看问题为何容易带片面性和表面性？这是思维品质矛盾交错发展呈现出的问题。

从中学阶段开始，青少年思维的独立性和批判性有了显著的发展。青少年由于逐步掌握了系统知识，开始能理解自然现象和社会现象中的一些复杂的因果关系，同时由于自我意识的自觉性有了进一步的发展，常常不满足于教师、父母或书本中关于事物现象的解释，喜欢独立地寻求或与人争论各种事物、现象的原因和规律。这样，他们独立思考的能力就达到了一个新的、前所未有的水平。有人说，从少年期开始，孩子进入一个喜欢怀疑、辩论的时期，不再轻信教师、家长及书本上的“权威”意见，而且经常要独立地、批判地对待一切。这确实是中学阶段的重要特点之一。青少年不但能够开始批判地对待别人和书本上的意见，而且能够开始比较自觉地对待自己的思维活动，有意识地调节、支配和论证自己的思维过程，这就使青少年在学习和生活上有了更大的独立性与自觉性。我们应该珍视他们这种思维发展上的新品质。独立思考是极为可贵的心理品质，决不能因为他们经常提出不同的或怀疑的意见，就认为他们是故意“反抗”自己，而斥责他们，甚至压制他们。当然，这并不是说，我们允许青少年随便顶撞长辈或师长，而是说，我们要正确地对待这个年龄阶段的学生心理发展的特点，要启发学生在积极主动地思考问题的同时，尊重别人，懂得文明礼貌，学会以商量的态度办事。对那些确实无理顶撞的言行，要适当给予批评。

青少年看问题容易片面化和表面化，这是其年龄阶段的一个特点，是正常的现象。青少年思维的片面性与表面性的表现是各种各样的：有时表现为毫无根据的争论，他们怀疑一切，坚持己见但又常常论据不足；有时表现为孤立、偏执地看问题，如把谦虚理解为拘谨，把勇敢理解为粗暴或冒险；有时明于责人而不善于责己；有时好走极端，往往肯定一切或否定一切。在学习上也有同样的情况，以致产生公式主义和死守教条的毛病。青少年在独立思考能力发展上的这些缺点，是与他们的知识、经验不足以及辩证思维尚未发展成熟相联系的。我们一方面要大力培养他们独立思考的能力，随时加以引导、启发；另一方面还要对他们在独立思考中出现的缺点给予耐心的、积极的说服教育。对他们的缺点采取嘲笑的或者斥责的态度是不对的，同样，教育者采取放任不管的态度或者认为年龄大一点自然会好起来的想法也是不正确的。

三、青少年社会认知的发展

智力是认知心理学的研究内容，认知的成分构成智力活动的感觉、知觉、记忆、表征、思维、想象、言语和操作技能等心理过程。认知的对象是客观世界，客观世界又分物理世界（自然界）和社会世界，因而认知既包括对物理世界的认知，也包括对社会世界的认知，即社会认知。前文所述的青少年的思维发展是就物理世界的认知而言的，青少年社会认知的发展特点是什么呢？要更好地理解认知与社会认知，需要首先理解思维发展的特点。

（一）关于思维发展观

思维是智力、认知的核心，思维的发展在很大程度上反映了认知发展水平。一般的观点都认为是单维发展途径：感知动作（或直观思维）智力阶段→具体形象思维（或前运算思维）→抽象逻辑思维。当然，抽象逻辑思维又可以包括初步抽象逻辑思维（或具体运算思维）、经验型的抽象逻辑思维和理论型的抽象逻辑思维（后两种叫作形式运算思维）。单维发展途径的主要特点是替代性，即新的代替旧的，低级的变成较高一级层次的。当然，这样分析有一定的道理，但是，它也有一个难解之处，就是如何揭示这些思维之间的关系和联系。

我们认为，直观行动思维、具体形象思维和抽象逻辑思维并非皮亚杰所认为的那样，高级思维的发展会替代较低级的思维，相反，每一思维本身都可以得到继续发展，如直观行动思维也可以发展到动作逻辑思维。而且，不同思维形式之间有着密切的相互联系，可以共存（见图 5-1）。

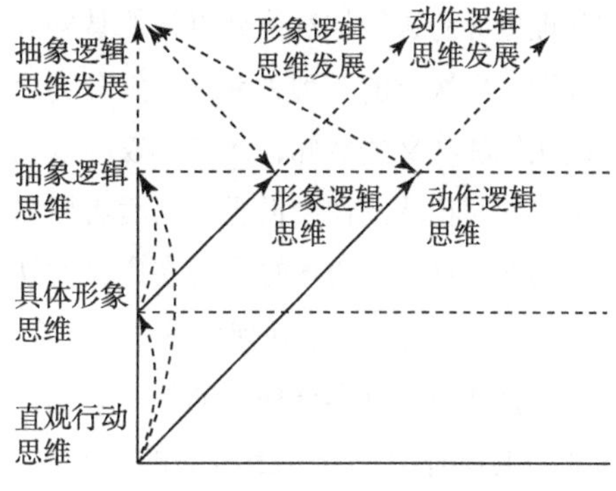

图 5-1　思维发展模式图

直观行动思维是指直接与物质活动（感知和行动）相联系的思维。直观行动思维在个体发展中向两个方向转化：一是它的直观性在思维中的成分逐渐减少，让位于具体形象思维；二是向高水平的动作逻辑思维（又叫操作思维或实践思维）发展。具体形象思维是以具体形象为材料的思维。具体形象思维是抽象逻辑思维的直接基础，又是一般的形象思维或言语形象思维的基础。在活动（或实践）和感性经验的基础上，以抽象概念为形式的思维就是抽象逻辑思维。抽象逻辑思维，就其形式来说，包括形式逻辑思维和辩证逻辑思维。前者是初等逻辑，后者是高等逻辑。两者既有区别，又有联系，是相辅相成的。

（二）认知与社会认知的关系

正是在一般的思维发展基础上，青少年的认知与社会认知也在不断发展着。认知与社会认知是针对不同的认知对象而言的，二者共同构成认知的全部内容。但是，心理学家主要把认知视为对自然界即物理世界的认知。从这个意义上说，对自然界或物理世界的认知与对社会世界的认知并不是同一层次上的并列关系。认知分为广义的认知和狭义的认知，前者不仅涉及物理世界，而且涉及社会世界；而后者则只涉及物理世界。社会认知包含在广义的认知中，与狭义的认知是并列关系。

社会认知具有自身独特的特点，归纳起来，主要有四点：一是对象的特殊性，其首要内容是人与人际关系；二是发展的特殊性，它的发展与非智力因素或人格因素的发展有密切联系；三是互动性，社会互动（人际交往及其信息加工）经验对社会认知的影响特别明显；四是情感性，情感在一个人的社会认知中起着重要作用。由此可见，思维和智力的认知与社会认知的关系，给思维结构的类型或要素带来了复杂性。

（三）青少年的自我中心思维

青少年的自我中心思维，主要跟两个概念——“假想观众”和“个人神话”有关（Elkind，1967；Goossens，et al.，2002）。

“假想观众”（imaginary audiences）指的是青少年认为每个人都像他们那样对他们自己的行为特别关注。这一信念导致了过高的自我意识、对他人想法的过分关注，以及在真实的和假想的情境中去预期他人反应的倾向。由于青少年的元认知能力逐渐复杂化，所以他们很容易就能想象出别人正在思考自己，并且他们还能想象到别人思维的细节。进入青春期之后的青少年，特别是青春期早期的个体，经常感觉他们像站在舞台上一样，并相信自己是舞台上的主角，其他人作为观众都在看着自己。

“个人神话”（personal fables）指的是青少年相信他们自己是独一无二的（unique）、无懈可击的（invulnerable）、无所不能的（omnipotent）。青少年的个人独特感使得他们感觉没有人能理解他们的感受，在他们的日记中经常能发现这种特点。为了保持个人独特感，他们可能会编造一个关于自己的、充满幻想的故事，沉浸在远离现实的世界里。“个人神话”还可能使青少年对威胁人身安全的风险毫无畏惧（Klaczynski，1997）。很多青少年的危险行为可能就是“个人神话”造成的（Lightfood，1997；Greene et al.，2002）。他们可能认为在性活动中不需要使用避孕套，因为“个人神话”使他们相信，怀孕和艾滋病等事情只会发生在别人身上，不会发生在自己身上。

（四）青少年的观点采择能力

观点采择能力是与个体的自我中心相对立的，而与青少年的去自我中心相一致。观点采择能力是青少年的社会认知中居于核心地位的能力。观点采择（perspective-taking）是指个体能采取别人的观点来理解他人的思想与情感的一种必需的认知技能，即能够认识到对同一事物或事件别人可能会有不同观点和看法，并能试图站在他人的立场上去看待问题的能力。

从20世纪70年代，塞尔曼（Selman）及其同事利用类似于柯尔伯格的两难故事的方法，对儿童在友谊、权威、亲子关系等不同社会交往情境中社会观点采择的发展进行了研究，并建构了儿童观点采择发展阶段理论。

塞尔曼采用的方法是向儿童呈现一系列人际关系的两难故事情境，并利用这些故事对儿童进行深度访谈。通过这样两难故事的测查，塞尔曼认为儿童观点采择能力发展分为五个阶段，见表5-1。

表5-1 塞尔曼的观点采择能力发展阶段

阶段	基本特点
阶段0（3～7岁） 自我中心的或无差别的观点	儿童不能认识到自己的观点与他人的不同，往往根据自己的经验对问题进行判断
阶段1（4～9岁） 社会信息角色采择	在这个阶段，儿童开始意识到他人有不同的观点，表现出了对他人心理状态的关心，但不能理解产生这种不同观点的原因。此阶段的儿童有时仍将自己的观点投放到他人身上
阶段2（6～12岁） 自我反省式观点采择	在这个阶段，儿童能认识到即使面临同样的信息，自己和他人的观点也可能会有冲突。这时的儿童能考虑他人的观点，并据此预期他们的行为反应，也能根据他人的观点来评价自己的观点和情感
阶段3（9～15岁） 相互性角色采择	儿童能同时考虑自己与他人的观点，能以一个客观的旁观者的身份对事件进行解释和反应
阶段4（12岁至成人） 社会与习俗系统的角色替换	儿童可以用社会标准或信息去衡量和判断事件。由此产生一些关于社会法则方面的概念，并能了解到人类不仅可以共享某些语言及表面上的经验，也可以共享更深层次的情感及价值观点

对青少年而言，在早期阶段，个体进入了相互性观点采择阶段，即阶段3。这时，他们能够以第三方身份看待问题，同时能够明白一个人的观点和行为是如何影响另一个人的，即能看到人际间的互动以及互动对彼此的影响。到青少年中晚期，观点采择进入了一个更高的阶段，也就是阶段4，即社会与习俗系统的观点采择阶段。在此阶段，青少年开始能够理解个体在某一问题上的看法和观点是受多种因素影响的，并且懂得社会群体主要的观点对个体的看法和观点具有极其重要的影响。因此，随着青少年认知能力的发展，他们最终获得了社会观点采择的能力。

（五）青少年孝道观念的发展

孝道是社会认知中的典型研究内容，同时，孝道也是中国传统文化中最富有特色的内容，是最基本的道德准则，因此，我们以孝道为例来介绍青少年社会认知的发展。孝道一般被认为是一套子女以父母为主要对象的社会态度与社会行为的组合。学者对于孝道的具体内容有所争论，但是其核心内容得到了一致的认可，即尊亲、顺亲和养亲。处于道德发展关键时期的青少年对孝道有何认识呢？

我的弟子张文新教授团队调查了青少年与孝道有关的态度，发现青少年的孝道可以划分为四个方面，即敬爱祭念、抑己顺亲、荣亲留后和随侍奉养。进一步研究发现，青少年对上述四个方面的态度存在显著的差异，对随侍奉养的赞同度最高，其次是敬爱祭念和抑己顺亲，对荣亲留后的赞同度最低；农村青少年比城市青少年更赞同抑己顺亲和荣亲留后，对孝道总体和随侍奉养、敬爱祭念的赞同度没有差异；对孝道的认同存在一定的年级差异；非独生子女对孝道总体和抑己顺亲、随侍奉养的赞同度高于独生子女，在敬爱祭念和荣亲留后上不存在差异；青少年对随侍奉养的赞同度要高于父母，在其他方面则均低于父母。①

总体而言，我国青少年对孝道持积极的态度，特别是传统孝道的核心内容仍然保持不变，青少年对这些方面的赞同度依然较高。上述结果同时反映了随着社会的变革，青少年自主与独立意识增强，孝道观念由他律向自律转变，这与青少年自我意识的发展趋势是一致的。尽管青少年对孝道的认识体现了其独立意识，但孝道是在与父母的互动过程中形成的。在养育子女阶段，家庭模式影响了子女的孝道信念；在父母年老阶段，文化塑造了亲子的孝道期待和信念；亲子关系的变化，调整着亲子间孝道观的内容和影响方式。② 可见，在养育和教育过程中父母对孝道的重视、亲子沟通等都可以帮助子女发展孝道信念，教育中应该重视这一点。

第三节　青少年思维发展的关键期和成熟期

青少年的抽象逻辑思维占优势地位，思维不断发生变化。我们在对青少年运算能力发展的研究中发现，八年级（十三四岁）是中学阶段思维发展的关键期。从八年级开始，青少年的抽象逻辑思维即由经验型水平向理论型水平转化。到了高中二年级（十六七岁），这种转化初步完成。这意味着青少年的思维或认知趋向成熟。

① 张坤，张文新：《青少年对传统孝道的态度研究》，载《心理科学》，2004，27（6）。

② 李琬予，寇彧：《孝道信念的形成与发展：不同文化下亲子互动的视角》，载《心理科学进展》，2011，19（7）。

我们的研究对象共500名，从七年级到高二每个年级各100名，分别测定其数学概括能力、空间想象能力、数学命题能力和逻辑推理能力。研究结果如下。

中学生的数学概括能力分为四级水平：Ⅰ. 数字概括水平；Ⅱ. 形象抽象概括水平；Ⅲ. 形式抽象概括水平；Ⅳ. 辩证抽象概括水平。我们将各年级被试达到各级水平的人次列于表5-2。

表5-2　不同年级的中学生的数学概括水平

年级（年龄）＼人次分布＼水平	Ⅰ	Ⅱ	Ⅲ	Ⅳ	年级组之间差异的考验
七年级（12～13岁）	30	65	5	0	$p<0.05$
八年级（13～14岁）	11	76	10	3	$p>0.1$
九年级（14～15岁）	6	44	35	15	$p<0.05$
高一（15～16岁）	2	20	48	30	$p>0.1$
高二（16岁至十七八岁）	2	10	55	33	

中学生的空间想象能力也分为四级水平：Ⅰ. 用数字计算面积和体积，是对三度空间做量的运算阶段，具体形象性在运算思维中还占一定优势；Ⅱ. 掌握直线、平面阶段；Ⅲ. 掌握多面体阶段；Ⅳ. 掌握旋转体阶段。我们将各年级被试达到各级水平的人次列于表5-3。

表5-3　不同年级的中学生的空间想象能力发展概括

年级（年龄）＼人次分布＼水平	Ⅰ	Ⅱ	Ⅲ	Ⅳ	年级组之间差异的考验
七年级（12～13岁）	90	42	0	0	$p<0.05$
八年级（13～14岁）	96	82	18	8	$p<0.05$
九年级（14～15岁）	96	86	48	38	$p>0.1$
高一（15～16岁）	100	90	52	42	$p>0.1$
高二（16岁至十七八岁）	98	90	56	48	

中学生的数学命题能力，包括掌握命题结构和掌握命题形式的能力。他们掌握命题形

式的能力分为三级水平：Ⅰ. 能够确定简单命题；Ⅱ. 能够掌握和判别复合命题；Ⅲ. 能够按照运算法则确定命题的变型。我们在研究中重点分析了三个年级组，获得的结果如表 5-4 所示。

表 5-4　不同年级的中学生命题形式的水平

年级（年龄）＼人次分布＼水平	Ⅰ	Ⅱ	Ⅲ	年级组之间差异的考验
八年级（13～14 岁）	80	40	10	$p>0.1$
九年级（14～15 岁）	92	60	36	$p<0.05$
高一（15～16 岁）	92	84	76	

中学生的数学推理能力的发展，可以归纳为四级水平：Ⅰ. 直接推理水平；Ⅱ. 间接推理水平；Ⅲ. 迂回推理水平；Ⅳ. 按照一定的数理逻辑格式进行综合性推理的水平。研究获得的结果如表 5-5 所示。

表 5-5　不同年级的中学生推理水平的发展

年级（年龄）＼人次分布＼水平	Ⅰ	Ⅱ	Ⅲ	Ⅳ	年级组之间差异的考验
七年级（12～13 岁）	44	18	7	0	$p<0.05$
八年级（13～14 岁）	67	41	23	4	$p>0.1$
九年级（14～15 岁）	83	50	37	14	$p>0.1$
高一（15～16 岁）	94	65	54	23	$p<0.05$
高二（16 岁至十七八岁）	99	84	71	60	

从上述的概括能力、空间想象能力、命题能力和推理能力四项指标来看，八年级是逻辑抽象思维的新的起步，是中学阶段运算思维的质变时期，是这个阶段的思维发展的关键时期。

高中一年级或高中二年级（15～17 岁）是逻辑抽象思维发展趋于初步定型或成熟的时期。所谓思维成熟，我们认为主要表现在下述三个方面。

一是各种思维成分趋于稳定状态，基本上达到理论型抽象逻辑思维的水平。

二是个体差异水平，包括思维类型（形象型、抽象型和中间型），趋于基本上的定型。

三是成熟前思维发展变化的可塑性大，成熟后思维发展变化的可塑性小，与其成年期的思维水平基本上保持一致，尽管也有一些进步。

以上三个方面，不仅被我们的研究证实，而且也被北京市几所重点中学的调查证实，他们所调查的结果是：高一年级学生的智力表现和学习成绩变化较大，而高二、高三年级的学生则比较稳定；几所大学的学生的能力基础，基本上和高二、高三年级的学生保持一致性，说明基本上是高中阶段的成熟期奠定的，例如，在高二、高三年级数学成绩平平的学生，到大学后几乎也成不了数学系的高才生。当然，文科方面的能力成熟期稍晚，也会出现大器晚成者，但是，成熟期毕竟是存在的。

青少年抽象逻辑思维的发展特点，是我们工作的出发点。八年级是青少年认知或思维发展的一个转折点，它既可能成为学生学习成绩分化的认知基础，又可能成为引起学生思想道德变化的认知机制，重视八年级的教育教学工作是非常关键的；高中一年级学生的认知或智力表现和学习成绩变化的可塑性还是较大的，道德认识和思想变化也起伏不定，而高二、高三年级的学生则比较稳定。因为高中二年级是认知发展的成熟期，所以，抓住成熟前的时机提高认知和思维的能力是相当重要的。

第六章 青少年的观察、记忆与想象

青少年已经进入了抽象逻辑思维占主导地位的阶段，在这一时期，他们能够摆脱具体形象的限制，进行形式逻辑思维和辩证逻辑思维，思维的独创性、深刻性等都有了巨大发展。作为思维或认知活动的主要成分，青少年的观察、记忆与想象能力也取得了相应的发展。

第一节 青少年的观察能力

观察是有意识地感知，也就是在思维的作用下对外界事物的感知，是人们进行其他认知活动的基础。例如，科学观察能力就是创造性活动的基础。青少年的观察能力在小学阶段观察能力的基础上有了很大发展。小学儿童观察的目的往往是由教师或家长提出的，观察的时间往往随他们的学习兴趣而定，观察中对现象关心得多，对本质的和主要的属性理解得少，观察的坚持性也差。

一、青少年观察能力的发展特点

进入中学之后，每个学科几乎都要求青少年学生发展自觉的观察力。例如，语文的写作训练需要培养学生良好的观察力①；数学能力的培养需要以学生对自然界数量关系与图形关系的观察为基础；物理的实验和化学的演示都离不开学生精确的观察力；对生物的兴趣、爱好促使学生对生命现象及动植物进行持久的观察；等等。在教学要求之下，随着学生学习动机的激发和智力活动自觉性的提高，青少年学生逐步学会根据教学和实践任务的要求，较长时间地、集中地观察要认识的事物；青少年在为了完成学习任务而必须观察自然现象或社会现象时，不仅感知了事物的外部特征，而且能抓住事物的主要特征和本质特征，更加全面地去感知事物。因此，青少年观察力的目的性、持久性、精确性和概括性都有显著的发展。

① 参见刘朏朏，高原：《培养学生观察能力与写作训练教程》，分四期连载于《北京师范大学学报（社会科学版）》，1979（3），1979（4），1979（6），1980（1）。

（一）目的性的发展

如第五章所述，青少年能够运用假设进行思维，思维的计划性增强，这同样表现为其观察目的性的发展上。小学儿童往往被动地接受教师或家长的任务而进行观察，青少年则逐步发展到主动地自觉制订观察计划，进行有意识的观察。

（二）持久性的发展

青少年观察力的持久性，往往以有意注意为研究指标，这既取决于观察的任务，也取决于年龄特征。我们曾统计，一个由不同年级组成的区级航模组，在一次寻找飞机模型故障的观察中，八年级的组员平均坚持 1 小时 35 分钟，高一的组员平均坚持 3 小时。在一般的学习活动的观察中，注意集中的时间往往随着年级升高而延长。

（三）精确性的发展

青少年观察的精确性也有一个发展过程，主要表现在，观察细节的感受性逐步发展，对比事物的正确率逐步提高，理解所观察事物的抽象程度逐步加深。

有研究材料表明，初中学生的视觉感受性比一年级小学生的视觉感受性提高 60%以上，九年级、高一学生的视觉和听觉的感受性都能达到成人的水平，有的甚至超过成人。

有人研究了图形辨别力，设计了 9 幅大照片和 50 幅小照片，每一张小照片都是大照片的一部分。要求青少年迅速而准确地辨认每一张小照片的图形是大照片的哪一部分（大照片的每一部分标有数码，辨认后按其数码写入答案栏内），测验时间为 10 分钟。研究结果表明，初中被试的正确率只有 30%，而高中被试的正确率普遍超过 50%。

有人结合教学研究空间知觉的发展趋势，发现初中生对抽象几何空间及宏观的空间知觉都开始发展起来，但对较为复杂的空间关系的观察仍需要直观表象的支持；对于立体几何、光年等抽象空间的理解则要到高中之后，这并非一般观察力所能解决的。

（四）概括性的发展

青少年的观察力逐步变得深刻而全面，这主要是由于思维参加到知觉（观察）活动中去，其知觉的概括性在明显地发展。

国内研究发现，八年级以后的学生能按思维的概括去观察事物，八年级是观察力概括性发展的一个转折点。这个研究是这样进行的，在中学生面前呈现下列图形（图 6-1）。

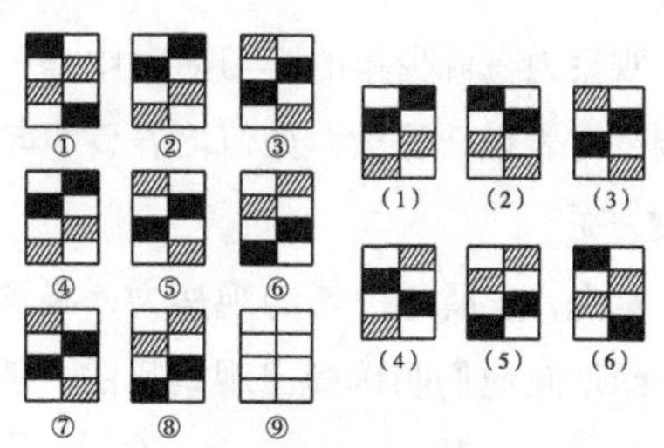

图 6-1　中学生观察能力的概括性测试图

问被试："上边左面应有九个图形，现在缺一个，请从右边的六个图形中找出一个补在缺处。”① 七年级学生多为尝试或碰撞，而八年级以上的学生通过深入观察，发现④②斜线为（1），⑦⑤③斜线为（3），⑧⑥斜线为（5），概括出这是由相同的斜线组成图案，在这图案里未出现过（2）和（4），而出现过（6），可知（6）是要补缺的图形。可见八年级以上的学生，逐步在观察中学会概括，从而获得规律性的感知。

从上例可以看到青少年观察力发展的趋势，同时也能看出，青少年观察力的水平既有年龄特征，又有个体差异。造成他们之间观察力的差异的原因是什么？研究表明，客观上来自所观察事物的性质及其引起观察者注意的程度，其中刺激强度大、变化大和新颖有趣的，能够引起中学生青少年的深入观察。研究还表明，观察力的目的性、持久性、精确性和概括性，主要来自观察者的心理状态、观察者对所观察事物及观察活动本身意义的认识水平和兴趣水平，即需要的程度是良好观察活动的主观基础。

二、青少年观察能力的培养

观察力在青少年的学习活动中是一种重要智力表现，那么，如何培养青少年的观察力呢？

首先，发展青少年的观察力，必须经常不断地向他们明确提出观察目的、任务和具体方法。只有这样，才能正确地组织他们的注意，使之指向必须知觉的方面。在提出观察目的和任务时，应该有计划地培养青少年观察的主动性，培养他们主动地给自己提出观察目的、任务的能力，而不是处处依赖教师和家长的提示。

其次，发展青少年的观察力，必须要培养他们的学习兴趣。在现实生活中，观察的领域是无限广阔的，观察能否深入，关键在于观察者的兴趣。因此，培养学生多方面且有中心的学习兴趣是十分必要的。

再次，发展青少年的观察力，重要的途径是发展其言语能力。人的知觉形象，通常是用词来表示的，是和词密切联系的，在有第二信号系统参加知觉和观察活动时，能更好地对事物进行分析和概括。因此，在观察过程中，教师和家长应引导青少年进行适当的言语活动，做出必要的观察记录，这样可以提高其知觉和观察的质量。

最后，发展青少年的观察力，教师在课堂上要灵活地运用“讲、写、做（教态、手势和表情等）、画（图画等直观教具）、演（演示和实验）”五项基本功，激发学生的兴趣，调动他们的全部感觉器官参加课堂活动，使他们形成完整、鲜明、精确、生动的表象并和言语相结合，产生理性的知识，从而学得深刻，记得牢固。

① 此实验方案系朱建军设计。

第二节　青少年的记忆能力

记忆是人脑对过去发生过的事物的反映，是过去感知过和经历过的事物在大脑留下的痕迹。

记忆，顾名思义，包括“记”和“忆”。所谓“记”，就是把它“记住”“记牢”。“记住”，心理学上叫作记忆。记忆通常是一种反复感知的过程，借以形成比较巩固的联系。“记牢”，心理学上叫作保持，好像录音带记下声音、录像带保存图像的痕迹那样。所谓“忆”，就是重新认出来或回想起来。确认以前感知过的，叫作再认，以前感知过的或经历过的事物不在眼前，把对它的反映重新呈现出来，叫作再现。

记忆要以注意为基础。注意集中，在大脑皮质留下的痕迹深刻，表现为记忆牢固，理解深刻，学习效果好。这就像照相，先要把镜头对准物体，对好光，才能得到清晰的影像。相反，学生注意力分散，听课时东张西望，或想着某个惊心动魄的场面，这些无关的刺激在头脑中形成了优势兴奋中心，老师讲课所给予的信号，却在相应的大脑皮质受到抑制，无法很好地被接受。本来这些学生的理解力和记忆力也许是很好的，因为他们思想开小差，对老师讲授的内容茫然不知或只听到只言片语，上下连贯不起来，造成对教材内容的误解、曲解，答题时断章取义等，于是造成了“听不懂”或“记不住”的后果。

一、青少年记忆发展的一般特点

青少年记忆发展的最大特点是，中学阶段是人的一生中记忆力最佳的时期。我国曾有一项研究指出，在同样长的时间里，高中一、二年级学生记住的学习材料的数量，比小学一、二年级学生几乎多 4 倍，比七、八年级学生多 1 倍多，达到了记忆的“高峰”。如果假定个体在高中毕业（18 岁）到 35 岁时的记忆成绩为 100，则 35～60 岁时的记忆平均成绩为 95，60～85 岁时的记忆平均成绩为 80～85。青少年正处在记忆力的全盛时期，因此人们常说“少壮不努力，老大徒伤悲”，然而，即使“老大”了，从上述研究数字来看，记忆力的自然衰退也并不是太显著，而且随着年龄增长，个体的知识经验丰富、理解力强，也有利于记忆，所以不必“伤悲”。但青少年一定要抓住这个全盛时期，努力学习，为以后的学习和工作打下良好的基础。

我国心理学家概括了几项关于记忆的实验研究①，如果“再现”成绩的最高分数为 10，那么各年龄阶段在各项实验测试中的平均成绩见表 6-1。

① 邹谦：《教育心理学》，台北，正中书局，1969。

表 6-1　不同年龄对各种不同材料记忆的成绩

材料＼成绩＼年龄(岁)	9	10	11	12	13	14	15	16	17	18
物理刺激	6.4	6.6	7.2	8.6	8.6	9.0	9.1	9.5	9.8	9.7
声音	4.9	4.9	5.3	5.6	5.4	6.5	6.8	7.0	7.5	7.1
数字与数学	4.4	4.7	5.2	4.8	5.2	5.7	5.3	5.9	5.2	5.3
语言（视觉）	6.3	6.8	6.9	6.9	7.0	7.5	8.1	8.1	8.1	7.6
语言（听觉）	5.2	4.7	5.5	6.2	6.3	6.8	6.7	7.2	7.0	7.0
语言（触觉）	4.1	4.6	5.5	5.9	6.1	6.6	6.9	7.2	7.6	6.9
语言（情感的）	3.0	3.1	4.1	4.8	5.6	5.9	6.2	6.6	6.7	6.3
语言（抽象的）	4.2	4.6	5.0	5.1	5.2	5.7	5.7	6.0	5.9	5.5

从表 6-1 可得出以下结论。

(1) 个体对各种不同材料记忆的效果，是随着年龄增长而发展的，到了 16 岁（高中一、二年级），记忆趋于成熟。从 16～18 岁，记忆的成绩基本上没有什么变化。因此，从 16～18 岁起，青少年（高中生）的记忆就成为记忆发展的全盛时代或黄金时代。

(2) 同一年龄的中小学生，对不同材料的记忆效果是不一样的。他们对直观形象的物理刺激材料的记忆要优于对抽象的语言刺激材料的记忆；同样是语言材料的刺激，对视觉语言材料的记忆要优于对其他感官接收到的信息的记忆。可见，记忆的差异不仅受主体差异的影响，而且为材料——信息的性质所制约。

二、青少年不同类型记忆的发展特点

记忆，有各种分类。从记忆的目的来分，可以分为有意记忆和无意记忆；从记忆的方法来分，可以分为机械记忆和理解记忆；从记忆的内容来分，可以分为形象记忆和抽象记忆。近年来，青少年工作记忆和元记忆能力发展的研究成为热点，下面就分别介绍青少年不同记忆的发展特点。

（一）青少年无意记忆和有意记忆的发展

所谓无意记忆，是指没有预定目的、没有任务、不知不觉的记忆，也就是内隐记忆。所谓有意记忆，是指有意识、有目的任务的记忆，对记忆材料的有意识的思维加工是这种外显记忆的主要特点之一。我们不能笼统地说这两种记忆哪一种效果好。我们只能在相同的条件下对比记忆效果，在记一件事情的时候，有意记忆的效果要比无意记忆的效果好。这两种记忆都是不可缺少的，因为人们不可能长时间地处于紧张的有意记忆之中。在日常生活中，无意记忆往往被使用得更多一点，同时，有意记忆的发展与无意记忆的发展相辅相成。

我们研究有意记忆或无意记忆的方法，主要是给予被试一定的记忆目的任务，一定时期后，检查其再认或再现的情况，其成绩就是这种记忆的效果。

(1) 有意记忆随着年龄的增长、学习动机的激发、学习兴趣的发展、学习目的的明确，在学习中的主导地位愈加显著。一般情况下，这个主导地位的显著表现是从小学三年级开始的，小学生的有意记忆的任务往往是由教师提出的。

中学阶段，有意记忆的突出特点是，学生根据不同的教材内容，逐渐学会由自己提出记忆的目的任务，并且是适当长远的记忆任务。从八年级、九年级起，学生能逐步自觉地、独立地检查自己的记忆效果，主动地根据记忆任务的具体内容与自己的具体特点选择良好的记忆方法。

(2) 中学阶段，不仅有意记忆在发展，无意记忆及其效果也在发展。有意记忆和无意记忆的记忆效果，主要在于记忆过程的思维活动的程度，也就是能否将所记忆的东西或材料当作智力活动的内容或对象。

教师和家长不仅要有计划地发展青少年的有意记忆，而且要发展他们的无意记忆，特别是教师，如果讲课生动、风趣、扣人心弦，能激发情感，那么学生无意记忆的效果会相当显著，并能有较快的提高。

（二）青少年的机械记忆和理解记忆的特点

所谓机械记忆，是在不理解、不甚理解或无法理解的情况下，原原本本、逐字逐句地记忆。例如，背书、记忆国际音标就是采用这种记忆方法。所谓理解记忆，就是在思维的指导下，根据对材料的理解，结合自己的经验进行记忆。例如，学生通过分段、编写提纲，来理解课文、熟记教材。机械记忆反映的往往是事物的个别的、外部的联系，而理解记忆则是以对材料的理解为基础的记忆，它反映的是事物的本质特点。

小学低年级学生主要是机械记忆，到了小学三四年级，随着思维的发展，学生的理解记忆明显地发展起来，虽然此时的机械记忆还很发达，占优势地位，但机械记忆的主导地位将让位给理解记忆。

随着年龄的增长和年级的升高，到了中学阶段，教学内容更加深刻地反映事物的本质特点，也对学生提出了更高的要求，要求他们对记忆材料进行逻辑加工。因为知识经验日益丰富，言语、思维进一步发展，青少年在学习过程中不断地掌握学习方法和技巧，发展着理解记忆。实验研究表明，学生的年级越高，理解记忆的成分越多，机械记忆的成分相对地减少。对于学生说来，随着年级升高，机械记忆运用得越来越少，机械记忆的效果也越来越差，相反地，理解记忆是他们主要的记忆方法，且效果越来越好。这个发展趋势如图 6-2 所示。

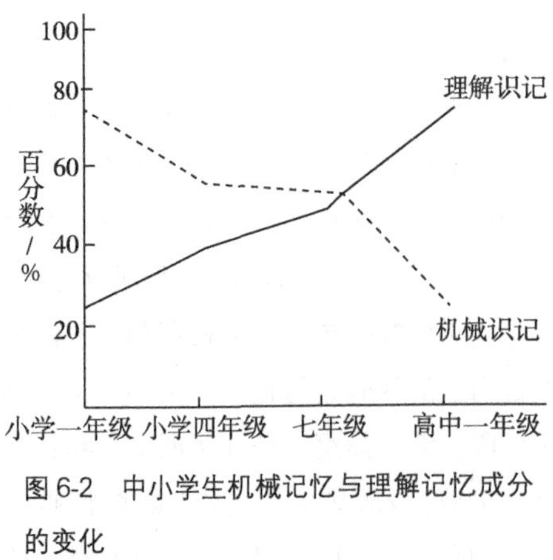

图 6-2　中小学生机械记忆与理解记忆成分的变化

由此可见，发展青少年的理解记忆是很重要的。但是青少年中有不少人仍"擅长"机械记忆，具体原因如下。

第一，机械记忆作为一种记忆的方法，在中学阶段是不可少的。例如，记忆人名、地名、年代、外文单词等就要运用机械记忆。

第二，学生对教材不理解或理解不透彻的情况下，只得运用机械记忆。

第三，限于知识经验与智力水平，青少年难以展开一系列运用技能、技巧、方法等的智力活动，容易使用机械记忆。从这个角度来说，往往理解记忆的水平反映着智力活动的水平。

第四，有的中学生，尤其是高中生，运用机械记忆是由于他们不愿积极地开展智力活动，通俗地说，就是不愿意动脑筋，而机械记忆倒要"省事"一些。

教师和家长对于中学生的机械记忆，一是要利用，二是要引导。要让他们多背一点知识；同时，在机械记忆中，教师和家长要引导他们运用理解方法，找出事物的内在联系，以提高记忆效率。例如，辛亥革命发生在 1911 年，而中国共产党成立于 1921 年，如果把这两个年代连在一起，就会发现这两个年代相差 10 年，通过这样的方式学生不仅能马上记住，而且会长久地印在脑子里。

（三）青少年形象记忆和抽象记忆的发展

所谓形象记忆，也叫情景记忆，是指对过去感知过的具体事物或活动的形象的再现。所谓抽象记忆，也叫语义记忆，是指对概念、公式、定律、定理等抽象材料或语词材料的记忆。

从小学四年级起，由于思维从具体形象占优势发展到逻辑抽象占优势，所以语词的、抽象的记忆逐步占据优势，但小学儿童在很大程度上仍依靠形象记忆接受和保持外界的信息。

青少年在学习过程中必须大量掌握各种科学概念，必须进行逻辑判断、推理和证明，只有这样，随着青少年言语和思维的发展，其语词的、抽象的记忆能力也日益发展着。正是在中学阶段，学生的知识表征发生了由形象记忆向抽象记忆的转变。①

有人做实验，让中、小学生读一遍具

① 隋洁，吴艳红，王金凤等：《中学生知识获得过程是从情景记忆向语义记忆转化的过程》，载《心理科学》，2003，26 (5)。

体的词（如“房子”“杯子”等），要求他们重现所记忆的内容；之后又让他们读一遍抽象的词（如“运动”“关系”等），也要求他们重现所记忆的内容。假设小学一年级被试的再现量为 100，其他年级被试得到的结果中所增加的记忆数量如表 6-2 所示。

表 6-2 不同年级形象记忆与抽象记忆的发展

年级	记忆数量增加的百分比/%	
	具体的	抽象的
小学二年级	28	68
小学四年级	50	68
七年级	84	192
九年级	99	192
高中二年级	77	195

由表 6-2 可见，青少年对抽象材料记忆数量的增加与对具体材料记忆数量的增加相比，从七年级开始就加大了发展速度；学生的形象记忆仍在发展，到九年级之后则略有下降的趋势。我们不能把形象记忆看作低于抽象记忆水平的记忆。形象记忆和抽象记忆对于中学生来说都是必不可少的。

（四）青少年工作记忆能力的发展

工作记忆是一种对信息进行暂时加工和贮存的、能量有限的记忆系统，包含中央执行功能、言语工作记忆和视空间工作记忆三个子系统。研究者发现，工作记忆能力对学习、运算、推理、语言理解等认知活动都起着重要作用。国内有研究者发现，不同类型的学习困难学生在工作记忆的子系统上有不同的缺陷。数学困难组学生的言语工作记忆主要与计算广度不足有关，语文困难组学生的言语工作记忆与阅读广度不足有关，双困难组学生在阅读和计算广度方面均存在缺陷；数学困难组和双困难组学生存在视空间工作记忆缺陷，而语文困难组学生的视空间工作记忆则是正常的；不同类型学习困难组学生的中央执行功能均存在缺陷，双困难组学生的中央执行功能的缺陷程度显著高于单困难组学生。①

工作记忆能力与年龄有着密切关系，随着年龄增长，工作记忆能力有着不同的表现。一般认为，工作记忆能力与年龄之间呈非线性的关系，首先，随着年龄增长，工作记忆能力会不断发展，在达到高峰期后逐渐下降。对于达到高峰的年龄，不同研究者有不同的观点，如有的研究者认为 19～29 岁是高峰期，而有的研究者发现工作记忆在 35 岁之后仍有所发展。我国的李德明等人对 1993 名 10～90 岁被试的数字工作记忆广度进行研究发现，工作记忆与年龄呈抛物线关系，工作记忆广度在 16～19 岁时达到顶峰。② 段小菊等人发现，数字工作记忆从 8 岁到成年期间持续增长，词语广度在 18 岁达到顶峰，视空间工作记

① 王恩国，赵国祥，刘昌等：《不同类型学习困难青少年存在不同类型的工作记忆缺陷》，载《科学通报》，2008，53（14）。

② 李德明，刘昌，李贵芸：《数字工作记忆广度的毕生发展及其作用因素》，载《心理学报》，2003，35（1）。

忆广度在 14～16 岁时达到高峰。[①] 可见，中学阶段是工作记忆能力表现最好的时期。

工作记忆中的中央执行功能负责监控、调节工作记忆各子系统的活动和工作记忆资源的分配，这表现在工作记忆的策略上。当认知任务的负荷超过工作记忆的容量和保持时间时，单一依靠大脑的内部策略就难以维持认知活动的开展，这时就需要我们借助一定的外部策略。研究发现，青少年能够根据任务要求使用多种多样的工作记忆策略，无论是初中生还是高中生，都能够综合使用内部策略、外部策略和内外部结合的策略解决问题，并倾向于使用正确率较高的策略，而非速度更快的策略。[②] 在中学阶段，学生要面临越来越复杂和抽象化的学习内容，这就要求学生具有较高的工作记忆能力。在教学中，教师要引导学生合理地使用工作记忆策略以帮助加工和记忆材料，从而解决问题。

（五）青少年元记忆能力的发展

元记忆是另一个得到研究者较多关注的记忆领域。元记忆是指向自己记忆的一种复杂、有层次和动态的认知系统，即对自己记忆活动的认知和调节。元记忆包括元记忆知识、元记忆监测和元记忆控制三个成分。元记忆能力与学生的认知能力有着密切关系。在元记忆监测条件下，人们使用的记忆策略会更加有效，记忆效果更好。学习困难生和学习优秀生的元记忆监控能力差异显著，元记忆监控的参与可以显著地提高学习困难生的记忆效果。[③]

小学生知道年龄增长、学习经验等与记忆有关系，但是只能认识到单个因素的影响，而青少年则可以认识到多种因素的作用以及多个学习项目间的联系，其元记忆知识有了较大发展。青少年的辩证逻辑思维开始发展，他们能够较好地利用类的群集来组织记忆，意识到可以采用各种记忆策略来帮助记忆，较多采用联想策略和精细加工策略，较少采用简单复述策略。青少年的元记忆监控能力也在不断发展，与小学儿童相比，他们对自己能够进行有效的监控。小学儿童多依靠有意识的尝试回忆进行记忆的监测判断，青少年能够使用直觉进行监测，尽管其监测判断的精确性有所下降，但这恰恰说明了青少年的元记忆监控能够依靠直觉快速进行，不需要借助于尝试回忆，并且能够自觉而迅速地从元记忆监控中获得学习结果的自我反馈，有意识地对学习材料进行组织和学习时间的再分配，形成新的学习计划。到大学阶段，记忆监控能力的发展基本完成。

有人研究了中学生的记忆监控能力的发展与培养，结果发现，在参加过记忆监控训练的学校中，九年级学生的记忆监控能力明显优于同年龄的重点中学的九年级学生，并略高于年龄较大的重点中学高二

① 段小菊，施建农，冉瑜英：《8 岁到成年期工作记忆广度的发展》，载《心理科学》，2009，32（2）。

② 刘慧娟，沃建中：《中学生连环数运算中的工作记忆资源分配策略》，载《心理发展与教育》，2003，19（4）。

③ 邓铸，张庆林：《青少年元记忆能力发展的认知研究》，载《心理学探新》，2000，20（1）。

学生。由此他认为，记忆监控能力的发展主要受教育影响，九年级学生与高二学生的记忆监控成绩相近，说明 15 岁中学生的元记忆监控能力已发展到较高水平。[①] 因此，对于小学高年级和初中阶段青少年的教育，我们尤其要重视对学生元记忆能力的培养，包括元记忆知识、元记忆监测和元记忆控制三个方面。

三、青少年记忆能力的培养

正如前文所述，青少年的有意记忆、理解记忆或是工作记忆、元记忆，都与教育有着密切的关系。那如何培养青少年的记忆力呢？我们认为，主要是让他们学会记忆方法，掌握记得快、记得牢、记得准的要领。具体地说，有如下十点。

（一）提高青少年的注意力，是增强记忆力的前提

教师要教育学生把注意力集中于一个对象，做到“一心不二用”。同时，在课堂教学时，教师必须排除与教学内容无关的刺激，使他们不分心，以便能够准确地、尽可能地领会教师所讲的内容，这是保持记忆的基础。

（二）要提高青少年对记忆内容的兴趣

长期牢固记忆与兴趣浓、情绪乐观有一定的关系，如果学生对记忆内容没有兴趣，或者一学习就发愁、厌烦或头痛，则往往学不进去，当然更谈不上记忆了。因此，培养记忆力应该从培养兴趣，尤其是学习兴趣入手。

（三）记忆要有目的

同样记忆一样的材料，有目的的有意记忆要比无目的的无意记忆效果好。对记忆内容和进程有清晰的目的、计划的记忆效果会更好。因此，教师要经常启发中学生明确了解自己活动的目的任务，让他们自觉提出较长时间的记忆任务，培养他们学会独立地、自觉地检查自己记忆的效果，这样才能提高其记忆能力。

（四）要理解记忆的内容

机械记忆的效果往往没有理解记忆的效果好，对记忆内容理解越深刻，思维活动越积极，则记忆效果越显著。如果青少年对内容没有深刻理解，只靠死记硬背，其理解记忆能力就难以发展，也难以提高。

（五）要善于对材料加以比较

通过比较和分析事物的异同，我们可以认识事物的本质特点和内在联系，这不仅有利于理解记忆能力的发展，而且能提高记忆的准确性。

---

① 杜晓新：《15—17 岁少年元记忆实验研究》，载《心理科学》，1992 (4)。

（六）学会对记忆材料的分类、分段、拟定小标题（或提纲）等方法

当需要记忆的材料很多时，我们可分类、分段、拟定小标题，这样能使所记的内容重点突出，使记忆获得有力的支柱，从而提高记忆的效果。

（七）要及时复习

复习的目的是与遗忘做斗争。遗忘是有规律的，德国心理学家艾宾浩斯（H. Ebbinghaus）所创制的著名的“遗忘速度曲线”，表明遗忘变量和时间变量之间的关系，即刚刚记住的材料在最初几小时内的遗忘速度很快，两天后就较缓慢，一句话，就是“先快后慢”（见图 6-3）。因此，要使中学生巩固所学的知识，就必须及时复习，使记忆内容在头脑中留下深刻的痕迹，不致遗忘。

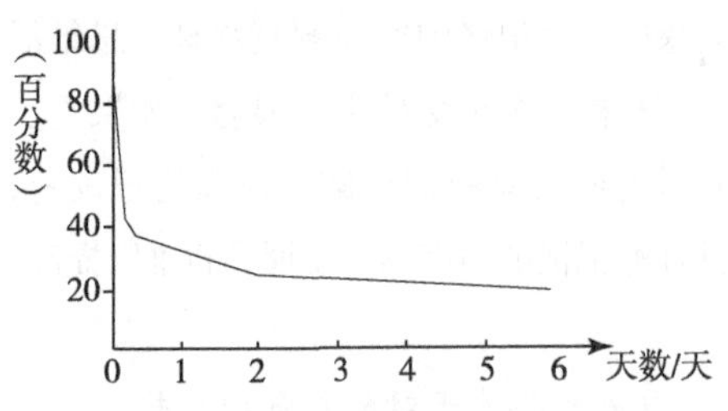

图 6-3　艾宾浩斯的无意义音节遗忘速度曲线

（注：0～100%，表示经过不同时间间隔熟记材料再现的百分比）

（八）试图回忆

研究显示，在学习过程中进行一次或几次不给予任何反馈的测试就能显著促进学习内容的保持。① 因此，对于必须记住的或要背诵的内容，我们要让青少年反复诵读或默读几遍，尽可能地试图背出（即及早地试背），检查被遗忘的地方，再重点复习。如果按照这种办法坚持下去，成为习惯，就会形成良好的记忆品质。

（九）间隔记忆

在背诵一段时间后停顿一下或学习一些其他课程，比长时间地试图一次性背诵下来效果要好。因为长时间地背诵，脑细胞容易起抑制作用，影响记忆的功能。因此，教师和家长安排学生复习时，各项课程最好交错进行。根据上述情况，对于篇幅长、内容复杂的材料，学生可采用化整为零、各个击破的办法。

（十）动员多种感觉器官参加学习和复习活动

集中力量“打歼灭战”，动员多种感觉器官同时投入一种记忆活动，这是巩固记忆、减少遗忘的有效办法。不管是背语文字词还是背外语单词，都要听、读、写、用并举，使耳、眼、嘴、手都参加进来，沟通大脑皮质各部分之间的联系，以加深记忆。

教师和家长的重要任务是把以上这些方法教给青少年，随着他们自觉性与主动

① 罗良，张玮：《利用测试促进学习：记忆心理学的研究进展与教育启示》，载《北京师范大学学报（社会科学版）》，2012 (1)。

性的提高，逐步地变成他们自己的记忆方法，从而发展记忆力。

第三节　青少年的想象能力

想象是在客观事物的影响下，在言语的调节下，人脑中已有的表象经过改造和结合而产生新表象的心理过程。想象能力的水平，取决于已有表象材料的数量和质量，取决于人的思想意识和个性品质，取决于言语的水平。

一、青少年想象能力概述

想象和思维之间，不存在不可逾越的鸿沟，想象就是形象思维。想象与思维，是人们创造活动的两大认识支柱。青少年正处于从真正的形象思维发展到抽象逻辑思维形成的阶段，发展良好的想象能力有助于抽象逻辑思维的发展，同时，想象能力还是创造能力的前提，青少年的创造能力正迅速发展并逐步走向成熟。因此，必须重视培养青少年的想象能力。

想象过程按照创造性的程度不同，可分为再造想象和创造想象。再造想象是根据某些事物的图样、图解或言语描述而在头脑中产生关于某一事物的新形象。创造想象是人们按照一定目的、任务，在头脑中创造出某一事物的新形象。比起再造想象，创造想象是更复杂、更富有独创性的高级的想象活动。

如何研究青少年的想象呢？国内外常见的方法有如下几种。

(1) 印象画法。即让被试观察若干幅印象画，说出其浮现在心中的观念，并做时间的统计。

(2) 作图法。按一定的言语描述让被试作图。例如，针对“火山”“飞碟”“机器人”“悬崖峭壁”等语词作图。

(3) 创作法。其中包括以下四种方法：①再构成法。即提示三言两语，在规定时间内，让被试自由联系，回答联想内容，看是否有创造性。②完成法。以不完全的文章，让被试接着补充完成。③作文法。确定课题，在一定时间内写作文，按用时、字数、思考、结构、布局和全文内容来测定想象能力。④制作实物。让被试按照一定要求制作实物，或分析他们已经创作的作品，如无线电、航模、电器、木器等。

(4) 检查空间想象能力。研究青少年的空间想象能力，既是思维的课题，又是想象的课题。对于其研究的指标，国内数学教学界确定为四项：①对基本的几何图形必须非常熟悉，能正确画图，能在头脑中分析基本图形的基本元素之间的度量关系及位置关系（从属、平行、垂直及基本的变化关系等）；②能借助图形来反映并思考客观事物的空间形状及位置关系；③能借助图形来反映并思考用语言或式子所表达的空间形状及位置关系；④有熟练的识图能力，即从复杂的图形中能区分出基本图形，并能分析基本图形和基本元素之间的关系。①

二、青少年想象能力的发展特点

我们曾按照研究空间想象能力的上述四项指标，对青少年的空间想象能力做了调查，根据调查材料，把他们的空间想象能力分为四级水平：Ⅰ. 用数字计算面积和体积；Ⅱ. 掌握直线、平面；Ⅲ. 掌握多面体；Ⅳ. 掌握旋转体。我们汇总与统计调查中测得的数据，制成下图（图 6-4）。

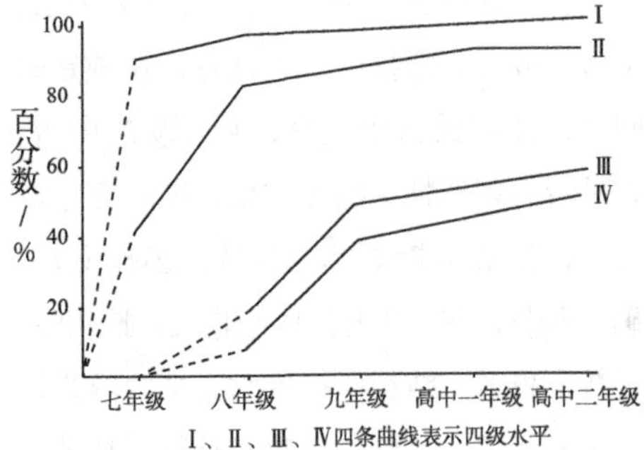

图 6-4　中学生空间想象能力发展曲线图

由图 6-4 可见，青少年空间想象能力的发展存在着明显的年龄特征，其中八年级到九年级是空间想象能力发展的加速时期或关键阶段。过去，人们往往认为培养空间想象能力主要是立体几何的任务，其实不然。我们在研究中看到，尽管客观事物存在于三维空间之中，其空间形式需要表现为三维的，但是人们往往需要将三维空间分解为二维的图形来掌握。由此可看出对二维的平面图形进行观察、分析和抽象思维是更基本的。因此，教师在平面几何的教学过程中，培养和发展青少年的空间想象能力是十分重要的。

空间想象能力的发展与思维的深刻性品质的完善程度紧密相连。因为没有思维的深刻性，就不可能发展良好的解释图形信息的能力；同时，没有思维的灵活性与敏捷性，就不可能对非图形信息和视觉信息进行灵活的转换与操作，无法想象运动变化的空间；而没有思维的独创性和批判性，就不可能富有成效地进行形象的分解、组合与再创造，当然也就不能使学生的空间想象能力得到充分的发展。青少年数学空间想象能力的发展，具有从低水平向高水平顺次发展的特征，这种发展次序是不可改变的，因为低级水平是高级水平的基础与前提，高级水平是低级水平发展的方向和必然结果。

我们还使用句图匹配和心理旋转两项任务考察了 13～18 岁青少年的表象能力发展特点。② 我们发现，青少年在这两项任务上表现出了相同的想象能力发展特点，即随着年龄增长，他们的想象能力也随之发展，男女生的想象能力无显著差异。进一步分析发现，青少年想象能力的年龄差异主要在 13 岁、14 岁、15 岁与 16 岁、17 岁、18 岁。16 岁前，青少年句图匹配和心理旋转的反应时均呈明显的下降趋势，16 岁以后则渐趋稳定。这一结果是很容易理解的，因为学生的表象或想象能力的发展

① 北京师范大学等：《中学数学教学法》，北京，人民教育出版社，1980。

② 潘昱，沃建中，林崇德：《13～18 岁青少年表象能力的发展和脑电 α 波的关系》，载《心理发展与教育》，2001，17（4）。

与其思维品质的发展是联系在一起的，只有发展与完善其思维品质，学生的表象与想象能力才能发展到更高水平的层次。

从以上研究中可以看出，青少年的想象是十分丰富、生动，又十分复杂的。

(1) 青少年想象的有意性在迅速增长。青少年的想象，特别是高中生的想象，大多是有意识、有目的的。例如，青少年的作文能够围绕中心不断地进行连贯的构思。

(2) 青少年想象中的创造性成分逐步增加，创造想象在想象能力里越来越占优势。在全国青少年科技作品展览中，数以千计的科技作品出自青少年之手，高中生开始写小说的大有人在。可见随着年龄的增长，青少年想象的创造成分日益增多，这对于他们以后创造发明，无疑是一个重要的基础。

(3) 青少年想象的现实性不断发展。青少年是富于幻想的，随着年龄的增长，他们的想象由具体的、虚构的向抽象的、现实的方向发展。

(4) 青少年的想象能力在不断发展，八年级到九年级是想象能力发展的加速时期或关键时期。想象能力在空间想象和句图匹配中的表现都显示，八年级到九年级是一个关键时期，这与青少年思维能力的发展趋势是一致的。并且，青少年想象能力的发展与教育密切相关。

基于青少年想象能力的特点，在各科教学中，教师要注重引导学生在深入加工材料的基础上提出问题，有目的地进行创造性的想象。但是，创造性的想象并不等同于幻想。在鼓励学生想象的同时，教师更要鼓励他们验证想象，即创设一系列的条件去检验想象是否正确。只有将想象与抽象逻辑思维结合起来，才能取得好的结果。

第七章
青少年的形式逻辑思维

逻辑是思维的一面镜子。由于形式逻辑思维和辩证逻辑思维是思维发展的两个不同的阶段，所以形式逻辑思维和辩证逻辑思维的发展和成熟，是青少年思维发展和成熟的重要标志。在本章，我们将分析青少年形式逻辑思维的发展。

青少年形式逻辑思维的发展，在苏联和欧美的心理学著作中都已涉及。例如，西方有关青少年心理学的著作，为了对皮亚杰形式运算理论展开讨论，提出了以下一系列问题：①思维结构是如何进行运算的？②形式推理能力是随年龄的增长而增长的吗？③形式运算能力的变化是阶段性的吗？④形式运算能力是可以概括的吗？⑤形式运算能否通过教育而发展？⑥所假定的形式运算能力的发展能够区别于其他已知的或假定的能力的发展吗？[①] 当考察所有的论据时，我们就可以发现青少年形式逻辑思维发展方面的特点。

第一，思维结构的运算化。从最严格的意义来说，皮亚杰的形式运算理论显然是一种结构能力理论。皮亚杰和英海尔德使用了15种不同的作业，认为形式推理能力对于完成这些作业是必要的，并企图通过对这些作业的操作情况去阐明形式推理与非形式推理之间的差别，根据所预期的内在的形式推理结构的操作表现形式，这15种作业可以划分为三类：组合推理、变量的析取或分离、比例。

第二，形式推理能力的增长与年龄的关系。皮亚杰—英海尔德所有关于年龄的比较研究都揭示出年龄的稳定影响。年龄对作业操作的影响无疑是极易发现而又极难解释的。差不多所有的操作（逻辑能力、记忆能力、计划性、作业的外在组织）都随年龄的增长而增长，因此把操作的变化仅仅归于诸因素中假定的单一因素（逻辑能力）是不恰当的。

第三，青少年期认知变化的阶段性。关于认知的阶段发展的争论与分析水平紧密联系。从某一分析水平来看是质变的东西，从另一种分析水平来看不过是量变。例如，从视觉水平来看，颜色存在质变，而从光学水平来看，不过是光波的量变。恰当的标准是很难确定的，也许最直接的方法是考查实际运用概念的情况。布赖纳尔德（Blainerd）用密度概念、固体体积守恒、液体体积守恒三项作业来研究比例图

① 云南省心理学会：《云南心理科学：皮亚杰介绍和研究（专辑）》，云南省心理学会，1984。

式的发展。他认为，虽然这些操作资料不一定能证明联结三种作业操作的推理是通过一个原始的比例图式联系起来的，但这些操作资料至少可以从五个方面来检验皮亚杰的理论：①随年龄而变化；②非线性年龄趋势；③等同出现；④密度概念的出现早于体积概念的出现；⑤年龄较大的被试学习较快。

第四，结构的可概括性。有关形式运算结构的可概括性的两个问题：①形式运算表现的内部同质性问题，也就是说，在形式运算任务的完成上具有相当高的内部一致性；②影响操作的因素问题，对一个人的形式运算能力做出判断是相当困难的，因为影响操作的因素很多，有语言作用、作业内容和作业结构，对这些影响因素进行综合性概括，正说明了个体的思维能力的差异。

总之，在国外，研究者对青少年形式逻辑思维发展的问题已经做了一系列的论述。但是，这些论述大都是思辨性的，其选用的研究成果也显得说服力不够强。为此，我们（北京师范大学发展心理研究所）一直在从事或参与这方面的研究。特别是我们所牵头的国内青少年心理研究协作组，在全国23个省、自治区、直辖市的在校青少年（中学生）中，开展了关于形式逻辑推理、形式逻辑法则（基本思维规律）的掌握与运用特点的调查研究。我们试图通过这些研究摸索出一些共同性的规律，探讨我国青少年思维的主要特点及发展趋势。①

这一章我们使用自己或直接参与的研究的结果来分析青少年形式逻辑思维的发展。

第一节　青少年概念的发展

青少年接触到的概念主要有字词和数学两类，在20世纪80年代和21世纪初，我们分别对青少年的字词和函数概念的发展特点进行了研究，现在分别从这两个方面来介绍青少年概念的发展特点。

一、青少年字词概念的发展特点

我们曾对青少年的字词概念进行过系统的研究。通过研究，我们发现在校青少年理解字词概念存在着明显的年龄特征，同时，不同性质的实验材料、不同的字词概念及不同的测试方法也在很大程度上影响着青少年思维年龄特点的表现。现在分述如下。

（一）青少年字词概念的发展趋势

通过研究我们发现，青少年学生掌握字词概念的水平与年龄有着密切关系：七

① 全国青少年心理研究协作组：《国内二十三省市在校青少年思维发展的研究》，载《心理学报》，1985（3）。

年级学生大多是从功用性的定义或具体形象的描述水平向接近本质的定义或做具体的解释水平转化。这说明这个年级的学生掌握抽象概念还有一定的困难，特别是对于比较复杂的抽象概念，如社会概念、哲学概念和科学概念，还抓不住其本质的属性，分不清主次的特征，他们的思维在一定程度上还依靠直观的、具体的内容。八年级、九年级学生大多是接近本质的定义或做具体的解释水平，或者是由这类水平向本质定义水平转化，这说明八年级是掌握概念的一个转折点。从八年级以后，学生能够很好地掌握为他们所理解的一些抽象概念的本质属性，并能逐步地分清主次的特征，但对高度抽象、概括而缺乏经验支柱的概念，如哲学概念“物质”往往不能正确理解。他们只是将“物质”的概念，与日常生活中或物理学里接触到的见得着、摸得着、有形状的“物质”混为一谈，而不能理解哲学概念的“物质”是“作用于我们的感官而引起感觉的东西；物质是我们通过感觉感知的客观实在”①。到了高中阶段，学生达到接近本质定义和本质定义水平的人数要比初中生多，掌握字词概念的数量也比初中生多。高中生还能较正确地对社会概念、哲学概念和科学概念做出完全科学的定义，这说明在正常的教学条件下，高中生能够对他们所理解的概念做出比较全面的反映事物本质特征和属性的合乎逻辑的定义。

（二）青少年字词概念的分类能力

通过研究，我们发现在校青少年的概念分类能力可分为四级水平：一级水平——不能正确分类，也不能说明分类根据；二级水平——能够正确分类，但不能确切地说清根据；三级水平——能够正确分类，但不能从本质上说明分类根据，仅能从事物的某些外部特征或功用特点说明分类根据；四级水平——能够正确分类，并能从本质上说明分类根据。研究表明，初中生（少年期）与高中生（青年初期）的分类水平是有差异的。初中生对所理解的概念进行分类处于从第三级水平向第四级水平过渡的状态，他们能够对各类概念进行分类，也能说明理由，但阐述中掺杂着感性经验。高中生对所理解的概念进行分类时，达到第四级水平的居多，所说明的理由能揭露事物的实质，理论性较强。组合分析分类的能力是从小学四、五年级开始的，但那时组合分析的水平很低，多数学生还不善于组合分析，不能找出重新组合的交结点。从八年级起，能够在字词概念分类时进行组合分析的学生超过半数，但大部分是二次组合分析。从高中开始，80%以上的学生能对所理解的概念进行组合分析，其中大部分能够进行三次或三次以上的组合分析。例如，对动物概念“海豚、鲸鱼、鲨鱼、鳄鱼、蜥蜴、壁虎、虎、

① ［苏联］列宁：《列宁选集》第2卷，146页，北京，人民出版社，1972。

豹”，他们就能按海生动物与陆上动物、凶猛动物与非凶猛动物、哺乳类动物与非哺乳类动物等进行分类。这样，青少年学生所掌握的概念，逐步摆脱零散、片段的现象，日益成为有系统的、完整的体系，学生逐步深入地领会自然规律和社会规律，发展思维的整体系统结构，从而为他们逐步形成辩证思维创造了条件。

通过研究，我们得出了在校青少年对谚语和成语等一些复杂概念的理解程度及其发展特点。我们曾把10个谚语和10个成语呈现给七年级、八年级和九年级三个不同年级的中学生被试（每个年级100名），让被试解词并造句，青少年理解这类复杂的字词概念或判断可分为三级水平。第一级水平完全停留在了解故事具体情节和对词的表面理解上。例如，“朝三暮四”是指猴子吃橡实，早晨三颗，晚上四颗。第二级水平是受具体经验的局限而做出接近本质的形象理解。例如，“朝三暮四”是指自己欺骗自己，自作聪明。第三级水平是摆脱故事具体情节和生活经验，充分领会成语的隐义或转义。例如，“朝三暮四”原意是以诈术来欺骗人，后来形容反复无常。我们在研究中所获得的结果见表7-1。

表7-1　不同年级中学生理解谚语和成语的水平

水平 人次分布 年级	第一级水平	第二级水平	第三级水平	年级组之间差异的考验
七年级	21	57	20	$p<0.01$ $p>0.05$
八年级	5	24	71	
九年级	2	16	82	

由此可见，如果在正常的教育教学条件下，七年级的被试以第二级水平居多，八年级为过渡阶段，九年级以上各年级，大部分被试都达到第三级水平，即能理解形象材料的复杂字词概念或判断的实质。

二、青少年函数概念的发展特点

我们对初中生函数概念的理解进行了研究。① 我们考查了七年级至九年级三个年级的学生对集合、关系、对应、坐标、变量、文字表示、图形表示、文字与图八个方面的函数概念体系的理解，发现这八个方面的函数概念体系有着不同的年龄特征（见表7-2）。

① 朱文芳，林崇德：《初中生函数概念发展的研究》，载《心理发展与教育》，2001，17（4）。

表 7-2 不同年级初中生函数概念差异显著性检验结果

年级	项目	集合	关系	对应	坐标	变量	文字表示	图形表示	文字与图	总计
七年级	$\overline{x}$	16.31	25.13	9.39	4.91	7.30	15.22	17.98	3.97	100.17
	S	4.65	9.77	5.62	1.75	2.41	5.39	8.98	3.89	27.19
八年级	$\overline{x}$	15.81	25.39	11.33	3.92	7.20	16.12	21.82	2.68	104.28
	S	4.74	3.08	6.85	2.01	2.50	15.72	8.30	3.46	26.77
九年级	$\overline{x}$	17.13	25.46	10.71	4.29	7.97	14.89	21.28	3.11	104.73
	S	4.63	9.55	4.10	2.02	2.17	11.99	9.03	3.51	26.81
F		4.68**	0.11	7.18**	15.68**	7.27**	0.66	13.02**	7.59**	2.02
P		0.01	0.90	0.00	0.00	0.00	0.52	0.00	0.00	0.13

（注：** 表示 $p<0.01$。）

由表 7-2 可见，中学生的函数概念在“关系”和“文字表示”方面，各年级均不存在显著差异；在“集合”方面，只有八年级与九年级之间存在差异；在“坐标”方面，三个年级两两之间均存在显著差异；在“变量”方面，九年级与七年级、八年级之间均存在显著差异，但七年级与八年级之间不存在显著差异；在“对应”“图形表示”“文字与图”方面，七年级与八年级、九年级之间均存在显著差异，但八年级与九年级之间不存在显著差异。由此我们认为，八年级是学生函数概念发展的一个转折点，从八年级以后，学生无论是文字信息加工还是图形信息加工的能力都明显增强，但将文字信息与图形信息进行转换的能力还很弱。

在研究中我们发现，几乎所有的学生都是只给出事物集合的正面的肯定的回答。对于既有正面又有其对立面的问题，学生一般都是只给出正面的回答，忽视其对立面。能够全面地、从正反两方面、肯定与否定角度考虑问题的学生人数在所有学生中所占的比例很小。这说明，初中学生进行正与反、肯定与否定之间相互转化的辩证思维能力还较差，还处于形式逻辑思维阶段。

学校教育内容显著地影响着中学生函数概念的发展水平。有 64.2%的七年级学生知道，可以通过测量水平与垂直方向的距离来确定点的位置，而这一比例在八年级学生中下降为 41.2%，有 24.9%的学生采用尺规作图，这就反映了教育的影响。学生从八年级开始学习几何作图的课程，由于迁移的作用，学生会选择使用尺规作图来解决问题，而且采用这些方法的学生往往是学习成绩较好的学生，这进一步反映了教育的影响。教育的影响在初中生对变量、对应等函数概念的理解中同样得到了体现。同时，初中生辩证思维能力不足可能既反映了其自身思维结构的阶段性特征，又反映了教育的影响。在教育过程中教师过分强调让学生掌握正面的、肯定的现成知识，不注重培养学生全面地、整体地、辩证地思考问题，可能会延迟学生辩证思维能力的发展。

第二节 青少年推理的发展

根据推理的方向，我们可以将其分为归纳推理（从特殊到一般）、演绎推理（从一般到特殊）和类比推理（从特殊到特殊），我们的课题组对这三种推理都进行了研究，从中可以看出青少年形式逻辑思维能力的发展特点。

一、青少年归纳推理与演绎推理的发展特点

我们牵头的关于全国 23 个省、自治区、直辖市在校青少年掌握和运用形式逻辑推理的调查研究中，用全国统一的试卷、评分标准和统计表格，向七年级、九年级和高二的被试呈现 25 道试题，每道题 2 分，满分为 50 分。试题分为两个部分：①推理发展水平测试题，包括归纳推理和演绎推理（又分直言、假言、选言、复合、连锁推理）两类；②推理运用水平测试题，包括改正推理中的错误、排除推理中的干扰和解决问题三类。

通过研究，我们发现青少年形式逻辑思维发展的特点为：从七年级起，学生就开始具备各种推理能力和运用推理的能力，但不同年级间的推理发展水平和运用水平显示出质的变化，即各年级间的均数差异考验，其 p 值均小于 0.01。现将不同年级被试归纳推理和演绎推理的发展水平，以及推理的运用水平分述如下。

（一）归纳推理的发展

表 7-3 不同年级被试归纳推理发展水平的比较

项目 \ 成绩 \ 年级	七年级（5789 人）	九年级（5818 人）	高二（5491 人）
总分数	35218	41869	43648
平均分数*	6.083	7.196	7.949
标准差	1.659	1.773	1.536

（注：* 平均分数的满分为 10 分。）

表 7-4 年级间的均数差异考验

年级 \ 统计值 \ 项目	均数差（DX）	标准误（SE_{DX}）	Z	p
九年级、七年级	1.113	0.032	34.92	$p<0.01$
高二、九年级	0.753	0.031	24.18	$p<0.01$
高二、七年级	1.866	0.03008	62.03	$p<0.01$

（二）演绎推理的发展

表 7-5　不同年级被试演绎推理发展水平的比较

年级/类别/项目 成绩	七年级（5789 人）					九年级（5818 人）					高二（5491 人）				
	直言	假言	选言	复合	连锁	直言	假言	选言	复合	连锁	直言	假言	选言	复合	连锁
总分数	8177	5365	4950	5020	2245	8596	6560	5976	5910	3110	8960	6764	6876	6876	5248
平均分数*	1.41	0.93	0.86	0.87	0.39	1.48	1.13	1.03	1.02	0.54	1.63	1.23	1.25	1.25	0.96
标准差	0.766	0.830	0.642	0.827	0.738	0.845	0.706	0.633	0.786	0.867	0.643	0.629	0.663	0.873	0.957

（注：*每一类别平均分数的满分为 2 分。）

（三）归纳推理发展与演绎推理发展的相关分析

表 7-6　年级间各类别的均数差异考验

年级	类别（项目/统计值）	均数差（*DX*）	标准误（SE_{DX}）	*Z*	*p*
九年级、七年级	直言	0.07	0.015	4.67	$p<0.01$
	假言	0.20	0.014	14.29	$p<0.01$
	选言	0.17	0.012	14.17	$p<0.01$
	复合	0.15	0.015	10.00	$p<0.01$
	连锁	0.15	0.015	10.00	$p<0.01$
高二、九年级	直言	0.15	0.014	10.71	$p<0.01$
	假言	0.10	0.013	7.69	$p<0.01$
	选言	0.22	0.012	18.33	$p<0.01$
	复合	0.23	0.016	14.38	$p<0.01$
	连锁	0.42	0.017	24.71	$p<0.01$

续表

年级 \ 类别 \ 统计值 \ 项目		均数差 (DX)	标准误 (SE_{DX})	Z	p
高二、七年级	直言	0.22	0.013	16.92	$p<0.01$
	假言	0.30	0.014	21.43	$p<0.01$
	选言	0.39	0.012	32.50	$p<0.01$
	复合	0.38	0.016	23.75	$p<0.01$
	连锁	0.57	0.016	35.63	$p<0.01$

（四）推理运用水平的比较

表 7-7　不同年级被试推理运用水平的比较

项目 \ 成绩 \ 类别 \ 年级	七年级（5789 人）			九年级（5818 人）			高二（5491 人）		
	改正错误	排除干扰	解决问题	改正错误	排除干扰	解决问题	改正错误	排除干扰	解决问题
总分数	28261	39971	7783	35098	41874	13606	38366	40945	17544
平均分数*	4.882	6.905	1.344	6.033	7.197	2.339	6.987	7.457	3.195
标准差	1.675	1.893	1.521	2.436	1.907	2.019	2.260	2.255	2.285

（注：* 每一类别平均分数的满分为 10 分。）

表 7-8　年级间各类别的均数差异考验

年级 \ 类别 \ 统计值 \ 项目		均数差 (DX)	标准误 (SE_{DX})	Z	p
九年级、七年级	改正错误	1.151	0.039	29.51	$p<0.01$
	排除干扰	0.292	0.035	8.34	$p<0.01$
	解决问题	0.995	0.034	29.26	$p<0.01$
高二、九年级	改正错误	0.954	0.044	21.68	$p<0.01$
	排除干扰	0.260	0.039	6.67	$p<0.01$
	解决问题	0.856	0.041	20.39	$p<0.01$

续表

年级 \ 类别 \ 统计值 \ 项目		均数差 (DX)	标准误 (SE_{DX})	Z	p
高二、七年级	改正错误	2.105	0.038	55.39	$p<0.01$
	排除干扰	0.552	0.039	14.15	$p<0.01$
	解决问题	1.851	0.039	50.03	$p<0.01$

从表 7-3 至表 7-8 我们可以得出以下结论。

(1) 在校青少年的形式推理发展是存在年龄特征的。七年级学生虽已开始具备各种推理的能力，但还只是初步的，特别是假言、选言、复合、连锁等演绎推理和运用推理解决问题的能力，都还比较差。上述各项所得分数都比较低，假言、选言、复合、连锁等演绎推理的得分不到 50%（见表 7-5），运用推理解决问题的得分不到 20%（见表 7-7）。

比起七年级学生来说，九年级学生的推理能力，已有质的飞跃，即 p 值均小于 0.01。他们这种能力的发展表现在两个方面：一是假言、选言、复合等演绎推理的得分已超过 50%（见表 7-5）；二是运用推理解决问题的能力不断发展，突出表现在能够提出假设，按照假设去分析问题和解决问题。例如，我们在研究中采用了类似皮亚杰的作业的试题："五个试管中（试管的签号为 1、2、3、4、5）各有五种不同性质的化学液体，其中两种液体混合时可配出一种呈红色的溶液。现在实验员忘记了是哪两种，你能帮助他找出来吗？请写出过程。"北京地区的 50%以上九年级学生，能按三种液体的签号依次进行匹配（即 1+2、1+3、1+4、1+5，2+3、2+4、2+5，3+4、3+5，4+5）并从中找出答案。这就是他们根据假设，运用推理来解决问题的能力的具体表现。

高二学生的推理能力已基本成熟。他们解决各种演绎推理问题时所得到的分数，大多已接近或超过 70%。其中直言演绎推理的正确率已达 81.5%（见表 7-5、表 7-7）。

(2) 青少年的形式推理能力是随年级递增而逐步分化的。不同年级学生的推理运用水平所达到成绩的标准差，有随年级增长而增大的趋势（见表 7-7）。

我们这次运用的推理试题，除了有国际心理学界解决问题实验的一些典型试题，如上述的皮亚杰作业之外，还有不少具有典型性的试题。

例如，有一个登山运动员要翻过一座高山，上山、下山各需要 3 天，每一个登山者按最大的负重量只能带 4 天的氧气和食品，那么这个登山运动员"至少"需要几个辅助人员的帮助才能顺利地完成登山任务？辅助人员如何帮助他（辅助人员不要求过高山）？

下面算式中的 10 个字母分别代表 0～9，已知 D＝5，求其他 9 个字母代表什么数。

DONALD
+GERALD
ROBERT

两位数 18、81…… 三位数 261、702……四位数 1323、4221……五位数 31023、32013……这些数有何特点？

这些试题的解决，需要被试能够提出假设，运用推理，所得分数的标准差反映出这种思维的离散程度，从而说明思维推理能力发展的分化趋势。

二、青少年类比推理能力的发展特点

我的弟子李红教授带领他的研究生对 12～18 岁中学生的类比推理发展特点进行了研究，研究中涉及数字类比、结构类比、故事类比等多种类比推理任务。① 其中数字类比又分为简单数字类比和复杂数字类比，故事类比包含故事类比判断和故事类比解题两类。所用的试题选自瑞文推理测验、卡特尔智力测验或其他研究者使用的实验材料，经过试验与调整，正式实验的试题难度为 0.45，信度为 0.89。

研究显示，中学生的类比推理随年级增长而增长，从七年级到高三六年间的类比推理得分增长了 2 分以上；由表 7-9 还可看出，七年级、九年级和高二学生的类比推理发展速度较快。

表 7-9　各年级的类比推理平均分

年级	平均分	人数	标准差
七年级	3.70	63	1.60
八年级	5.42	48	1.71
九年级	6.00	46	1.70
高一	6.79	43	1.77
高二	7.08	51	1.71
高三	7.90	41	1.49
总计	5.97	292	2.16

（注：这里只保留了小数点后两位。）

高中二年级开始文理分科，研究显示，在高中生的类比推理发展中，理科生的推理成绩比文科生好，高二时文理科的差异接近显著，高三时差异显著；研究进一步分析发现，文理科的差异主要表现在“数字类比”和“结构类比”方面，理科生在这几方面的平均成绩都好于文科生（见表 7-10）。

表 7-10　中学生不同类型类比推理中文理科的平均分

科别	项目	数字类比	结构类比	简单数比	复杂数比	故事类比	类比判断	类比解题
文科	平均分	2.27	1.41	1.63	0.63	3.31	1.96	1.35
	人数	49	49	49	49	49	49	49
	标准差	0.81	0.73	0.57	0.49	1.04	0.79	0.72

① 贾谊峰：《中学生类比推理发展特点的实验研究》，硕士学位论文，西南师范大学，2005。

续表

科别	项目	数字类比	结构类比	简单数比	复杂数比	故事类比	类比判断	类比解题
理科	平均分	2.60	1.86	1.88	0.72	3.42	2.14	1.28
	人数	43	43	43	43	43	43	43
	标准差	0.54	0.83	0.32	0.45	1.01	0.71	0.70

（注：这里只保留了小数点后两位。为了使表格排版整齐，“简单数字类比”缩写为“简单数比”，“复杂数字类比”缩写为“复杂数比”，“故事类比判断”缩写为“类比判断”，“故事类比解题”缩写为“类比解题”，表 7-12 同。）

结构类比、数字类比、故事类比三种类比推理随年级的发展变化不平衡，简单数字类比、复杂数字类比、故事类比判断、故事类比解题随年级的发展变化显著，变化不平衡（见表 7-11 和表 7-12）。

表 7-11　结构类比、数字类比、故事类比各年级的平均分

年级	类别	结构类比	数字类比	故事类比
七年级	平均分	0.73	1.27	1.70
	标准差	0.79	1.07	0.99
八年级	平均分	1.33	1.69	2.40
	标准差	0.83	0.83	0.98
九年级	平均分	1.35	1.87	2.78
	标准差	0.87	0.78	1.41
高一	平均分	1.56	2.12	3.12
	标准差	0.93	0.76	1.20
高二	平均分	1.55	2.37	3.16
	标准差	0.81	0.75	1.03
高三	平均分	1.71	2.49	3.61
	标准差	0.81	0.68	0.97

（注：这里只保留了小数点后两位。）

表 7-12 简单数比、复杂数比、类比判断、类比解题随年级发展变化的平均分

年级	类别	简单数比	复杂数比	类比判断	类比解题
七年级	平均分	0.86	0.41	1.21	0.49
	人数	63	63	63	63
	标准差	0.86	0.50	0.74	0.64
八年级	平均分	1.25	0.44	1.54	0.85
	人数	48	48	48	48
	标准差	0.67	0.50	0.71	0.74
九年级	平均分	1.30	0.57	1.83	0.96
	人数	46	46	46	46
	标准差	0.59	0.50	0.90	0.87
高一	平均分	1.54	0.58	1.95	1.16
	人数	43	43	43	43
	标准差	0.50	0.50	0.87	0.84
高二	平均分	1.71	0.67	1.92	1.23
	人数	51	51	51	51
	标准差	0.50	0.48	0.77	0.71
高三	平均分	1.80	0.68	2.20	1.41
	人数	41	41	41	41
	标准差	0.46	0.47	0.71	0.71

（注：这里只保留了小数点后两位。）

三、青少年归纳推理、演绎推理与类比推理的关系

通过上述几个研究，我们可以看出青少年在三种推理上的表现既存在共性，又存在差异性，这种表现是与三种推理内在的关系分不开的。

（一）青少年推理能力发展趋势的一致性

上述两个研究中，我们发现归纳推理与演绎推理的相关系数为0.56，类比推理与归纳推理和演绎推理的相关系数分别为0.39和0.29，均达到显著水平。尽管三种推理水平有差异，但均随年龄增长而逐步发展，其发展趋势是一致的。

这里，我们首先要承认青少年掌握三种推理的能力有一定的差异性。国外心理学有研究指出，儿童青少年掌握归纳推理的水平略优于掌握演绎推理，我们的研究也获得了类似的结论。这是因为演绎推理可以通过多种形式来表现，这些形式有：

直言三段论式、假言三段论式、选言三段论式、简略推理和复杂推理等。复杂推理形式还包括带证式、复合推理、连锁推理和二难推理。儿童青少年在掌握它们时，相对于归纳推理来说要显得复杂些，这就是青少年掌握这两种推理存在差异性的原因。与归纳推理和演绎推理相比，类比推理更加困难，它可能是其他两种推理的综合表现。

同时，从三种推理掌握水平之间的相关系数可看出，青少年归纳推理和演绎推理能力的发展趋势又是一致的。这是因为，对一个主体的认识过程或思维过程来说，归纳推理和演绎推理的关系是非常密切的，是统一而不可分的。从思维活动由特殊性过渡到一般性，再由一般性过渡到特殊性这一整个过程来看，演绎推理是不能离开归纳推理而独立存在的。没有归纳推理，演绎推理的大前提便无从产生，因而也就不可能有演绎推理。从思维对知识经验的依赖性，即智力与知识的关系来看，归纳推理是不能离开演绎推理而独立存在的。没有演绎推理，就难以论证因果之间的必然联系，就不可能分析客观事物的因果关系，并成为科学的归纳推理，因而也就不可能有完整的归纳推理。类比推理则需要从特殊推到特殊，需要综合归纳推理和演绎推理，因而是更高级的推理形式，这也是类比推理与另两种推理能力间的相关系数低于归纳推理与演绎推理相关系数的原因。

（二）青少年推理能力发展的不均衡性

尽管青少年的归纳推理、演绎推理与类比推理能力的发展趋势是一致的，但是三种推理能力的发展又具有不均衡性。例如，七年级学生归纳推理的成绩，其正确率已超过 60%，而演绎推理的正确率要到九年级才开始接近 60%。在掌握各种演绎推理中，成绩的差异也较明显，难度最大的是连锁推理，高二学生的正确率都没有超过 50%；其次是复合推理和选言推理，到九年级的正确率才刚刚超过 50%；最容易掌握的是直言推理，七年级学生的正确率就已经超过 70%。又如，在推理运用水平上，最难的是运用推理去解决问题，高二学生的正确率也只达到 32%；其次是改正错误，九年级学生的正确率刚刚达到 60%；最容易掌握的是排除推理中的干扰，七年级学生的合格率就已达到 69%。这种推理运用水平发展中的不平衡性，应该看作推理能力发展中年龄特征的可变性的一种表现形式。在类比推理中，最简单的是故事类比，最难的是结构类比，数字类比难度居中，高三时的结构类比水平才达到八年级时的故事类比水平。

（三）三种推理能力发展的内在关系

关于归纳推理和演绎推理的关系问题，恩格斯有过一段论述：“世界上的任何归纳法都永远不会帮助我们把归纳过程弄清楚。只有这个过程的分析才能做到这点。归纳和演绎正如分析和综合一样是必然相互联系着的。我们不应当在两者之中牺牲一个而把另一个高高地抬上天去，我们应当力求在其适当的地位来应用它们中间的任何一个，而要想做到这一点，就只有注意它们的相互联系、它们的相互补充。”①

毛泽东也曾说过：“就人类认识运动的秩序说来，总是由认识个别的和特殊的事物，逐步地扩大到认识一般的事物。人们总是首先认识了许多不同事物的特殊的本质，然后才有可能更进一步地进行概括工作，认识诸种事物的共同的本质。当人们已经认识了这种共同的本质以后，就以这种共同的认识为指导，继续地向着尚未研究过的或者尚未深入地研究过的各种具体的事物进行研究，找出其特殊的本质，这样才可以补充、丰富和发展这种共同的本质的认识，而使这种共同的本质的认识不致变成枯槁的和僵死的东西。这是两个认识的过程：一个是由特殊到一般，一个是由一般到特殊。人类的认识总是这样循环往复地进行的，而每一次的循环（只要是严格地按照科学的方法）都可能使人类的认识提高一步，使人类的认识不断地深化。”②

可见，归纳推理与演绎推理的发展是相辅相成的。与归纳推理和演绎推理不同，人们还可以直接在两个具体的事物间进行比较，由一个事物推知另一个事物，这种由特殊到特殊的推理形式就是类比推理。类比推理是归纳推理与演绎推理的综合，人们首先需要能够归纳出不同事物之间的共同特征，即一致性，还要能够将某一事物的一般性演绎至另一事物，对不同事物进行分析比较。由此可见，三种推理形式在人们认识客观事物的过程中是相辅相成的，青少年掌握这三种推理形式的水平也必然是一致的。

第三节　青少年逻辑法则运用能力的发展

在全国23个省、自治区、直辖市的协作研究中，为了测查在校青少年运用逻辑法则能力的发展趋势，我们共编制了46道形式逻辑法则试题，每道题1～2分，满分为50分。试题分为如下三个部分。

一是“正误判断”。题目如下所述。下面的这些句子，有的正确，有的错误。请在正确的句子后面的括号里填“√”，在错误的句子后面的括号里填“×”。

例题如下：

(1) 这些玩具都坏了，但其中几个是好的。( )

(2) 这个文具盒要么是我的，要么不是我的。( )

---

① 恩格斯：《自然辩证法》，曹葆华，于光远，谢宁，译，189页，北京，人民出版社，1955。

② 《毛泽东选集》第1卷，309～310页，北京，人民出版社，1991。

(3) 我们要好好向雷锋同志学习，如果不好好学习，就学不到更多的文化知识。( )

…………

这些试题分别与不同的逻辑法则相联系。

二是“多重选择”。题目为：请在下列各题的三个答案中选择一个你认为最合适的答案，并在你所选择的答案前的字母上画上“√”。

例题如下：

一天，小莉上街去给妈妈修鞋。她来到一家门口挂着“立等可取”招牌的修鞋店，把鞋递给了修鞋人。

小莉：“叔叔，这鞋什么时候能取?”

修鞋人：“明天。”

小莉：“你门上不是写着‘立等可取’吗?”

修鞋人：“你站在这里等到明天，不就是立等可取吗?”

答案：

A. 修鞋人的态度不好。

B. 修鞋人太忙，所以送来修的鞋不能马上修好，只好等到明天。

C. 修鞋人对“立等可取”的解释是错误的。

三是“回答问题”。题目为：指出下列各题是否有错，若有错，请简要地说明理由（即错误原因）。

例题如下：

凤凰是百鸟的领袖，碰到它的生日，百鸟都来祝寿，只有蝙蝠没有来。事后凤凰责问蝙蝠为什么没有来祝寿。蝙蝠说：“我有脚，能走，是兽，不属于你管，所以我就不必来祝寿。”接着是麒麟的生日，百兽都去祝寿，蝙蝠还是没有去。事后麒麟问蝙蝠为什么没有来祝寿，蝙蝠说：“我有翼，能飞，是鸟，不属于你管，所以我没有来祝寿。”

我们使用上述三类试题考查被试对矛盾律、排中律和同一律的掌握水平。

一、掌握各类逻辑法则能力的发展

研究表明，在校青少年掌握各类逻辑法则能力的发展存在着年龄特征。这表现为青少年在认识矛盾律、排中律和同一律的过程中，既存在年龄特征的稳定性，又存在年龄特征的可变性（表7—13、表7—14)。

表 7-13　不同年级被试逻辑法则发展水平的比较

类别 / 项目 / 统计值 / 年级	矛盾律		排中律		同一律		总平均数*	正确率/%
	平均数	标准差	平均数	标准差	平均数	标准差		
七年级（4596人）	12.91	2.77	9.62	2.73	11.60	2.80	34.13	68.26
九年级（4608人）	13.34	2.32	10.51	2.46	12.54	2.21	36.39	72.78
高二（4469人）	13.89	2.29	11.22	2.43	13.29	1.98	38.40	76.80

（注：* 总平均数的满分为50分。）

表 7-14 年级间各类别的均数差异考验

年级 \ 统计值 \ 项目 \ 类别		均数差（DX）	标准误（SE_{DX}）	Z	p
九年级、七年级	矛盾律	0.43	0.053	8.11	$p<0.01$
	排中律	0.89	0.054	16.48	$p<0.01$
	同一律	0.94	0.053	17.74	$p<0.01$
高二、九年级	矛盾律	0.55	0.048	11.46	$p<0.01$
	排中律	0.71	0.051	13.92	$p<0.01$
	同一律	0.75	0.044	17.05	$p<0.01$
高二、七年级	矛盾律	0.98	0.053	18.49	$p<0.01$
	排中律	1.60	0.054	29.63	$p<0.01$
	同一律	1.69	0.051	33.14	$p<0.01$

二、运用各类逻辑法则能力的发展

研究表明，在校青少年从认识掌握矛盾律、排中律和同一律，到逐步运用各类逻辑法则，其正确率越来越显著，表现出随年级升高而迅速发展的趋势（表 7—15）。

表 7-15 不同年级被试逻辑法则运用水平的比较

年级 \ 统计值 \ 项目 \ 类别	正误判断		多重选择		回答问题	
	平均数	正确率/%	平均数	正确率/%	平均数	正确率/%
七年级（4596 人）	18.12	75.50	12.52	69.90	3.27	40.92
九年级（4608 人）	18.81	78.35	13.02	72.36	4.00	50.02
高二（4469 人）	20.40	85.09	13.59	75.66	4.66	58.20
总平均数	19.10	79.59	13.04	72.61	3.97	49.63

三、青少年逻辑法则运用能力的特点

从上述的青少年在掌握和运用各类逻辑法则两个方面能力发展的趋势中，我们可以看出如下两个明显的特点。

(1) 青少年掌握和运用逻辑法则的能力，随年级的增长而提高（见表 7-13 和表 7-15）。这表现为在掌握三类逻辑法则的正确率上，七年级被试为 68.26%，九年级被试为 72.78%，高二被试为 76.80%。可见，初中学生已经基本上能够掌握并运用逻辑法则，发展到高二年级，学生在掌握和运用逻辑法则方面已趋于成熟。就在上述各类逻辑法则得分成绩显著递增的同时，其标准差却在递减，即得分的离散程度在不断减少（见表 7-13）。这就进一步说明青少年掌握和运用逻辑法则的能力在稳固而扎实地提高，从而也表现出年龄特征的稳定性。

(2) 青少年掌握不同逻辑法则的能力存在不平衡性。这又表现在两个方面。一是在掌握三类逻辑法则中，矛盾律和同一律的得分成绩明显高于排中律。二是在三种类型的问题中，逻辑法则的运用水平也不一样：对正误判断问题的成绩的总平均数最高，其得分的百分数已达 79.59%；对多重选择问题的成绩次之，其得分的百分数也达 72.61%；对回答问题的成绩最差，其得分的百分数只达 49.63%。上述事实则表明了年龄特征的可变性。

鉴于上述的青少年形式逻辑思维的三个不同方面发展的事实，我们认为青少年思维发展的年龄特点的总趋向是：形式逻辑思维在七年级即开始占优势，高中二年级则已趋于基本成熟。我们依据的是自己的研究，特别是全国性取样众多的青少年思维发展的研究。在这些研究中，七年级学生在解答形式逻辑思维的试题时得分的百分数已超过了一半（55.50%），这说明在解答需要用抽象逻辑思维才能解答的形式逻辑试题时，七年级学生已主要能运用抽象逻辑思维来进行思考，而不是主要运用具体形象思维来解答问题。高二学生在解答全部形式逻辑试题时得分的正确率已接近 3/4，这说明运用抽象逻辑思维来解答形式逻辑试题已趋于习惯化，虽然离完全成熟还有一定距离，但已基本成熟。因此，我们认为整个中学阶段，是在校青少年逻辑思维由开始占优势稳步向基本成熟过渡的关键时期。这不仅说明青少年思维发展的特点，而且说明由具体形象思维占优势向抽象逻辑思维占优势的过渡和转变已在小学阶段基本完成，这在一个侧面反映出我国青少年思维发展的概况。

第八章
青少年的辩证逻辑思维

辩证思维，就是反映客观现实的辩证法，令人们自觉或不自觉地按照辩证法去进行思维。恩格斯说："辩证的思维，不过是自然界中到处盛行的对立中的运动的反映而已。"①

第一节　辩证逻辑思维是最高的思维形式

辩证逻辑思维是人类思维的最高形态。在人类思维发展过程中，形式逻辑思维和辩证逻辑思维都是十分重要的，但在思维心理学和儿童心理学中，对于后者的研究显然是不够的。当然，哲学界和逻辑学界很早就开始了这方面的探讨。考虑到哲学、逻辑学与心理学的密切关系，了解一下这些研究还是很有必要的。

一、哲学与逻辑学中的辩证逻辑思维

关于理性认识存在不同的层次水平的提法，古已有之。远在古希腊、罗马时期，柏拉图就曾把认识的理性阶段划分为许多等级，探索了理性认识的层次和阶段性问题。亚里士多德也曾把理性认识分为被动理性和能动理性两个阶段。文艺复兴时期的一些学者承认逻辑及推理能力和推理法则分为不同的阶段，都强调辩证法在逻辑中的作用和地位。②

在逻辑学史上，最早将抽象思维区分为形式逻辑思维和辩证逻辑思维的是康德和黑格尔。康德在《纯粹理性批判》中谈到"普通逻辑和先验逻辑"时指出，普通逻辑是在其分析的部分中研究概念、判断及推理，因为此种形式逻辑抽去知识之一切内容，而仅研究所谓思维之形式。先验逻辑限于特定之内容，即限于纯粹的先天知识之内容，自不能在分析部分中追随普通逻辑，因而不属于真理之逻辑，以其为幻想之逻辑，故须在学术的结构中占有特殊地位，而名之以先验的辩证论。黑格尔在康德的基础上做了进一步的发挥。他不仅肯定了区分康德提出的"知性和理性"两种思维的重要性，而且指出了逻辑学分

① ［德］马克思，恩格斯：《马克思恩格斯全集》第20卷，553页，北京，人民出版社，1971。

② 杨百顺：《西方逻辑史》，285～300页，成都，四川人民出版社，1984。

为知性的（形式逻辑）和理性的（辩证逻辑），知性思维和理性思维是人类思维发展中的两个阶段。① 恩格斯赞扬黑格尔“最大的功绩，就是恢复了辩证法这一最高的思维形式”②。列宁也说：“黑格尔逻辑学的总结和概要、最高成就和实质，就是辩证的方法，——这是绝妙的。”③

马克思和恩格斯批判地吸收了黑格尔的思想，明确地指出形式逻辑（普通思维）和辩证逻辑思维是整个人类思维发展的两个阶段。“悟性和理性。黑格尔所规定的这个区别——依据这个区别，只有辩证的思维才是合理的——是有一定的意思的。整个悟性活动……从而普通逻辑所承认的一切科学研究手段——对人和高等动物是完全一样的。它们只是在程度上（每一情况下的方法的发展程度上）不同而已……相反地，辩证的思维……只对于人才是可能的，并且只对于较高发展阶段上的人（佛教徒和希腊人）才是可能的，而其充分的发展还晚得多，在现代哲学中才达到。”④

二、心理学中的辩证逻辑思维

近几十年，国内外逻辑学界，特别是我国和苏联逻辑学界，已广泛地开展了辩证逻辑的研究工作，所涉及的形式逻辑思维与辩证逻辑思维之间的区别问题，是值得我们思维心理学研究者重视的。

在国际上，最早对青少年的辩证思维发展进行心理学研究的是皮亚杰，他从1928年研究儿童对“左右”的概念的发展特点起，先后研究了儿童对“长短”“大小”“兄弟”等的概念，并做了辩证思维发展的解释。在中国心理学界，较早地对这个问题进行研究的是朱智贤教授，20世纪80年代后，我们对中小学生辩证思维展开的系统研究都是由他领导的。形式逻辑思维和辩证思维尽管有一致性，但两者的区别很大。从思维的过程，即从思维心理学的角度来分析，形式逻辑思维和辩证逻辑思维是人的理性认识发展的两个阶段，即抽象逻辑思维发展的两个阶段。形式逻辑思维是完整的表象过渡为抽象的规定阶段，其基本特征是在反映客观现实的基础上，以感性认识为前提，建立上升式的抽象，在形式逻辑法则的支配下，坚持固定分明的界限，坚持思维的确定性、无矛盾性和论证性。辩证逻辑思维是抽象的规定在思维中导致具体的再现的阶段，是理性认识的高级阶段，其基本特征是以形式思维为基础，在对立统一规律的指导下，融合形式思维固定分明的界限，使认识与客观现实相吻合。

从个体发展看，形式逻辑思维和辩证逻辑思维也是儿童青少年思维发展的两个阶段。青少年的思维是从形式逻辑思维向

---

① 知性和理性是德文 Verstand 和 Vernunft 的意译。黑格尔所谓知性（悟性）是抽象的形而上学的思维；理性是具体的、辩证的思维，这是人的认识的高级阶段。

② ［德］马克思，恩格斯：《马克思恩格斯选集》第3卷，394页，北京，人民出版社，2012。

③ ［苏联］列宁：《列宁全集》第38卷，253页，北京，人民出版社，1986。

④ ［德］马克思，恩格斯：《马克思恩格斯选集》第3卷，394页，北京，人民出版社，2012。

辩证逻辑思维过渡的，小学儿童产生了辩证逻辑思维的萌芽，直到初中阶段，甚至高中阶段，学生的辩证逻辑思维也尚不发达。

青少年辩证逻辑思维的发展，在一定程度上与其学习活动有密切的关系。进入中学后，与小学相比，青少年学生的学习活动发生了本质性的变化。学习、生活、活动、人际关系，都需要他们有新的思维形式和思想方法，需要他们用对立统一的观点去分析问题，需要他们有动态的、发展的、变化的观点，也就是需要他们发展辩证逻辑思维。因此，我们不仅要研究青少年形式逻辑思维中的概念、判断、推理是如何发展的，也要研究他们辩证逻辑思维的概念、判断、推理的发展趋势。国内外学者在研究东西方文化的区别时，一般都认为中国人具有一种整体性的思维特征，是一套根据变化原则、矛盾原则和整体论原理看待世界的思维模式。例如，杨中芳提出与辩证思维相近的中庸思维体系，可总结为八种特征：天人/人我合一、大局为重、静观形势、以退为进、考虑后果、不走极端、合情合理、拿捏权变。[①]

我国心理学界早在 20 世纪 60 年代就开始探索儿童青少年辩证逻辑思维的发生与发展问题。对青少年心理的研究中，虽然有一些实验不完全属于辩证逻辑思维的研究，但在某种程度上亦反映了青少年辩证逻辑思维发展的一些问题。例如，谢千秋对青少年道德评价能力的研究[②]就是其中之一。也有研究者关注了大学生的辩证思维对社会行为的影响。例如，张晓燕等人就研究了辩证思维对攻击性倾向的影响，发现辩证思维与人们的攻击性倾向呈负相关。在启动被试的辩证思维后，人们的攻击性倾向明显降低。[③] 这些研究可以在一定程度上帮助我们理解青少年辩证思维的发展。下面我们分别从青少年认知中的辩证逻辑思维发展以及青少年社会认知中的辩证逻辑思维发展两个方面来介绍青少年辩证逻辑思维发展的特点。

第二节　青少年认知活动中的辩证逻辑思维

对青少年认知活动中的辩证逻辑思维发展的大规模研究是全国青少年心理研究协作组展开的。协作组对全国 23 个省、自治区、直辖市在校青少年辩证逻辑思维的调查研究中，向七年级、九年级和高二的被试呈现试题 22 道，每道因不同难度分别为 2～4 分，满分为 50 分。试题分为辩证逻辑思维的概念、判断、推理三个部分。

① 杨中芳：《“中庸”实践思维研究——迈向建构一个全新心理学知识体系》，见王登峰，侯玉波：《人格与社会心理学论丛（一）》，1～15 页，北京，北京大学出版社，2004。

② 谢千秋：《青少年道德评价能力的一些研究》，载《心理学报》，1964，9（3）。

③ 张晓燕，高定国，傅华：《辩证思维降低攻击性倾向》，载《心理学报》，2011，43（1）。

一、青少年辩证逻辑思维概念、判断和推理的特点

第一是概念部分。辩证逻辑概念论的主要特征是：结合认识的内容研究概念的运动、发展，研究概念内部的对立统一与矛盾转化的辩证法，研究思维的概念的特点。我们的试题中，共出现“人民”“0”“自由”“深浅”“进化”“南北”“动静”七个概念，每道问题是一个故事。

第二是判断部分。辩证逻辑判断论的主要特征是：研究判断的辩证结构，这种判断的辩证结构在于从质和量的对立统一中把握事物的本质，它包括“对立与统一”“肯定与否定”“特殊与一般”和“现象与本质”四个方面的判断。我们在研究中列举了“小丑的悲剧”“美与丑”（《巴黎圣母院》中卡西莫多的形象）“失望与振奋”“勇士和盾牌”“孩子与牛虻”“父子对话”“提意见”“好心的管理员”八个故事，让被试做出正确判断。

第三是推理部分。辩证逻辑推理的主要特征是：从辩证运动观点来研究推理形式，矛盾本性是其重要内容之一。它有客观性原则、具体性原则和历史性原则。我们在研究中，编了“坏事与好事”“曹操在华容道为何中计”“守株待兔”等七个推理故事，让被试进行推论。

通过研究我们看到，在校青少年辩证逻辑思维的发展水平，明显低于上一章介绍的同时期实验研究中的形式逻辑思维的发展水平。三个年级的平均分数都比较低，七年级和九年级被试的正确率分别为37.94%和45.28%，高二被试的正确率也只是刚刚超过50%。

二、青少年辩证逻辑思维的发展趋势

尽管青少年的辩证逻辑思维能力要明显低于其形式逻辑思维能力，但是我们应该看到，青少年学生的辩证逻辑思维也在不断发展，年级间存在质的差异，即年级间的均数差异考验，其 p 值小于0.01。现将不同年级中学生掌握辩证逻辑思维的发展水平分述如下。

表 8-1 不同年级辩证逻辑思维发展水平的比较

项目 \ 成绩 \ 年级	七年级（4397 人）	九年级（4401 人）	高二（4229 人）
总分数	83.407	99.651	112.876
平均分数*	18.97（37.94%）	22.64（45.28%）	26.69（53.38%）
标准差	7.73	7.68	8.40

（注：* 平均分数的满分为 50 分。）

表 8-2 年级间的均数差异检验

年级 \ 统计值 \ 项目	均数差 (*DX*)	标准误 (SE_{DX})	*Z*	*p*
七年级、九年级	3.67	0.164	22.38	$p<0.01$
高二、九年级	4.05	0.173	23.41	$p<0.01$
高二、七年级	7.72	0.173	44.37	$p<0.01$

从表 8-1 可以得知，在校青少年辩证逻辑思维发展的趋势是：七年级学生已经开始掌握辩证逻辑思维的概念、判断、推理等各种形式，但水平较为低下，仅仅是个良好的开始；九年级学生正处于迅速发展的阶段，是个重要的转折时期；高二学生的正确率已超过半数，这表明他们的辩证逻辑思维已趋于占优势地位，但谈不上成熟（离成熟指标——统计上的，即 75%还有一定的距离）。

我们又对不同年级学生的辩证逻辑思维发展水平进行比较，看出年级间差异的显著性。我们认为，形成这些差异的原因有很多，主要与一个人的知识水平、生活经验和思想方法等密切相关。

七年级学生所掌握或领会的还是较简单的知识，有的还带有常识性，缺乏深度和广度，缺乏对事物本质深入、辩证的了解。因此，他们的辩证逻辑思维水平不高。九年级学生所学的知识较为系统、深刻，具有科学体系，他们开始知晓学科的基本结构和基本规律；另外，他们的形式逻辑思维有了较大发展，且已占据主导的地位，这就为辩证逻辑思维的发展奠定了坚实的基础。在九年级这一学龄阶段，辩证逻辑思维加速地发展着。高二学生的学习内容更加繁多、深刻，既在各学科中渗透着辩证唯物主义的原理，又包括了哲学课，从而使之自觉地逐步形成辩证唯物主义观点，高二学生的辩证逻辑思维也开始占据优势地位。

七年级学生在学习和生活上还具有依赖性，即独立性和自觉性较差，生活面狭窄、生活经验缺乏，这在一定程度上对其思维能力，特别是辩证逻辑思维的发展起了限制作用。随着年龄的增长，九年级学生逐步克服了依赖性，独立性和批判性迅速增长，生活面也更加宽广，对周围的一切开始主动关心，并尽量以客观标准去分析问题、解决问题，客观现实的对立统一的本来面貌浸入他们生活的经验之中，所有这一切促进了这一年龄阶段青少年的辩证逻辑思维的迅速提高。高二学生已经开始走向独立的生活道路，未来的理想成为他们的生活重要组成因素，整个社会、学校、家庭要求他们自觉地从事学习和劳动，学会正确地处理诸如国家、集体和个人的关系及生活中的各种疑难问题，这不仅要求他们开展自觉而积极的思想活动，同时还要求他们有正确的思想方法。以上这些主客观因素使高二学生对事物的认识更完善、更深刻，不仅能认识事物的本质属性，而且能揭示事物运动发展变化的原因和它们的对立统一关系。因此，他们的辩证逻辑思维必然随之发展，并逐步占有优势。

表 8-1 中的数据还表明，青少年辩证逻辑思维的发展是相当迅速的。七年级学生的正确完成率为 37.94%，九年级学生为 45.28%，高二学生为 53.38%。不同年级间正确完成率百分数的差额，九年级与七年级之间为 7.34%，高二与九年级之间为 8.10%，这个差额已分别超过了上一章所述的形式逻辑思维发展过程中不同年级间的差额。辩证逻辑思维属于高级思维形式，难度较大，正确完成率相应较低。上述差额却表明，在中学阶段，辩证逻辑思维相对于形式逻辑思维来说，其发展是快速的。由此可见，整个中学阶段，是青少年的辩证逻辑思维从出现经迅速发展到占优势的关键时期。

三、不同形式的辩证逻辑思维水平的发展特点

我们从概念、判断和推理三个方面研究了青少年的辩证逻辑思维能力，那么，青少年不同形式的辩证逻辑思维能力的发展特点是否一致呢？我们对不同年级学生的三种形式的辩证逻辑思维的发展水平进行了比较，发现三者间存在不均衡性。

表 8-3　不同年级辩证逻辑思维三种形式发展水平的比较

类别 / 项目 / 统计值 / 年级	概念		判断		推理	
	平均数	正确率（%）	平均数	正确率（%）	平均数	正确率（%）
七年级（4397 人）	6.545	46.75	7.365	49.10	5.640	26.86
九年级（4401 人）	7.800	55.71	8.174	54.49	6.866	32.70
高二（4229 人）	9.192	65.66	9.581	63.87	7.790	37.10

经均数考验，七年级与九年级，$p<0.01$；九年级与高二，$p<0.01$。

从表 8-3 可以看出，在校青少年在掌握辩证逻辑思维的概念、判断、推理的三种形式中，其发展的趋势是：辩证概念和辩证判断的发展似乎是同步的，在每一年级中，两者几乎都处于同一发展水平；辩证推理的发展则远远落后于前两者，即使到高二阶段，其正确率的百分数也远不到一半（仅 37.10%）。这既表明这三种辩证逻辑思维形式的发展概况，又说明辩证逻辑思维发展中明显地存在不平衡性。

（一）辩证逻辑思维的概念的发展

同形式逻辑思维一样，辩证逻辑思维的概念也是人脑对客观事物的本质属性的反映。形式逻辑的概念突出确定性，而辩证概念的特征在于它的灵活性和具体性。辩证概念要求以运动、变化、发展的思想去处理这一思维形式中的具体问题。从总体上看，在校青少年虽已能初步掌握它（七年级学生的正确率已达 46.75%），但

是，掌握同一辩证概念达到什么样的深度，还与其生活经验、文化知识、思维特点密切相关，这要从研究中的一些实例来具体分析。三个不同年级对“自由”这一概念的典型答案可予以佐证。第一级水平认为“自由”就是“不受管束，但要是随心所欲地做坏事，就必须受到制裁”；第二级水平将“自由”理解为“并不是想干什么就干什么，必须要受到纪律的约束”；第三级水平将“自由”理解为“并不是一切由自己”“一切随心所欲并不是自由，自由应该受到纪律的约束，没有纪律的约束，也就没有自由”。由此可见，青少年在掌握概念过程中的趋向是：先掌握具体概念，后掌握抽象概念；先掌握“是”与“非”的形式概念，后掌握相对变化的辩证概念。概念的内涵逐步深化、完整，从而达到科学的水平。我们在研究中看到，七年级学生以掌握抽象概念为主；高二学生以掌握抽象辩证的、科学的概念为主；九年级学生则处于两者之间，并表现出逐步过渡的趋势。

（二）辩证逻辑思维的判断的发展

辩证判断的根本特征在于它能够具体地反映事物的矛盾运动及其关系。从研究材料分析来看，一般地说，七年级学生主要用“个别性判断”来对事物的个别性格做出判断。例如，他们在“美与丑”一题中回答：“卡西莫多这个人很好，因为一个人只要心灵美就行了。”九年级学生在“个别性判断”的基础上发展到“特殊性判断”的水平，即反映客观对象特殊性格的判断，他们在“美和丑”一题中有这样的回答：“我认为卡西莫多这样的人，从外表来看是丑的，但从他的行为和心灵来看是美的。”高二学生的辩证判断形式已占优势，他们的判断发展到以“普遍性判断”为主要形式，即反映客观对象的普遍性格的判断。高二学生在回答“美与丑”一题时有这么回答的：“卡西莫多这个人从外表上看是丑的，但他有一颗美的心灵，心灵美比外貌美更重要。如果一个人有美丽的外表，但灵魂是肮脏的，那他是丑恶的。”这里显示出认识由个别性经特殊性达到普遍性，这是判断的最高形式。从个别性到特殊性，再到普遍性，这是人们认识发展的三个不同层次的联系和统一。

（三）辩证逻辑思维的推理的发展

辩证推理是经过对事物进行历史的和现实的规律性的分析，以及对事物的具体矛盾的分析而进行的推理。这一思维形式的难度较大，在青少年阶段仅是个开始，学生还不能运用自如。青少年辩证推理能力的发展起点低，发展速度相对慢，其原因是限于文化知识和智力特征，只有在正确地掌握辩证概念的前提下进行恰当的辩证判断，才能完成合乎逻辑的辩证推理，只要在某一环节有失误，推理就会失败。

第三节　青少年社会认知中的辩证逻辑思维

辩证逻辑思维不仅在狭义的认知活动中是最高级的思维能力，而且在社会认知活动中同样是高级的思维表现。谢千秋对青少年道德评价能力的研究，就考查了青少年在道德判断中辩证逻辑思维能力的发展特点。我们通过对社会认知活动中辩证逻辑思维能力发展特点的分析，以及与认知活动中辩证逻辑思维能力发展特点的比较，可以获得全面的了解。

一、青少年社会认知中辩证逻辑思维的特点

谢千秋采用故事分析、判断方法，对五所中学的高中和七年级、八年级的 281 名被试的四种辩证逻辑思维能力，即通过现象揭露本质、全面考虑问题、分清问题主次关系、具体问题具体分析等能力，进行了探讨和分析。①

（一）通过现象揭露本质的能力

青少年道德评价分三类水平。

第一类水平表现为，仅复述评价对象的原有内容，未能指出评价对象的主要品质；把非本质特征作为本质特征来评价；有较大的甚至是原则性的错误。

第二类水平表现为，在一定程度上能指出评价对象的内心的心理品质，但仍然与评价对象的外部行为表现有较多的直接联系。这一类评价已接近事物的本质方面，但它们未能最充分地揭露评价对象的本质。

第三类水平表现为，能经过较深刻的分析，抓住评价对象的最本质的特征，不受行为活动的外部表现的束缚，把评价对象最本质的品质揭露出来，并能运用正确的、比较抽象的道德概念。

其研究结果列于表 8-4 中。

表 8-4　道德评价中通过现象揭露本质能力的不同水平比较

年级 \ 人数（%） \ 类别	第一类	第二类	第三类
初中（246）	71(28.9)	115(46.7)	60(24.4)
高中（189）	18(9.5)	78(41.3)	93(49.2)

属于第三类水平的被试，初中有 24.4%，高中有 49.2%。这表明在我国的教育条件下，高中和七年级、八年级，已有相当一部分学生在道德评价中具备了通过现象揭露本质的能力。

（二）全面考虑问题的能力

在研究中，研究者发现青少年在评价人物的道德行为时，表现出以下三类水平。

第一类是以一次印象作为根据的，以一点代替全面，评价者并未全面地考虑问题。

第二类是结论正确，但所依据的理由

① 谢千秋：《青少年道德评价能力的一些研究》，载《心理学报》，1964，9 (3)。

并非出自全面考虑问题。

第三类是不仅全面评价一个人物的道德，而且所依据的理由也是准确的。

现将研究结果列于表 8-5 中。

表 8-5 道德评价中全面考虑问题能力的不同水平比较

年级 \ 人数（%）\ 类别	第一类	第二类	第三类
初中（55）	16(29.1)	9(16.4)	30(54.5)
高中（123）	4(8.5)	78(4.3)	41(87.2)

属于第三类水平的，初中有 54.5%，高中有 87.2%，这表明在我国的教育条件下，已有较大部分的青少年在道德评价中具备了全面考虑问题的能力。

（三）分清问题主次关系的能力

青少年在道德评价中，对问题性质主次关系的分辨也有以下三类水平。

第一类，被试误把次要问题作为主要问题来考虑，对主要问题没有做出应有的反映。

第二类，主要问题和次要问题在头脑中都得到了反映，在评价中两方面都提到，但没有分出哪一个是主要方面。

第三类，主要问题与次要问题都得到应有的反映，并且明显地分清了问题的主次。

现将研究结果列于表 8-6 中。

表 8-6 道德评价中分清问题主次能力的不同水平比较

年级 \ 人数（%）\ 类别	第一类	第二类	第三类
初中（87）	1（1.1）	34（39.1）	52（59.8）
高中（65）	1（1.5）	17（26.2）	47（72.3）

属于第三类水平的，初中有 59.8%，高中有 72.3%。这表明在我国教育条件下，已有相当多的青少年在道德评价中具备了分清问题主次关系的能力。

（四）具体问题具体分析的能力

研究中有关于“打人道德不道德”这样一题，主要考查在道德判断中青少年能否具体问题具体分析。青少年对这个问题的回答也有以下三类水平。

第一类认为在任何情况下打人都是不道德的。

第二类认为发生人民内部矛盾时打人不道德。

第三类认为在一定情况下打人是道德的，如打敌人、打坏人。

因此，不能一概认为打人是道德的或是不道德的。这种评价体现出被试的思想方法是辩证的，在运用一般的道德准则进行判断时，能够考虑到各种不同的情况，做到具体问题具体分析。

我们依据上述标准，将研究结果列于表 8-7 中。

表 8-7　道德评价中具体问题具体分析能力的不同水平比较

年级 \ 人数（%） \ 类别	第一类	第二类	第三类
初中（55）	33(60.0)	12(21.8)	10(18.2)
高中（47）	7(14.9)	16(34.0)	24(51.1)

属于第三类水平的，高中有 51.1%，这表明大部分被试在道德评价中已具备了具体问题具体分析的能力；初中有 18.2%，这表明初中也有一部分被试具有这种能力。

以上四个方面的分析表明，青少年的辩证逻辑思维能力既具有年龄特征，又存在不平衡性。一般来说，已有相当一部分青少年学生具备了道德评价中的辩证逻辑思维的能力。高中被试具有这四方面能力的已占优势地位。与此同时，在校青少年掌握不同形式的辩证逻辑思维能力时，表现出彼此不同的水平，反映了他们辩证逻辑思维能力发展中的不平衡性。

二、辩证逻辑思维在认知与社会认知中的比较

如前所述的两项研究，一个是在 20 世纪 80 年代完成的，另一个是在 20 世纪 60 年代完成的；而且是两群不同的被试，即一个是全国性大规模取样，另一个则是在某个省里的几所学校取样；测定两个不同方面的内容，即一个是测定青少年认知活动中辩证逻辑思维的发展，另一个则是研究青少年社会认知中辩证逻辑思维的发展。然而，这两项研究的结果却具有一致性，数据比较接近。2001 年，我们通过测查初中生对函数概念的理解也发现了相似的发展特点。① 七年级和八年级学生对集合概念的理解没有显著差异，而九年级与八年级之间则有明显差异，也就是说，九年级阶段可能是青少年发展辩证逻辑思维的一个转折点。尽管九年级学生的辩证逻辑思维取得了较大的发展，但是我们应该看到，在整个初中阶段，青少年的辩证逻辑思维还很不足，几乎所有的学生都只给出事物正面的、肯定的回答，而不能从正与反、肯定与否定两方面来考虑问题。

鉴于上述几个材料的分析，我们可以得出以下结论。

（一）青少年的辩证逻辑思维有一个发展的过程

辩证逻辑思维是一个由低级向高级不断发展的过程；是由自发到自觉的过程；是一个迅速发展的过程。谢千秋的研究和我们在 20 世纪 80 年代的研究均表明，七年级学生辩证逻辑思维试题的正确完成率均已超过 1/3，说明辩证逻辑思维在七年级即已出现，而到了高中二年级，学生达到的正确完成率已超过半数，占据优势。整个中学阶段，是在校青少年辩证逻辑思维从出现经迅速发展到占优势的关键时期，但是由于辩证逻辑思维是思维发展的高级

① 朱文芳，林崇德：《初中生函数概念发展的研究》，载《心理发展与教育》，2001，17 (4)。

阶段，难度较大，所以不是在中学阶段就能完成和成熟的。在我们2001年的研究中则显示，初中学生的辩证逻辑思维还处于较低级的水平。这可能反映了辩证逻辑思维的发展在不同学习领域或材料上是不均衡的。20世纪60年代和80年代的研究使用了故事材料来考查青少年辩证逻辑思维的发展，这种材料多为社会交往或道德判断领域的故事，更加生动，而且学生在日常生活中接触较多，比较熟悉。而在2001年的研究中，则考查了青少年对函数概念中集合概念的理解，使用了更抽象和一般的题目，实验材料的故事性不强，学生较为陌生。这种熟悉性和领域上的差异可能造成了青少年辩证逻辑思维发展水平的差异。

（二）教育对学生辩证逻辑思维的发展起着重要作用

我们发现，辩证逻辑思维在青少年中出现较早，这可能是由于我国儿童在小学阶段就已经在不断地接受着各种辩证唯物主义的教育，因而促进了辩证逻辑思维的发展。但是，我们也应当看到，教育中也有阻碍辩证逻辑思维发展的因素。例如，学校教育过度强调学生掌握正面的、肯定的知识，追求所有学生具有同一的思维模式，这些都会影响学生全面地、整体地、辩证地思考问题。用一位有十几年教学经验的数学教师的话来说就是："我们不是在育人，而是在成批地按照同一模式生产零件，当我们的产品用考试分数这个标准来检验时，合格率越高，次品率越低，教学质量的水平就越高。"① 这种培育方式与我们国家所提出的建设创新型国家、培育创新人才的目标是相悖的。考虑到中学阶段是培育学生创造力的关键时期，我们的教育更应该做出相应的改变，鼓励学生质疑，发展其创造性和辩证逻辑思维。

（三）辩证逻辑思维与形式逻辑思维的发展是相辅相成的

皮亚杰认为形式逻辑思维是最高级的思维水平，而我们和之前提到的佩里认为辩证逻辑思维是比形式逻辑思维更加高级的抽象逻辑思维水平，辩证逻辑思维是形式逻辑思维发展的高级阶段。我们发现，青少年的形式逻辑思维发展水平高于其辩证逻辑思维发展水平；比较而言，形式逻辑思维发展较为稳定而匀速，辩证逻辑思维发展则比较迅速。但是，形式逻辑思维和辩证逻辑思维毕竟是一个人的抽象逻辑思维整体的两个不可分割的组成部分，前者是后者的基础，后者则是前者的发展；前者的发展为后者的发展提供了可能性，后者的发展则促进前者的水平更上一层楼。形式逻辑思维和辩证逻辑思维的相互促进使青少年的思维更加完善、更具有整体性，因此在教育中也要注意两者的衔接，利用青少年已经达到的形式逻辑思维水平，即

① 朱文芳，林崇德：《初中生函数概念发展的研究》，载《心理发展与教育》，2001，17（4）。

最近发展区，设置合适的教育目标，在教师的帮助下促进青少年辩证逻辑思维的发展。

总之，辩证逻辑思维可以使青少年学会全面地、动态地看问题，使他们能越出日常经验的狭隘界限，把握客观现实的本质和内在的规律性联系。因此，它在青少年的思维发展中，乃至在一个人终生的思维发展中起着决定性的作用。青少年辩证思维的发展，固然是由中学阶段的知识学习奠定基础，然而，由于它是认识或思维发展的高级阶段，所以其发展的滞后性也是必然的。青少年辩证思维发展的不足，不仅影响其看问题的方法，即影响思想方法的全面性，容易具有盲目性；而且也影响他们的人生观和世界观的形成。在他们的心目中，什么是正确的幸福观、友谊观、英雄观、自由观和价值观，都还是个谜。所以，加强对他们辩证思维技能的训练，对于他们形成科学的人生观和世界观具有重要的意义。

第九章 青少年的言语

学习好语言、掌握好言语，不仅是中学教育和教学的要求，而且是青少年提高学习质量、掌握知识和发展心理的前提。青少年言语的发展是其心理发展的基础之一。

语言和言语在日常生活中往往是通用的，但科学地说，语言和言语是两个不同的概念，两者既有联系，又有区别。

语言是交际的工具。它是一种社会历史现象。它是群众创造的，随着社会的产生而产生，随着社会的发展而发展。语言由声音（语音）、词汇和语法三个部分构成，在实现其交际功能时，正是这三个构成部分的综合应用。

言语是指个体对语言的掌握和运用的过程。它是一种心理现象。儿童正是在和成人交际的过程中掌握了言语，并在学会言语中运用语言的。言语，就是语言在交际过程中的运用，利用同一种语言，可以说出大量的、不同的言语。言语在人的心理发展中起着概括和调节的作用，使人的心理具有自觉性、能动性。

语言的体系保存在多种多样的言语交际形式中，这些形式分为以下三类。

(1) 口头言语，即说出的言语、听到的言语。

(2) 书面言语，即书写的言语、看到的言语。口头言语和书面言语都是外部言语，也就是说，都是通过分析器官被别人感知的言语。

(3) 内部言语，即未发出声音的言语。隐蔽是内部言语的特点。在我们不出声地进行思考的时候，正是这种言语成为思维的工具。

这三种言语既有区别，又是密切地联系着的。

语言和思维密切联系。它们都是社会的产物。作为个体对语言的掌握和运用过程的言语，它在人的心理发展和思维发展中起着重要的作用，使人的心理具有自觉性和能动性；语言是思维的物质外壳，概括化的语言使人的认识由感性上升为理性，概括化的语言成分使人们能够使用概念、判断和推理进行思维，反映事物的本质和规律，并起到传承知识经验的作用；语言的掌握和言语的发展推动思维的发展。

在小学儿童言语发展的基础上，在新的生活条件下，青少年的言语必然要得到新的发展。中小学生言语发展的总趋势是：由掌握字发展到掌握词和句，再发展到掌握语法规律，最后发展到领会逻辑思想。在小学阶段，学生主要掌握字、词、句，在用词造句中学到一些初步的语法和修辞知识。进入中学后，语文和其他各科教学以及各种集体活动，都对青少年的言语提出更高的要求，要求他们不断领会一些比较抽象的、复杂的、辩证的口头材料或书面材料，能够精确地、连贯地表述自己的思想。这样就与原有水平构成了矛盾，促使他们的言语在内容和形式上都发生了本质的变化。于是青少年掌握词汇、语句的能力和言语表达的能力就很快地发展起来，逐步地掌握语法、修辞规律，并不断地领会逻辑的思想。

学校语文教学的主要任务是教学生学习语言，从而发展他们的言语。“语文”的含义，按教育家叶圣陶所说，原是口头语言和书面语言的意思，在口头谓之“语”，在书面谓之“文”，合起来称为“语文”①。对于每个学生来说，口头言语、书面言语和内部言语的发展主要体现在语文能力的发展上，具体表现在听、说、读、写能力方面。所谓听话能力是人们对语言信息的一种认知能力。说话能力是一种综合能力，是人们将自己的内部言语按照一定的语言规则转换为外部言语的能力。阅读能力是从书面语言符号中获得意义的能力，是一种复杂的言语过程；在这个过程中，个体要通过内部言语用自己的话来理解和改造原来的句子和段落，依靠原有的知识经验对阅读材料加以同化，以达到对阅读内容的理解。写作能力是运用书面语言准确地表达自己思想的能力，写作能力的形成需要以口头表达能力为基础，需要内部言语的发展。另外，听、说、读、写四种能力的核心是思维，学生在语文活动中的听、说、读、写能力集中表现在深刻性、灵活性、独创性、批判性、敏捷性等思维品质中。语文能力中听、说、读、写四种能力与五种思维品质相互交叉组合，形成一个开放性的动态系统的语文能力结构。

第一节　青少年的口头言语②

口头言语能力主要表现在两个方面，一个是正音、正读的能力，另一个是口头表达的能力。

一、青少年正音、正读能力的特点

正确地掌握常用汉字的字音、字形、字义，是青少年的口头言语能力之一，也

① 叶圣陶：《语文教育书简》，载《教育研究》，1979（4）。

② 20世纪80年代末，作者协助朱智贤教授主持完成了国家社会科学基金重点项目“中国儿童青少年心理发展与培养”，其中，中国儿童青少年语言发展由黄仁发先生承担，本章第一、第二节数据来自黄仁发先生的研究。

是其学习语文的基本任务之一。这是一项艰巨的任务。教师必须使青少年在小学的基础上，进一步理解和熟悉汉语拼音，掌握拼音字母的拼读、书写规则，学会普通话；进一步扩大识字量，熟练掌握常用字的读音、书写和字义，懂得错读、错写、错用汉字的原因及纠正方法。具备正音、正读能力，这对青少年口头表达能力的发展和继续自学语文是大有裨益的。

青少年的正音、正读能力的发展既有年龄特征，又存在明显的个别差异。有人对中学生学习普通话的正音能力做了调查，发现初中阶段的语音可塑性比高中阶段要大得多。假定小学低年级正音教学率为100%，小学高年级则为90%，七年级为80%，九年级为60%，高中生则低于50%。十七八岁后，由地方音所造成的惰性要严重得多，这使得正音教学的难度大大增加。正读能力主要取决于正音能力和自觉性。在阅读中，如果有的字已经读成错字、别字，还不能有意识地注意更正，就会发生习惯性的错读现象。

因此，在正音、正读能力的培养上，教师和家长要早抓。在中学阶段，抓好初中生的正音、正读基本技能的训练是十分必要的。

二、青少年口头表达能力的特点

口头表达的主要形式有两种，一种是对话言语，另一种是独白言语。青少年口头表达能力主要表现在独白言语水平的不断提高上。我们较系统地调查了青少年口头言语的发展趋势。从七年级到高二年级，每个年级随机抽取10名学生，总计50名学生，让他们听安徒生著名童话《卖火柴的小女孩》，然后复述故事，要求他们不能背故事，要用自己的话来讲，可以发挥，要有表情。从这50名中学生的讲述中，我们可以看出他们的口头表达能力分为以下五级水平。

第一级是演说式的口语表达水平。在复述故事时，表达准确、鲜明、生动，而且运用各种修辞方法来表达自己的感情和思想，在表达时注意逻辑关系，具有一定的感染力。

第二级是完整的口语表达水平。复述故事时，注意用词准确，言简意明，言语通顺，句式恰当，但不够生动，缺乏感染力。

第三级是初步完整的口语表达水平。复述故事时，语句完整，合乎一定的语法规则，使听者感到清晰和满意。

第四级是对话言语向独白言语过渡并逐步达到以独白言语为主要形式的水平。复述故事时，学生事先有一定的思考，能较连贯地、简单地表述故事情节，让别人听得明白。

第五级是对话言语占主要地位的水平。学生不会复述故事，独白言语很不发达，需要教师追问才能说出下一段情节，说话时往往说半句话，前后颠倒，不合语法。

在调查中我们看到，如果在正常的教育条件下，七年级学生和小学四、五年级学生的口头表达能力相仿，以第三级水平者居多；八年级之后到高中二年级，达到第二级水平的学生越来越多；达到第一级水平的仅占25%，主要是高中生和极少数的九年级学生。在调查中我们还看到，中学生口头言语表达能力的发展，除了有一般趋势的年级（年龄）特征外，还存在着较明显的个体差异。在我们调查的对象中，居然有八年级、九年级的学生说不出完整的话来，还有个别高中生，其口头表达能力仅停留在第四级水平上。造成这种个体差异的原因主要是客观教育条件，特别是语文教学条件的不同，以及主观学习程度，特别是正音、正读、词汇及表达完整程度的不同。其智力水平和说话的习惯（如敢不敢说话、爱不爱说话、说话时能否组织内容等）是直接影响其口头言语表达水平的重要因素。

加强口头言语表达能力的训练，是各科教学，特别是语文教学的一项重要任务。对于学生来说，口语表达是十分重要的基本技能。因为在日常工作、学习和生活中，口头言语是交流思想的主要形式。在现代科学技术不断发展的今天，口语的重要作用与日俱增。口语训练对发展青少年的思维能力，提高青少年的书面表达能力，改进教育与教学方法，无疑都是有重要作用的。

中学各科教学，尤其是语文课的教学如何促使青少年的口头言语表达能力发展呢？一般来说，应该要求他们掌握的口头词汇更丰富，意义更深刻、更精确；要求他们的口语表达能力更加完善。教师和家长要从字、词、句三方面严格要求，提高他们的口语表达水平。这里，我们认为关键是口语的训练。口语的训练要贯穿在语文教学和各科教学的全部过程中，贯穿在学校和家庭的一切活动中。要使他们说话完整；要加强他们口头造句和口头作文的练习；要启发他们列举例句；要引导他们分析、综合、明确概念；做出正确的判断；要诱导他们开展讨论；要帮助他们纠正语病。如果学校和家里有条件，还可以用录音机、复读机等语言教学器材来更正他们的错词、病句，克服说话时的坏习惯。要多照顾口头言语表达能力差或智力差的青少年，鼓励他们多练习，多给他们练习的机会，以使他们的口语能力达到同年级青少年的一般水平。

在进行上述口语训练时，要注意调动青少年表达意见的积极性和主动性，激发他们发展口语的需要与兴趣，并要求他们说话时声音洪亮、吐字准确、句子完整、语气连贯、条理清楚。按照这些要求，持之以恒地严格训练，青少年的口头言语表达能力就能得到提高。

三、青春期社会方言

儿童的语言反映了他们的认知发展水平。学龄儿童一般都能够非常娴熟地使用语言了，但是，到了青少年期，其言语能力会变得更加精炼准确。随着阅读材料的成人化，青少年的词汇量也在持续增长。到16～18岁时，英语为母语的青少年一般能够掌握大约80 000个单词（Owens，1996）。

随着抽象思维的发展，青少年开始能够对一些抽象概念（如爱、公正、自由）加以界定。他们也更经常地使用“然而、另外、不管怎样、因此、真的、可能”等词语来表达逻辑关系。他们会更加清楚地意识到词汇是具有多重含义的符号，并且他们很乐意使用讽刺、双关语以及隐喻等表达方式。

青少年在社会观点采择方面也变得更加娴熟，这种能力使得他们可以根据他人的知识水平和观点，来对自己的言语进行调整。这种能力在说服过程中，以及在礼貌的谈话中都是非常关键的。

有语言学家认为，青少年的言语构成了一种属于他们自己的方言——“青春期社会方言”（pubilect，the social dialect of puberty）（Danesi，1994）。这种方言与其他的方言一样，都起到强化团体认同、排外（成年人）的作用。青少年的词汇有变幻莫测的特点。尽管这些词汇中很多都有其通常的表达意义，但是，青少年却一直在为它们发明新的含义。青少年的词汇会因为性别、种族、年龄、地区、邻里、学校类型而不同，也会因为团体的不同而大相径庭。

由于对其谈话对象有特别的意识，青少年与同伴谈话时使用的语言，与同成年人谈话时使用的语言是不同的。青少年的俚语是其从父母及成人世界中获得独立的自我认同的过程中，一个自然的构成部分。在创造诸如此类的表述时，青少年会使用他们新发现的能力来玩一些文字游戏，以此界定他们这一代对于价值观、品位和爱好的独特立场（Elkind，1998）。

第二节 青少年的书面言语

书面言语有哪些特点呢？书面言语与口头言语比较，有很大的差别。首先，书面言语比口头言语出现得晚，从不同种族发展来看是这样的，从个体的发展来看也是这样的。学生是在掌握口头言语的基础上掌握书面言语的。其次，书面言语比口头言语要求更高、更复杂。例如，它要求正确的书写技能，要求正确的语法结构，要求一定的连贯性等。最后，书面言语可以超越时间和空间的限制，大大地扩展言语交际的范围。正是因为有了书面言语，人类长期积累下来的知识才有可能保存下来成为后代的宝贵财富。因此，学习书面言语是学校的一项极为重要的任务。

真正掌握书面言语，是从小学阶段才开始的。小学生书面言语的发展有一个过程，最初是书面言语落后于口头言语，在正确的教育条件下，约从四年级起，书面言语的发展就可以逐步超过口头言语的水平。中学的教育与教学向青少年提出了更高的要求，加上中学阶段智力的发展，青少年的书面言语能力不断发展。

青少年书面言语的发展表现在词汇、语法、阅读和作文等几个方面。

（1）青少年逐步地掌握语法。所谓语法，分词法和句法两个方面。青少年对语法的掌握，与他们逻辑思维能力的发展有着密切的关系。

(2) 青少年不断地提高阅读能力。他们接触到诗词、散文、小说、戏剧等多种体裁的文本，能初步阅读文言文，而且逐步学会朗读和默读的技巧，同时还在理解水平、巩固程度和速度三项指标上有所提高。

(3) 青少年的写作能力显著提高。这主要表现在他们逐步掌握写作知识，如对记叙、说明、议论等文体的区分和练习；逐步提高写作技巧，如对造句、布局、选材、结构等技巧的熟悉及运用；逐步学会表达思想感情、处理逻辑关系等。

由此可见，青少年的书面言语发展范围很广，发展速度很快。那么，青少年掌握书面言语有哪些特征，又有哪些心理过程呢？

一、中学生掌握语法的心理特点

现行初中阶段教学计划包括掌握语法中词的变化规则和用词造句规则。有人为了摸清青少年掌握语法的心理特点，在综合了学生在语法测验中出现的具有代表性的问题后进行了追踪。追踪方式有访问授课教师、找被试学生个别交流和小型座谈，现将结果分析如下。

(一) 七年级学生掌握语法的特点

测验拟了三类试题：

Ⅰ型：单词词性辨析（15个实词，10个虚词，共25个词）。

Ⅱ型：句中词语词性辨析（把3个一词多用词语分别置于5个不同的句中或同一句中）。

Ⅲ型：段中词语词性辨析（32个实词，10个虚词，共42个词语组成的一段四句话）。

测验以辨析词的准确性为指标，按“对”和“错”进行评定，测定4个班211人，成绩列于下面四个表（表9-1、表9-2、表9-3、表9-4）中。

表 9-1　辨析词性成绩

项目＼正确百分比(%)＼试题	Ⅰ型	Ⅱ型	Ⅲ型	平均
正确率	63.42	79.76	81.18	74.79

表 9-2　实词、虚词成绩

项目＼正确百分比(%)＼试题	Ⅰ型	Ⅱ型	Ⅲ型	平均
实词	79.93	83.22	88.23	85.35
虚词	56.31	73.46	58.77	57.71

表 9-3　虚词错误分布

项目＼百分比(%)＼词类	副词	介词	连词	助词	叹词
错误	37.91	34.81	13.66	18.08	23.02

表 9-4　虚词错误性质

项目＼百分比(%)＼试题	Ⅰ型	Ⅱ型	Ⅲ型	平均
误作同类	38.41	41.07	41.17	39.73
误作异类	61.59	58.93	58.83	60.27

由表9-1至表9-4可以得出以下结论。

(1) 七年级学生辨析词性的总平均正

确率为 74.79%，这个成绩是良好的，标志着他们已经具备一定的探索事物内在联系的思维能力。

(2) 为什么七年级学生辨析词性的成绩，会出现单词—句中词—段中词的正确率为 63.42%—79.76%—81.18% 这样的阶梯序列？这说明了词、句、段的内在联系在学生头脑里的反映。可见，“词不离句，句不离段”是有心理依据的。

(3) 七年级学生辨析词性的成绩，实词远远地优于虚词。因为实词是指有实在意义的词，它是客观现实中对实体的概括，比较具体。而虚词一般是指没有实在意义的词，它是客观现实中对实体之间的关系的概括，比较抽象。可见，七年级学生的思维具有很大程度的具体形象性，他们还需要以经验来做概念的“支柱”。

(4) 七年级学生在辨析词性时之所以产生错误（尤其是虚词），从思维发展的规律来看，是由于七年级学生往往存在不同程度的“抓不住概念的本质”与表象紧密联系的特征，不善于从该词在不同的特定语言环境中所处的位置和所发挥的功能去辨析词义，即从洞悉句子的内在关系中去掌握词语，而是孤立地或通过局部联系机械地记忆，词义往往是不明确的。

（二）八年级学生掌握语法的特点

测验时依语意和结构拟了五类试题。

Ⅰ型：简单句（2 题）。

Ⅱ型：扩充成分复杂句（2 题）。

Ⅲ型：连谓、兼语、连谓兼语复合复杂句（3 题）。

Ⅳ型：改变词性复杂句（2 题）。

Ⅴ型：改变词序复杂句（2 题）。

测验以对句子结构的掌握和意义的理解程度为指标，从对到错分四个等级评定：一级——句子结构的掌握和意义的理解均正确（对）；二级——句子结构一般掌握，意义基本理解（大部分对）；三级——句子结构的掌握和意义的理解模糊（对一小部分）；四级——句子结构掌握不住，意义理解不明（错）。测验测定 4 个班 229 人，成绩列于表 9-5 中。

表 9-5 分析句子成绩

项目 \ 百分比（%） \ 试题	Ⅰ型	Ⅱ型	Ⅲ型	Ⅳ型	Ⅴ型	平均
一级	90.75	56.83	26.62	50.66	11.01	46.97
二级	0.44	36.88	29.84	7.27	15.42	17.96
三级	4.85	5.41	24.74	25.11	13.92	14.82
四级	3.96	0.88	19.80	16.96	59.65	20.25

以Ⅲ型被试为例，纵横分析，列于表9-6中。

表 9-6　复合与成绩

项目＼试题	连谓/%	兼语/%	连谓兼语复合/%
一级	35.81%	34.06%	6.98
二级	34.93%	20.09%	30.13
三级	13.10%	26.20%	34.93
四级	16.16%	19.65%	27.96

由此可以得出以下结论。

(1) 句子是由词按照语法规则构成的(即以概念的形式按人们的思维规律构成的)。八年级学生的成绩，反映了他们在七年级掌握词性的基础上，正在逐步学会分析综合句子，并且具有揭示其内在关系的能力。但这个水平的提高有一个过程。他们对简单句掌握得较好（90.75%全对)，而掌握复合句就出现了不同程度的错误。其原因很多，主要是概念不清造成的。归纳起来，大致分为以下三类。①对专有名词（固定概念）理解不清，如“社会主义”“星期三”等词，少数被试将其强行割裂，析成“社会主义（主语＋谓语）”“社会主义（定语＋主语）”“星期三（主语＋宾语）”。②对中心语与修饰语，即概念的隶、从、属关系搞不清。③对虚词的使用方法理解不清，尤其是介词，如“把”“在”等（错误率为59.32%)，以及副词，如“多么”等（错误率为29.80%)。

(2) 人们的思维是凭借语言来进行的，特别是要把自己思维的结果传达给别人，或要了解和接受别人的思维结果，更需凭借语言。语言是一句一句的，每一句都表达一个完整的意思，句法是汉语语法的中心。八年级学生掌握句法的水平反映了他们在揭示句子内在联系时，正在从认识外部现象向理解内部本质特征转化，八年级学生在掌握句法中表现出来的错误充分说明了这一点。他们的错误表现在：①依赖词语标志，如对定、状、补语往往带“的”“地”“得”这一点有所掌握的同时，却往往忽略了“的”“地”“得”的其他用法。②依赖词性，但没有弄明白句子的成分。③依赖词序，希望把一切句子都纳入“（定）主—『状』谓（补）—（定）宾”这样的“公式”。针对这个年级学生的心理特点，教师和家长需要引导他们在分析句子的过程中提出问题、明确问题、提出假设和检验假设，引导他们进行合理的分析综合，抓住核心，揭示其内在联系；引导他们逐步克服孤立地或习惯性地仅用词语标志、词性、词序来进行分析，以及千方百计地将复杂的语言现象公式化、一般化的毛病。

（三）九年级学生掌握语法的特点

测验依分句结构和意义拟了以下三类试题。

Ⅰ型：辨析单句和复句（3题)。

Ⅱ型：填关联词语（3题)。

Ⅲ型：划分多重复句（3题)。

测验时以对复句中分句与分句间的结构的掌握和意义关系的理解程度为指标，

从对到错分四个等级评定：一级——全对；二级——大部分对；三级——一小部分对；四级——全错。测验测定 4 个班 231 人，成绩列于下面三个表（表 9-7、表 9-8、表 9-9）中。

表 9-7　分析复句成绩

项目 \ 百分比（%） \ 试题	Ⅰ型	Ⅱ型	Ⅲ型	平均
一级	94.81	67.06	49.66	70.51
二级	/	3.03	18.45	10.74
三级	/	6.49	19.88	13.19
四级	5.19	23.42	12.01	13.54

表 9-8　复句类型

项目 \ 百分比（%） \ 试题	联合复句	偏正复句	联合偏正混合复句
成绩	59.62	94.70	60.49

表 9-9　复句层次

项目 \ 百分比（%） \ 试题	二重复句	三重复句
成绩	72.94	32.47

由表 9-7 至表 9-9 可以得出以下结论。

(1) 作为人们反映客观现实工具的语言，在更完整、更准确地表达思想，揭示事物与事物之间的内部联系时，必须将两个或两个以上有联系的单句组合成为一个有机的统一体——复句。九年级学生分析复句的良好成绩，说明他们对复句结构的掌握和对复句意义的理解水平是高的，反映出他们已经具有从事物内部关系着眼，探索其组成部分的抽象概括能力。

(2) 复句有两种类型：一种是反映事物间相承、相关、相反关系的。这类复句，分句与分句间在结构和意义上，相对来说是比较接近的，这叫作联合复句。另一种是反映事物间因果、假设、条件和转折关系的。这类复句，分句与分句间在结构和意义上，相对来说是迥异的，这叫作偏正复句。九年级学生辨析偏正复句的成绩远优于联合复句，这说明他们探索事物间组成部分的抽象概括能力是不平衡的，还存在着一定的局限。

(3) 在语言中，二重复句与三重复句并非只在量上有区别，还存在着质的不同，所以划分时，思维过程必须有一个飞跃。九年级学生分析三重复句的成绩远低于二重复句的这个事实，表明他们在认识复杂事物间的内在联系上还是有一定的局限性。

总之，初中三个年级的学生，在掌握汉语语法及其反映出来的心理过程中，既有着明显的发展迹象，又显著地受到感性认识的局限。从心理学的研究中，可以看到在初中阶段进行语法教学的可能性，又可以看出即使到初中毕业，学生的语法水平也还存在着局限性，他们在语法上反映出来的思维特征还没有成熟，有待在高中进一步努力。根据各年级的水平，给予不同方面的指导，是教师和家长的一项重要任务。

二、中学生阅读能力的特点

阅读是中学语文教学的重要环节。阅读能力是中学生掌握各科知识和自学能力的基础，因此，培养中学生的阅读能力是中学各科教学，特别是语文教学的重点之一。

从心理学的角度看，阅读是一种复杂的言语过程，它是从看到的言语向表达的言语的（出声的或无声的）过渡。这个过渡不是机械地把原文说出来，而是要通过内部言语，用自己的话理解或改造原来的句子和段落，从而把原文的思想变成读者自己的思想。要实现这个过程，不仅要有达到一定自动化的“识字”基础，而且要依靠原有的知识经验对阅读的材料加以“同化”，以达到对阅读内容的理解。

中学生的阅读能力包括阅读形式和阅读内容两个方面。

（一）中学生阅读形式方面的特点

阅读的形式有朗读和默读。朗读比默读出现得早，朗读是默读的准备条件，默读是阅读的高级阶段；反过来，朗读又被用作检查默读的手段。因此，朗读和默读是相辅相成的，是整个阅读能力发展过程中的两个重要方面。

研究表明，小学高年级学生不但具备初步准确并富有感情的朗读能力，而且具备了无声默读一般教材的能力，但遇到困难的教材时还可能会出声。①

进入中学后，中学生的朗读和默读能力在新的教学条件下获得发展并出现新的特点。

(1) 朗读。在中学阶段，中学生阅读的材料多种多样。例如，有诗歌、散文、小说和戏剧等，有白话文和文言文，有中国作品和翻译作品等。尽管不同体裁要求中学生在朗读中有不同的技能，但总的要求是一致的，即：①正确。要合乎普通话的语言规范，正音，正读，不加字，不颠倒，能读出句读、轻声和儿化韵。②理解。能理解词、句、段的意思，领会中心思想。③流利。要句读分明，不重复，不断读，有一定速度要求。④有感情。感情应真挚、自然，不矫揉造作，也不高声喊叫。

在朗读能力的研究中，如何判定学生朗读符合要求的程度和水平的高低呢？一般以朗读的技巧为指标。这些技巧包括以下四项指标：①语调。从课文内容出发，运用不同的语调表达不同的感情。②速度和节奏。要根据故事的情节、作者思想感情的变化，运用不同的速度和节奏，以表示文章的思想、情节的起伏变化。③重音。重音分“逻辑重音”和“心理重音”。前者是按生活中的语言逻辑读出的重音；后者是突出影响听者想象或感情的词所读出的重音。④停顿。恰当地停顿，能使句读清楚，段落分明，给以领会思考的余地，以便更好地表情达意。用这四项指标可以测出中学生朗读能力的水平高低。

我们曾按这四项指标对中学生的朗读能力做了调查，看到以下几个趋势：①初中阶段，学生的朗读能力随年级升高而发展，具备上述四项指标的人数随年级升高而增加；而高中阶段，朗读能力的个体差异远远比年龄差异要大得多。②中学生，

① 林崇德，叶忠根：《小学生心理学》，89～90 页，合肥，安徽人民出版社，1982。

尤其是九年级以上学生掌握前两项指标（语调、速度和节奏），要比后两项指标（重音和停顿）容易些。重音和停顿比较复杂。停顿本身，就包括了语法停顿、逻辑停顿和心理停顿，不容易被七年级、八年级学生机械模仿。③对这四项指标掌握的关键是理解材料和富于想象，这说明朗读能力与思维能力、想象能力是紧密联系的。

由此可见，中学生朗读能力的提高主要取决于培养。教师和家长在进行朗读指导中应该注意：要紧紧围绕课文的中心思想，引导学生深入理解课文，激发他们的思想感情；要启发他们的想象，引导他们体会作品的思想感情；教师的范读是极为重要的，家长如果有条件，也有必要提高自己的朗读能力；在指导朗读中，要结合中学生的特征，采取多种多样的方式和方法。

(2) 默读。在中学阶段，培养默读能力比培养朗读能力要重要得多。因为默读有它不同的意义和作用：①默读的应用范围广；②默读的速度快；③默读更有助于对课文的理解。

如何鉴别中学生默读能力的水平呢？我们在研究中采用了三个指标：①外部表现，要求不出声、不动嘴唇、不指读；②阅读的速度；③理解程度，读后能说出或写出课文的主要内容，回答研究者提出的问题。对中学生默读能力的初步调查表明，中学生的默读能力既有年龄特征，又存在个体差异。一般来说，随着年级的升高，中学生默读的外部表现越来越少，速度逐步加快，理解程度不断提高。

表 9-10 是中学三个年级组（每组两个班）在默读《北京晚报》三个“一分钟小说”时的平均速度和回答问题的成绩，从中可以看出上述发展趋势。

表 9-10　不同年级中学生默读水平的变化

指标 ＼ 成绩 ＼ 年级	七年级	九年级	高二
时间（分秒）	11′43″	9′12″	7′56″
成绩（分）	67	74	89

默读中表现出来的个体差异反映了教育与培养的重要性。教师和家长在指导中学生默读训练时，应该把默读训练和有关作业练习配合起来，把默读和朗读练习结合起来，培养中学生认真默读的习惯，以便他们不断地提高默读水平。

（二）中学生阅读内容方面的特点

阅读的内容是理解字、词、句。分段、概括段意和中心思想等是理解文章的主要方法，也是目前对中学生阅读内容方面能力研究的较客观的指标。它既反映了学生的言语水平，又反映了他们的思维水平。

以中学生对语文教材分段、概括段落大意和中心思想为课题进行研究，我们发现，目前中学生呈现出以下几级水平。

第一级水平，对段落大意和中心思想做出不准确的概括，或是分段往往错误，抓不住中心和重点。

第二级水平，能够准确地分段，对段落大意做出比较简明的、带有叙述性的概括，而对中心思想却把握不准（这说明概括文章的中心思想比概括段落大意要难，它是更高一级的概括)。

第三级水平，能分段，也能概括段意和中心思想，但叙述性较多，把握实质性问题的能力还不够。

第四级水平，能准确地分段，简明扼要地概括段意，在理解段意及全篇文章内容的基础上准确地概括出中心思想。

研究结果证明，在正常的教学条件下，七年级学生处于由第二级水平向第三级水平过渡的阶段，八年级学生绝大多数具备第三级水平，九年级以后逐步达到第四级水平。但我们在研究中也看到，我国中学生分段、概括段落大意和中心思想的水平差异较大，居然有极少数高中生处于第一级的水平。可见，中学在语文教学中加强这方面的训练是十分必要的，同时又是非常艰巨的。教师和家长在指导这方面的训练时，要启发中学生通过分段、概括段落大意和中心思想来正确地表达课文的内容，不能公式化，应当源于课文且有概括性，要顾及他们的具体水平，由简单到复杂，逐步提高他们的分析能力、概括能力和运用语言的能力，要鼓励他们根据不同的需要做出不同概括，灵活掌握且创造出更多的言语表达方式。

阅读能力是写作能力的基础。中学生通过提高阅读能力，学会用词造句、布局构思的方法，把书本知识变为自己的知识，进而转化为写作能力。

三、中学生写作能力的特点

（一）中学生写作能力的结构特点

写作也是语文教学的重点。它是书面言语活动的高级形式。写作主要是从说出的词（出声的或无声的）向看到的言语的过渡。它的基本要求是能够连贯地、有顺序地、准确地表达自己的思想，使别人能够理解。

就写作能力来说，学术界有两种基本观点①。一种观点认为，写作能力由特殊技能构成，如苏联学者 T. A. 拉德任斯卡雅提出六种基本的写作能力：审题、中心思想、收集材料、体裁、语言表达和修改。另一种观点认为，写作能力是智力因素和语言特殊能力的综合。例如，我国有学者认为，写作能力由基础能力和专门能力两方面组成。基础能力包括观察、记忆、思维和想象等能力，专门能力包括积累素材、审题立意、布局谋篇、运用表达方法、语言表达和修改文章等能力。其中思维能力是基础能力的核心，语言表达能力是专门能力的第一要素。

我们认为写作能力是一种综合性的能力，它的形成需要有口头表达能力作为基础，需要有较好的阅读能力，因为取材、布局、选词、修辞都是通过阅读习得的。写作能力的形成还需要内部言语的发展。

① 马笑霞：《语文教学心理研究》，256～257页，杭州，浙江大学出版社，2001。

写作的构思过程是一个言语意识的过程，它的发展与诸如观察、记忆、思维、想象等认识能力密切联系。写作就是运用这些能力，把在生活中所观察到的、记忆中所保存的“材料”进行加工改造，然后用书面言语表达出来。“文如其人”，可见写作能力还与人的情感体验及个性有关。所以通过作文可以研究认识过程和其他心理现象，而研究别的心理活动，尤其是研究认识能力，也成为研究作文能力的一个重要方面。

（二）写作能力发展的过程

当学生进入中学后，作文教学向他们提出了新要求，2011 年教育部颁布的《义务教育语文课程标准（2011 年版）》有如下规定。

初中阶段：

（1）写作要有真情实感，力求表达自己对自然、社会、人生的感受、体验和思考。

（2）多角度观察生活，发现生活的丰富多彩，能抓住事物的特征，有自己的感受和认识，表达力求有创意。

（3）注重写作过程中搜集素材、构思立意、列纲起草、修改加工等环节，提高独立写作的能力。

（4）写作时考虑不同的目的和对象。根据表达的需要，围绕表达中心，选择恰当的表达方式。合理安排内容的先后和详略，条理清楚地表达自己的意思。运用联想和想象，丰富表达的内容。正确使用常用的标点符号。

（5）写记叙性文章，表达意图明确，内容具体充实；写简单的说明性文章，做到明白清楚；写简单的议论性文章，做到观点明确，有理有据；根据生活需要，写常见应用文。

（6）能从文章中提取主要信息，进行缩写；能根据文章的基本内容和自己的合理想象，进行扩写；能变换文章的文体或表达方式等，进行改写。

（7）根据表达的需要，借助语感和语文常识，修改自己的作文，做到文从字顺。能与他人交流写作心得，互相评改作文，以分享感受，沟通见解。

（8）作文每学年一般不少于 14 次，其他练笔不少于 1 万字，45 分钟能完成不少于 500 字的习作。

《普通高中语文课程标准（2017 年版）》有如下规定。

（1）精读古今中外优秀的文学作品，感受作品中的艺术形象，理解欣赏作品的语言表达，把握作品的内涵，理解作者的创作意图。结合自己的生活经验和阅读写作经历，发挥想象，加深对作品的理解，力求有自己的发现。

（2）根据诗歌、散文、小说、剧本不同的艺术表现方式，从语言、构思、形象、意蕴、情感等多个角度欣赏作品，获得审美体验，认识作品的美学价值，发现作者独特的艺术创作。

（3）结合所阅读的作品，了解诗歌、散文、小说、剧本写作的一般规律。捕捉创作灵感，用自己喜欢的文体样式和表达方式写作，与同学交流写作体会。尝试续写或改写文学作品。

(4) 养成写读书提要和笔记的习惯。根据需要，可选用杂感、随笔、评论、研究论文等方式，写出自己的阅读感受和见解，与他人分享，积累、丰富、提升文学鉴赏经验。

自主写作，自由表达，以负责的态度陈述自己的看法，表达真情实感，培育科学理性精神。书面表达观点明确，内容充实，感情真实健康；思路清晰连贯，能围绕中心选取材料，合理安排结构；进一步提高记叙、说明、描写、议论、抒情等基本表达能力，并努力学习综合运用多种表达方式，力求有个性、有创意地表达。能推敲、锤炼语言，表达力求准确、鲜明、生动。学会用现代信息技术辅助交流。能独立修改自己的文章，乐于相互展示和评价写作结果。45 分钟能写 600 字左右的文章。课外练笔不少于 2 万字。

学生的写作能力是在逐步达到这些要求中提高的，而写作能力的提高，又进一步促进了对这些要求的掌握。

写作能力的发展有一个过程。大致经过三个阶段：①准备阶段，即口述阶段；②过渡阶段，包括两个过渡，一个是口述向笔述过渡，另一个是阅读向写作过渡；③独立写作阶段，独立思考，组织材料，写出文章。尽管小学高年级学生也能独立写作，但多处于第二阶段。中学生的写作能力正是在第二阶段的基础上，逐步向第三阶段发展，独立写作逐步地占主导地位。

首先，中学生写作文，有一个从阅读向写作发展的过程，即有一个从模仿到独立写作的过程。七年级、八年级，以模仿作文为多。模仿写作是中学生写作的第一步，但模仿写作的水平是不等的，既有年龄（年级）的差异，又有个体的差异。观察表明，七年级学生在写作过程中的公式化、刻板化现象比较严重，往往套用阅读过的文章的模式，抄袭范文的段落。可是到七年级、八年级，同样是模仿作文，却有不少创新的内容。教师和家长一方面要选择范文或名篇，供初中学生熟读、借鉴和模拟，另一方面则要不断地引导他们从模仿中跳出来，把学到的东西“内化”，即结合自己从生活实际中获得的材料，灵活运用范文的手法来构思自己的作文，逐步变成自己的写作技巧。

其次，中学生独立写作有一个概括化的过程。写作水平的高低，在一定的程度上取决于中学生的概括能力。中学阶段，学生需要写记叙文、说明文和议论文。写作时，题材、结构、审题、选材和布局、立论、论证和说理等，都要通过书面言语条理化地、生动地表达出事物（包括时间、地点、人物、事件等）的内在联系，这里就有一个综合、提炼过程，即概括能力发展的过程。中学生写作能力的概括性在不断发展变化，个人之间、年级之间，都存在明显的差异。我们曾经研究过中学生缩写的能力——让中学各年级的被试阅读一篇 3000 多字的文章，然后要求他们用 600～1000 字表达原文的基本内容。结果表明，在整个中学阶段，被试水平的总趋势是，他们把握文章的要点、重点、主次和取舍的水平，随着年级的升高而逐步提高，他们写作能力的概括性在逐步发展。

再次，中学生的作文所涉及的体裁很多，如上述的记叙文、说明文、议论文等。有些中学生学习写诗，少数高中生还开始练习写短篇小说。中学生的作文所涉及的方式也很多，主要有以下几种：①命题作文，这是由教师出题，学生独立构思而作的、内容结构比较完整的作文，有一定的创造性和综合性。②自由拟题作文，这是在一定范围内有指导的自己命题的作文。自由拟题作文常见的方式有：一是以某一基本观点或某一生活实践为内容，但体裁、形式、题目不拘；二是要求写某一体裁的文章，但内容、题目不限；三是内容、形式均不加限制，完全由学生自己命题，但要达到一定的要求。③其他作文练习方式，如缩写、扩写、改写、续写、日记、创造性笔述等。中学生在练习不同体裁和进行不同方式的写作过程中，不断地提高水平，发展独立的写作能力。尽管中学生作文的体裁和方式也随着年级升高而多样化，但是这方面的个体差异相当大，甚至在同一年级里，学生之间的差异超过两三个年级的差异，这种差异自九年级之后更为明显。

最后，中学阶段，特别是高中，是学生的写作能力初步定型或成熟的时期。研究表明，不少作家和有文学才能的专家，往往在中学时期就初露锋芒。写作能力很少有“倒退”现象，所以，高中时期如具备了一定的写作能力，正是进一步发展的良好基础。写作能力与兴趣、爱好有密切关系，如果中学阶段对写作一点兴趣也没有，写作能力较差，毕业后提高写作能力的可能性尽管是存在的，但所花费的力量和所遇到的困难比起中学阶段都要大得多。

（三）中学生写作能力的培养

中学生写作能力的培养是十分重要的。不管是现时的日常生活，还是将来的工作，都离不开用笔来表达自己的思想感情。写作过程不仅是运用语言文字技巧的训练，而且是一种严格的观察、思维和想象等认识能力的训练。同时，写作能力的提高对加深客观现实的认识、培养高尚的情操、发展良好的品德，也有重大的作用。

如何培养写作能力呢？关键在于教师和家长的指导。所谓写作指导，指的是通过恰当的方式方法帮助中学生开拓思路，激发他们写作的动机和愿望，解决作文的观点、材料和写作方法等问题，促使他们愿写、会写、写好。

指导的内容是多方面的。首先，要解决材料的来源，就要帮助中学生发展观察能力。其次，要指导他们审题和开拓思路。审题是思维训练，可以促进思考，锻炼判断推理的能力。审题时，学生可以运用比较的方法，与近似的、对立的题目加以类比或对比，以便准确地把握题意；也可以运用分析的方法，对题目的含义进行深入的分析，以便正确地掌握题意。为了开拓中学生的思路，我们可以与他们讨论，可以用好文章去启发他们，也可以引导他们广泛地联想。再次，我们要指导他们立意选材，有了题目，就要指导他们学会确定中心（“文以意为主”），并围绕中心思想去选择材料。最后，教师和家长要指导中学生布局谋篇，根据主题思想编写提纲、安排层次，以便使记叙的顺序有条有理，内容详略得当，使议论的证据确凿，论断有力。

指导的方法也是多种多样的。例如，选读可供仿写的文章，加以必要的指导；提供写作材料，指导他们构思；教师结合讲读课、讲评课进行指导；等等。

第三节　青少年的内部言语

内部言语，即语言的发音是隐蔽的或不出声的言语。

人的思维活动的发展，从婴儿期的直观行动思维到青年初期的逻辑抽象思维，是一个“内化”的过程。这个“内化”的过程，是与内部言语的发展直接相联系的。内部言语，就是与逻辑思维、独立思考、自觉行动有更多联系的一种高级的言语形态，当我们不出声地思考问题的时候，正是这种言语作为我们思想的工具的时候。

一、内部言语的特点

内部言语呈现出以下三个特点。

（一）不出声或语音的发音是隐蔽的

内部言语虽不出声，却在头脑中有隐蔽的“发音”存在，这可以由言语器官的肌肉的电流记录证明。进行隐蔽发音的时候，进入脑里的是比较微弱的动觉刺激，但对于正常思维过程来说，这种刺激是足够的。出声的程度，既反映了思维的水平，又反映了思维对象——任务的困难程度。观察中可以看到，学生碰到难题，或思维水平较低，往往有出声的言语表露在思考问题的过程之中，而且出声言语的内容、思考任务的内容和书写下来的内容基本上是一致的。

（二）以自己的思想活动作为思考对象

先想后说或先想后做，对有关自己所要说的、所要做的思想活动本身进行分析综合，用批判的态度来对待自己的思想内容和思维活动。

（三）简化

有实验证明，内部言语只是外部言语（说出来的词句）中的一些片段；外部言语不管是高声的还是低声的，都是以说明相当完整详尽、声音清晰为特点的。在内部言语中，思想可以用一个词或一个短句“说出来”，并表示一个完整而复杂的含义，这是因为这个词或短句与这个完整而复杂的含义在头脑里保持着牢固的联系，由于这个联系，所以一个词或短句就代表了整个联系的信息。因此，内部言语与外部言语相比，在同时思考与表达一个问题时，前者的速度比后者要快得多。默读往往比朗读的速度要快得多，其原因主要是内部言语在默读中起作用。

根据这三个特点，在研究中可以确定

相应的三个指标：①看被试在思考问题时是否出声；②看被试是否先想后说或先想后做，即事先的策略如何；③看被试解决某个语词问题的速度。

研究表明，小学阶段，学生的内部言语就获得了一定程度的发展。整个小学阶段，内部言语的发展可分为三个阶段：一是出声思维阶段；二是过渡阶段；三是无声思维阶段。三、四年级以后，随着独立思考与逻辑思维能力的发展，学生在运算的时候基本上进入无声思维占主要地位的阶段，但是，即使高年级的小学生在遇到较难的习题时，也往往会出现出声思维。

中学阶段，学生的内部言语与思维交互发展。七年级学生的无声思维水平与小学高年级相似；八年级之后，学生出声思维的现象越来越少。观察中学生考试的场景就会发现，中学生遇到难题，可能有咬笔头的、挠头皮的，但很少有出声思维的情况。随着年级的升高，中学生在“先想后说”“先想后做”方面的水平逐步提高，处事时计划性逐步明显，这正说明了他们的内部言语水平在日益提高。随着年级的提高，思维的智力品质的敏捷性也在显著发展（详见第四章）。这种思维速度的提高，正是内部言语简化过程的表现。

二、培养青少年内部言语能力的策略

教师和家长要帮助青少年发展内部言语能力，可采取以下策略。

首先，要启发他们独立思考。每提出一个问题，教师和家长都要先让他们想一想，不要求他们立即回答问题。有计划地帮助他们掌握思考问题的方法，是发展其内部言语能力的一个重要措施。

其次，启发他们在处理问题时，要有计划、有策略，逐步做到深思熟虑、三思而行。当然，内部言语能力的发展，又进一步促进了思维的计划性、策略性和深刻性。因此，教师和家长可以把发展内部言语能力看作发展逻辑抽象思维能力这一问题的另一个侧面。

最后，要启发他们把内部言语、书面言语和口头言语三者结合起来，统一发展言语能力。口头言语表达能力，往往需要内部言语作为基础。想好再说，比信口开河更有逻辑性和条理性。书面言语表达能力，更离不开内部言语的构思基础。反过来，发展了口头言语和书面言语，促进了逻辑抽象思维的发展，自然也有助于这种思维的工具——内部言语的完善。因此，在中学阶段，我们要求学生对三种形式的言语都要重视，不可偏废任何一种。

第十章
青少年的学习活动

前边多次提及，每个年龄阶段都有一个主导活动，中学生的主导活动是学习，但它有别于小学生的学习和大学生的学习。

第一节　中学教育的定位

不论是初中教育还是高中教育，都有一个目标定位的问题。目标定位是教师的教与学生的学的前提。

我们中学教育定位的依据，是《国务院关于基础教育改革与发展的决定》（以下简称为《决定》）、《国家中长期教育改革和发展规划纲要（2010—2020年）》（以下简称为《纲要》）和《国家教育事业发展“十三五”规划》。

中学阶段的教育属于基础教育，基础教育是科教兴国的奠基工程，对提高中华民族的素质，培养各级各类人才，促进社会主义现代化建设具有全面性、基础性和先导性作用。所以，只有确立基础教育这个战略地位，才能坚持基础教育优先发展。中学的目标定位正是来自这个战略地位。

基础教育应按这个定位进行改革，我们应逐步地增强教育工作的针对性、实效性和主动性，优化使学生健康成长的社会环境，逐步地形成适应时代发展要求的新的基础教育课程体系及国家基本要求指导下的教材格局，逐步地使科学的考试评价制度和招生选拔制度取得新的突破。

一、初中教育的定位

初中教育属于九年义务教育，是“重中之重”的教育。我国“十五”期间（2001—2005年）初中生入学率已达90%以上，“十一五”期间（2006—2010年）初中生毛入学率又增加5%，为“十二五”时期（2010－2015年）教育改革奠定了坚实基础。截至2015年，九年义务教育巩固率达到93%。

我国教育总体发展水平进入世界中上行列。九年义务教育全面普及，进入均衡发展新阶段。我国“十三五”期间（2015—2020年）教育改革发展的主要目标之一是，义务教育实现基本均衡的县（市、区）比例达到95%，城乡、区域、学校之间差距进一步缩小，建成覆盖城乡、更加均衡的基本公共教育服务体系。

义务教育有其内涵和特点。[①] 它是对所有适龄儿童少年统一实施的教育，具有强制性、免费性和普及性三个特点。实行义务教育，既是国家对人民的义务，也是家长对国家和社会的义务。《纲要》明确指出，义务教育阶段应注重品行培养，激发学习兴趣，培育健康体魄，养成良好习惯，也就是注重学生的德智体美全面发展。义务教育在教育思想上，应体现大众教育、全面教育的思想；在教育目标上，应以培养民族素质教育、基础文化教育为核心，弘扬“全面发展”的时代精神；在办学模式上，应当形成规划教育、标准化教育的基本格局。政府应采取有力措施，消除学校间差异，最大限度地实现教育公平的理想追求。[②]

这个定位，是初中生学习的基础。

二、普通高中教育的定位

大力发展高中阶段教育，促使学生在高中阶段协调发展是国家对高中改革和发展的要求。高中教育分为普通高中与中等职业学校两种，国家希望按合理比例促进高中教育协调发展，即鼓励发展普通教育与职业教育沟通的高中教育。

普通高中的定位问题曾在《中国教育报》上展开了颇为热烈的讨论，讨论的焦点是普通高中教育是不是“大学的预科”。在此我们不过多地评价这个讨论，而认为普通高中教育是在九年义务教育基础上面向大众进一步提高国民素质的基础教育。普通高中的分流是上大学和参加工作两种，前者所占的比例随着高校的发展越来越高。不管是否升入大学，普通高中教育不仅为培养合格公民提供重要的保障，而且为学生的终身发展奠定基础。因此，普通高中应该在多样化和求特色上下功夫。

普通高中课程在义务教育的基础上，进一步提升学生综合素质，着力发展学生核心素养，使学生成为有理想、有本领、有担当的时代新人。特别强调学生应初步形成正确的世界观、人生观和价值观。热爱祖国，拥护中国共产党。弘扬中华优秀传统文化，继承革命文化，发展社会主义先进文化，培育和践行社会主义核心价值观，增强文化自信，树立为中国特色社会主义、人民幸福、民族振兴和社会进步做贡献的远大志向。遵纪守法，履行公民义务，行使公民权利，维护社会公平正义，具有法治意识、道德观念。热心公益、志愿服务，具有奉献精神。尊重自然，保护环境，具有生态文明意识。维护民族团结，树立国家总体安全观，捍卫国家主权、尊严和利益。掌握适应时代发展需要的基础知识和基本技能，丰富人文积淀，发展理性思维，不断提升人文素养和科学素养。敢于批判质疑，探索解决问题，勤于动手，

① 顾明远，石中英：《国家中长期教育改革和发展规划纲要（2010—2020年）解读》，90～91页，北京，北京师范大学出版社，2010。

② 顾明远，石中英：《国家中长期教育改革和发展规划纲要（2010—2020年）解读》，90～91页，北京，北京师范大学出版社，2010。

善于反思，具有一定的创新精神和实践能力。具有强烈的好奇心、积极的学习态度和浓厚的学习兴趣。能够自主学习，独立思考，形成良好的学习习惯和适合自身的学习方法。学会获取、判断和处理信息，具备信息化时代的学习和发展能力。坚持锻炼身体，养成积极健康的行为和习惯与生活方式，珍爱生命，强健体魄。自尊自信自爱，坚韧乐观，奋发向上，具有积极的心理品质。具有发现、鉴赏和创造美的能力，具有健康的审美情趣。学会独立生活，热爱劳动，具备社会适应能力。正确认识自我，具有一定的生涯规划能力。文明礼貌，诚信友善，尊重他人，与人和谐相处。学会交流与合作，具有团队精神和一定的组织活动能力，具备全球化时代所需要的交往能力。尊重和理解文化的多样性，具有开放意识和国际视野。

为实现上述培养目标，普通高中课程应注意以下基本原则。

(1) 思想性。坚持辩证唯物主义和历史唯物主义，加强中国特色社会主义教育，充分反映习近平新时代中国特色社会主义思想，全面落实社会主义核心价值观的基本内容和要求，提升道德修养，有机融入中华优秀传统文化、革命文化、社会主义先进文化、法治意识、国家安全、民族团结和生态文明等教育，充分体现中国特色。

(2) 时代性。充分反映马克思主义中国化最新成果、当代社会进步、科技发展和学科发展前沿，充分体现先进的教育思想和教育理念，紧密联系学生生活经验，及时更新教学内容。

(3) 基础性。面向全体学生，依据学生发展核心素养，精选学生终身发展必备的基础知识和基本技能，打牢学生成长的共同基础。注重培养学生的学习兴趣、学习能力和探索精神，注重培养分析问题、解决问题的能力。合理控制学生的课业负担。

(4) 选择性。适应国家人才培养需要，在保证每个学生达到共同基本要求的前提下，充分考虑学生不同的发展需求，结合学科特点，遵循学习科学的基本原理，分类分层设计可选择的课程，满足学生不同学习需要，促进学生发展。

(5) 关联性。注重学科内容选择、活动设计与学生发展核心素养养成的有机联系。关注学科间的联系与整合。增强课程内容与社会生活、高等教育和职业发展的内在联系。①

三、中等职业学校教育的定位

《纲要》指出："到 2020 年，形成适应经济发展方式转变和产业结构调整要求、体现终身教育理念、中等和高等职业教育协调发展的现代职业教育体系，满足人民群众接受职业教育的需求，满足经济社会对高素质劳动者和技能型人才的需要。"2005 年《国务院关于大力发展职业教育的决定》指出："大力发展职业教育，加快人力资源开发，是落实科教兴国战略和人才

① 中华人民共和国教育部：《普通高中课程方案（2017 年版）》，8～9 页，北京，人民教育出版社，2017。

强国战略，推进我国走新型工业化道路、解决‘三农’问题、促进就业再就业的重大举措；是全面提高国民素质，把我国巨大人口压力转化为人力资源优势，提升我国综合国力、构建和谐社会的重要途径；是贯彻党的教育方针，遵循教育规律，实现教育事业全面协调可持续发展的必然要求。”为此，《纲要》提出了职业教育的四大举措：大力发展职业教育、调动行业企业的积极性、加快发展面向农村的职业教育、增强职业教育吸引力。

在这样的定位中，提高职业教育的质量、培养高素质创造性的人才，成为当前职业教育的关键问题。

中等职业学校学生与高中生的培养目标和学习要求既有一致性，又有差异性。前文对高中生的培养要求，对中职生也必须做到，差异则是由于两者定位不同带来的课程要求上的差别。具体表现在中等职业教育的课程要适应现代职业教育教学的发展趋势，强化专业课程建设，加强相关职业基础能力的训练和生涯指导，提高职业道德的要求，拓宽文化知识、理论原理的学习，从而提升人才的全面素质。

总之，初中教育和高中教育（含中等职业技术教育）的定位，为中学生的学习奠定了良好的基础，中学生学习的特点，正是在这种定位，尤其是目标定位的基础上实现的。

第二节 青少年学习的特点

中学生的学习是一种狭义的学习，即在学校里的学习，是在教师的指导下进行的。学习的效果既取决于教师的教，更取决于学生自身的主体性。

一、学习规律的简介

在中国古代，早已有“学习”的概念，孔子（前551—前479）在《论语·学而》提出“学而时习之，不亦说乎”。“学习”这一复合词的形成，正是来自孔子的这句话的。学习是科学心理学较早研究的领域之一，也是研究成果颇丰的领域。由于研究者的哲学思想、研究角度、研究方法等不同，国际上产生并形成了有关学习的各种不同观点或流派，突出表现为以下三大类。

一是刺激—反应理论，如桑代克的联结论、巴甫洛夫（И. П. Павлов，1849—1936）的条件作用理论、华生的行为主义学习理论和斯金纳的操作性条件反射理论。

二是认知学习理论，如布鲁纳（J. S. Bruner，1915—2016）的认知发现论，奥苏伯尔（D. P. Ausubel，1918—2008）的有意义言语学习理论、加涅（R. M. Gagné，1916—2002）的认知学习理论、班杜拉的社会学习理论和建构主义学习理论等。

三是人本主义学习理论，如罗杰斯

(C. R. Rogers，1902—1987）的以人为本、以学生为中心的学习理论。

学习过程涉及记忆的规律、学习迁移的规律和学习动机规律等，学习过程的复杂性说明学习的艰巨性。近年来，揭示学习过程又有了不少新研究，比较有代表性的、较成体系的研究主题有自我调控学习、学习风格和内隐学习等。我国基础教育界近年较流行的自主学习、合作学习和探究学习，尽管有来自中华民族优秀文化传统的影响，但更多的是吸收国际上学习研究新进展的成分。

20世纪八九十年代，我也提出了自己的学习观点①。我当时提出，现代教育心理学的首要任务是研究学生的学习，同时也要研究教师应如何教导学生有效地学习。学习的实质，是一种认识的过程，是认识的一种特殊形式。学生学习必须遵循人类认识特点，即以反映性、社会性、主体性、发展性、能动性和系统性等特点为出发点，呈现以下五个特征：①在学习过程中，学生的认知或认识活动往往要超越直接经验的阶段；②学生的学习是一种在教师指导下的认识或认知活动，也就是说，它是一种教师的主导活动和学生的主体活动的统一；③学生的学习过程是一种运用学习策略的活动，在学校里，学生最重要的学习是学会学习，最有效的知识是自我控制的知识；④学习动机是学生学习或认识活动的动力；⑤学习过程是学生获得知识经验、形成技能技巧、发展智力能力、提高思想品德水平的过程。我们对学生的学习活动应强调行为训练、认知结构、认知联结（学习及心理发展形成一个在意义上、态度上、动机上和效果上相互联系着的越来越复杂抽象的模式体系或认知结构）和社会活动。

二、新入学的适应

青少年升入初中以后，学校一般都比小学时候大，班里的同学大多数可能都不认识，老师也是陌生人，而且作业也比小学时候多了。随着从小学到初中、初中到高中的每一次学校变化，青少年的成绩分数会下降。这一方面是由于中学的学业标准更加严格了，另一方面则是学校的转变通常使得个人受到的关注减少了，老师更多地面向全体学生进行教学，每个人参与班级决策的机会也减少了（Seidman et al.，2004）。因此，学生对中学生活的评价就不如小学那么正面。青少年会说老师对他们不太关心、不太友好，评分不公平，竞争激烈。结果，很多青少年感到学习上无能为力，学习动机下降了（Anderman & Midgley，1997）。

相应地，青少年的自信和自我价值也会进行调整。追踪研究发现，青少年的学习成绩分数在下降，自主能力在提升（Rudolph et al.，2001；Seidman et al.，2003）。但是，升入初中的学校适应消极影响更大，尤其对女孩的自尊而言，其在女孩进入初中以后急剧下降，之后会逐渐恢

① 林崇德：《学习与发展：中小学生心理能力发展与培养》，15、20～21页，北京，北京教育出版社，1992。

复。女孩的情况不妙，是因为进入初中以后她们往往同时遇到其他的生活变化，如青春期的开始。

学校的转变常常使得环境变化无法很好地满足青少年的发展需要（Eccles, 2004）。青少年需要成人支持的时候，与老师的亲密关系被打断；青少年高度关注自我的时候却要面对竞争；青少年更加关心同伴接受性的时候，同伴网络却受到干扰。因此，来自父母、老师和同伴的更多支持将有利于青少年适应学校的转变。

父母的投入、对孩子的监控，逐步给孩子更多的自主，与孩子上中学以后的良好适应相联系（Grolnick et al.，2000）。在学校里建立一些较小的单位会促进青少年与老师和同伴建立更为密切的关系（Seidman et al.，2004）。入学分班时，让青少年与几个熟悉的同伴在一个班级，也有助于他们的安全感和社会支持。此外，学校尽量减少竞争气氛、不以能力区别对待学生，也有助于青少年的情绪、学业价值观、自尊及学习成绩（Roeser et al.，2000）。

三、影响中学生学习的因素

影响中学生学习的因素是多种多样的，既有该年龄段的一般因素，即中学学习与小学学习、大学学习有根本的区别；又有影响学生的特殊因素，即智力与非智力因素。

（一）课程的因素

前面已多次提到中学阶段学习的特征，经过小学学习，中学生的学习组织、学习的内容和方法都会出现新趋势。这里，影响中学生学习的一个关键性因素是课程的变化。《决定》指出：“初中分科课程与综合课程相结合，高中以分科课程为主。”这不仅阐明了中学的课程有别于小学的常识性而带有更多的科学性，而且指出了初中与高中在课程与教学方法上的区别。

尽管课程的变化也为中学生的学习特点奠定了基础，但这仅仅是一个外部的影响因素，影响学习的内在因素是中学生的智力（或认知）和非智力（或非认知）因素及其发展的特点。

（二）智力的因素

智力是学生学习的前提，但只是学生学习的必要条件，而不是充分条件。学生的学习成绩或效果当然与其智力有直接关系，然而，学生的学习水平不完全取决于智力，而更多地取决于非智力因素，还要受学习环境，尤其是教师的影响。

在前面的章节中，我们阐述了青少年的智力或认知的特点，中学生的学习与这些特点有着直接联系。我们也呈现了许多权威性的研究，这里我们先根据瑟斯顿（L. L. Thurstone，1887—1955）和韦克斯勒（D. Wechsler，1896—1981）等人的研究，来探讨智力发展所呈现的趋势。人的智力发展趋势为中学生学习提供了一定的基础。

从三四岁开始至十二三岁，人的智力发展匀速增长；中学阶段以后，随着年龄增大智力发展速度渐渐减慢（负加速）（见

图 10-1)。

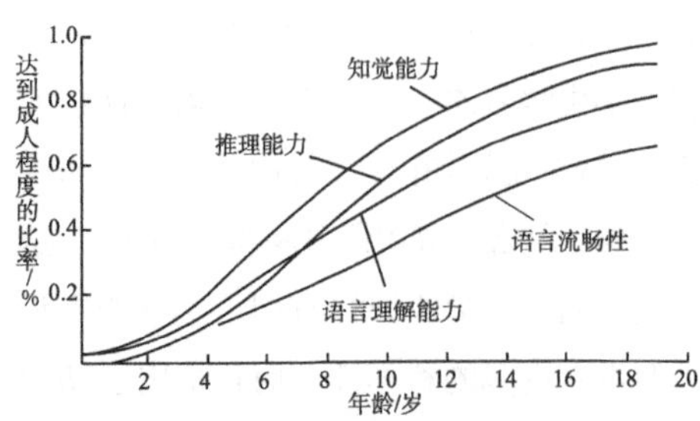

图 10-1　智力发展曲线

对此做进一步的研究，发现这种趋势与智力测验的项目有关，若项目内容与学习知识的关系比较密切，则测出来的智力被称为晶体智力；若项目内容与学习知识没有什么关系，而仅仅与脑有关系，那么测出来的智力被称为流体智力。晶体智力和流体智力在不同的年龄阶段表现出不同的发展趋势（见图 10-2)，进一步验证了智力与知识的变化关系。

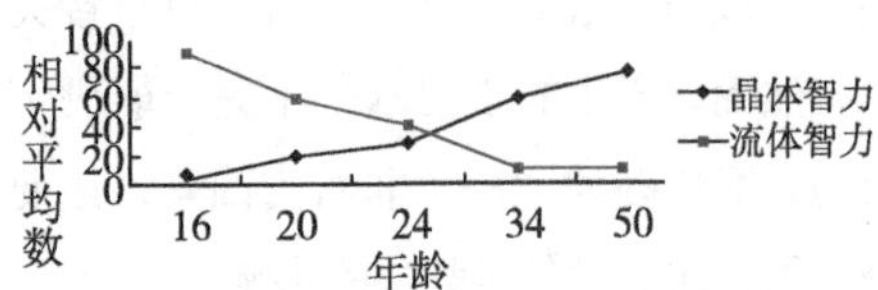

图 10-2　晶体智力与流体智力的发展趋势

智力的发展为中学生的学习奠定了智能的基础，中学学习的知识，又为其晶体智力发展起到了良好的促进作用。

（三）非智力因素

古人有云："知之者不如好之者，好之者不如乐之者（《论语・雍也》)。"这讲的就是智力因素与非智力因素的统一，即知、情、意融于一体的体现。我们应该重视对个体的非智力因素的培养，本书第四章阐述了通过非智力因素培养智力的问题，曾是我们实验点的北京通县六中[①]就是一个典型例子。"一中狂，二中忙，三中打架排成行，通县六中门朝北，不是流氓就是土匪。"尽管这个顺口溜太夸张，但它描述了 1986 年前通县六中学生的面貌。数据表明，通县六中学生的入学成绩、入学时的智商是较低的。人的正常智商为 90～110，三年实验前，通县一中、二中和六中的七年级新生平均智商为 114.5、104.8 和 87.79；一中录取学生的最低分为 193 分(满分为 200 分)，二中为 180 分，而六中录取学生的平均分为 121.5 分。在六中校长的领导下，几乎所有实验班的老师都抓非智力因素培养，整个学校在三年中致力于改变学生的道德面貌或精神面貌。在此基础上，三年后（1989 年）的中考中，通县总共 46 所中学，通县六中学生的总成绩名列第二，仅次于通县一中。通县六中取得的可喜变化靠的是什么？靠的是对学生非智力因素的培养。可见学生成才，不仅要依赖智力因素，还要依靠非智力因素，要靠德育的力量。因为非智力因素对整个学校生活有着动力作用、定型作用和补偿作用，所以在教育改革中，我们课题组规定了在"发展兴趣，顾及气质，锻炼性格，养成习惯"四个方面的措施并下了功夫，于是取得了良好的实践效果。

① 编者注：文中所提到的北京通县六中、通县一中和通县二中现今分别为北京市通州区第六中学、北京市通州区潞河中学和北京市通州区第二中学。

在本书第十五章我们能看到，非智力因素的个体差异要大于年龄（年级）的差异，中学生的学习是一个长期的、积极主动的活动过程。每一项学习任务的完成，除了要保证客观条件（如课程）以外，如果没有学生积极的内部心理状态的配合，最终很难取得预期的教育效果。就主体接受教育的条件而言，除了上述的智力因素影响学习进程以外，还存在非智力因素的影响。鉴于大多数中学生的智力水平处于正常水平这一事实，非智力因素的作用就相对明显了。根据非智力因素对学习活动直接作用的程度，可将各种非智力因素划分为不同的层次或不同的表现：一是对学习活动有持久的影响，如理想、信念、价值观等；二是对学习活动有直接影响，如兴趣、动机、情绪、态度、意志等；三是直接对某类学习活动产生具体影响，如自制力、顽强性、荣誉感、学习热情等，但比起前面两个层次或表现，它易变且容易转移。非智力因素可以产生吸引力、内驱力、情动力和意志力。激励是中学生非智力因素运行的必要条件，接受表扬、表彰和鼓励，对生活的想象力、升学和成才都是中学生的激励因素，可为中学生增添学习的吸引力，调动其学习积极性，进而发挥其潜能。

四、中学生学习特点的表现

初中阶段和高中阶段学生的学习特点既有相同之处又有区别。相同点是其与小学和大学学习的差异，是其内在的衔接性，这里我们根据自己的研究突出初中生和高中生的学习特点，显示出整个中学阶段学生的学习特点。

（一）初中生的学习特点[①]

初中生的学习特点表现在以下四个方面。

(1) 初中生的学习成绩开始较激烈的分化。据调查，重点学校初中入学考试前 10 名的学生，一年后只有一半的人能进入班级的前茅。普通中学的情况也差不多，入学考试语文、数学前 10 名的学生，一年后保持领先的不到一半，其中两门课各有一名学生在倒数 10 名之中。与此相反，升学考试时成绩倒数 10 名的学生，一年后，重点学校有 90%、普通学校有 70%的学生把成绩赶了上去，有的还成为班级里的佼佼者，其他小部分人的成绩还处在落后状态。教育界时有议论的所谓的八年级的“分化点”，就是指这种状况。

(2) 初中生自学能力的作用日益明显。进入初中以后，学生在学习上的独立性逐步增强，自学能力的强弱对学习成绩有着较大影响，自学能力随年级升高而提高。学生的自学能力既取决于学习习惯和学习反思能力，又取决于对学习的兴趣、期望和持之以恒的毅力。初中生的自学能力在中学阶段仅仅是个开始。

(3) 初中生学习的自觉性和依赖性、主动性和被动性并存。初中生的学习自觉

① 黄煜峰，雷雳：《初中生心理学》，80～83 页，杭州，浙江教育出版社，1993。

性和主动性还较差，虽然比小学生已经有了长足的进步，但是从根本上说，他们还处于自觉性和依赖性、主动性和被动性并存的年龄，自觉主动性的学习要求经不起引诱和干扰，时常出现波动和不稳定。

(4) 初中生智力因素与非智力因素的作用充分显示出来。从整体来看，学生学习的状况始终受智力因素与非智力因素的双重影响。但是这两种作用，在不同年龄学生的学习活动中并不是始终均衡的，在不同课程和学习活动中也是不同的。

(二) 高中生的学习特点①

高中生的学习特点表现在以下几个方面。

(1) 高中生的学习以掌握系统的理性的间接经验知识为主。其主要途径是课堂学习，辅以适当的课外活动实践，在对间接经验知识的理解中，学生不仅逐步建立新的学习系统，而且培养自己综合运用知识、主动探究知识和创造性地解决问题的能力。

(2) 高中生的学习过程包括目的计划、自学质疑、独立思考（思维）、复习巩固、作业解难、系统概括、迁移创造和反馈调控八个相互联系的环节，这八个环节组成了一个统一的整体。目的计划是指导，自学质疑是基础，独立思考（思维）是核心和主线，复习巩固是连接各个环节的链条，作业解难、系统概括是关键，迁移创造是目标，反馈调控是完善和反思学习过程的内在机制或向知识结构深层发展的机制。这八个环节的协同表现能力正是学习效率的基础、个体差异的由来，也是高中生学习进一步分化的原因。

(3) 高中生的内在学习动机占优势，间接动机起主要作用，“获得地位”为重要动机，长期动机占主导性地位，使中学生学习的自觉性和主动性明显地发展，学习的稳定性明显地增强，这充分反映了非智力因素在高中生的学习中比智力因素更为重要。

(4) 高中生的自学能力进一步发展。郑和钧等学者的调查表明，学习的全面性、步骤与准备、驾驭教材、阅读能力、做笔记列大纲、听课能力、记忆能力、写读书报告和应试能力九个方面是自学能力的统一的有机整体，一个都不能少。对这九个方面的问卷调查显示，高中生的自学能力随年级升高而提高，高一到高二发展较慢（提高 1.8%），高二到高三发展较快（提高 3.6%）。高中生自学能力的发展是不均衡的，突出表现在两个方面：一是个体差异大，重点学校高中生的自学能力优于普通学校的高中生；二是在上述九个方面的问卷调查中，做笔记列大纲的能力发展最差，阅读能力和听课能力发展较差，记忆能力和应试能力发展最快，其余则居中。男女生在不同的自学能力上也表现出不同的特点。调查结论指出，高中生自学能力发展的整体水平不高。

(5) 高中生的考试心理值得关注。考

---

① 郑和钧，邓京华等：《高中生心理学》，112～139 页，杭州，浙江教育出版社，1993。

试心理是在考试活动中，主试与被试相互作用所产生的心理活动。郑和钧等学者对高中生考试心理从 23 个方面做了问卷调查，结果发现：①高中生的考试心理在一次又一次考试中发展着，但高一到高二发展较慢，高二在某些方面还有下降趋势，到了高三却迅速发展；②高中生考试心理发展的整体水平并不高，尽管他们经历了多次考试；③高中生的考试心理水平发展不平衡，不同类型学校（尤其是重点学校与普通学校）的学生以及不同学生之间的个体差异较大；④高中生的考试焦虑较严重，当然，适当的焦虑可以使高中生努力学习，沉着应试，提高考试效果；无焦虑，则缺乏一定的动力，也难以提高考试效果；然而，较严重或严重的考试焦虑不仅影响考试效果，也影响学生的心理健康。

五、学习成绩的表现

从小学进入中学之后，学生的成绩随着年级升高而下降（Schulenberg，Asp & Peterson，1984；Simmons & Blyth，1987）。除了上面提到的升学过渡适应的原因之外，学习内容更加复杂，更具思辨性，老师对学生的要求更高等因素也是造成这个结果的原因（Simmons & Blyth，1987）。

所有的学生在课堂上都有相同的机会，但很明显有些学生的成绩就是比其他学生好。那么，造成这种差异的原因有哪些呢？

调查发现，教育成就和社会经济地位之间存在显著的联系。平均而言，处于中等以上社会经济地位的学生比低社会经济地位的学生在标准化测验中成绩更好，受教育时间更长。这种影响并非从中学开始，而是从较低年级就开始出现差异了。到了高中阶段，社会经济地位的影响变得更加显著。出现这种差异的原因有很多，贫困的学生缺乏有利条件，如营养和健康状况不够好、居住在拥挤的环境中、就读于不太好的学校、没机会得到学习资源等（Adams & Singh，1998）。由于这些原因，来自贫困家庭的学生从上学开始就处于不利的境地，然而在校学习的成绩很大程度上取决于早期在学校积累的基础和能力，所以随着他们的成长，其在校表现还会越来越差（Phillips et al.，1994）。

在校表现是否存在性别差异，教育领域对此一直存在很多争论。虽然一般智力上不存在性别差异，但某些特定的心理能力确实存在性别差异。在小学阶段，女生的阅读和写作测验得分都比男生高，到了中学，女生在一般言语能力测验中的得分继续略高于男生（Halpern & LaMay，2000）。小学前几年，女生凭借较好的言语技能和解题时的细心在数学计算上占有优势。而到了中学阶段，数学概念变得更抽象和空间化，男生的成绩开始超过女生，尤其是在复杂的推理和几何题上的表现。有研究者认为，遗传因素能够解释这种性别差异，如女孩的大脑左半球在早期发育上显示出生物学的优势，这里正是语言中枢所在的部位。男孩出生之前的雄性激素增强了大脑右半球的机能，使男性更具有空间优势，在空间定位和推理能力方面的表现也更好。还有研究者指出，后天的环境是造成这种差异的原因，女孩从幼儿期开始就受到了来自母亲的更多言语刺激（Peterson & Roberts，2003），很多人把语言艺术视为“女人的”事情，而在数学成绩出现性别差异之前，已经有人把数学看作一门“男人的”课程了。现在，世界范围内的调查数据显示，在学业上表现较好的学生中，男生和女生之间的差异在逐渐缩小。

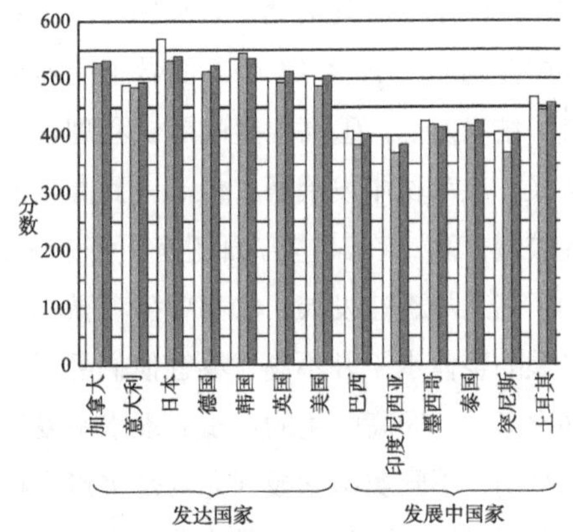

图 10-3　八年级阅读、数学与科学考试成绩的国际对照

青少年期的女生会比男生报告更多的正向经验与更多的课堂交流，与教师的关系更融洽（Rueger et al.，2010）。比如，在一项美国国家公共教育网络（Public Education Network）调查中，三分之一的六年级到九年级的男生表示他们感觉老师们并不会倾听他们不得不说的事情。相较而言，女生只有五分之一这样认为。青少年期的女生会与教师有更多的接触，更能感受到教师与管理者对她们的关注。另外，青少年期的女生比男生更可能感受到父母的支持，在学习方面和其他方面都如此，也更可能拥有来自家庭之外的成人的支持性关系（Rueger et al.，2010）。在独处时，男生更少会做作业，会看更多的电视，更少读书（Kackar et al.，2011）。

近 30 年来，国际研究已经出版了有关青少年学业表现的对照。图 10-3 展示了世界上不同国家青少年八年级学习考试的成绩。图 10-3 说明影响青少年学习成绩的关键是他们国家经济发展的水平。阅读、数学与科学各科成绩的图式都是相似的。在所有的这三个方面，表现最优异的国家是西方发达国家，以及日本与韩国。低于国际平均水平的国家大部分是非洲、拉丁美洲与亚洲的发展中国家。

美国青少年的学业成绩在 20 世纪 70 年代到 80 年代有所下降，但从 90 年代初期至今则有所上升。作为被广泛认可为最有效的美国青少年学业成绩考试，国家教育进展评估（National Assessment of Educational Progress，NAEP）从 20 世纪 70 年代开始检测学生四个方面的成绩：数学、科学、阅读与写作。在整个 20 世纪七八十年代，国家教育进展评估发现八年级的数学、科学与阅读是下降的，尤其是关于“高阶思维”（Newmann，1992）——高阶思维是指要求学生能够解释、分析与评价信息而非仅仅记忆信息。在 20 世纪 90 年代，学生在国家教育进展评估各科考试中的成绩都是上升的（NCES，2005）。在 20 世纪 90 年代之后 20 年间，阅读与科学的分数几乎没有改变，但数学分数一直持续上升，到 2009 年一度到达最高水平（NCES，2012）。

第三节　青少年的学习负担

青少年应该有负担，负担意味着责任。适当的负担不仅有利于青少年的学习，而且能培养他们的社会责任感，负起未来建设国家、服务社会和发展自己的重任。

然而，我们反对中小学生过重的负担。过重的负担包括学生学业负担及其带来的经济负担和精神（或心理）负担。因此，我们长期呼吁减轻学生的过重负担或减轻学生的过重学业负担。

一、减轻中学生过重学业负担的意义

负担，是生活在一定社会关系中的个体所担当的社会职责或责任。学生负担是学生为了达到自身素质全面发展的目的所承担的全部责任与任务。合理负担的压力是学生学习的动力。过重的负担反而会阻碍学生的成长，影响学生的身心健康。

我国中小学生课业负担过重的问题由来已久，改革开放以来，国务院多次下发减轻学生课业负担的意见和指示，国家教育行政部门也连续多次发布“减负”的文件。多次重申减负的重要性，“减负”成了久议不衰、常议常新的话题。减负的意义主要体现在以下两个方面。

（1）减负是推行素质教育的突破口，是全面贯彻党的教育方针，培养德智体全面发展的人的重要举措。减负将为培养学生的创造力提供自由宽松的环境。有了自由的时间和空间，学生才可能去创造，而不必跟着课本亦步亦趋；才有可能有自己的见解，有自己的创意；才有可能才思驰骋，无羁翱翔。只有这样，才能适应21世纪的要求，全面提高教学质量，培养合格人才，提高民族整体素质。

（2）减负是学生生理和心理健康发展的需要。有调查显示，中小学生长期睡眠不足，学习时间长，课后基本没有自由时间，这严重影响了学生的身体健康；同时，各种考试和竞赛等都化为无形的压力，对学生的心灵产生不良影响，使其产生焦虑、抑郁、冷漠等心理障碍症状，造成学生厌学、逃学，甚至离家出走等情况。这种以牺牲学生的健康为代价的应试教育侵犯了学生的权利。通过减负，把时间还给学生，把自由还给学生，可以在很大程度上促进学生的身体和心理健康发展，使学生有时间、有热情去发展自己的兴趣爱好，促进个性特征的发展。

二、对中学生学业负担的调查研究

学者陈传峰等人对我国中学生的学习状况和课业负担进行了调查研究，具体结果如下①。

（一）中学生作息时间现状

(1) 中学生起床时间现状。调查发现，有近一半的中学生在 6：00 之前起床，有大约 2/5 的中学生在 6：00—6：30 起床。在访谈调查中，多数学生表示在 6：00 左右起床，另外有少数学生在 5：30 甚至更早就起床了。这主要因为家离学校比较远，有时路上堵车，为了上学不迟到，他们只能早起。

(2) 中学生到校时间现状。调查发现，初中生和高中生，在 6：30—7：00 到校的人数分别占总人数的 41.8%和 39.3%，有很多高中生甚至是在 6：30 之前到校的。在访谈中，大多数学生表示，学校规定 7：30 或 7：20 到校，而班级另行规定学生的进教室时间，往往早于学校要求的时间；如果轮到某位学生做值日，则他到校或进教室的时间还要提早。

(3) 中学生离校时间现状。一般而言，绝大多数中学生在 17：30 以前都能离校。另外，高中生和初中生分别有 25.2%和 36.1%的学生在 18：00 以后离校。研究者在访谈中发现，有的家长由于工作忙，会要求学生吃过晚饭后在学校做会儿作业再回家。

(4) 中学生上床睡觉时间现状。调查结果表明，高中生与初中生的上床睡觉时间存在显著差异，54.7%的初中生在 22：00 以前就上床睡觉了，但高中生只有 28.1%的学生能在 22：00 以前上床睡觉，其他大部分高中生都要在 22：00 以后睡觉，少部分高中生甚至要在 23：00 或 23：30 以后才能上床睡觉。而访谈结果显示：无论是高中生还是初中生，大多数学生均表示晚于 22：00 睡觉。

（二）中学生课内学习情况

(1) 中学生每天总的上课时数。通过统计高中生和初中生每天总的上课时数(住宿生参加晚自习课和早读课除外)，研究者发现：无论是初中生还是高中生，每天上课时数为 6～8 节的人占大多数，很少有 8 节以上的，但初中生上 7～8 节的人数明显多于高中生。这需要进一步考查原因。

(2) 中学生每周体育课的上课时数。研究者分别统计高中生和初中生每周体育课的上课时数发现：在大多数学校学生每周都有两节体育课；在每周只有 1 节体育课的情况中，高中生的比例占 17.0%，初中生仅占 7.5%；另外，有 3 节以上体育课的初中生占 41.0%，远远多于高中生的 14.4%。

(3) 中学生的自习课情况。无论高中还是初中，自习课就是用来上自习的情况占多数，但也存在占课、挪课现象，有近 25%的高中生和超过 29.4%的初中生表示“自习课有时是用来上其他课程的”。在“经常上其他课或者没有自习课的情况”

① 陈传锋，陈文辉，董国军等：《中学生课业负担过重：程度、原因与对策——基于全国中学生学习状况与课业负担的调查》，载《中国教育学刊》，2011 (7)。

中，高中生和初中生分别超过 10%和15%。

(4) 中学生班会课的安排情况。调查结果显示：利用班会课偶尔上其他课甚至没有班会课的情况，高中明显多于初中。研究者在访谈中进一步了解到，初中生的班会课安排得比较好，一般一周有一节课，由教师和学生共同商定或学生投票决定班会课的活动内容。而且，它也是学生在一周内最期盼的一节课。

（三）中学生课外学习情况

(1) 中学生对“手上教辅（课外辅导）材料”的感觉。调查发现，有接近 40%的初中生和超过 50%的高中生感觉“手上教辅（课外辅导）材料”太多或比较多；而感觉“适中”的初中生占 51.6%，与高中生（36.3%）存在显著差异。此外，绝大部分学生表示：在父母为自己花钱方面，买课外辅导材料是父母最乐意的。

(2) 中学生在双休日的补课情况。无论高中还是初中，学校都有安排双休日补课的现象，且高中明显多于初中。研究者在访谈中发现的补课现象更为严重：参加访谈的学生几乎都表示学校在双休日安排了补课。

(3) 中学生请家教情况。不少高中生和初中生请了家教。在访谈中，当问及请家教的原因时，有学生表示：班级人数较多，教师上课很难顾及每个学生。家教通常人数较少，教师能够进行特别辅导，而且能够针对学生的弱点出一些配套习题，比较有效果。

（四）中学生作业和考试情况

(1) 中学生每周的考试（测验）次数。中学生每周都要面对频繁的考试（测验），且高中生与初中生每周的考试（测验）次数存在显著差异：高中生每周考试（测验）1 次的情况明显多于初中生；初中生每周考试（测验）2 次及 3 次以上的情况则明显多于高中生。

在访谈中，学生不约而同地对考试表现出恐惧、厌倦情绪。他们表示：最不想听到教师说的一句话是“要考试了”，感到最痛苦的事是考试，最希望社会为他们做的事是取消考试，衡量好教师的条件之一是考试少。

(2) 中学生每天的作业时间。调查发现，中学生的作业时间普遍偏长。无论是高中生还是初中生，他们每天的作业时间一般需要 1～4 小时。高中生每天的作业时间需要 2～3 小时的情况较多，且明显多于初中生；而初中生每天的作业时间需要 1～2 小时的情况较多，且明显多于高中生。另外，大多数中学生表示：每次考试前，他们写作业的时间会增多。

（五）中学生学习心理状态

(1) 中学生对上学的感受。问卷调查显示，超过半数的初中生对上学的感受是很轻松，想上学，且显著多于高中生；而“上学感到无所谓”和“不想上学但必须要上”的情况中，高中生显著多于初中生。

通过对男女中学生上学感受的性别差异分析，研究者发现：男生对上学的感受表现为两个极端，在“很轻松，想上学”和“不愿上学，宁可生病”两个维度上，男生的比例都高于女生；但女生中有30.5%的人表现为“不想上学，但必须上”，其比例高于男生（25.4%）。

上述问卷调查结果与访谈结果存在差异：当问及“如果可上学，亦可不上学，你们会怎么选择”时，无论初中生还是高中生，几乎所有的学生都不假思索地回答“不上”。

（2）中学生对考试成绩排名的态度。不少学生表示，考试可排名，但不要将之公布。初中生认为可排名并公布的人数多于高中生；高中生认为可排名但不公布的人数多于初中生。在访谈中，许多学生表示，如果自己考得好就希望排名并公布，考差了就不希望排名。此外，绝大多数学生表示，在排名时只公布前15名同学的成绩，其余同学的名字不公布。学生认为，这种排名方式既顾及了他们的面子问题，又能使自己清楚地认识到与成绩优秀的同学之间的差距。

（3）中学生对课业负担的感受。高中生普遍认为课业负担重，且认为很重和较重的比例显著高于初中生；而初中生普遍认为课业负担一般。访谈结果反映的问题较为严重：几乎所有学生都反映课业负担较重，甚至还有中学生把学业压力比作“三座大山”，感觉“压得人喘不过气来”。尤其是高中生，除了在学校利用课间休息、午休、自修时间做作业外，回家还要做约4小时的作业。此外，多数学生在节假日还要参加家教、补习班。

从总体来看，中学生的学习状况不容乐观，课业负担过重问题比较突出。其具体表现为：第一，中学生的课业量过大，导致学习负荷过重；第二，中学生的学习内容不平衡，导致课程结构性负担；第三，中学生的作息安排欠合理，休息时间严重不足；第四，中学生的课外学习过多，存在学习来源负担问题。

三、中学生课业负担过重的原因与对策

中学生课业负担过重的原因主要有以下几个方面。

一是就业竞争压力大，社会氛围不良。学校和家长为了让学生在未来就业中更有竞争优势，不断压缩学生的休闲娱乐时间，逼迫他们努力学习，同时，名目繁多的培训和参考资料，也让学生筋疲力尽，这是当前学生课外学习负担过重的主要原因之一。

二是升学压力大，学校教育评价和考核制度仍以分数为导向。

三是教育行政部门对减负政策的监管执行不力，存在象征性执行、敷衍性执行、选择性执行和替换性执行等现象。

四是家长期望过高。家长为了“望子成龙，望女成凤”，在课外自行为学生“增负”，买教材、请家教等，形成学校减负、家长“增负”的独特现象。

五是学生偏爱“苦学”以及缺乏对压力的自我管理能力。

改善中学生课业负担过重的现状是一个系统工程，涉及面广，工作难度大，需

要政府及教育行政部门、学校、家庭、学生个人以及社会的通力合作，才能切实取得成效。

(1) 政府和教育行政部门应发挥主导作用，并着重做好四个方面的工作：①重视课程内容的理论化、综合化、系统化，重视学生实践能力的培养，积极引导课程改革向正确方向发展；②深化招生考试制度改革，注重考查学生的综合素质，将基础知识测试与能力测试相结合，将口试、笔试与实际操作相结合；③深化教育评价制度改革，彻底改变用升学率评价学校和教师，单纯用考试分数来衡量学生学业成绩的做法；④加大教育执法力度，从严监管督查，做到有法可依、有法必依、执法必严、违法必究。

(2) 学校应积极发挥关键作用，并着重做好三个方面的工作：①学校要进一步更新观念，树立正确的教育质量观，避免理论与实践脱节的现象；②改革对教师的管理和评价制度，重视教育的过程管理和过程评价；③督促教师改进教学方式，提高课堂教学质量。

(3) 家庭要努力发挥其作用，家长要着重做好三个方面的工作：①家长应树立正确的子女成才观，正确认识自己孩子的发展潜能，了解其个性特点和想法，尊重其自主选择；②注重子女的全面发展，鼓励孩子在课外时间去发展自己的兴趣、参加社会实践活动，以拓宽视野、锻炼能力；③家长应努力营造“宽松、温情、民主、和谐”的家庭氛围，平等地与孩子进行交流，及时给予适当鼓励和帮助。

(4) 学生要努力发挥自我调节作用：一方面，学生不能放松自己的学习，“减负”不能以牺牲自己的学业为代价；另一方面，学生要认识到成绩和学历只代表一个人的部分能力，不能把分数看得太重。除了学习成绩之外，中学生还应努力提高自身的创新能力、实践能力、与人交往能力、心理调节能力以及思想修养等，做一个全面发展的人，为后续发展打下扎实的基础。

(5) 社会要积极发挥正面催化作用，并做好三个方面的工作：①发挥新闻媒体对社会舆论的引导作用，完善教育舆论宣传制度，抑制主流媒体对“高考状元”“中考状元”以及升学率的不当宣传；②社会应为中学生提供劳动基地，开展劳动技能培训，引领他们加深对社会的认识，培养社会责任感；③建立并完善社区学校的功能，让家长坐在一起互相交流、共同研讨，这有助于家长更新教育观念，使其能够根据孩子的学习情况、心理特点和个性特长来确定符合孩子实际的阶段性期望目标，切实提高家庭教育成效。

第十一章 青少年的创新心理

在第一章，我们提到青少年心理学的任务时，强调青少年心理学要为培养青少年的创新精神①服务。

目前，国际上对什么是创新、什么是创造性有三种定义：第一种定义更多的是强调创新和创造性的过程；第二种定义更多的是强调创新和创造性的产品；第三种定义认为，创新和创造性不能简单地归为创新和创造性的过程，也不是简单地去分析那些产品，而是人与人之间的个体差异或者智能的差异。20 世纪 80 年代初，我们提出了一种定义：根据一定的目的，运用一切已知的信息，产生出某种新颖独特、有社会意义或者个人价值的产品的智力品质。② 对这一定义进行分析能够看出，“根据一定的目的，运用一切已知的信息，产生……”，这是过程；“产生出某种新颖独特、有社会意义或者个人价值的产品”来，这就是产品。谈到产品的时候，好多人更多的是强调物质产品，我则认为创新产品既有物质的一面，又有精神的一面。但是我们的定义种属关系没有落到产品上，而是将定义最终落到智力品质或者个性上。换句话说，创造性是一种个体的活动，是个人智慧的行为，是一种个性的表现。人与人之间在创新或创造性上有很大的个体差异。

创新或创造性的实质，是主体对知识经验或者思维材料高度概括以后集中而系统的迁移，进行新颖的组合分析，找出新异的层次和交结点。在创新或创造性的活动中，概括性越高，知识性越强，减缩性越大，迁移越灵活，注意力越集中，创造性则越突出。

第一节　创造性人才的构成因素

外因通过内因起作用。在创新或创造性人才成长的过程中，同样有着内部因素和外部因素的影响。内因是指创造性人才的心理因素，即创造性思维（智力因素）

① 本书将创新（inovation）与创造性或创造力（creativity）视为同义语。

② 朱智贤，林崇德：《思惟发展心理学》，25 页，北京，北京师范大学出版社，1986。

和创造性人格（非智力因素）；外因即创造性环境。

一、创造性思维

创造性思维有以下五个特点。

（1）新颖、独特且有意义的思维活动。如前所述，“新颖”指前所未有，“独特”指与众不同，“有意义”指社会或个人的价值。

（2）以思维加想象为内容。通过想象加以构思，才能解决别人未解决的问题。所以，许多名家提出，在创造的过程中，想象比知识还重要。

（3）在智力创造性或创造性思维的过程中，新形象和新假设的产生带有突然性，称为“灵感”。灵感是人长期思考和大量劳动的结果，是人的全部高度积极的精神力量。灵感跟创造动机和对思维方法的不断寻觅相联系。灵感状态的特征，表现为人的注意力完全集中在创造的对象上，所以在灵感状态下，创造性思维的工作效率极高。灵感往往需要原型启发。例如，鲁班砍树时被丝茅草（原型）割破手而受启发，产生了灵感，发明了锯。

（4）分析思维和直觉思维的统一。人在进行思维时，存在两种不同的方式：①分析思维，即遵循严密的逻辑规律，按概念、判断、推理、证明逐步推导，最后获得符合逻辑的正确答案或做出合理的结论；②具有快速性、直接性和跳跃性（看不出推导过程）的直觉思维。前者是“知其然，知其所以然”的、按部就班的逻辑思维，后者却往往是“不知其所以然”的、直接领悟的思维。在中学阶段，八年级以前要保护这种直觉思维的存在，八年级之后应强调分析思维与直觉思维的统一。

（5）创造性是聚合思维和发散思维的统一。聚合思维与发散思维是相辅相成、辩证统一的，它们是智力活动中求同和求异的两种形式。前者强调主体找到问题的正确答案，强调智力活动中记忆的作用；后者则强调主体寻求一题多解，即要求去主动寻找问题的一解之外的答案，强调智力活动的灵活性和知识迁移性。前者是后者的基础，后者是前者的发展。

二、创造性人格

关于创造性人格的研究，在国际上较著名的有两位心理学家。吉尔福特指出，创造性人格有八个特点：①有高度的自觉性与独立性；②有旺盛的求知欲；③有强烈的好奇心，对事物的运动机理有深究的动机；④知识面广，善于观察；⑤工作中讲求条理性、准确性、严格性；⑥有丰富的想象力、敏锐的直觉、广泛的爱好；⑦有幽默感和出色的文艺才能；⑧意志品质出众，能排除外界干扰，长时间地专注于某个感兴趣的问题。[①]

斯腾伯格（R. T. Sternberg，1986）提出创造力的三维模型理论，第三维为人格特质，由七个因素组成：①对含糊的容忍；②愿意克服障碍；③愿意让自己的观念不

① Guilford，J. P.，“Measurement and Creativity，” *Theory into Practice*，1966，5（4），pp. 186-189.

断发展；④活动受内在动机的驱动；⑤有适度的冒险精神；⑥期望被人认可；⑦愿意为争取再次被认可而努力。[①]

参考吉尔福特和斯腾伯格的内容，根据自己对创造性人格的研究，从我国实际出发，我认为创造性人格应该包括五个特点：①健康的情感，包括情感的强度、性质及其理智感；②坚强的意志，即意志的四个品质——意志的目的性（自觉性）、坚持性（毅力）、果断性和自制力；③积极的个性意识倾向性，特别是兴趣、动机和理想等需要的表现形态；④刚毅的性格，特别是性格的态度特征，如勤奋、合作、自信以及动力特征；⑤良好的习惯。

三、创造性环境

环境是指周围所在的条件，对不同的对象和科学学科来说，环境的内容也不同。

对生物学来说，环境是指生物生活周围的气候、生态系统、周围群体和其他种群。例如，毛泽东当年提出了农业八字方针：土、肥、水、种、密、保、管、工。这里内因是什么？农业发展，不管是水稻、大豆还是玉米，都是“种瓜得瓜，种豆得豆”，种子是内因，另外七个字实际上就是外因——环境。如果一点水都没有，那干巴巴的种子永远是种子；土和肥是促使种子成长根本性的外部条件。我们平时经常说“庄稼一朵花，全靠肥当家”，这就说明环境，也就是指周边的生活和气候、生态系统、周围的群体包括其他的种群对生物的成长起到了作用。

对社会科学来说，人是社会化的动物，人建立了社会。社会的实质就是人与人之间的关系，因此，社会环境就是指具体人生活周围的情况和条件。奇凯岑特米哈伊曾经说过，如果没有社会和文化的支持，即便最伟大的天才也将一事无成。[②] 一个创新人才的成长，要靠周边的生活情况和生活条件、科研情况和科研条件以及人际关系等一系列的环境。

在创造性环境因素的研究中，我们看到创造性人才的成长需要一个民主、和谐的环境，民主、和谐的环境包括文化环境、教育环境、所在单位或学校的环境、社会环境和资源环境。诚然，影响创新人才培养的环境因素并不仅限于这五种，个体的创造性思维和创造性人格正是通过不同环境的作用成长、发展起来的。对于如何创设青少年创新精神发展的环境，我们已在第一章提出了七条途径，这里就不再赘述。

---

① Sternberg, R. J., *Intelligence Applied: Understanding and Increasing Your Intellectual Skills*, San Diego, Harcourt, Brace, Jovanovich, 1986.

② ［美］米哈伊·奇凯岑特米哈伊：《创造性：发现和发明的心理学》，夏镇平，译，上海，上海译文出版社，2001。

第二节　青少年创造力的特点

尽管自20世纪50年代以来创造力一直是心理学领域的一个研究重点，但有关创造力发展的研究直到20世纪90年代才开始受到重视①。如前所述，我们的研究发现，拔尖创新人才的成长由自我探索期、集中训练期、才华展露与领域定向期、创造期、创造后期五个阶段构成。这也是一名创新人才从学前、小学、中学到大学甚至研究生的成长阶段。中学阶段在这一成长历程中显得相当重要。

一、自我探索期的特征

青少年期处于自我探索期。早期促进经验是这一阶段的主要影响因素。所谓早期促进经验，包括父母和中学教师的作用、成长环境氛围、青少年时期广泛的兴趣和爱好、具有挑战性的经历和多样性经历，这些对自我探索期的形成是十分重要的。因为这些因素不仅提供创造性人才的创造性思维的源泉，而且也奠定其人生价值观的基础或创造性人格的基础，那就是"做一个有用的人"。青少年期，青少年表面上似乎在探索外部世界，其实是在探索自己的内心世界，自我发现。这一阶段的探索不一定与日后从事学术创造性工作有直接联系，但为后来的创造提供了重要的心理准备，是个体创新素质形成的决定性阶段。这就是在接受"创造性人才成长中，基础教育和高等教育哪个更重要"的提问时，我们为什么要回答在强调两者都重要的前提下更应突出基础教育的原因。没有基础教育创新素质的奠基，任何创造性人才的成长都是一句空话。

二、创造力的发展特点

创造性人才的构成心理因素是创造性思维（智力因素）和创造性人格（非智力因素）。下面我们分别就青少年的创造性思维发展特点以及创造性人格发展特点做相应的探讨。

（一）创造性思维的发展特点

创造性思维是在常规思维基础之上发展起来的一种具有主动性、独创性的思维活动过程，是创造力这一复杂系统中的一个子系统，是创造力认知取向研究中的核心内容。从已有的研究可以发现，研究者所持的创造性思维发展观主要分为两类：一类观点认为创造性思维水平随着年龄的增长交替呈现高峰期和低谷期，虽然大多数研究者支持第一种观点，但其研究结果并不一致，不同的研究表明，9岁、12～14岁、17岁都有可能是青少年创造性思维发展的低谷期，而10～13岁、16岁是创

① Feldman, D. H., "The Development of Creativity," in Sternberg, R. J., *Handbook of Creativity*, New York, Cambridge University Press, 1999, pp. 169-186.

造性思维发展的高峰期；另一类观点则认为创造性思维水平随着个体生理的成熟和社会经验的获得而呈现出连续增长的趋势。[①] 这两类观点讨论了创造性思维发展的连续性与阶段性问题，是发展心理学研究中最为基本的问题之一。

我们课题组借鉴以往大量的创造力研究成果，编制了“中学生创造性思维能力量表”，其中，发散思维和聚合思维被最终确定为创造性思维能力的两大维度，流畅性、变通性、独特性、逻辑性、概括性为五个子维度。我们同时对测验材料做了文字和图形的区分，量表的信度和效度也得到了很好的验证。

运用“中学生创造性思维能力量表”[②]，我们采用分层整体取样，选取了全国6个地区（北京、湖北、四川、河南、山东和广东）共7所学校的中学生为被试，被试年龄为12～18岁，包括七年级到高三共6个年级。研究中共发放问卷3652份，收回3556份，剔除无效问卷124份，最后得到有效问卷3432份。

发散思维部分题目的评分标准完全参考了托兰斯（E. P. Torrance）在其“托兰斯创造性思维能力测验”（Torrance Tests of Creative Thinking，TTCT）中使用的评分标准制定方法，具体评分标准规定如下。①流畅性。被试能说出的某一有意义用途的数量即为流畅性分数，每个有效答案计1分。但是如果被试的答案完全脱离现实或不符合题目要求，则计0分。②变通性。所写出的答案可以归属为某一类就计1分。如果新的答案与前面已有的答案属于同一类，则在这个维度上不再计分。③独特性。如果3%或以上的被试都提出了某个答案，这个答案的独特性水平就被评定为0分。如果只有1%～2.99%的被试提出了某个答案，这个答案的独特性水平就被评定为1分。如果只有不到0.99%的被试提出了某个答案，或者提出的答案在提供的独特性表中找不到，而又显示出创造性（就是一些非同寻常的、不一般的、非习得的、一般人难以想象出的答案）的，该答案的独特性水平就被评定为2分。当然，评分的前提是，这个答案是有效的、有意义的。

因为聚合思维部分的题目都是客观题，也有唯一解，所以评分标准比较简单，每题答对得1分，答错为0分。数据处理后，得到以下结果。

年级对青少年创造性思维的发展有显著主效应，各年级在创造性思维及其在各个维度上的平均分和标准差见表11-1。事后检验结果表明，在创造性思维上七年级与除高三外所有年级之间存在显著差异；八年级与九年级、高一、高二年级之间存在显著差异，九年级与高二、高三年级之间存在显著差异，高三与高一、高二年级之间存在显著差异。

① 沃建中，王烨晖，刘彩梅等：《青少年创造力的发展研究》，载《心理科学》，2009，32（3）。

② 林崇德等：《创新人才与教育创新研究》，北京，经济科学出版社，2009。

表 11-1 中学生创造性思维能力的平均数（*M*）和标准差（*SD*）

年级	类别	流畅性总分	变通性总分	独特性总分	逻辑性总分	概括性总分	发散思维 *T* 分数	聚合思维 *T* 分数	创造性思维 *T* 分数
七年级	*M*	77.92	53.57	70.15	14.32	16.32	49.19	48.33	97.52
	SD	21.94	16.23	29.48	2.95	6.14	10.49	10.66	15.31
八年级	*M*	80.61	54.65	71.09	14.27	17.08	49.97	49.30	99.28
	SD	20.93	13.38	26.25	3.70	6.16	9.44	11.04	15.77
九年级	*M*	82.57	56.71	78.95	14.82	17.76	51.95	50.97	102.92
	SD	20.23	14.11	27.88	2.68	5.77	9.69	9.68	13.20
高一	*M*	79.17	55.64	75.92	14.88	17.90	50.70	51.24	101.94
	SD	20.55	14.17	27.08	2.51	5.41	9.64	8.85	13.82
高二	*M*	77.01	55.33	73.49	14.74	17.92	49.89	51.08	100.96
	SD	22.11	13.83	29.72	2.56	5.55	10.35	9.38	14.36
高三	*M*	74.83	53.63	71.85	14.54	16.70	48.97	49.15	98.12
	SD	21.38	14.29	26.97	2.51	6.05	9.90	10.08	15.35
总体	*M*	78.38	54.83	73.30	14.59	17.27	50.00	50.00	100.00
	SD	21.40	14.45	28.16	2.83	5.87	10.00	10.00	14.82

被试在创造性思维上的发展趋势见图 11-1。结合表 11-1 和图 11-1 可以看出，被试创造性思维水平在初中阶段一直处于上升趋势，到九年级达到最高水平，高中阶段处于逐渐下降趋势，到高三时水平和七年级相近。

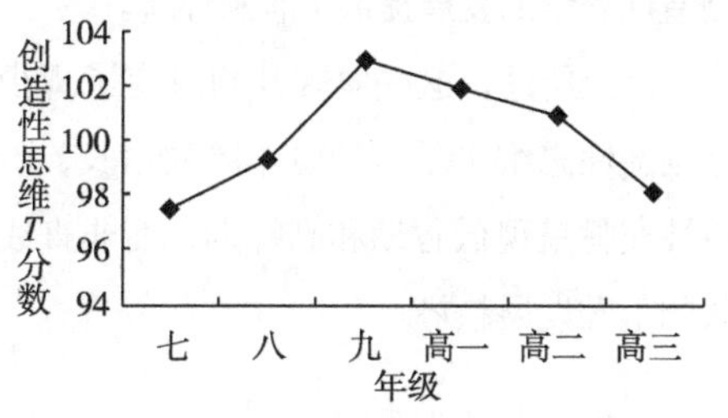

图 11-1 中学生创造性思维发展曲线

被试在发散思维和聚合思维两个维度上的发展趋势见图 11-2。结合表 11-1 和图 11-2 可以看出，中学生的聚合思维和发散思维在初中阶段呈现逐渐上升的趋势，发散思维到九年级达到最高水平后，高中阶段呈现逐渐下降的趋势，聚合思维在九年级到高二期间基本处于停滞水平，到高三呈现下降趋势。

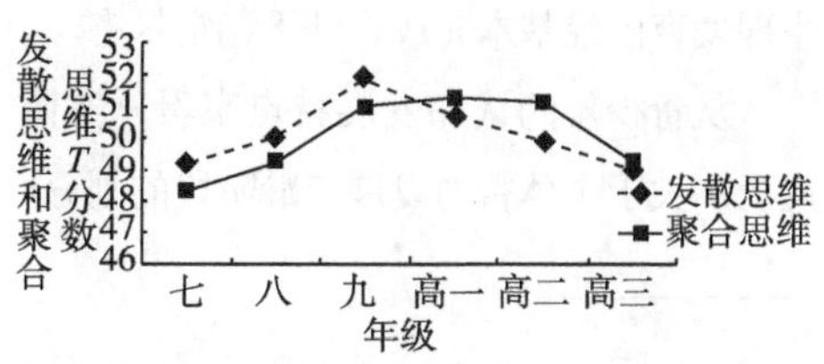

图 11-2 中学生发散思维和聚合思维发展曲线

此外，为了更好地了解中学生在五个子维度上的得分情况，我们也做了相应的数据分析。结果表明，被试发散思维的流畅性、变通性和独特性三个维度在初中阶段都呈上升趋势，且到九年级时达到发展的最高水平，高中阶段则一直处于逐渐下降的趋势。而聚合思维中，逻辑性在八年级略有下降，之后一直呈上升趋势，到高一达到发展的最高水平，高三时又有所下降；概括性从七年级到高二之间一直处于上升趋势，在高二达到发展的最高水平，高三时有所下降。

上述中学生的创造性思维发展趋势验证了有关创造力发展的两大观点中的后者，即创造力随着年龄的增长呈现出阶段性的高峰期和低谷期。本结果中创造性思维水平的两个低谷期分别为七年级（$M_{年龄}=$12.6 岁）和高三年级（$M_{年龄}=$17.7 岁），与托兰斯提出的 13 岁、17 岁的两个创造性思维发展“低潮期”相吻合。①

这种发展特点是由中学生自身的生理、认知发展以及中学教育特点共同决定的。从中学生的生理发展特点来看，初中生正处在生理上的第二次生长高峰期，且 13 岁是个体大脑发展的第二个加速期，初中生的创造性思维水平由此呈现出一个快速上升的趋势；进入高中阶段之后，高中生的生理发育已经基本完成，处于稳定状态。

从青少年的认知发展特点来看，按照皮亚杰关于个体智力发展年龄阶段的划分，七年级学生的思维水平恰好从具体运算阶段向形式运算阶段过渡，两个阶段间的不同性质思维的矛盾性暂时抑制了其创造性思维的发展。此外，他们原有的知识基础、策略的使用可能并不适用于中学学习，从而在一定程度上抑制了创造性思维的发展。经过一段时期的调整和适应，八年级、九年级学生的创造性思维水平有了较大的提高。而高中阶段青少年思维各个成分的发展开始成熟，但更为保守，倾向于用常见方法解决问题，年级越高这种趋势越明显。

从教学方面来看，初中阶段的学业压力较轻，在课堂教学中教师更强调解题的灵活性、方法的多样性和思维的发散性，这些要求都有助于学生创造性思维的发展和提高；而高中阶段由于升学压力的存在，使得教师在课堂教学中倾向于用较为保守的方法策略来解题以确保正确率，从而抑制了学生创造性思维的发展。从教育环境来看，与初中生相比，高中生每年都有需要重新调整适应的内容，第一年是入学适应，第二年是文理分科的选择和适应（文理分科将取消），第三年是高考。就总体教育氛围来看，初中阶段显得更为宽松，为创造性思维的发展提供了有利环境。

综上所述，这些原因共同决定了青少年创造性思维水平是随着年龄的增长，阶段性交替呈现低谷期和高峰期，而非直线式的上升发展趋势。

---

① Torrance, E. P., *Understanding the Fourth Grade Slump in Creative Thinking*. Office of Education, Washington, DC: U. S. 1967.

（二）创造性人格的发展特点

在第一节中我们介绍了创造性人格的几种理论，对于创造性人格特点的界定虽然存在一定的相同性，但也存在一定的差异性。有的研究甚至存在互相矛盾的地方。这并非意味着关于创造性人格的研究没有意义，我们需要知道的是，在日常生活中，并不是所有的人都会表现出文献中所描述的所有的人格特征，并且一个人在不同阶段也不是总表现出一种人格特质。在刘易斯提出的人格发展的背景主义理论框架中，人格被理解为一种主要受当前背景及个体对自己、他人和目标的解释所影响的动态系统。创造性人格作为发展的个体的一部分，也会存在一定程度上的发展变化。所以，不同年龄阶段的个体可能会表现出不同的创造性人格特点，针对不同的研究目的，采用不同的方法，得出的结论可能又会不同，这就是创造性人格特点研究结论不统一的原因。

目前，国内对青少年创造性人格发展特点的系统研究已有较良好的开端。董奇把创造性儿童的人格特征概括为如下几个方面：具有浓厚的认知兴趣；情感丰富，富有幽默感；勇敢，甘愿冒险；坚持不懈，百折不挠；独立性强；自信，勤奋，进取心强；自我意识发展迅速；一丝不苟。①

骆方和孟庆茂对中学生创造性思维能力的研究，则考查了把握重点、综合整理、联想力、通感、兼容性、独创性、洞察力、概要解释、评估力、投射未来10个方面的特征。②

聂衍刚和郑雪以“威廉姆斯创造性个性倾向测验”为工具，测量了3729名9～19岁的中小学生的创造性人格发展特点和影响因素。结果显示，中小学生创造性人格的发展可分为三个阶段：15岁以前是第一个稳定期；15～18岁是突变期，16～17岁学生的创造性人格的水平显著降低；18岁以后又进入第二个稳定期，其水平与第一阶段相当。可以看出，中学阶段，尤其是八年级、九年级前后，有一个剧烈变化的时期，这与创造性思维所表现出的特点有相似之处。但不同的是，创造性人格在这一阶段处于低谷期，而创造性思维属于高峰期。中学生进入青春期后，生理、心理随之发生巨大变化，这种变化可能对创造性思维和创造性人格起着不同的作用。③

申继亮、王鑫和师保国编制了“青少年创造性倾向问卷”，测量了青少年的创造性倾向，认为创造性倾向包括自信心、好奇心、探索性、挑战性和意志力五个维度，且其发展趋势总体上呈现倒V形，七年级是创造性倾向发展的关键期。④

可以看出，有关创造性人格的研究，由于测量工具的不同，确实在结构维度的

① 董奇：《儿童创造力发展心理》，杭州，浙江教育出版社，1993。

② 骆方，孟庆茂：《中学生创造性思维能力自评测验的编制》，载《心理发展与教育》，2005，21（4）。

③ 聂衍刚，郑雪：《儿童青少年的创造性人格发展特点的研究》，载《心理科学》，2005，28（2）。

④ 申继亮，王鑫，师保国：《青少年创造性倾向的结构与发展特征研究》，载《心理发展与教育》，2005，21（4）。

划分上存在分歧。因此，在对具有创造力的中学生的思维及人格特点充分了解的基础上，编制一套具有较高信度和效度的创造性人格量表是十分必要的。

我们课题组参考了前人有关创造性人格的大量研究成果，结合我们对创造性人才的两次深入访谈，最终形成了“中学生创造性人格量表”。量表包含四个维度：内部动力、内部无意识、外部表现、外部情感；每个大维度下又包括若干小维度，内部动力维度包括好奇心、高动机；内部无意识维度包括自信心、敏感性、幻想性；外部表现维度包括独立性、独创性、坚持性、敢为性、灵活性；外部情感维度包括幽默。对正式量表进行信度和效度分析发现，该量表具有较高的内部一致性信度和结构效度，为更好、更全面地测查青少年的创造力提供了工具。除了对中学生创造性人格特征的整体测量，我们也关注对一些子维度的探讨。沃建中和黄华珍等人考查了652名七年级到高三年级中学生的成就动机，发现随着年级的升高，成就归因、自主性动机、自我效能、成就目标基本保持平稳的发展趋势，但在不同的维度上，其发展变化趋势和水平各有不同，所起的作用也不同，自我效能与掌握目标是中学生的主要学习动力。①

此外，有研究者（李西营、刘小先、申继亮，2014）对青少年创造性人格和创造性的关系进行了中美比较。结果发现，在创造性上，美国青少年在所有维度（自信、好奇心、内部动机、开放性、自我接纳、冒险性、坚持性）上的得分均显著高于中国青少年，但在创造性人格上，只有在自我因素上，中国青少年创造性人格得分高于美国青少年，其他因素不存在差异。研究者认为，这说明创造性人格不是造成中美青少年创造性差异的主要原因。

三、注重培养创新精神

目前社会上似乎有这样一种看法——创造性的研究对象仅仅局限于少数杰出的发明家和艺术家。加德纳提出，创造性等级分两类：一类是“小c”创造性，指的是每个人在日常生活中都能够表现出来的一般的创造力；另一类是“大C”创造性，指的是只有爱因斯坦、毕加索之类的伟人才可能具有的罕见的创造力。② 与此相仿，考夫曼（Kaufman）和贝格赫特（Beghetto）提出了创造性的4C模型，认为创造性可以分为学习过程中的创造性“迷你c”（mini-c）、日常生活中的创造性“小c”（little-c）、职业领域中的创造性“专业c”（Pro-c）和杰出人才的创造性“大C”（Big-C）。③ 一般认为，少年儿童的创造性归为“小c”的范畴，或是在学习过程和日常生活中表现出的创造性，这种创造性

① 沃建中，黄华珍，林崇德：《中学生成就动机的发展特点研究》，载《心理学报》，2001，33（2）。

② Gardner，H.，*Creating Minds*，New York，Basic Books，1993.

③ Kaufman，J. C.，Beghetto，R. A.，“Beyond Big and Little：The Four C Model of Creativity，” *Review of General Psychology*，2009（13），pp. 1-12.

能够作为衡量青少年创新素质高低的指标。因为人人都有创造力，人人都可以成为创造性人才。只有转变人们头脑中“创造力仅仅属于伟大发明家、艺术家”的思想，使教师拥有“人人都有创新意识、创新精神，创造性教育要面向全体学生”的信念，才能营造出更适合培养青少年创新精神的校园环境和班级氛围。

此外，现在似乎还存在这样一种观念——高等教育阶段才是培养拔尖创新人才的关键期。我们认为，一方面，创新人才培养具有很强的系统性和层次性，各级各类教育和不同层次的学校都在创新人才培养体系和培养过程中扮演着不同的角色，发挥着重要作用。高等教育是培养创新人才的关键阶段，这是由大学生的身心发展特点和思维能力等因素决定的。另一方面，从创新人才的成长规律和特点来看，基础教育和学前教育起着重要的启蒙性和基础性作用。基础教育阶段不宜简单地使用“拔尖创新人才”的概念，而应强调创新精神的培养。创造性思维品质的形成、创造性人格特征的培育、从事创造性劳动所应具备的价值取向和社会责任感，应该从小抓起，持之以恒；青少年在此阶段养成的学习兴趣、学习方法和学习习惯，他们的综合素质、知识结构和思维能力，直接决定了他们在大学阶段的学业水平和工作后的成才潜力。只有不同教育阶段相互衔接，不同层次的学校贯通培养，创新人才的培养才会取得实效。

第三节　青少年的创造性学习

我们倡导青少年能创造性学习。学习，一般是指经验的获得及行为变化的过程。人类的学习是获取经验、知识、文化的手段，知识的继承和文化的传承要依靠学习；学习的重要内容乃是人类文化创造的结果。学习活动能否增加创造性的意义，学习过程能否增加除旧布新的成分，学习者是否具有创造性的动机，学习者能否通过学习获得创造性的人格，进而加快发展成为创造性人才等，是时代赋予我们的一个崭新课题。

一、创造性学习是经心理学界长期探索而提出来的概念

在国际心理学界，创造性学习一般被认为是西方两种心理学理论的产物：一是布鲁纳的发现学习；二是吉尔福特的创造性思维。

在学习理论上，按不同的学习方式，可以分为接受学习和发现学习。接受学习是指学习者所学习的内容是以某种定论或确定的形式通过传授者传授的，不需要自己任何方式的独立发现，与之相对应的教学方法是讲授教学法，学习者将传授者讲

授的材料加以内化和组织，以便在必要时给予再现和利用。发现学习，又叫发现法，是主张由学习者自己发现问题和解决问题的一种学习方式。它以培养学习者独立思考（思维）为目标，以基本教材为内容，使学习者通过再发现的步骤来进行学习。发现学习的倡导者布鲁纳认为，发现学习有四个优点：一是有利于掌握知识体系与学习方法；二是有利于启发学生的学习动机，增强其自信心；三是有利于培养学生发现与创造态度探究的思维定式；四是有利于知识、技能的巩固和迁移。

吉尔福特在创造性思维的研究上做了大量工作，他认为创造性思维的基础是发散思维。他指出，由发散思维表现出来的行为能够代表一个人的创造力，这种能力具备变通性、独特性和流畅性三个特征。所谓思维的变通性，是指具有创造能力的人的思维变化多端，能举一反三、一题多解、触类旁通。例如，对于“一块红砖有什么用处”这样一题多解的试题，回答者从建筑材料展开，列举出十余种其他用途，表现出良好的变通性。所谓思维的独特性，是指对问题能够提出不同寻常的独特、新颖的见解。例如，对故事“一位哑巴妻子被医治好了，丈夫却为妻子变得唠叨而苦恼，从而想让医生把自己变成听不到妻子唠叨的聋人”加以命题，结果出现“聋夫哑妻”“无声幸福”“开刀安心”等独特、新颖的命题，表现出良好的思维独特性。所谓思维的流畅性，是指思维的敏捷性或速度，也就是说，创造能力强的人，思维活动多流畅、少阻滞，能在短时间内表达众多的观念。

创造性学习正是在发现学习和创造性思维等研究的基础上发展起来的。“创造性学习”（creative learning）一词来自“创新学习”（innovative learning）。“创新学习”的概念最早出现在詹姆斯·W. 博特金等人（James W. Botkin, Mahdi Elmandjra & Mircea Malitza）合著的《学无止境》（*No Limits to Learning*, 1979）一书中，它是针对全球存在的环境问题、能源危机等提出来的。创新学习能够引起变化、更新、改组和形成一系列问题，它的主要特点是综合，适用于开放的环境和系统以及宽广的范围。到 20 世纪 80 年代初，学术界开始重视使用“创造性学习”这一概念。在当今社会中，研究者探讨青少年的创造性学习，是为了促进青少年创新精神的培养，为创造性人才的成长奠定基础。

二、创造性学习是创造性教育的一种形式

青少年学习活动的基础和前提是教育。我们今天强调青少年的创造性学习，就必须以创造性教育为基础；创造性学习是创造性教育的一种形式。

所谓创造性教育，是指在创造性学校管理和学习环境中，由创造型教师通过创造性教学方法培养出创造型学生的过程。创造性教育是在创造性理论的推动下，由创造性的训练而发展起来的。这种训练包括以下两个方面。

（1）心理学家开发的各种不同的创造力训练程序。例如，人的创造才能发展应

综合考虑创造性思维和创造性人格，不能单纯地局限于诸如“创造性问题解决过程”上，因为学生个性（人格）及其内在动机的形成，对创造力发展是至关重要的，而个性的形成必须接受教育的影响。

(2) 一些组织化程序可以有效地刺激创造力，如头脑风暴法，即创造性解决问题的五个过程：发现问题—发现事实—发现观念—找到解决方案—寻找认可这个观念的同伴，并将观念应用于实践。又如举隅法，即对别出心裁的思路起决定性的因素是程序。

创造性教育就是在这种创造力训练的基础上发展起来的。它不需要专门的课程和形式，但必须依靠改革现有的教育思想、教育内容和教育方法来实现，特别要考虑到：①呈现式、发现式和创造式；②聚合思维和发散思维的效果；③创造性教学与学生身心发展规律的关系；④学科教学、教学方法和课外活动的作用。

在中学阶段，创造性教育的要素有以下几种。

(1) 学校环境的创造性。主要包括校长的指导思想、学校管理、环境布置、教师评估体系及民主气氛等多种因素。其中，民主气氛是关键，学校里有无民主气氛是能否进行创造性教育的关键。

(2) 创造型的教师。中学阶段是人的价值观、人生观形成的重要阶段，这就要求教师不应单纯地传授知识、经验和文化，更应该注重于培养人，塑造人的心灵，变革人的精神世界。创造型教师是指那些善于吸收最新教育科学成果，将其积极应用于教育教学中，并且有独特见解、能够发现行之有效的教育教学方法的教师。创造型教师的创造性教育观、知识结构、个性特征、教学艺术和管理艺术，特别是教育教学方法，是培养和造就创造性人才的关键。

(3) 培养青少年创造性学习的习惯，使他们形成带有情感色彩且自动化的学习活动。关注呈现式、发现式、发散式和创造性的问题，这就是创造性学习。创造性学习是创造性教育的一种形式。

三、创造性学习的特点

（一）创造性学习强调学习者的主体性

主体与客体原是哲学概念，是用以说明人的实践活动和认知活动的一对哲学范畴。主体是实践活动和认知活动的承担者，客体是主体实践活动和认知活动指向的对象。青少年的学习活动是有对象的或有内容的，这就是学习的客体。谁来学呢？青少年。青少年必然是学习活动的主体。在倡导创造性学习的过程中，我们更强调学习者的主体性。主体性是学习者作为实践活动、认知活动的学习活动主体的基本特征，其根源在于人有自我意识。自我意识是人的意识的最高形式，它以主体自身为意识的对象，是思维结构的监控系统。通过自我意识系统的监控，可以实现人脑对信息的输入、加工、存储、输出的控制，如此，人就能按照自己的意识相应地监控自己的思维和行为。我国古代思想家老子曾说："知人者智，自知者明。"这正说明，在人的实践活动和认知活动中，自我意识的监控所表现出来的分析批判性，体现着一个人的智力与能力的水平。

美国心理学的研究表明，创造性思维和自我概念存在高相关。在自我认可、独立性、自主性、情绪坦率上高水平的被试，同样也是高创造力者。如何用这种主体性来揭示青少年的学习，又如何来理解学习的主体性呢？首先，青少年是教育目的的体现者；其次，青少年是学习活动的主人；再次，青少年在学习活动中是积极的探索者；最后，青少年是学习活动的反思者，任何学习都有一个反思的过程，这就是认知心理学强调的元认知。

（二）创造性学习倡导的是学会学习，重视学习策略

创造性学习倡导的是学会学习。要学会学习，就有一个学习策略的问题，即学习者必须懂得学什么、何时学、何处学、为什么学和怎样学。

我们认为，所谓学习策略，主要指在学习活动中，为达到一定的学习目标而学会学习的规则、方法和技巧；它是一种在学习活动中思考问题的操作过程，是认知（认识）策略在学生学习中的一种表现形式。在这里要强调四个问题：一是学生学习的目的性；二是学生的学习方法，在一定意义上说，学生学习策略的主要成分是学习方法；三是学生的思维过程；四是学习策略和认知（认识）策略的关系。

我们在前面论证创造性学习过程中青少年的主体地位，正是为了强调青少年学生学会学习和学习策略的重要性。这里我们还要强调三点：首先，青少年掌握学习策略的过程，是一个学习的监控性、积极性和创造性的统一过程；其次，青少年的学习策略是学会学习的前提，学会学习本身是一种创造性的学习，它包括学生运用一系列的学习策略；最后，学习策略是一系列有目的的活动，学生在学习过程中逐步形成自己的学习策略，能意识到其学习内容，懂得学习要求，控制学习过程，以便做出新颖、独特且有意义的决定，及时地调整自己的学习活动或者做出恰当的选择，灵活地处理各种特殊的学习情境，从而形成创造性的学习活动。

总之，青少年的学习过程，特别是创造性学习的过程是一种运用学习策略的活动。青少年要学会学习，学会创设创造性学习的环境，寻找独特的方法，善于捕捉机会，发现问题和解决问题，这都需要运用一定的学习策略。

（三）创造性学习者擅长新奇、灵活而高效的学习方法

创造性学习者能够能动地安排学习，有较系统的学习方法，并养成良好的学习习惯。

学习过程是青少年经验的累积过程，包括经验的获得、保持及其改变等方面。如何安排学习，是学习方法是否有效的一种显著表现。创造型学生能够能动地安排学习，比起一般学生，他们能够更快更好

地建构自己的知识结构和认知结构。由此我们可以看出能动地安排学习与高效的学习方法之间的关系。

创造型学生有着较为系统的学习方法。能否选用最合适而系统的学习方法，决定着青少年学习的创造程度。经过反复实践和修正，目前已形成很多具有模式意义的学习方法，如循环学习法、纲要学习法、发现学习法、程序学习法等。创造型学生在选择学习方法时，往往遵循学习的规律，明确学习任务，利用一切可利用的学习条件，根据学习的情境、内容、目标和特点灵活地加以应用。他们表现出强烈而好奇的求知态度，不断地向教师、同学和自己提问；想象力丰富，喜欢叙述；不随大溜，不依赖群体公认的结构；主意多，思维流畅性强；敢于探索、试验、发现和否定，喜欢虚构、幻想和独立行事；善于概括，将知识系统化等。这样，青少年不仅提高了学习的效果，而且发展了创造能力。

养成良好的学习习惯是培养青少年高效学习方法的基础。所谓学习习惯，是一种无条件的、自动的、带有情感色彩的学习行为。学习习惯的形成有四个条件：一是模仿；二是重复；三是有意练习；四是矫正不良的学习习惯。久而久之，习惯成自然，青少年就会形成一种创造性的学习风格，即稳定的学习活动模式。

（四）创造性学习来自创造性活动的学习动机，追求的是创造性学习目标

学习行为要由青少年的学习动机来支配。青少年的“会学”水平取决于“爱学”的程度。

创造性学习来自创造活动的学习动机，所以创造型学生的学习动机系统有其独特之处。在学习兴趣上，创造型学生有强烈的好奇心和旺盛的求知欲，对智力活动有广泛的兴趣，表现出出众的意志品质，能排除外界干扰而长期地专注于某个感兴趣的问题；在学习动机上，创造型学生对事物的变化机制有深入探究的动机，渴求找到疑难问题的答案，喜欢寻找缺点并加以批判，且对自己的直觉能力表示自信；在学习态度上，创造型学生对感兴趣的事物愿花大量的时间去探究，思考问题的范围与领域不为教师所左右；在学习理想上，创造型学生崇尚名人名家，心中有仿效的偶像，富有理想，用奋斗的目标来鞭策自己的学习行为。

创造性学习者追求的是创造性学习目标，创造性学习在一定意义上是一种创造性活动。创造性活动的指标之一是通过产生创造性产品来体现的。青少年的创造性学习产品，可以是一种语言和文学的作品，如作文；也可以是一种科学（数学、物理、化学、生物等）的形式，如新颖、独特且有意义的解题；还可以是一种近乎科技的设计、方式和方法，如科技活动小组的制作等。总之，创造性学习活动所追求的学习目标有着与众不同的特点，体现在学习内容、学习途径和学习目标上。

学习贵在创新。有人认为，学习只是接受前人的知识，学习书本上的知识，不是创造发明，也谈不上创新。我们认为，

学习固然不同于科学家的研究，但也要求学生敢于除旧布新，敢于用多种思维方式探讨所学知识。中学阶段，学生在学校里固然以再现思维为主要方法，但培养他们的创造性思维，也是教育教学中必不可缺的重要一环，他们在学习过程中所表现的独特、发散和新颖的特点，就是创造性思维。研究青少年思维创造性的发展和培养，研究他们的创造性学习的特点并加以促进，是思维心理学和学习心理学的一个重要的新课题，也是信息时代赋予教育工作者的一项重要的新任务。

第四节 创造性人才的培养模式

与创造性人才的成长规律相同，创造性人才的培养模式也是学术界和教育界共同关注的问题，自 20 世纪 50 年代以来，世界各国政府和研究者就对创造性人才的培养模式展开了探索。

一、创造性人才的类型与层次

《国家中长期教育改革和发展规划纲要(2010—2020 年)》指出，要“努力培养造就数以亿计的高素质劳动者、数以千万计的专门人才和一大批拔尖创新人才”。由此可以看出，创新人才可以分为三个等级：①“数以亿计的高素质劳动者”，体现着“人人都有创造性，人人都能创新”的理念，为了建设创新型国家，我们就必须通过教育培养数以亿计的高素质的劳动者；②“数以千万计的专门人才”也就是我们平时所讲的高素质的创造性人才，他们对各行各业都有着创新的贡献；③“一大批拔尖创新人才”是各行各业的尖子，如科技界领军人物、做出杰出贡献的管理人才、著名的企业家等。

从层次上看，创新人才又可做如下分类：①从创新能力来看，可分为具有初级创新能力的人、具有中级创新能力的人和具有高级创新能力的人；②从创新的过程来看，可分为前创新能力的人、潜创新能力的人和真创新能力的人；③从表达方式来看，可分为具有表达式创新能力的人、具有生产式创新能力的人和具有发明式创新能力的人；④从革新和高端探索的特点来看，可分为具有革新式创新能力的人和具有高深式创新能力的人。

创新等级和层次的区别，让我们看到创造性人才成长及其研究的复杂性。

二、创造性人才的培养模式研究

几乎所有的研究者都认为，创造性是可以培养的，但对于如何培养，研究者持有不同的观点，各国也采取了不同的模式，概括起来有以下四种。①

(1) 学科渗透模式。这种模式将创造

① 林崇德，胡卫平：《创造性人才的成长规律和培养模式》，载《北京师范大学学报（社会科学版）》，2012 (1)。

性的培养渗透到学科教学中。比较著名的理论有：①威廉姆斯（F. E. Williams）的认知—情感交互作用理论。该理论强调教师通过课堂教学，运用启发创造性思维的策略以提高学生创造性思维的教学模式，以及教师在课堂教学和课外活动中的渗透。②特雷芬格（D. J. Treffinger）的创造性学习模型。该模型包括创造性学习的三级水平，并且在每一级都考虑到认知与情感两个维度。③伦朱利（J. S. Renzulli）的创造力培养理论。该理论认为，一个理想的学习行为应处理好教师、学生及课程之间的相互作用及其关系，同时要处理好教师内部、学生内部、课程内部各因素之间的相互作用及其关系。

（2）技能训练模式。这种模式通过创造技能的训练来培养创造力。比较著名的有以下几种。①奥斯本（A. F. Osborn）的头脑风暴法。该方法利用集体思维的方式，使思想互相激励，发生连锁反应，以引导创造性思维。②德布诺（Edward De Bono）的侧向思维训练。将思维分为纵向思维和侧向思维，纵向思维关心的是提供或发展思想模式，侧向思维则关心改变原有的模式，建立新的模式。③托兰斯的创造技能训练。托兰斯将儿童的创造技能分为六级水平，通过阅读活动对其进行训练，并强调期望的作用，帮助学生想象未来。④科温顿（M. V. Covington）的创造性思维教程（张庆林，1995）。该课程的目的是让读者用自己的话陈述问题，随后书中的人物帮助读者侦破谜案，每个故事的评析都针对解决问题的一些策略，多项研究表明这一思维教程可以有效地提高青少年的思维能力。⑤阿迪等人的思维科学课程。该课程主要是通过科学教育促进学生的认知（思维）发展，研究表明，它不仅有效地提高了学生的科学、数学成绩与学生的思维能力，而且使学生的创造力也有了大幅度的提高。

（3）英才教育模式。这种模式是选拔部分拔尖人才进行有针对性的培养。美国的中小学不仅将创新能力的培养贯穿在整个教学活动之中，而且设立专门的天才班级和天才学校；英国教育部担负拔尖创新人才早期培养的主要责任，他们明确提出要努力使“天才和专才”成为创造性的人才，同时设立了 9 岁、13 岁和 18 岁三级“超常生国际水平测试”；新加坡严格的分流制度确保了对优秀学生的教育，莱佛士书院校长认为，综合课程是为全国成绩最优秀的 10%的学生开办的，而高才班专为 1%的学生而设（惠新义，2007）。

（4）联合培养模式。这种模式是大学和中学或中学和企业联合培养创造性人才。英国教育部特别重视加强小学、中学和大学之间的联系，指定牛津布鲁克斯大学高能儿童研究中心为中小学校的超常人才进行培训，鼓励地方企业、工业资助超常学生，为超常生的长期培养奠定基础（叶之红，2007）；新加坡政府为了培养创新人才，搭建了不同级别、不同形式的平台来展示学生的创新才能。

创造性人才的培养靠教育，学生发展的关键是教师，因此，世界各国都特别重视创造型教师的培养。新加坡政府为了发展教师的创意，主要采用三种方法：①扩大教师的资讯信息范围；②有计划、有目的地把教师送到企业、银行、工厂等部门工作、学习，开阔眼界，了解企业的创新制度、方案、技术等；③分层次培训教师的创意思维和创意教学法。

三、青少年创新能力培养模式的探索

在系统研究创造性人才成长规律的基础上，我们一直在探索青少年创新能力的培养途径，主要有以下模式。

（一）中小学活动课程培养模式

创造性人才除应具备创造性思维和创造性人格这两个关键素质外，还应有强烈的学习动机、良好的学习策略、较高的思维能力和对知识的深入理解。如前所述，针对我国中小学学生的特点，基于智力三维立体结构模型，胡卫平教授开发了一套用于培养学生创新素质的“学思维”活动课程。

“学思维”活动课程共有8册，每个年级1册，每册都以活动为单位，综合训练形象思维、抽象思维、创造性思维三种思维形式。每个活动包括4个环节：第一，活动导入，即创设情境以引起学生认知冲突、激起学生兴趣的环节；第二，活动过程，即按照活动的内部结构，组织学生进行观察、思考、讨论、实验的环节；第三，活动心得，即教师和学生一起回顾整个活动，总结心得，引起反思的环节；第四，活动拓展，即向生活和其他学科领域拓展思维方法的环节。活动内容以系统的思维方法为主线，按照学生心理发展规律以及知识面的扩展不断加深，由易到难、由简到繁。每个活动先从日常问题开始，再到各个学科领域；先从具体形象的问题开始，再到抽象的问题；先从简单问题开始，再到复杂问题。内容涉及语文、数学、科学、社会、艺术和日常生活等多个领域。2003年以来，近300所学校的20多万中小学学生参加了实验，跟踪实验结果表明：经过一年到一年半的学习，学生的创新素质有了明显的提高。

（二）课堂教学创新模式

在中学阶段，课堂教学是学校教育的重要渠道。因此，创新课堂教学模式是培养青少年创新素质的重要途径，思维型课堂教学理论①为这一途径提供了坚实的理论基础和方法指导。

思维型课堂教学理论包括认知冲突、自主建构、自我监控和应用迁移四个方面的基本原理。在课堂教学中，教师要根据课堂教学目标，抓住教学重点，联系已有经验，设计一些能够使学生产生认知冲突的两难情境，以此激发青少年的参与欲望，启发他们的积极思维，引导他们在探究问题的过程中领悟方法、学会知识、发展能力，主动完成认知结构的建构过程它不仅强调教师在教学过程中的反思和学生在学

① 林崇德，胡卫平：《思维型课堂教学的理论与实践》，载《北京师范大学学报（社会科学版）》，2010（1）。

习过程中的反思，而且强调计划、检查、评价、控制等，从而更全面地反映教学的基本要求，重视知识和方法的应用与迁移。

思维型课堂教学理论重视非智力因素的培养，训练思维品质以提高智力能力，创设良好的教学情境，分层教学、因材施教；同时，突出双主体的师生关系，倡导师生的课堂互动。实验表明：思维型课堂教学在学科教学中的应用，有效提高了学生的创新素质。

（三）高校与中学联合培养模式

为了在人才成长的关键时期采取特殊措施加快创造性人才的发现和培养，在系统研究创造性人才成长规律和总结国内外创造性人才培养模式的基础上，国内不少中学都和高校联合，开创了高校与中学联合培养人才的创新教育模式。

陕西省的“春笋计划”由我的弟子胡卫平教授负责方案的制订、学生的选拔、活动的组织和效果的评估。“春笋计划”的内容主要包括三个方面：第一，选拔少数具有创造性潜质且学有余力的高中生，利用综合实践活动课程时间和节假日进入高校实验室参与课题研究；第二，组建创造性人才培养专家报告团，为高中生举办讲座、报告，开设选修课，参与对高中生研究性学习的指导；第三，高校重点实验室对中学生实行开放日制度，接待中学生有计划地参观和学习。通过这些活动，培养高中生的创新素质。第一期“春笋计划”的评估结果表明，它不仅使参与的中学生取得了一批创造性的成果，更重要的是有效培养了学生强烈的求知欲望，加深了学生对学科知识的理解，提高了学生的创造性人格。

类似于陕西省的“春笋计划”，北京市实施了“翱翔计划”，上海市的上海交通大学与上海中学等基础教育名校也开始联合培养创造性人才。高校在专业学科，特别是基础专业学科，如数学、物理、化学、生物、信息技术、文学、历史、哲学、经济、法学等学科，围绕拔尖创新人才的培养积极制订计划。基础教育和高等教育积极推进以创新精神为核心的素质教育，充分利用课堂教学的主渠道培养学生的创新思维与创新人格，所有这一切都是在探索创造性人才的培养模式。

第三编　社会性发展

在高校发展心理学的研究生招生中，近年来报考“社会性发展”方向的人数超过了“智力发展”方向的人数，可见社会上出现了研究“社会性发展”的“热潮”。这并不奇怪，因为人性的核心是社会性，社会性所表现的是人类适应社会或社会化的心理与行为特征。崇德、立德、“三观”正，追求独立、确定自我、认同性别、适应社会和完善性格是青少年社会性的主要任务。因此，本编通过六章的内容研究青少年的社会性发展、情感发展、意志发展、价值观发展、定型性格及品德的形成。

第十二章
青少年的社会性发展

如前所述，人的社会化的完成突出地表现在中学阶段的青少年社会化和终生社会化。社会化反映了人的社会性的发展。儿童青少年的社会性发展研究起源于20世纪初期，自20世纪中叶以来，社会性发展已成为发展心理学最活跃的研究领域。社会性是指由人的社会存在所获得的一切特征。作为社会成员的个体，为适应社会生活所表现出的心理和行为特征，就是社会性。中学阶段，即青少年期的生理、认知和情感发展变化的特点，也决定着这一时期的社会性发展。青少年社会化的任务主要表现为六个方面：追求独立自主、形成自我意识、适应性成熟、认同性别角色、社会化成熟、定型性格的形成。本章将介绍我与我的团队对中学阶段社会性发展的几个问题的研究：自我意识与自尊以及亲社会与攻击这两类社会行为的发展。

第一节 青少年的自我意识与自尊

自我的发展是毕生持续性的。在中学阶段，个体的生理、认知机能和社会期望的变化第一次聚合在了一起，使其整个自我系统的发展表现出了明显的阶段性特征，这显著地体现在青少年自我意识与自尊的发展上。自我意识由自我评价、自我体验和自我控制三种心理成分构成。

一、青少年自我评价的发展

自我评价是指主体对自己思想、愿望、行为和人格特点的判断和评价。青少年逐渐摆脱成人评价的影响，产生独立评价的倾向。上中学之前，学生在道德判断中往往着眼于行为效果，到了中学则转向注重对内部动机的判断。在良好的教育条件下，他们从初中开始就能做出效果和动机的辩证判断。另外，青少年评价能力发展的一个突出特点，就是十分重视同龄人对自己的评价和看法，他们最初将同龄人的评价和成年人的评价同等对待，之后慢慢地表现出更重视同龄人的意见而忽视成人的意见。

（一）自我评价的独立性和依附性

自我评价的独立性是相对于自我评价的依附性而言的。独立的自我评价是青少年有“主见”的表现，这在人的成长过程中有着非常重要的意义。韩进之等人(1990)围绕一些问题来判断学生自我评价的独立性状况。例如，他们询问学生：老师、同学对你有什么看法，你认为他们的意见都正确吗？你做事拿不定主意吗？独立进行自我评价的能力随学生年级的上升不断提高，到八年级以后就达到较为稳定的水平。青少年自我评价能力的发展见表12-1。

表 12-1　青少年自我评价能力的发展

年级	五年级	七年级	八年级	高二	*F* 值检验
平均数	2.02	2.21	2.31	2.33	742.04**
标准差	0.41	0.38	0.34	0.34	

(注：**表示 $p<0.01$。)

(二) 自我评价的具体性和抽象性

自我评价的具体性是指学生从外部表现或行为结果来评价自己，而不能从内部动机来剖析自己，还不能上升到理论的高度。具体性评价往往就事论事，具体而琐碎。抽象性评价是指对具体评价的概括与深化。两者相比，具体性评价的水平较低，这体现出主体的自我意识还不够成熟。

韩进之等人(1990)用诸如“你认为怎样才算是一个好学生”之类的问题询问学生，将学生的答案分为三类：具体、外部的答案；抽象、内部的答案；内容介于两者之间的答案。

在大连地区，实验者从小学一年级到高二的几个年级中各抽取了100名学生，将其答案进行分析，制成了大连地区学生自我评价的具体性和抽象性发展示意图，见图12-1。

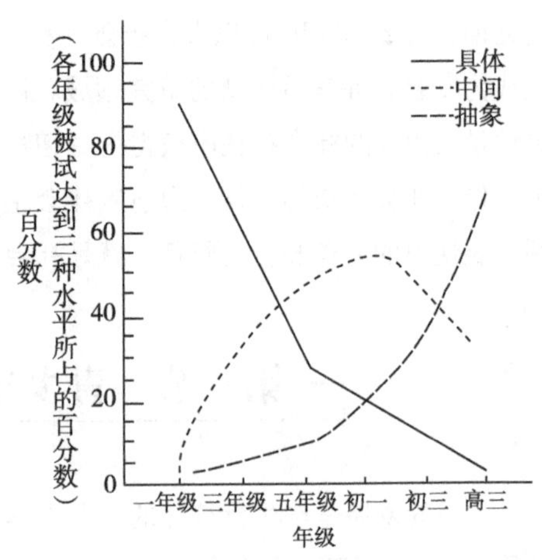

图 12-1　大连地区中学生自我评价的具体—抽象性发展(韩进之等，1990)

从图12-1可以看出，青少年进入中学以后，抽象性的评价人数大幅度上升，而具体性的评价人数越来越少；到了高二年级，基本上不存在注重具体的表面的评价，这意味着青少年阶段是自我意识由具体性向抽象性发展的时期。

(三) 自我评价的原则性和批判性

自我评价的原则性一般是指个体以一

定的道德观念和社会行为准则为依据而做出的自我评价。自我评价的批判性是指个体自我评价的全面性和深刻性。二者是联系在一起的，都是指自我评价的客观性和准确性是否符合社会准则，以及符合程度的问题。另外，二者都是随着年龄和环境、教育的影响同步发展起来的。进入中学阶段以后，由于道德观念和抽象逻辑思维的发展，青少年明显地表现出从道德原则出发进行自我评价，并显示出一定的全面性和深刻性。他们能够将自己的行为和行为动机联系起来，从初中开始就能较全面地评价自己的行为，比较深入地分析自己的个性品质，并能初步分析这些个性品质优劣的基本原因。九年级以后，青少年的这种自我评价的深刻性和全面性继续发生质的变化，即其自我评价的批判性又得到进一步的发展。

（四）自我评价的稳定性

自我评价的稳定性可以反映出青少年自我评价中的负责态度与其所采用的标准是否一致。如果认识水平低、标准不明确或者态度随便，都会使他们的自我评价出现不稳定的结果。稳定性差也是自我意识发展不够成熟的表现，它可以用两次或多次有一定间隔时间的自我评价结果来进行比较而找到结论。

我们从表 12-2 中可以看出，随着年级的升高，前后两次测试结果的相关系数也相应增大，青少年自我评价的稳定性越来越好。

表 12-2　全国九个地区自我评价问卷复测相关系数

年级	一年级	三年级	五年级	七年级	八年级	高二
相关系数（r）	0.37	0.51	0.61	0.67	0.73	0.78

二、青少年自我体验的发展

自我意识中的自我体验往往是通过学生的态度反映来进行研究的。青少年在心理上的成人感、自尊感和闭锁性对其自我体验的发展是最具有现实意义的。

（一）成人感

所谓成人感，是指青少年感到自己已经长大成人，渴望参与成人角色，要求独立、得到尊重的体验和态度。如前所述，当青少年的成人感出现时，便产生了一系列独立自主的表现：他们一反以往什么都依赖成人、事事都依附教师和家长的心态，不再事无巨细样样请教家长了，也不再敞开心扉，什么都可以公开了。他们有自己的见解和社会交往，乐于将属于自己的一块“小天地”安排好，并按一定的要求保持，还渴望得到家长的承认。他们要求和成人建立一种朋友式的新型关系，迫切要求老师和家长尊重和理解自己，如果老师和家长还把他们当作“小孩”而加以监护、奖惩，无视他们的兴趣、爱好，他们就可能会以相应的方式表示抱怨，甚至产生抗拒的心理。从初中时期起，他们就产生强烈的自立愿望，开始疏远父母而更乐于和同龄人交往，寻找志趣相投、谈得来的伙伴。

（二）自尊感

自尊感（或自尊、自尊心）是社会评价与个人的自尊需要之间相互关系的反映。黄煜烽等人（1993）认为，当一个人的生理需要、安全需要和社会需要得到一定程度的满足时，人就产生了对荣辱的关心，即自尊需要。它包括自我尊重和受社会尊重两个方面。所谓自我尊重，就是要求独立、自由、自信，对成就和名誉的向往等；所谓社会尊重，就是指希望被人认可、受人尊重，以及对地位、实力和威信方面的考虑等。人生活在社会群体中，不仅要自己尊重自己，而且希望别人也尊重自己，希望自己的才能和工作得到社会的承认，在群体中占有一定的位置，享有一定的声誉，获得良好的社会评价。这是一种普遍的心理现象，青少年当然也不例外。青少年自尊感的体验容易走向极端，如前所述，当社会评价与个人的自尊需要相一致、自尊需要得到肯定与满足时，他们往往沾沾自喜甚至得意忘形；如果社会评价不能满足自尊需要或者产生矛盾时，他们可能妄自菲薄，情绪一落千丈，甚至出现不负责任的自暴自弃。

（三）闭锁性

如前所述，青少年在心理发展上表现出较明显的闭锁性，这成了这个阶段自我体验的一种重要表现形式。

随着闭锁性的发展，青少年到了高中时期容易出现自卑感。所谓自卑感，是一种轻视自己、不相信自己、对自己持否定态度的自我体验。儿童很少有自卑感，自卑感萌芽于少年期，容易产生在青年初期。自卑的人常常有着强烈的防卫心理。郑和钧等人（1993）的研究指出，防卫心理主要表现在伪装、转嫁、回避和自暴自弃等几个方面。一个人若被自卑感笼罩，其精神活动就会受到严重的束缚，会变得不肯面对现实，丧失独立向上、自强不息的精神。因此，要使自我意识和人格健康得到发展，就必须从自卑感中解脱出来。

三、青少年自我控制的发展

青少年的自我评价和自我体验的发展为其自我控制（或自持）的发展奠定了基础。

（一）自我控制的基本动因

从行为产生的原理来看，行为控制的基本过程与行为发生的过程大致相同：自我需要产生某种行为的动机，在一定的动机作用下，主体筹划行为的计划，并完善计划和选择行为方式，使自我调控行为得以实施。因此，整个自我调控的动因可以概括为相辅相成的自我需要和自我教育两个部分，其中自我教育是实现自我需要的必然过程。从动因上看，自我教育是自我需要的发展和继续，自我需要又是在自我教育的过程中得到深化、完善，直至实现。

（二）青少年自我控制的发展

在教育实践中，我们发现中学各年级

学生自我控制能力的发展是有差异的。就整体而言，七年级学生年龄尚小，自我控制能力较差，随着年龄的增长，学生的生活经验与社会经验不断丰富，心理上的独立性不断增强，自我控制的动力由主要来自外部的力量，转变为以内部自立或自我控制力量为主。这个过程集中反映在八年级学生的身上。所以，相对来说，八年级学生不仅比较难管理，而且学习成绩的高低分化也比较明显。九年级和高中学生相对来说年龄又大了一些，学习的自觉性有所提高，八年级的学生往往容易放松自己。因此，在中学教育中，必须注意八年级学生的特点并做到因势利导。

（三）初中生与高中生的自我控制

初中生与高中生的自我控制能力是有差别的。从整体上看，青少年在初中和高中阶段的自我控制能力是有区别的。初中生自我控制能力的发展还是初步的，虽然开始出现以内部动力为主的特点，但其稳定性和持久性不够理想。一方面，他们的思想方法开始转向以内部归因为主；另一方面，他们又过高地估计了自己的力量与形象。

意识到自我并且开始较稳定而持久地控制自我，是高中生自我意识的一个重要特点。高中生更多地关心和思考自己的前途、理想问题，但在主观的我和社会的我（或社会我）之间、理想自我（或理想我）与现实自我（或真实我）之间是存在矛盾的，这促进了高中生的自我调节和控制能力的发展，否则，必然会导致一种较深的挫折感，使自我矛盾激化。高中生认识自我和控制自我的途径有三：一是以他人为镜调节自我；二是以自己活动的结果为镜调节自我；三是通过对自己的内部世界的分析、内省来调节自我，如古人所云“吾日三省吾身”。只有这样，才能发展自我控制能力，增强社会适应能力，从而更好地实现青少年阶段社会化的任务。

四、青少年自尊的发展

自尊是指个体对自己（或自我）的一种积极的和肯定的评价、体验、态度，这种态度表明个体相信自己是有能力的、重要的、成功的和有价值的。自尊和自我意识不仅是自我系统的两个不同的成分或结构，而且是心理健康的核心，因为自尊与心理健康各方面的测量指标都有着高相关。①

中学阶段是自我发展的关键时期或转折期，青少年自尊的发展对其整个自我系统及心理的发展有着重要意义：一方面，自尊作为个体自我系统的核心成分之一，其发展状况不仅与青少年的心理健康直接联系，而且对学生整个人格的发展具有重要影响；另一方面，自尊作为一个起中介作用的人格变量，对青少年的认知、动机、情感和社会行为均有重要而广泛的影响。

① Jennifer Crocker, “The Costs of Seeking Self-Esteem,” *Journal of Social Issue*, 2002, 58 (3), pp. 597-615.

（一）青少年自尊的发展变化

从小学升入初中，随着青春期的开始，青少年的自尊水平明显下降。出现这一现象的原因可能有二：一是环境的改变使得青春期的学生出现了较高的自我意识、不稳定的自我意象和较低的自尊水平；二是这个年龄的学生在面对新要求和中学环境的适应上出现了困难，进而影响了他们对自己的认知能力做出真实的评价。这也告诉我们，从发展的观点考查自尊的稳定性问题时，不仅要考虑年龄的变化，而且要考虑环境的差异。由于小学高年级学生的环境要求、期望和社会化目标都相对稳定，所以小学生的自尊水平也相对稳定。当升入初中以后，上述因素发生了变化，伴随而来的是自尊水平的变化。

在整个中学阶段，自尊并不十分稳定。张文新曾系统考查了城市与农村初中生自尊的特点。① 如图12-2所示，该研究发现，尽管初中生的自尊表现出一些城乡差异和性别差异，但总体上整个初中阶段学生的自尊存在显著的年级差异。七年级学生的自尊分数极显著地高于八年级和九年级学生。从八年级（约14岁）开始，自尊出现了一种下降趋势。这一结果与国外的有关研究结论基本一致，但我国中学生的自尊发生转折的时间要比国外中学生晚一年左右。与刚升入中学不久的七年级学生相比，由于认知能力的发展，八年级和九年级学生的自我意识进一步增强，身体迅速发育并接近成熟，他们更加关心自己的形象和别人对自己的看法，并经常与同学和同伴进行社会化比较；同时，进入八年级以后，学习上的压力更大，同学间的竞争更加激烈，家长和教师也对他们提出更高的要求。这些因素都会使他们在一段时间内对自己的各个方面产生怀疑甚至自卑，导致消极的自我评价和自尊下降。不过，近期的一项追踪研究表明，从七年级到九年级，青少年的自尊水平呈现显著的上升趋势（潘颖秋，2015）。

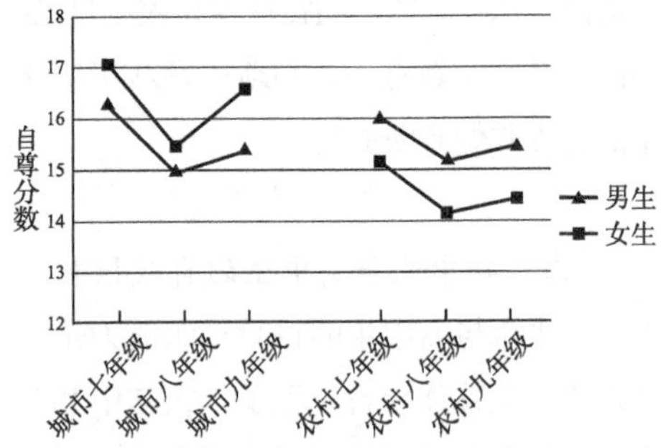

图12-2　城市与农村初中生自尊的发展趋势

学者们已经研究了自尊，他们总结了自尊除了整体自尊外还有不同的方面。莫里斯·罗森博格（Morris Rosenberg）编制了被广泛使用的“罗森博格自尊量表”（Rosenberg Self-esteem Scale），区分了基线自尊和气压式自尊（Rosenberg，1986）。“基线自尊”（baseline self-esteem）是一个人的价值和幸福感的稳定、持久的感觉。有高基线自尊的人虽然也会有偶尔的坏日子，觉得自己不称职或自我批评，但是仍然有高基线自尊，因为大多数时间里他们

① 张文新：《初中学生自尊特点的初步研究》，载《心理科学》，1997，20（6）。

还是积极地评价自己。相反，有着低基线自尊的人可能会持续地认为自己差，即使他们有一段时间事情进展顺利，他们也不会对自己有积极的评价。

“气压式自尊”（barometric self-esteem）是人们在一天当中，随着对不同想法、体验和互动的反应而产生的价值和幸福感的波动感。罗森博格认为，青少年早期是气压式自尊变化特别强烈的一个时期(Rosenberg，1986)。青少年可能在早餐上与父母有分歧，感到痛苦，然后去上学，在课前和朋友开了一些玩笑，感觉很好，然后取回生物测试试卷，看到分数很低，又感觉很痛苦，接着从一个有吸引力的潜在的意中人那里得到一个微笑，感觉好极了——全部发生在短短几小时内。

（二）青少年自尊的影响因素

自尊往往受三种心理社会因素——自我认同感、社会能力、学习和工作能力，以及两种生物因素——相貌和天赋的影响。

(1) 个体的外表吸引力。随着年龄的增长，青少年的生理发育日渐成熟，越来越强烈的性意识使他们越来越关心自己的体型、相貌等身体外表特征。那些对自己的身材、外表不满意的个体常常会产生低自尊，这种影响在青春期表现得尤其强烈。事实上，外表吸引力与自尊的相关不仅存在于中学阶段，从童年早期到中年期都是如此。

(2) 家庭因素。父母对待青少年的态度或教养方式影响着其自尊的发展。高自尊个体的父母教养方式有如下特点：接纳、关心和参与，严格，采取非强制性约束，民主。我的一项研究还进一步发现，在不同的青少年群体中，父母教养方式对自尊的影响存在差异：父亲的过度保护对女生的自尊有消极影响，但对男生没有影响；母亲的过度干涉和过度保护对男生的自尊有消极影响，但对女生没有消极影响。[①]不管父亲的过度保护还是母亲的过度干涉和过度保护都对城市青少年的自尊有消极影响，而对农村青少年没有影响。

(3) 同伴关系。同伴对青少年自尊的影响主要表现在：第一，亲密的同伴关系有利于青少年建立同伴间的认同并获得社会支持，从而缓解社会生活压力对他们的消极影响；第二，青少年大多选择社会背景和个性特征相似的个体作为自己的同伴，这有利于他们建立与同伴较为一致的价值观，促进自尊的稳定性；第三，同伴的接纳能够强化青少年的自我效能感和归属感，有利于保持他们自尊的稳定性。

(4) 学校与学业因素。学校对学生自尊发展的影响主要体现在教师身上，教师是社会行为规范的直接体现者和传递者，他们通过各种手段和途径把价值标准和行为规范传递给学生；同时，教师也是学生模仿的榜样，有些在家庭中得不到母爱或父爱的学生会从教师身上寻求感情上的满

① 张文新，林崇德：《青少年的自尊与父母教育方式的关系——不同群体间的一致性与差异性》，载《心理科学》，1998，21 (6)。

足。个体在学校中的成功经验也是影响自尊发展的重要因素。自尊和学业成就之间的关系密切，因为学生的主导活动是学习，他们主要通过学业成绩来评价自己能力的高低，并通过学业成绩来体验成功与失败。

（三）如何培养青少年的自尊

(1) 引导青少年客观评价自我，悦纳自我。急剧的环境变化与青春期的生理变化会使青少年无所适从，难以客观地认识自我。父母和教师应引导他们认识到这些变化的客观性和必要性，接纳这些变化，并建立新的自我评价标准，客观地认识自我。

(2) 帮助青少年建立良好的人际关系。和谐的亲子关系和师生关系，能使青少年更好地了解成人的世界，这样才能减少他们在自我发展中的迷茫和困惑，正确认识自我。父母和教师以身作则，可给青少年树立正确的价值标准和行为规范。良好的同伴关系，可使青少年从同伴处获得社会支持和归属感。

(3) 给予青少年充分的鼓励和支持，提高他们的成就感和自我效能感。在这里，成就感和自我效能感并不仅限于学习。尽管学习是青少年的主导活动，但并不是全部。父母和教师应引导学生对自己进行全面的评价，开发多方面的优势。对于学业表现较差的青少年，父母和教师尤其应引导他们发现自己的其他优势。

总之，自我概念在青少年期并没有完全巩固，并且会因为一些有影响力的事件而改变。帮助已形成消极自我认同的青少年找到一个成熟的、积极的自我概念，这种方法是可行的，并且这种改善在青少年期比在成人期容易做到。要改善青少年的自尊可以通过四个途径：一是确定低自尊的起因，以及对自我而言极重要的能力领域；二是给予情绪情感支持和社会赞许；三是获取成就感；四是直面问题（雷雳，张雷，2015）。

第二节　青少年的性别角色与社会性的性别差异

性别角色是指社会大众视为代表男性或女性的典型行为与态度，或符合大众期望与理想的男性或女性的典型行为与态度。简单地说，性别角色是社会约定俗成的用于表现男女差异的社会行为模式。这种性别角色的发展在社会性发展方面表现得尤为明显。

一、青少年性别角色的发展特点

中学阶段性别角色发展的任务之一是获得性别角色同一性。在这一时期，他们需要确定自己要承担的角色，把自己认为自己是什么样的人与自己在别人眼中是什么样的人统一起来，并对童年期的各种同一性成分进行整合，寻求连续感和一致感，即“我是应该成为我的我，包括将来成什么样的我和我在别人眼中是什么”。

个体要形成稳定的性别角色，首先要解决性别认同的问题。劳伦斯·柯尔伯格（Lawrence Kohlberg，1966；Kohlberg & Ullian，1974）认为，儿童对自己是男性还是女性的基本理解是逐渐发展的，整个过程经历以下三个阶段。

第一，性别自认（gender labeling），在两三岁时，儿童理解了自己要么是男性，要么是女性，并对自己有相应的标识。

第二，性别稳定性（gender stability），在幼儿期，幼儿开始理解性别是稳定的：男孩会变成男人，女孩会变成女人。然而，此时幼儿认为，女孩如果把发型变成男孩一样，那么她就变成了男孩；男孩如果玩洋娃娃就会变成女孩。

第三，性别恒常性（gender constancy），在4～7岁时，大多数幼儿理解了男性女性并不会随着情境或者个人的愿望而改变。他们明白，儿童的性别不受他们所穿的衣服、所玩的玩具以及发型的影响。

研究也表明，中国幼儿性别认同发展特点与柯尔伯格的观点是一致的（范珍桃，方富熹，2004）。

之后，小学儿童的性别认同会进一步扩展，包含以下三方面的自我评价。

其一，性别的典型性，即儿童认为自己与同性别的其他人相似的程度。尽管儿童不一定需要以非常典型的性别化观点来看自己，但是，是否与同性别的同伴吻合的感觉对其幸福感会有影响。

其二，性别的满意度，即儿童对自己的性别满意程度，这也会促进幸福感的提升。

其三，服从性别角色的压力，即儿童感受到的来自父母和同伴对其与性别相关的特质的不满。因为这种压力会抑制儿童去探索与自己的兴趣和天赋相关的选择，所以，强烈感受到心理性别定型压力的儿童常常会感到悲痛。

心理性别典型的、对自己的性别满意的儿童，会获得更高的自尊；心理性别不典型的、对自己的性别不满意的儿童，自我价值感会下降。而且，感受到强烈的服从性别角色的压力的儿童，会遇到严重的困难，如退缩、悲伤、失望、焦虑（Yunger，Carver & Perry，2004）。

对于性别角色的发展，厄利安（D. Z. Ullian）根据认知发展理论，依据个体不同时期所体现出来的不同发展取向，把6～18岁儿童青少年的性别角色发展划分为以下三阶段①。

第一阶段：6～8岁，生物取向阶段。此时个体所持有的关于男性和女性的各种认识以男女之间机体上存在生理差异和特征为依据。

第二阶段：10～12岁，社会取向阶段。个体对男性和女性所持有的各种性别角色概念以社会文化的要求和社会角色的

① Ullian，D. Z.，“The Development of Conceptions of Masculinity and Femininity，” in Lloyd，B.，Ascher，*Exploring Sex Differences*，London，Academic Press，1976.

期待为依据，个体通过学习社会公认和赞许的关于男女行为的各种准则和规范而获得对男性和女性的认识。处于此阶段的个体所持有的性别角色概念实质上是作为个体社会角色的一部分而存在的，是与社会文化的期望和影响一致的，在个体看来，它又是难以改变的。

第三阶段：14～18 岁，心理取向阶段。个体所持有的性别角色概念不再以社会准则和规范为唯一根据，而是以男女各自具有的内在心理品质为主要依据。对于此阶段的个体来说，性别角色不再以生理性状和社会角色（如父亲、母亲、丈夫、妻子）为主要内容，而以个体在心理上所表现出的性别特征为核心。

实际上，青少年很少有人能真正达到第三阶段的标准。青少年对性别角色的认识多数还是社会取向的，且具有一定程度的刻板化。还有研究者认为，到青春期，由于性意识的觉醒，青少年会产生相当强烈的与性别相联系的愿望，他们的性别角色态度会重新恢复到早期曾有的刻板状态。

心理学家约翰·希尔（John Hill）和玛丽·林奇（Mary Lynch，1983；1991）提出，青少年期是性别社会化特别重要的一个时期，特别对女孩来说。他们提出的心理性别强化假说（Gender Intensification Hypothesis）认为，在从童年期向青少年期过渡的时候，男性和女性的心理和行为差异尤其明显，因为会有很大的社会压力要求他们遵从社会要求的性别角色内容。希尔和林奇相信，男孩和女孩在青少年期发展过程中发生的诸多变化更多的是由这种强大的社会压力引起的，而不是由于青春期的生理变化。而且他们认为青少年期女性的性别社会化强度比男性要高很多，体现在成长过程中的各个方面。

女孩这时候从事异性活动的自由与儿童期相比已经不可同日而语。父母，尤其是那些持传统性别角色信念的父母，可能会比过去更加明确地鼓励孩子“与性别相匹配的”活动和行为。青少年期的女孩比男孩更加有对外表的自我意识，因为外表吸引力已经变成女性性别角色非常重要的一个部分。另外，女孩比男孩更喜欢并擅长建立亲密的友谊。希尔和林奇认为，这是因为对青少年来说，建立亲密友谊是符合女性性别角色的，而不符合男性的性别角色。

青春期在心理性别强化的过程中所起的作用可能在于它向社会化代理人（如父母、同伴以及老师）发出了一个信号：青少年正开始走向成人期。因此，青少年的言行举止应该像典型的成人男性或者女性那样。

二、社会性发展中的性别差异

随着性意识的觉醒和性别角色的发展，青少年开始努力表现得与异性不同。这在社会性发展方面表现得尤为明显。

（一）自我系统的性别差异

由于男生和女生在生理特征上的差异以及不同文化背景中的社会期望和性别角色不同，男女生自我概念的发展表现出了各自不同的特点，这在青少年期表现得尤为明显。总体来看，自我概念的性别差异模式表现为：男生在成就及领导方面的自我概念高于女生，在意气相投及社会能力方面的自我概念却低于女生。在自我概念的具体维度上，数学自我概念的性别差异得到了研究者较为广泛的探讨。概括来说，研究者发现学业自我概念的性别差异表现在两个方面：一是女生的语文自我概念高于男生；二是男生的数学自我概念高于女生。

至于青少年的自尊是否存在性别差异，这是一个颇有争议的问题，取决于研究者对自尊的界定以及与自尊相关的背景因素。一些研究支持了自尊的性别差异。例如，一项纵向研究发现，总体上从童年早期到青春期，男生的自尊趋于增高，女生的自尊趋于降低；每个年龄上男生的自尊分数均较高，男女生之间的差异从14～23岁逐渐加大。① 但同样也有一些研究者指出，青少年的自尊并不存在显著的性别差异。例如，张文新关于我国初中生自尊的研究发现，初中生的自尊总体上不存在显著的性别差异，但性别与城乡因素的交互作用影响着他们的自尊分数：城市女生的自尊得分高于男生，但农村女生的自尊分数低于男生。

当然，男女生的性别差异不仅仅表现在这些方面。但作为社会发展的主要方面，这些性别差异典型地反映了男女生不同的性别角色。这种性别角色是如何发展起来的呢？不同的发展理论给出了不同的解释。

（二）亲社会行为的性别差异

尽管亲社会行为的性别差异并不像攻击行为那样明显，但的确有许多研究发现了男女生在亲社会方面的差异。前述的艾森伯格等人的元分析发现，在童年期与青少年期，女生比男生更具有亲社会性，但这种性别差异的大小因具体的行为类型、发展阶段、数据收集方法和行为的指向对象而异。该元分析发现，在关心体贴他人方面的性别差异最大；在分享（捐赠）、工具性帮助、安慰等方面，性别差异较小；青少年早期（13～15岁）和青少年晚期（16～18岁）的性别差异比童年早中期更大。

（三）攻击的性别差异

在心理学领域，攻击性的性别差异是最可靠、一致的。男生的攻击（特别是身体攻击）水平显著高于女生，在许多国家或文化中均发现了这种差异。这种性别差异在学前期就开始出现，并持续一生。在中学阶段，身体攻击与暴力的这种性别差异进一步加大。比如，张文新对我国中小学生欺负行为的研究表明，在小学阶段，女生中欺负者的比例为2.1%，男生中该比例为5.9%，约为女生的3倍；但到了

① Block，J. & Robins R. B.，"A Longitudinal Study of Consistency and Change in Self-Esteem from Early Adolescence to Early Adulthood," *Child Development*，1993，64，pp. 909-923.

初中阶段，女生中欺负者的比例为0.4%，男生中该比例为2.5%，约为女生的6倍。

三、性别角色与社会发展性别差异的理论解释

对性别角色发展的理论解释主要关注三个方面：生物因素、心理因素和社会因素。

（一）生物定向的解释

早期的一些理论更侧重于生物因素对性别角色的影响，认为性别角色的发展始于儿童对父母的性兴趣。在4岁以前，男女生都认同自己的母亲，但4～6岁以后，男孩逐渐认同自己的父亲，而女孩继续认同自己的母亲。通过认同不同的性别并模仿，个体发展出了自己的性别角色。也就是说，男女生的生理差异使得青少年对父母产生了不同的认同，并从中习得了性别化的行为模式。

生物因素在性别角色的获得过程中起着非常重要的作用，尤其是到了青春期，第二性征的出现、性机能的逐渐成熟使得青少年的男女角色更加分化。这种理论解释有其正确的一面，但忽视了社会文化环境的作用，因而招致众多批评。

此外，进化心理学强调进化适应促成了心理性别的差异（Buss，2000）。在原始社会，男性和女性面临不同的进化压力，因为男性要和他人竞争以获得女性，所以男性得以进化的潜质是喜欢暴力、竞争、冒险。反之，女性喜欢的是能够支持家庭的长期配偶（Konner，2010）。不过进化心理学的观点也受到了一些质疑。

（二）心理定向的解释

心理定向的理论解释主要关注认知的发展过程。性别图式是指个体根据有关性别的信息进行组织的认知结构，是一套与性别相关的信息、知识和信念。在个体理解社会文化所定义的性别角色的过程中，有关男性和女性特征的信息会在他的大脑中固定下来，形成一个图式。随着年龄的增长，这种性别图式不断分化和复杂化，青少年与性别相联系的行为和态度也日益分化。一个很常见的例子是，人们对男女两性有不同的性别刻板印象，一般认为男性更独立、勇敢、有攻击性、有高成就，而女性更热情、体贴、关心他人。这种刻板印象与研究所发现的攻击、亲社会等方面的性别差异一致。

在大多数文化中，这些界定包含了一个盘根错节的、与心理性别相联系的网络，它不仅包括直接与性别相关的特征（如解剖结构、生殖功能、劳动分工、个性特质），而且包括风马牛不相及或者只是在隐喻上相关的特征（如形状的棱角或圆润、月亮的盈亏）。这些特征与性别联系在一起可能真是独一无二的（Paludi，1998）。

（三）社会定向的解释

以社会学习理论为代表的一些理论从社会化的角度来解释性别角色的差异。社会学习理论认为，个体在个性与社会性等各方面的差异主要是由成人，特别是父母和教师塑造而成的。在社会化过程中，成

人会不断对青少年的性别适宜行为进行强化，从而促进了青少年性别角色的形成。青少年表现出与自己性别相一致的行为时就受到成人的奖赏，而表现出与自己性别不相符的行为时就受到指责。除了成人的强化外，青少年对生活以及媒体中的榜样人物的观察学习和模仿也是其获得性别角色的重要机制。该理论认为，儿童青少年往往模仿同性成年人多于模仿异性成年人。通过强化与模仿这两方面的机制，儿童青少年逐渐习得性别化的行为模式。

此外，学校的教育体系（Sadker & Sadker，1994）和大众传媒（Calvert，1999）也无时无刻不在传递着关于心理性别的信息。比如，老师对男女生的态度、外部的教育环境都蕴含着心理性别的信息；电视的世界是高度性别类型化的，接受这样的信息越多，青少年越可能尊崇传统的性别角色。

总之，青少年期是性别角色发展的重要时期。这一时期，男生和女生在个性与社会性发展的许多方面都表现出明显的差异。

第三节　青少年的亲社会行为

亲社会行为是指对他人有益的或对社会有积极影响的行为，如帮助他人、安慰他人、捐赠财物、做义工等。亲社会行为的发展过程就是儿童青少年的道德认识水平提高、道德情感丰富的过程。亲社会行为既能促进社会的和谐与进步，又有助于个体建立良好的人际关系，促进个体的心理社会适应。依据其动机，亲社会行为可以是自我中心的、他人取向的或出于对现实利益的考虑。依据表现形式，亲社会行为则更具多样性，如助人行为、捐赠财物、合作等。依据交往对象，亲社会行为可以指向同伴、父母、教师、陌生人等。

移情是与之相关的一个重要概念，对个体亲社会性的发展起着重要作用。移情是一种出于对他人情绪状态或处境的理解而做出的与他人一致的情感反应。移情可能导致同情，也可能导致个人痛苦，抑或两者兼有。同情是一种对需要帮助者的担心或悲伤的情感反应，而不是与他人完全相同的情感感受；个人痛苦通常是受他人状态或处境的感染而引起的，但它是一种自我中心的厌恶性情绪反应（如自身的不舒服、焦虑）。同情与他人定向的行为动机密切相关，因而与道德和利他行为有关；个人痛苦只能引起减轻自身痛苦的自我动机，因而只有当减轻他人的痛苦是减轻自身痛苦的最简单方法时（如个体不能远离诱发移情的情境时），个人痛苦才会激发亲社会行为。

一、青少年认同的亲社会行为

依据上述分析，亲社会行为的内容是很广泛的，那么青少年认同的亲社会行为有哪些呢？我的弟子寇彧等人以初中生为被试进行了系统研究。[①] 该研究发现初中生最认同的亲社会行为主要是帮助行为(如辅导同学做作业)，其次是交往行为(如劝阻和调节有矛盾的同伴)。此外，安慰行为（如安慰不开心的朋友)、公益行为(如在植树节植树)、礼貌行为（如尊敬师长）和遵规行为（如积极参与学校组织的活动）也被他们认同。由表 12-3 可见，初中生关注的这些亲社会行为绝大多数发生在他们自己之间（52.3%），其次发生在初中生与成人之间（22.9%）和初中生与社会之间（15.5%）。初中生对发生在成人之间的亲社会行为也有一定的认识（9.1%）。

表 12-3　初中生认同的亲社会行为在不同主体间的分布

行为指向	初中生之间(%)	初中生与成人之间(%)	初中生与社会之间(%)	成人之间(%)
行为类型	帮助（25.7）	帮助（13.8）	帮助（2.7）	帮助（4.6）
	交往（15.6）	交往（5.5）	交往（0.9）	交往（1.8）
	安慰（11.0）	安慰（0）	安慰（0）	安慰（2.7）
	公益（0）	公益（0.9）	公益（10.1）	公益（0）
	礼貌（0）	礼貌（2.7）	礼貌（0）	礼貌（0）
	遵规（0）	遵规（0）	遵规（1.8）	遵规（0）
合计(%)	52.3	22.9	15.5	9.1

至于高中生认同的亲社会行为，目前尚无此类直接的访谈研究，但是一些问卷修订的工作使我们对高中生认同的亲社会行为有了一些了解。寇彧等人曾经以初中生、高中生和大学生为被试（年龄跨度在12～25 岁）修订了“亲社会倾向量表”，这一研究为我们了解高中生甚至更大年龄学生的亲社会行为提供了帮助。[②] 通过对该量表的修订，我们发现，我国初中生和高中生的亲社会行为可分为公开的、匿名的、利他的、依从的、情绪的和紧急的六类。从具体内容上看，初中生、高中生和大学生的亲社会行为也包括帮助他人、捐赠财物等。这说明初中生、高中生和大学生所认同的亲社会行为基本上是一致的。

从不同的侧面来看，亲社会行为可以划分为不同的类型。比如，依据交往对象的不同，亲社会行为可以是青少年同伴之间的，也可以是青少年与成人之间的；依据情境的不同，亲社会行为可以是公开的，也可以是匿名的。但亲社会的具体表现形式在不同年龄阶段、不同情境中具有较高的一致性。换言之，表 12-3 基本上涵盖了我国青少年认同的亲社会行为的基本形式。

① 寇彧，付艳，马艳：《初中生认同的亲社会行为的初步研究》，载《心理发展与教育》，2004，20 (4)。

② 寇彧，洪慧芳，谭晨等：《青少年亲社会倾向量表的修订》，载《心理发展与教育》，2007，23 (1)。

二、亲社会行为的发展

实证研究表明，移情反应与亲社会行为在生命的早期就出现了。心理学家霍夫曼（M. Hoffman）提出了一个四水平的理论模型，这对理解移情与亲社会行为的发展有重要的启示意义。在该模型中，他提出了与亲社会行为相关的四个水平的移情，相应地说明了亲社会行为发展的四个水平。

第一水平是婴儿期的整体性移情。婴儿不能把自己的痛苦与他人的痛苦进行区分，所以当他们对他人的痛苦做出反应时会体验到自我痛苦（如反应性哭泣）。

第二水平是自我中心的移情。从1岁末开始，婴儿发展出独立于他人的自我感觉，但这种感觉不成熟，即不能完全区分自我与他人，因此，此时幼儿对移情的痛苦与实际的痛苦会做出同样的反应。

第三水平是准自我中心的移情。从两岁左右开始，儿童能在很大程度上区分自我与他人，能体验到他人的情绪，因而也能做出适宜的亲社会行为，如对痛苦者实施安慰（如轻拍、抚摸）。

第四水平是真正的移情。从小学高年级阶段开始，青少年能意识到他人的情感，能理解他人的情感或观点与自己不同。此时青少年的移情反应更准确，而且能以低自我中心的方式帮助他人。

依据这一理论，随着年龄的增长，青少年的移情水平是不断提高的。此外，青少年的道德推理、观点采择等能力也在不断增长，因而我们可以推断亲社会行为随年龄呈上升趋势。一些研究支持了这一结论。例如，艾森伯格等人的元分析发现，与婴幼儿期（3岁以下）相比，学前期（3～6岁）儿童的亲社会行为显著增加；此外，当对学前组与小学生组（7～12岁）或青少年组（13～17岁）进行比较时，亲社会行为也有显著增加的趋势。[①] 也就是说，从学前期到学龄期，亲社会行为持续增加。

事实上，如果不考虑亲社会行为这一综合指标，而是关注具体的亲社会指标（如助人、分享）或具体情境下的亲社会行为（如家庭中的亲社会行为），其发展模式则更为复杂。例如，艾森伯格等人的元分析发现，青少年比小学生（7～12岁）有更多的分享（或捐助）行为，但在工具性帮助或安慰方面并非如此。对指向成人的亲社会行为，研究者尚未得到一致的结论。

三、青少年亲社会行为的培养

上述的青少年行为的重要意义，促使我们重视培养的问题，而对亲社会行为的培养基础是重视对其影响因素的探索。

（一）亲社会行为发展的影响因素

遗传因素、个体的人格与气质等个体特征，以及家庭因素、同伴因素等社会文

① Eisenberg, N., Fabes, R. & Spinrad, T. L., "Prosocial Development," in Damon, W., & Eisenberg, N., Lerner, R. M., *Handbook of Child Psychology: Social, Emotional, and Personality Development*, New York, Wiley, 2006, vol. 3, pp. 701-778.

化因素都影响着亲社会行为的发展，并且这些因素间存在复杂的交互作用。

(1) 个体特征。个体的情绪情感与调节能力直接影响着亲社会行为的发生。参与亲社会行为通常需要调节自己的行为与情绪（如控制自己的消极情绪）或帮助他人调节情绪（如安慰他人的悲伤情绪）。调节能力强的青少年能摆脱个人的痛苦状态，营造良好的情绪氛围，进而表现出亲社会行为。个体的亲社会行为与道德价值观密切相关。价值观是自我的重要成分，把道德视为自我概念的核心的青少年尤其可能有利他行为。到中学阶段，青少年已经开始以道德价值观及对他人的责任作为实施亲社会行为的原因。

(2) 家庭因素。家庭是青少年习得亲社会行为的第一场所，父母为青少年提供了亲社会的榜样。实验表明：通过榜样学习，个体不仅在实验后的即时测验中助人行为增多，而且在延缓测验中，这种效果也能保持下来。[①] 父母的教养方式也起着重要作用。在权威型的教养方式下，父母更多地鼓励孩子关心他人、接纳他人，这能促进亲社会行为的发展。这样的父母也能与子女建立良好的亲子关系，与子女保持积极的情感，并能对子女做出积极回应。这种积极的氛围更有助于青少年接受并内化父母的亲社会行为准则和价值观。相反，专制型的教养方式会在一定程度上削弱青少年的社交能力及社交自主性，阻碍他们的人际交往；同时，专制的父母也会给青少年树立消极的榜样：可以不尊重他人的感受。因而，专制型的教养方式容易使孩子具有敌意性和攻击性。

(3) 同伴因素。亲社会的个体更受欢迎，也有更多的朋友；反过来，社交地位也能正向预测亲社会行为的发展。这是因为被同伴接纳的个体有更多的机会学习并实践亲社会技能；在积极的同伴氛围中，青少年不太可能体验到烦恼情绪，这也能促进亲社会行为的发展。与一般同伴相比，青少年对处于困境中的朋友或所喜欢的同伴有更多的同情，更愿意与朋友相互分享物品或向其提供帮助。这是因为青少年的亲社会性程度依赖于对潜在受益者的认同，他们更愿意帮助其生活中相对重要的人。朋友之间的这些亲社会行为的动机不仅是喜欢与关心，而且是忠诚、互惠的责任以及朋友更多的分享或帮助要求。

（二）青少年亲社会行为的培养与教育

培养青少年的亲社会行为，不仅能促进个体的积极发展，而且是学校道德教育的一个重要方面。在亲社会行为的干预手段上，主要帮助青少年学习亲社会行为方式，预防不良行为的出现或恶化。

(1) 移情训练。移情是亲社会行为的动机基础，能够激发和促进个体的亲社会行为。因此父母、教师等都可通过移情训练来培养青少年的亲社会行为。例如，在

① Zahn-Waxler, C., Radke-Yarrow, M., King, R. A., "Child Rearing and Children's Prosocial Initiations toward Victims of Distress," *Child Development*, 1979, 50 (2), pp. 319-330.

他人面临困境的时候，父母要引导子女识别他人的表情，设想他人的情感，考虑他人的感受，唤起他们对自己经历过的困境和当时体验的回忆，以便产生与他人相同的情绪体验；父母也可以主动与子女交流自己的感受、情绪体验以及对他人困境的认识。此外，在学校教学活动中，教师也可以利用此类方法对学生进行移情训练。

(2) 榜样示范与行为训练。榜样示范是最直接的亲社会行为训练方法。教师和父母是青少年直接模仿的榜样。因此教师和父母必须时时注意在青少年面前保持良好的形象，包括待人接物的态度和方式、行为习惯等。同时，成人也是青少年选择榜样的控制者，因而教师和父母还应注意引导青少年，帮助他们选择交往对象、电视节目、图书等，以便对青少年进行正面的道德教育。此外，教师和父母还应通过强化使青少年的亲社会行为得以保持。常用的强化手段有表扬、物质奖励、停止指责等。

此外，有研究者依据青少年对亲社会行为的概念表征及其重视同伴关系的特点，从同伴关系的建立、维持和冲突解决三方面入手，结合亲社会技能的行为训练和认知训练，设置了改善同伴关系的课程，对初中生开展了团体干预活动。结果发现，干预课程显著改善了初中生的同伴关系，并有效促进了他们的亲社会行为，特别是利他性、遵规与公益性和关系性亲社会行为。这为青少年亲社会行为的培养提供了新的思路和方法。

第四节　青少年的攻击行为

攻击行为是指个体做出的意在伤害他人的行为，是青少年群体中常见的社会行为。攻击不仅会对他人和社会造成危害，也会对个体自身的适应产生长期的消极影响。因此，无论是从维护社会秩序的角度而言，还是从促进个体健康发展的角度而言，攻击的发展与控制问题一直是心理学最重要的研究领域之一。

一、青少年攻击行为的特点

过去研究者对三种形式的攻击进行了深入而广泛的探讨：身体攻击、言语攻击和关系攻击。身体攻击是指肢体形式的攻击，言语攻击是指言语辱骂等形式的攻击；二者都是外显的、公开的，且具有较高的共发性，因而常被合称为外显攻击。关系攻击是一种更为微妙的、复杂的攻击形式，是指个体通过操纵人际关系或社会地位对他人实施的攻击，如散播谣言、社会排斥等。相对于身体和言语攻击，关系攻击具有隐蔽性的特点。

(一) 攻击行为的普遍性

攻击行为在青少年群体中有较高的发生率。一个典型的证据来自对学校欺负的调查。欺负是力量相对较强的一方对力量相对弱小或处于劣势的一方进行的攻击，欺负者和受欺负者有时会在较长的一段时间内形成稳定的欺负/受欺负关系。因而欺负是一种特殊类型的攻击行为，属于攻击行为的一个子集。与攻击行为一样，欺负行为也包括身体欺负、言语欺负和关系欺负三种形式。我的弟子张文新对此进行了系统的研究，颇具特色。① 由表 12-4 的数据可见，在初中阶段，各种类型的欺负现象均具有较高的普遍性。鉴于攻击比欺负的外延更广，我们可以推测，中学生各类攻击的普遍性更高。

表 12-4 初中阶段男女生中身体、言语和关系欺负的发生率 单位:%

项目 性别	身体欺负	言语欺负	关系欺负
男生	27.5	19.4	15.9
女生	23.5	9.9	12.2

（二）中学阶段身体攻击的变化

在个体发展中，身体攻击最早出现。研究表明，婴儿在 4 个月大时就能表现出与外部刺激相一致的、明显的愤怒情绪；在 2 岁左右，儿童的身体攻击达到较高水平；在 2～4 岁，随着口语词汇的迅速增长，幼儿的言语攻击也有规律地增加；此后身体攻击和言语攻击的水平持续下降。

在中学阶段，身体攻击的频率继续呈下降趋势。前述张文新对欺负的研究也提供了这方面的证据。图 12-3 呈现了小学二年级至九年级欺负者与受欺负者人数比例的变化趋势，由图 12-3 可见，随着年级升高，欺负者和受欺负者的比例均越来越低；初中阶段的欺负者与受欺负者比例显著低于小学阶段。这一下降趋势主要与青少年冲突解决能力与内部抑制能力的发展有关。随着这些能力的发展与提高，个体越来越能抑制不适宜的社交行为。

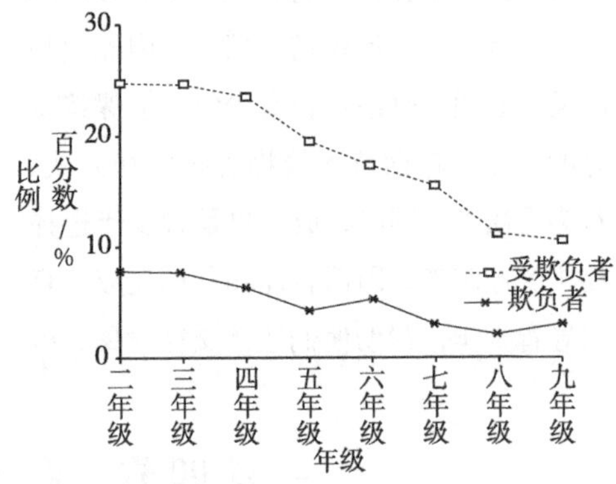

图 12-3 各年级儿童青少年欺负/受欺负的比例

当然，并不是所有青少年的攻击行为的发展都呈这种下降趋势。从目前国际上的研究结果来看，中学时期身体攻击的发展表现为三条或四条不同的轨迹，分别为：低攻击轨迹（人数比例为 14%～64%）、中等—停止轨迹（29%～53%）和（或）高—停止轨迹（12%～31%）以及持续高攻击轨迹（3%～11%）。② 张文新等人对少年儿童早期母亲报告的攻击的研究也发

① 张文新：《中小学生欺负/受欺负的普遍性与基本特点》，载《心理学报》，2002，34（4）。

② Broidy, L., Nagin, D. S., Tremblay, R. E. M. et al., "Developmental Trajectories of Childhood Disruptive Behaviors and Adolescent Delinquency: A Six-site, Cross-national Study," *Developmental Psychology*, 2003, 39 (2), pp. 222-245.

现了类似的攻击发展轨迹。[①] 由图 12-4 可见，大多数的青少年并无高水平攻击行为，且大部分攻击性青少年的攻击行为在逐渐减少；但有小部分青少年持续表现出高水平的攻击行为。在这里，这些表现出持续高攻击轨迹的个体尤其值得研究者注意，他们必然面临着更为严重的适应不良。

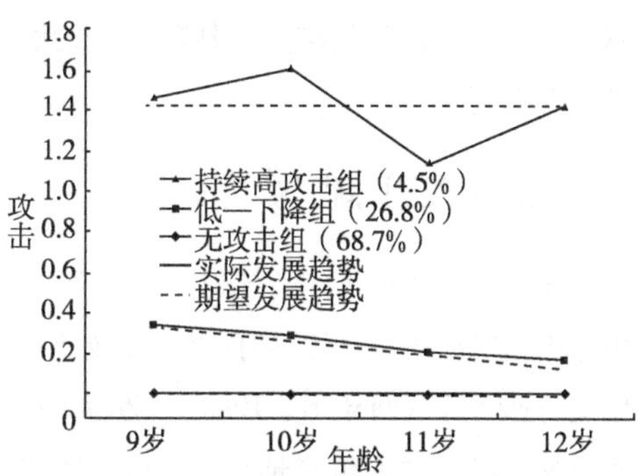

图 12-4　母亲报告的 9～12 岁少年儿童攻击发展轨迹

中学阶段，身体攻击的另一个发展特点是其严重程度增加。尽管总体上中学阶段身体攻击的发生率下降了，但这一时期是严重的攻击与暴力行为上升的时期。来自美国的调查数据显示：严重暴力犯罪事件（如猛烈的袭击、抢劫或强奸）从 12 岁到 20 岁显著增长，在 11 岁时，首次犯罪率几乎为零（小于 0.5%），但到 13～14 岁翻了一番，在 16 岁时，首次犯罪率剧增至 5.1%。[②] 更重要的是，与小学阶段相比，这一时期的攻击越来越与其他类型的反社会行为联系在一起，因而这一时期的攻击比小学阶段的攻击的严重性或危险程度更高。

（三）中学阶段关系攻击的变化

与身体和言语攻击相比，关系攻击的发展变化更为复杂。这种复杂性表现在两个方面：①在小学阶段至中学阶段的发展进程中，关系攻击的表现形式不断发生变化，从简单、直接变为复杂、隐蔽。②关于关系攻击的水平或发生率呈现怎样的发展趋势，目前研究者尚未有一致的意见。

关系攻击的发生以攻击者具有较高的社会认知水平和熟练的关系操纵能力为前提。正因如此，随着年龄的增长，关系攻击的表现形式越来越复杂、熟练、隐蔽。在学前期及小学低年级阶段，关系攻击主要是外显形式的，如攻击者可能采用威胁的方式告诫朋友“如果你不让我玩你的玩具，我就不和你玩了”。所谓外显，是指关系攻击发生时，往往攻击者、受侵害者、旁观者或其他人同时在场；而且关系攻击发生于即时的冲突情境中。从小学高年级至中学阶段，关系攻击变得较为熟练、复杂。攻击者多采用排斥他人或恶意造谣等

① 陈亮，张文新，纪林芹等：《童年中晚期攻击的发展轨迹和性别差异：基于母亲报告的分析》，载《心理学报》，2011，43 (6)。

② Dodge, K. A., Coie, J. D., & Lynam, D., “Aggression and Antisocial Behavior in Youth,” in Eisenberg, N., Damon, W., & Lerner, R. M., *Handbook of Child Psychology: Social, Emotional, and Personality Development*, New York, Wiley, 2006, vol. 3, pp. 719-788.

方式来破坏人际关系。此时的关系攻击不再限于即时冲突中，而是可以作为报复他人的一种迂回的方式，而且青少年的关系攻击越来越具有隐蔽性的特点。受侵害者或他人（如教师）往往难以觉察攻击者是谁。不仅这一时期的关系攻击主要发生于社交群体中，而且友谊逐渐成为发生关系攻击的重要背景。通过关系攻击，攻击者可以控制友谊关系或表达自己对朋友的愤怒情绪。另外，随着青少年异性交往的增多以及异性亲密关系（如早恋）的建立，他们也会在异性交往中进行关系攻击。

社会认知水平和关系操纵能力的提高不仅使得关系攻击的形式发生变化，而且使得关系攻击从学前期开始呈明显的上升趋势。但是这种增长趋势会持续至何时，目前尚未有明确的结论。有人认为，关系攻击在 11 岁左右达到高峰，此后呈下降趋势。这个结论值得商榷。事实上，自 20 世纪 90 年代开始，研究者才开始关注关系攻击，因而迄今为止我们对关系攻击的发展仍知之甚少。

（四）攻击的稳定性

攻击的一个重要特征是其高稳定性。攻击的稳定性是指随年龄的增长，个体的攻击性水平在群体中的相对位置是否保持不变。高稳定性意味着小学时高攻击的个体在中学阶段乃至成年期的攻击水平都可能高于其他个体。实证研究表明，无论是男生还是女生，攻击性与智力的稳定性大致相同。例如，奥维尤斯（D. Olweus）指出，男性攻击间隔 1 年的稳定性系数为 0.76，间隔 10 年的稳定性系数为 0.60。[①] 从中学阶段开始，攻击行为的稳定性就比较高。一般而言，攻击的稳定性遵从两个定律：一是时间跨度越短，攻击的稳定性越高；二是个体年龄越大，其攻击行为的稳定性越高。

二、两类犯罪行为

研究者一般认可年龄与犯罪呈负相关。犯罪率通常在 17 岁时达到顶峰，在成年初期又急速下降（Moffitt，1993）。随着年龄的增长，犯罪的人越来越少。青少年的自我报告也表明，随着他们长大成熟，违法乱纪的事做得越来越少了。不过，综合起来看，反社会行为在青少年期的确是一个问题。

研究已经表明，实际上只是一小部分青少年犯了大多数的罪行。这部分青少年就是那些具有终生持久性（life-course-persistent，LCP）的犯罪者，大多数的罪行是他们犯下的（Moffitt，1993，2007）。进行终生持久性犯罪行为的青少年与"限于青少年期"（adolescence-limited，AL）犯罪的青少年行为是不同的，前者开始得早，其反社会行为与注意缺陷多动障碍、学业失败、攻击性或者暴力相关。对这些"终生持久性"（LCP）的青少年犯罪者来说，

① Olweus，D.，"Stability of Aggressive Reaction Patterns in Males：A Review，" *Psychological Bulletin*，1979，86，pp. 852-875.

比较早地对其以及他们的家庭进行干预似乎是唯一的解决办法（Bartusch et al.，1997；Rutter，1998）。相比之下，对那些看来只是在青少年期才参与犯罪的青少年来说，还没有比较清楚的干预策略。

“终生持久性”和“限于青少年期”两种类型的反社会行为起因可能是不同的，或者它们演变的过程是不同的。前一类型的青少年的反社会行为有着较早的起源，并且和注意缺陷多动障碍、学业失败以及攻击性联系在一起。但与之不同的是，在青少年期才开始参与反社会行为的那些青少年之所以这样做，是因为他们的生理年龄与社会年龄之间的差距所带来的压力（Moffitt，1993）。在青少年走向个体化的过程中，有一种心理需要大大增强了，那就是觉得自己重要，要想为家庭、学校和社会做出重要的贡献。青少年产生的反社会行为有时只是为了让自己有一种成人感。由于“终生持久性”的青少年犯罪者在很长一段时间内持续犯罪，所以“正常的”青少年只是在以“准成人”的行为来模仿“更有胆气的、经验丰富的”反社会青少年（Moffitt，1993）。研究者认为，事实上，成功的成人仪式应该是与低水平的犯罪参与率联系在一起的。

研究者提出，反社会行为与青少年所面对的其他发展任务是联系在一起的。特别是研究者认为，“限于青少年期的”反社会行为是由这一时期的特定原因引发的，包括青春期固有的生理失调、成年人所允许的与青少年所期望的自由程度的差距、西方文化中对个人主义的注重、迎接生活中的新挑战时所面对的困难等（Arnett，1999）。的确，反社会行为似乎是在对同伴压力最敏感的时候到达顶峰的，而且，随着青少年逐渐学会自我控制，犯罪率也就下降了（LeBlanc，1993）。

随着年龄的增长，大多数罪犯都洗手不干了，因为犯罪太危险了，体力负担也很重，得不偿失，并且对大多数人来说，以犯罪作为一种生活方式所面临的惩罚更加严厉、时间更长。青少年随着年龄的增长，他们越来越害怕惩罚。

三、攻击行为的预测因素

攻击的预测因素是多层次、多方面的，包括遗传因素、发展背景、发展阶段特征等。在这里，我们主要关注与攻击相关的个体和背景因素，这对于青少年攻击行为的干预与矫正有重要意义。

（一）个体特征

高攻击的个体常常表现出困难型气质。困难型的个体行为无规律，在新环境中倾向于退缩，对环境变化适应慢、反应强烈，并且烦躁易怒、爱发脾气、情绪消极。这些特点使得这类个体在交往中更倾向于采用攻击性策略。鉴于气质有较高的稳定性，这类个体的攻击性往往具有长期性和持续性。另外，很多攻击性个体往往具有言语能力缺陷、“敌意性归因”偏见、执行功能缺陷等特点。此外，具有注意缺陷多动障碍的个体易冲动、注意力不集中、活动过度，因而也更容易表现出攻击性。实际上，这些不利因素往往有较高的相关性，这会进一步增加个体表现出攻击行为的危险性。

（二）家庭因素

诸多家庭因素都与攻击行为有关。

(1) 家庭的社会经济地位。西方的研究表明，在控制了其他因素之后，家庭贫困与儿童青少年和成年人的攻击性有关系。一个主要的原因是，在贫困的家庭中，父母付诸孩子的精力较少，缺乏对孩子有效的、积极的教养和监控。对这一结论我们要慎重地分析，这仅仅是西方的部分资料。

(2) 家庭冲突。家庭尤其是离异家庭的冲突会加剧青少年的消极情绪，且他们往往将这种消极情绪发泄于同伴交往中；家庭冲突中的暴力行为还可能成为青少年攻击行为的消极榜样；另外，家庭冲突也会削弱父母对子女的教养和控制，进而增加了青少年融入不良同伴群体的可能性。

(3) 父母对子女的教养方式。这是影响子女攻击行为的最重要、最直接的家庭因素。积极的、民主的教养能促进良好亲子关系的建立，使青少年更愿意接受父母的要求和控制。反之，消极的教养方式（如体罚）则会增加青少年的攻击行为。需要注意的是，父母的教养方式与青少年的个体特征存在交互作用。对于高攻击的青少年，父母更倾向于采用体罚或惩罚措施，这会进一步增强他们的攻击行为模式。

（三）同伴因素

在中学阶段，同伴比父母的影响更重要。中学阶段主要的同伴影响来自行为不良的朋友和特殊同伴团体。研究发现，青少年个体无论何时隶属于一个行为不良的同伴团体，都能预测其暴力行为的增加；离开这类同伴团体，则能预测其暴力行为的减少。同伴的影响至少有两种机制：①同伴构成了个体的榜样，青少年在与消极榜样的交往中会逐渐习得攻击性的行为模式；②同伴群体对其成员的行为起强化作用。在行为不良的同伴群体中，其成员或多或少都有一定的不良行为。在这样的群体中，迫于同伴压力，青少年会进一步表现出与群体相一致的不良行为，以获得群体的奖励（如高同伴地位）。更重要的是，这种奖励不仅针对个体的行为，更是对其价值观、态度以及行为方式的奖励，这使得个体的攻击与反社会行为模式保持下来，表现出一定程度的稳定性。

（四）社区与媒体因素

一些社区因素也是青少年攻击与反社会行为的重要原因。一个社区中，低受教育程度、单亲家庭、高流动性以及低收入家庭所占的比例越高，该社区中青少年产生行为问题的风险性越大。目前我国的城乡人口流动性越来越强，这使得城市更为拥挤，流动家庭的比例也越来越高，这成为青少年发展中不得不引起关注的一个重要因素。

媒体暴力也是青少年攻击与反社会行为的不可忽视的原因。一项元分析表明，观看暴力性电视画面这一因素可以解释攻击行为10%的变异。[①] 我的弟子周宗奎教授的研究也表明，大学生接触媒体暴力10分钟即能增加个体的内隐攻击性。[②] 比观看暴力电视节目的影响更为消极的是玩暴力性电子游戏。无论是实验室研究，还是追踪研究，均发现长期地玩电子游戏使青少年未来的攻击行为增加。本书第二十章会专门论述相关的问题。

四、青少年攻击行为的干预与矫正原则

鉴于攻击行为对个体与社会发展的消极影响，其干预与矫正也成为心理学、社会学、犯罪学等领域关注的一个重点问题。攻击行为具有较高的稳定性，因而其干预难度可想而知。在对攻击行为的干预与矫正中，我们应注意以下几个问题。

（1）不同类型的攻击行为有不同的特点、发展趋势，也可能有不同的发生机制，因而有效的干预策略必须区别对待不同类型的攻击行为。

（2）从发展的角度而言，要区别对待不同类型的攻击个体。比如，持续高攻击的个体适应不良或违法犯罪的可能性更高，因而这部分个体必须成为干预的重点人群。

（3）行为干预与矫正越早越好。个体的年龄越大，其行为越稳定。随着年龄的增长，个体的攻击行为模式会逐渐人格化，变得难以改变。

（4）重视家庭和同伴的作用。温暖和谐的家庭氛围、父母的积极教养和榜样作用，都能促进青少年的良好发展。另外，鉴于同伴群体对青少年的强大影响，教师和家长还应帮助青少年慎重交友，抵制同伴压力，这能极大地减少青少年的攻击与反社会行为。

（5）对青少年攻击与反社会行为的干预，需要全社会的努力。随着我国经济的发展，人口流动、贫富分化等问题逐渐突出，这些都构成了青少年攻击与反社会行为的潜在危险。有攻击性内容的视频、游戏等越来越普遍，其传播途径也越来越多样（如电视、网络等），这使得青少年更易摆脱家长的控制从而接触该类信息。仅靠家庭与学校的努力，难以达到预期目标。

---

① Wood, W., Wong, F. Y. & Chachere, J. G., "Effects of Media Violence on Viewers' Aggression in Unconstrained Social Interaction," *Psychological Bulletin*, 1991, 109 (3), pp. 371-383.

② 魏华，张丛丽，周宗奎等：《媒体暴力对大学生攻击性的长时效应和短时效应》，载《心理发展与教育》，2010，26(5)。

第十三章
青少年的情感

情感是人对客观现实的一种特殊的反映形式。它是人对待外界事物的态度，是人针对客观现实是否符合自己的需要而产生的体验。

人在认识世界和改造世界的过程中，与周围现实发生相互作用，产生多种多样的关系和联系。主体根据客观事物对人的不同意义而产生对这些事物的不同态度，在内部产生肯定或否定的体验。情感就是人对客观事物的态度的一种特殊反映。喜、怒、哀、乐、爱、恶、惧，即常言中的“七情”，都是人对客观事物的态度的带有特殊色彩的反映形式。

人的情感是由什么决定的呢？它要以某个事物是否满足人的需要为中介。凡能满足需要的事物，会引起肯定性质的体验，如快乐、满足、热爱等；凡不能满足人的需要的事物，或与人的意向相违背的事物，则会引起否定性质的体验，如愤怒、哀怨、憎恨等。情感的特殊性，正是由这些需要、渴求或意向决定的。当然，事物是复杂的，需要也是复杂的。情感的变化，其中最重要的是事物的意义与人的需要之间的相互关系，它表现在：这种事物是和人的哪些需要发生关系的，即因需要不同而导致不同的情感；这种事物对有关需要的满足或妨碍的程度会导致不同的情感；这种事物与需要的关系的现实程度，即这些事物是现在满足人的需要，还是将来满足人的需要，抑或是在想象中满足人的需要，会导致不同的情感。情感因满足与否而具有肯定或否定的性质。它成为人的需要是否获得满足的指标，也成为一个人在他所处的社会关系中，个人需要与社会需要这个矛盾与统一的关系的一个指标。

如何研究情绪情感呢？这在心理学界是一个比较难的问题。因为研究方法欠缺和研究指标难以确立，所以在目前不少的心理学著作中，有关情感的章节往往还停留在描述上。不过，有不少国内外的心理学家已经开始探讨这方面的问题，并开展了一系列的研究。他们所采取的研究途径有以下几种。

(1) 通过研究情感与需要的关系来研究情感的发展变化。例如，破坏某种需要，看不同被试的情感特征。

(2) 通过研究情感与认识的关系来研究情感的发展变化。例如，认识过程中的记忆好坏与情感变化的关系，以记忆的成绩作为情感特征的指标。

(3) 利用情绪材料或情境诱发情绪。经过众多研究者的努力，目前已经形成较为系统的情绪材料或情境诱发情绪的方法。[①] 情绪材料诱发方法主要指通过向被试呈现具有情绪色彩的材料，进而诱发被试相应情绪的方法。根据材料呈现感觉通道的不同，情绪材料分为视觉刺激材料、听觉刺激材料、嗅觉刺激材料以及多通道刺激材料等。我国研究者罗跃嘉等研制了适合中国文化背景的汉语情感词系统、中国情绪图片系统和中国情感数码声音系统。情境诱发方法主要指通过对情境的操控诱发、改变被试的情绪体验的方法，包括电脑游戏、博弈游戏和通过表情、姿势诱发等。情境诱发方法可以克服简单情绪材料无法诱发自豪、羞耻、内疚等高级自我意识存在不足的问题。

(4) 实验仪器观察记录情绪情感变化，如利用生理多导仪等仪器，观察脉搏、呼吸等外部情绪的表情变化、动作和言语变化，来分析情感形式的特点。

第一节　青少年情感发展的一般特点

小学阶段，在教育与教学的影响下，儿童情感的表现形态、情感的内容和情感的品质特征，如稳定性、深刻性和概括性等都在发展。

小学儿童是富有感情的。在整个小学阶段，儿童的情感控制力还不足，他们易受感染而产生多变的、不稳定的情感。

升入中学后，随着生活条件的变化和教育的要求，青少年的情感发展有了新的特点，青春期生理的变化给青少年的情感增添了新的色彩。青少年日常生活中的情绪特点可以从其平均的情绪状态中看到，可以从其情绪体验的变化中看到。通常，初中生体验到的消极情绪比学龄儿童更为突出 (Greene, 1990)。虽然消极情绪在高中阶段又有稍许下降，但是，女孩沉浸在消极情绪状态中的时间似乎比男孩更长。青少年的情感，就其一般发展趋势来说，有以下几个主要的特点。

一、充满热情，富有朝气

青少年容易动感情，也重感情，他们的情绪高亢强烈，充满着热情和激情，活泼愉快，富有朝气。乔建中等人曾用自编的“中学生情绪性素质调查量表”对 1024 名初中和高中生的情绪特点进行了研究[②]，发现在反映中学生情绪性素质的 10 个维度中，热情维度的得分最高。有人曾做过一次调查，普通中学的初中生爱唱歌的占 86%，喜欢吟诗的占 34.8%；高中生爱唱歌的占 78.2%，喜欢吟诗的占 48%；工读学校学生爱唱歌的占 83%（内容略有不

① 郑璞，刘聪慧，俞国良：《情绪诱发方法述评》，载《心理科学进展》，2012，20 (1)。

② 乔建中，严邦宏，陈履伟等：《中学生情绪性素质的调查报告》，载《南京师大学报（社会科学版）》，1999 (2)。

同)，喜欢吟诗的占 36%。可见中学生的情感丰富而强烈，并善于表达情感，与成人相比，他们生动活泼、生气勃勃。

中学生有为真理而献身的热情，常常为自认为正确的言论行为争执得面红耳赤，对国家、社会充满热情，对国家的前途十分关心。从对中学生关于国家前途态度的问卷中可看出，不论是初中生还是高中生，抱有悲观态度的只占 20%左右，而抱有乐观态度的占 50%以上。有研究者通过网络调查问卷的方式对 30000 名中学生的理想信念情况进行了研究①，结果显示，有 56.75%的学生认为不应虚度年华，最重要的是要做到“服务社会，报效祖国”，有 81.43%的学生认为心目中的理想社会是“人们能各尽所能地为社会做贡献，人人都能过上富裕的生活，人与人之间互助互爱”，有 85.17%的学生对建设社会主义和谐社会充满信心；对于职业理想，有 51.5%的学生希望自己今后能成为政治家、科学家、企业家、艺术家等为社会做出重要贡献的精英。

中学生朝气蓬勃，对未来充满着美好的憧憬和幻想。他们往往是英雄事业、英雄行为的热烈追求者。20 世纪 80 年代初，我们用问卷法对当时的中学生做了调查，情况如表 13-1 所示。

表 13-1　对中学生的一项调查

内容	初中生	高中生
敬佩英雄、模范人物	90%	88%
向往成为英雄、模范	84%	72%
喜欢抄录伟人的警句、格言	14%	32%

可见，用英雄业绩引导，有的放矢并讲究实效地教育中学生，是符合中学生情感发展的特点和健康成长的规律的。

二、情绪情感的两极性

青少年情绪情感最突出的特点是其两极性的表现。例如，当他们取得好成绩时，表现为非常高兴、唯我独尊；一旦失败，又陷入极端苦恼的情感状态。又如，他们往往具有为真理而献身的热情，盼望实现惊人的业绩；但也常常由于盲目的狂热而做蠢事或坏事。所以，霍尔把青春期说成是疾风怒涛期（或狂飙期）。

（一）情感两极性的表现

人的情感是十分复杂的，具有两极性。情感两极性有如下多种表现。

第一，表现为情感的肯定及否定，如满意和不满意、愉快和悲伤、爱和憎等。

第二，表现为积极的、增力的或者消极的、减力的，如愉快的情感驱使人积极地行动，悲伤的情感引起的郁闷会削弱人

① 陶元红，吴薇，杨昌弋：《“90后”中学生理想信念现状调研报告》，载《中国德育》，2011 (7)。

的活动能力。

第三，表现为紧张及轻松的状态，如考试或比赛前的紧张情感，活动过去以后出现的紧张解除和轻松的体验。

第四，表现为激动和平静，如激愤、狂喜、绝望和意志控制情感处于稳定状态。

第五，表现在程度上，这反映在从弱到强的两极状态，如从愉快到狂喜，从微愠到暴怒，从担心到恐惧等；或反映在深刻程度上，如同样的情感却有不同的由来、质量和水平。

情感的两极性，反映了情感的内容、强度、稳定性、概括性和深刻性等，反映了情感的发展水平和复杂程度。

（二）青少年情感的两极性

青少年很容易动感情，他们的情绪情感比较强烈，带有明显的两极性。青少年报告的极端积极情绪和消极情绪都比他们的父母多，但是中立的或者温和的情绪状态则不及他们的父母那么多（Larson & Richards，1994）。比如，青少年所报告的非常高兴的情况比他们的父母多出六倍，非常不高兴的情况比父母多三倍。除了这些较为普遍的情绪范畴，与父母相比，青少年也更可能报告感到窘迫、神经紧张、冷漠、厌烦。

1. 外部情绪的两极性

（1）强烈、狂暴性与温和、细腻性共存：少年的情绪表现有时是强烈而狂暴的，但有时，他们又表现出温和、细腻的特点。所谓温和性，是指人们的某些情绪在文饰之后，以一种较为缓和的形式表现出来。所谓细腻性，是指情绪体验上的细致和精确的特点。

（2）可变性与固执性共存：情绪的可变性，是指情绪体验不够稳定，常从一种情绪转为另一种情绪的特点。这种情况常出现在情绪体验不够深刻的情况下。对青少年来说，一种情绪较容易被另一种情绪所代替，而且常常是一种积极的情绪取代另一种消极情绪。情绪的固执性，是指情绪体验上的顽固性。青少年由于思维灵活性尚未成熟，在对客观事物的认识上还存在偏执性的特点，且给情绪上带来固执性。

（3）内向性和表现性共存：情绪的内向性，是指情绪表现形式上的一种隐蔽性。从童年期转入青春期，青少年逐渐失去了单纯和率直，在情绪表露上出现了隐蔽性，将喜怒哀乐各种情绪都尽可能地隐藏于心中，尤其是对于一些消极性情绪，隐藏得更是严密。但青少年有时为了从众或其他一些想法，常将某种原本的情绪加上表演的色彩，或夸大某种情绪，或削弱某种情绪。在这种情绪表露的过程中，自觉或不自觉地带上了表演的痕迹，这就是情绪的表现性。

2. 内心表现的两极性

青少年爱写日记，日记中表现出坦白性和秘密性、真实性和虚伪性等矛盾状态，以及自我批判和自我安慰的矛盾两极性。

3. 意志的两极性

在中学阶段，青少年的意志始终共存积极性和消极性、认真和马虎、努力和懒惰、守纪和散漫、果断和犹豫等矛盾的两极性（张日昇，2009）。

4. 人际关系的两极性

主要表现为对双亲的正反两面的矛盾情感，如孝顺和顶嘴等，以及朋友关系中的友情和孤独、亲切和冷漠、参与和旁观等矛盾的两极性（张日昇，2009）。

5. 容易移情

移情（或感情移入、同理心）是指当一个人感知到对方的某种情绪时，他自己也能体验到相应的情绪。青少年时期更能在情绪上引起共鸣、感染和同情，从而得以识别并体验别人的情绪，影响自己的情绪并产生迅速的变化。

（三）青少年情感两极性产生的原因

为什么青少年的情绪情感的两极性如此明显呢？这主要有以下两个原因。

(1) 青少年处于身心各方面迅速发展的时期。在社会各种关系和因素的作用下，他们的心理出现多种矛盾，表现在情绪情感上，主要是各种各样的需要日益增长，而他们对这些需要的合理性的认识水平的主观状态与社会客观现实之间有矛盾。青少年的需要有合理的和不合理的成分，而社会现实也有合理的和不合理的因素，它们经常处于矛盾状态。有时候青少年的需要与观点是合理的，如他们要求良好的学习环境、正当的职业、正确的领导和更加完善的社会等，但是现实社会还有缺点或弊病，不能使他们的合理需求得到满足或实现。如果他们求告无门，又找不到适当的方法，就会产生苦恼、愤懑、讥讽或者灰心绝望等情绪情感。有时候青少年的需要是合理的，但又是不切实际的，如他们希望人人都升入大学，希望国家马上富强起来等。如果他们得不到成人社会的正确指导，认识不到社会发展的客观规律性，也同样会产生急躁、不满或消极的思想和情绪情感。这种不断增长的个体需要时而得到社会认可或得到满足，时而受到社会的否定或难以实现，就成为他们产生复杂的、摇摆不定的强烈情绪情感的主要来源和根据。

(2) 由于青春发育期性腺功能显现，性激素的分泌会通过反馈增强下丘脑部位的兴奋性，使下丘脑神经过程总的趋势表现出兴奋性的亢进，这与大脑皮质原有的调节控制能力产生一时的矛盾，使大脑皮质与皮下中枢暂时失去平衡，这种状态可能是青春发育期的中学生情绪情感两极性明显的生理原因。

三、心理性断乳与反抗行为

青少年经常表现出的反抗行为具有情绪情感上的特征。这种反抗情绪，应该看作青少年过渡期的一种必然表现形式。

（一）心理性断乳和反抗期理论

在发展心理学史上，心理性断乳和反抗期理论就是针对上述表现形式提出来的。

(1) 霍林沃斯（Hollingworth，1928）的心理性断乳学说。在青少年心理学书籍里，“心理性断乳”（psychological weaning）一词经常出现。最先使用这个词的是利塔·霍林沃斯（Leta Hollingworth）。

霍林沃斯认为，青少年期为儿童期到成人期的过渡时期，对这一过渡时期的实质如果认识错误的话，就会引起生理疾病或心理不适应。

青少年期直接面临的问题，在一些原始族群里广泛举行的青春期的公众仪式（亦称成年礼）上表现得非常清楚：①从家庭的羁绊里解放出来并成为部族独立的一员；②青少年自身的食粮必须通过自身努力去获得，即面临着职业的选择问题；③青少年已达到性成熟并已具备了生殖能力这一事实获得确实的认定；④作为成熟的人必须具备世界观。霍林沃斯将以上问题逐次进行详尽的论述和讨论，特别是对第一个问题——心理性断乳做了较具体的说明。

作为青春期的公众仪式最重要的机能之一的心理性断乳，一般被认为是从家庭的羁绊中解放出来。12～20 岁的青少年会有“若能摆脱家庭成为自由而独立的人就好了”这样的冲动。霍林沃斯将青少年从家庭中独立的过程称为心理性断乳。这是一个与婴儿期因断奶而改变营养摄取方法的生理性断乳（physiological weaning）相对照的概念。两种断乳的共同特点是，断乳前所形成的适当且必要的习惯，已与新的需要、冲动、行动不相适应并发生矛盾。改变这一习惯及原有的心理水平已成为必然，这就使得母子之间形成的习惯必须改变，也就造成了在青少年期的心理适应上所反映出来的心理性断乳的复杂性。

霍林沃斯的《发展心理学概论》中的一章专门介绍了青少年期心理，包括公众仪式、身体变化中所包含的心理适应、个别差异、父母的习惯与需要、社会化的过程、怀疑及对知识的渴望、青少年的智力教育及职业、青少年的情绪与情操、情绪的稳定等内容。

我国研究者曾以对亲子关系的倾向性评价为视角，对 12～28 岁上海市在校学生（七年级学生到硕士研究生）的心理性断乳的发展过程进行了初步实证研究。[①] 研究发现，心理性断乳的发展内容包含五个方面：社会独立性关注、反抗、生活关注、逆向关注、发展关注。达心理性断乳的初始年级是大学四年级后期，发展经历四个阶段：社会性关注—反抗—生活关注—逆向关注，男女生心理性断乳的发展过程具有一致性。

（2）彪勒的反抗期理论。夏洛特·彪勒（Charlotte Bühler）将青年期分为两个时期：第一时期是以否定倾向为主的青年前期，她称之为青春早期（或青春前期）；第二时期是以肯定倾向为主的青年后期，她称之为青春晚期（或青春后期）。她认为否定期在青春前期就已发生。伴随着身体快速成熟，青少年往往产生诸如不愉快、心神不宁、不安、郁闷、感情易于激动和兴奋等现象，态度变得粗野，并产生一些反抗、胡闹、攻击、破坏行为。因此，这一时期又被称为反抗期。

伴随着生理机能的成熟，机体的内部组织日趋稳定，青年的社会文化成熟也进

① 范兆兰，王文革：《青少年心理断乳发展过程的初步研究》，载《心理科学》，2001，24（5）。

入新阶段，这时候，青年第一次有意识地产生了真实而自然的体验，感到从未有过的幸福和喜悦。青年开始发现面前所展现出来的新的价值世界，这些促使青年的人格向积极的、肯定的方面转变，同时也产生了与人接触的需要，明确意识到异性之爱。

但是这里并不是说前期毫无光明的一面，后期也绝无黑暗之处，而只是强调作为基本特征，青春早期以否定的态度倾向为主，青春晚期则以肯定的态度倾向为主。

（二）反抗情绪的表现

青少年的反抗情绪有着各种各样的表现，我们将其概括为如下三个方面。

(1) 青少年反抗情绪的表现时机。在什么情况下，青少年容易出现强烈的反抗情绪呢？我们的观察记录表明，青少年一般在下列具体情况下产生反抗情绪：①心理性断乳受到阻碍。青少年极力要求独立，但成人（父母或教师）没有这种思想准备，仍以过分关切的态度对待他们。②青少年的自主性被忽视，感到受妨碍。成人不听他们的主张，将他们一味地置于支配之下。③青少年的人格展示受到阻碍。通常的情况下，成人只顾青少年的学业成绩，而对他们寓于人格的活动却加以限制或禁止，这会引起青少年的反感。④当成人强逼青少年接受某种观点时，他们拒绝盲目地接受。

(2) 反抗情绪与代沟。在社会上，人们常常把青少年的反抗情绪与代沟等同起来。其实，两者尽管有联系，但又有区别。代沟（generation gap）是 20 世纪 60 年代末期由美国人类学家米德（Margaret Mead，1901—1978）提出的概念。它是指两代人之间存在的某些心理距离或隔阂。因历史时代、环境影响和生活经历的不同，两代人对现实和未来的看法、态度各异，常常产生矛盾与冲突。在个体的发展中，代沟现象明显出现在青少年期。两代人之间发生的人际关系，被称为代际关系。在童年期，儿童无条件地依恋教师，他们遵守着听话的道德；到青少年期，成人感、自主性或独立意向的发展，青少年开始改变与成人的关系，要求成人重视他们的意见，并希望获得更多独立自主的权利。如果成人能重视他们的思想和行为，平等地对待他们，就可以成为他们的朋友，否则就会遭到抗议，这是他们向成人争取权利、企图改变与成人关系的一种表现。因此，代沟尽管不是青少年反抗情绪的主要原因，但也是一个重要因素。

青少年产生反抗情绪并与成人发生冲突，很多情况下都是由于交往方式引起的。倘若成人能够采取民主教育的方式，如耐心地解释自己的要求，在升学、就业、交友等问题上支持和尊重青少年的合理意见，让他们参与家庭、学校事务的决策等，青少年是能够与成人建立融洽的相互关系的。所以，代际关系是否能和谐、合作，代沟造成青少年的反抗情绪能否避免，关键在于长者的教育方式。

(3) 反抗情绪与逆反心理。逆反心理（psychological inversion）本身不是心理学的概念，而是日常用语，主要用来描述青少年由于自身成熟而产生的独立或自重的要求以及对上一代的不满、反抗的矛盾情绪。青少年因某一事物或某一结论同成人持对立的态度，其主客观原因是比较复杂的。从青少年心理发展的特点来看，有两个方面容易造成情绪波动且难以控制的因素，即腺体发育的生理因素和思维品质矛盾表现的心理因素。青少年产生逆反心理也有客观的原因，调查表明，青少年的逆反心理往往发生在父母或教师等成人遇事唠叨，说话过头，未尊重青少年的求知欲、好奇心、交友结伴等需求的时候。因此，只要成人在教育青少年时注意尊重他们，讲究方法，并提倡青少年也要自觉地孝敬长者、体谅长者、理解他们的苦衷并加强修养、控制感情，青少年的逆反心理是能克服的。

四、心态的不平衡性

青春期是一段半幼稚和半成熟、独立性和依赖性错综复杂，充满着矛盾的时期。青少年的内心充满烦恼。例如，他们不知道应该以何种姿态出现在公众面前，不知道如何处理与父母的关系，不知道如何保持或确立自己在同伴之中的地位，于是出现许多矛盾性心态，诸如生理发育与心理发展的矛盾、反抗性与依赖性的矛盾、高傲与自卑的矛盾、理智与情感的矛盾、勇敢与怯懦的矛盾、否定童年与眷恋童年的矛盾，等等。所以说，青春期是个体心理发展充满矛盾的阶段，处于心态的不平衡性时期，此后经过心理整合过程，一旦达到身心和谐，就达到了心态平衡阶段。

（一）心态不平衡性的阐述

如前所述，霍尔在心理发展问题上提出了复演论。他的《青少年心理学》一书，从复演论出发，论述了青少年情绪情感的心态不平衡性的表现及根源。

(1) 青少年心态不平衡的实质。霍尔认为，青少年期标志着一个崭新的、更完善、更具有人性特征的任务的产生。与幼儿时代所表现出来的在人类的进化历史上的古代渔猎时期的特征相对照，青少年期所表现出来的某些特质却是在近期研究中得以发现的。伴随着身高、体重、性等的急剧发育，身心机能的比重有所改变。同时，青少年期又是生成情操的年龄，产生宗教信仰的年龄，向往成人的生活并对选择职业产生兴趣的年龄。青少年的个性得以形成且富于可塑性，变得满腔热情且更加人类化、文明化。然而，青少年期是动摇起伏的不稳定时期，有着对立的冲动。

(2) 青少年心态不平衡的表现。霍尔在他的《青少年心理学》一书中列举了青少年具有的对立冲动：①热衷于有几小时、几天、几周或几个月精神过分旺盛的活动，然后走向反面——很容易疲倦，以至于筋疲力尽而无精打采。②生活于快乐与痛苦的两极摆动之间：从得意扬扬、尽情欢乐到哭泣叹息、忧郁厌世。③自我感增加了，于是出现所有形式的自我肯定（虚荣心、自信、自高自大），同时又怀疑自己的力量，担心自己的前途，害怕自尊心受到伤害。④生活不再是自我中心的，出现了自私与利他之间的轮换更替。⑤良心已可以开始扮演主要的角色，出现迫切追求正义与说谎犯罪等好坏行为的更替。⑥许多社会性本能也有同样的情况：羞怯、忸怩、好孤独、沉浸于主观生活与不甘孤单、想搭伴结伙、崇拜英雄、对新的伟大思想盲目崇拜、对文艺作品的过分倾向等交替。⑦与此非常类似的变化是从强烈的敏感到冷静，以至冷漠、无情或残忍。⑧对知识的好奇和渴求，理智的狂热有时变得过于热切。⑨在知与行之间摆动：手不释卷、热心读书、想有学问与自觉或不自觉地走到户外、欣赏大自然、创一番事业的冲动。⑩保守本能与激进本能两者之间的更替。⑪感官与智力有明显的相互作用，似乎各有其开始形成的阶段。⑫聪明与愚笨并存。

霍尔认为，青少年正是在经历了以上各种内部冲突和更替之后，才最终复演成为人类文明的一员。他论述了发展的社会基础，强调社会因素，特别是教育的作用，并分析了不同青少年的心理特征，认为心理的发展是不均衡的，尤其在情感上和心态上是不平衡的。

（二）从情感不平衡向情感稳定发展

青少年的情绪情感，由心态不平衡向心态平衡过渡，从两极性明显地向稳定性发展。青少年的情感尽管两极性明显，但逐渐趋于稳定，主要表现在以下两个方面。

(1) 对情感的自我调节和控制能力逐渐提高。初中生对自己情感的自我调节和控制能力相对要差些，波动性更为明显，往往还不善于使自己的情感受时间、地点场合等条件的支配，以及克制自己的情感表现。随着知识、智力的发展，以及意志力和人格部分倾向性的发展，高中生的控制能力相应提高，并逐渐与前途、理想交织在一起，显得比较稳定、持久。沃建中等人对来自北京、河南、重庆、浙江和新疆 5 个地区的 13 所中学的 11855 名七年级到高三的学生进行了情绪调节能力的调查，结果发现：高二和高三学生的情绪调节能力没有差异，高三学生的情绪调节能力显著高于高一、九年级、八年级、七年级的学生；高二学生的情绪调节能力显著高于高一、九年级、八年级、七年级的学生；高一学生的情绪调节能力显著高于九年级、八年级、七年级的学生；九年级学生的情绪调节能力显著高于八年级、七年级的学生；八年级学生的情绪调节能力显著高于七年级的学生。[①] 总体而言，中学生的情绪调节能力随年级升高而逐渐提高，但到高二后趋于稳定，发展趋势见图 13-1。

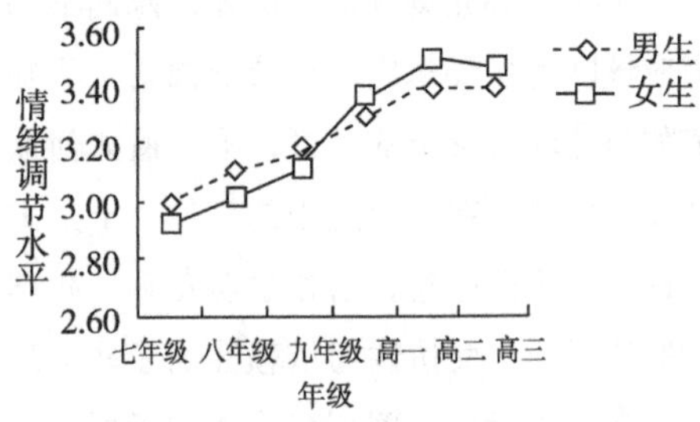

图 13-1　中学生情绪调节能力发展趋势

要培养青少年的挫折忍耐力（或挫折容忍力），使他们学会调节情感的本领。挫

① 沃建中，曹凌雁：《中学生情绪调节能力的发展特点》，载《应用心理学》，2003，9 (2)。

折忍耐力就是对挫折情境的预料和对挫折的抵抗能力。情绪情感是能够意识到并受思想意识调节的，但人在受挫折的时候容易产生消极的情绪，理智降低，做出不该做的事情。为了避免或减少这种情况，就要引导青少年加强道德意识和乐观主义精神，同时增强挫折忍耐力，学会对复杂的事情进行全面分析，对挫折的情境做好预见性的思想准备，一旦出现挫折，会冷静分析挫折的内外困境而采取恰当的行为，并学会在被激怒、苦闷的情况下进行情感的自我调节。

(2) 逐步带有文饰的、内隐的、曲折的性质。初中生尽管不像儿童那样无法掩饰自己内心的感情，但由于调节、控制能力较差，仍容易外露一时的激动。高中生则能够根据一定的条件支配和控制自己的情感，使外部表情与内心体验不一致。因此，要逐步了解和掌握青少年情感稳定性的变化，不能仅以他们的表情作为判定其思想感情的依据，而应该综合其一段时间里的全部表现及人格的特点，经过深入细致的分析得出结论，这样才比较可靠。

考查青少年日常情绪状态与情绪自我调节方式的研究发现，高心理弹性高中生的日常消极情绪水平显著低于中、低心理弹性同伴；并且高心理弹性组情绪平衡大于中、低心理弹性，中心理弹性组大于低心理弹性组。究其原因，研究者认为与青少年的情绪调节策略有关，即高心理弹性高中生在情绪的两端均对其进行调节。相比于低心理弹性高中生，面对积极情绪，高心理弹性高中生在输入端通过更多评价重视诱发积极情绪刺激以增强积极情绪，在输出端通过相对更多的宣泄及更少的抑制把积极情绪表达出来，从而导致积极情绪体验的增强或维持。面对消极情绪，高心理弹性高中生在输入端采用相对更少的重视，在输出端采用相对更少的抑制，这些调节方式显然有利于降低消极情绪的水平和作用（席居哲，左志宏，Wu，2013)。

五、学业情绪的发展

中学阶段，学习是青少年最主要的发展任务，研究他们在学习过程中表现出的情绪情感，对认识其发展、促进其学习具有重要意义。2000 年以前，研究者对学业情绪的关注较少。1998 年，美国教育研究联合会召开了以“情绪在学生学习与成就中的作用”为主题的学术年会，进行了相关主题讨论，激发了与会者对青少年学习过程中情绪问题的研究兴趣。2002 年，《教育心理学家》（*Educational Psychologist*）杂志推出了一期学习情绪研究专栏，首次就学业情绪问题进行讨论，同年，有学者[①]提出了“学业情绪”的概念。所谓学业情绪，主要是指在教学或学习过程中与学生的学业相关的各种情绪体验，包括高兴、厌倦、失望、焦虑、气愤等，它不仅包括学生在获悉学业成功或失败后所体验到的各种情绪，而且包括学生在课堂学习中的情绪体验、在日常做作业过程中的

① 俞国良，董妍：《学业情绪研究及其对学生发展的意义》，载《教育研究》，2005 (10)。

情绪体验以及在考试期间的情绪体验等，具体包括四个一级维度，每个一级维度又包括3～4个二级维度：积极高唤醒（二级维度包括：自豪、高兴、希望），积极低唤醒（二级维度包括：满足、平静、放松），消极高唤醒（二级维度包括：焦虑、羞愧、生气），消极低唤醒（二级维度包括：厌倦、无助、沮丧和心烦—疲乏）。[①]

研究者进一步考查了不同学业情绪维度对学业成绩的影响，并揭示了影响模式的差异。[②] 研究发现，积极高唤醒学业情绪对学业成就的总效应是显著积极的，具体表现为对掌握接近目标、掌握回避目标、成绩接近目标以及学业效能和学习策略均有显著积极预测作用，但对学业成就没有显著预测作用；积极低唤醒的学业情绪对学业成就的总效应是显著积极的，具体表现为对掌握接近目标、学业效能、学习策略、学业成就均具有显著积极预测作用，对掌握回避目标有消极的预测作用；消极高唤醒学业情绪对学业成就的总效应是显著消极的，具体表现为对掌握回避目标、成绩接近目标、成就回避目标有显著积极预测作用，对学业效能、学业成就有消极预测作用，对学习策略没有预测作用；消极低唤醒学业情绪对学业成就的总效应也是显著消极的，具体表现为对掌握回避目标、成就接近目标、成绩回避目标有积极预测作用，对学习效能、学习策略、学业成就有消极预测作用。

第二节　青少年的集体感、友谊感及两性爱情

人的本质是一切社会关系的总和，因此，在人的社会需要基础上建立起来的社会情感是人的情感的主要内容。在中学阶段，情感的重要表现形式是集体感、友谊感及逐渐萌发的两性爱情。

一、青少年的集体感

所谓集体，和人们的偶然的集合不同。它具有以下的特点：①有共同的目标以及由此产生的共同行动；②有统一的领导；③有共同的纪律；④有共同的舆论、信念、情操和风气。集体力量促使每一个集体成员为共同任务而行动着，彼此关心，互相督促，并影响着每一个集体成员的知识、情感、意志和行为的发展。

集体感是集体成员在集体中产生的对集体的态度体验，包括集体荣誉感、义务感、尊重和威信等。

中学阶段是最富于集体感的年龄阶段。学生喜欢生活在集体之中，感受着集体要求、义务和权利，产生各种形态的集体主义情感。他们以参加到集体中去或投入集

---

① 董妍，俞国良：《青少年学业情绪问卷的编制及应用》，载《心理学报》，2007，39（5）。

② 董妍，俞国良：《青少年学业情绪对学业成就的影响》，载《心理科学》，2010，33（4）。

体活动为满足，同时他们也开始具有集体荣誉感。但是，由于其主要来自教师的引导和集体的潜移默化，故自觉性还不高。中学期间，学生集体发生着一系列的变化，人与人之间的关系越来越复杂，他们的集体感逐步产生新的特点。

(1) 随着交往范围的扩大，青少年的集体感越来越复杂。中学期间，由于生活活动的复杂和交往范围的扩大，青少年的集体组织也扩大了。青少年的集体组织一般有三类：①班集体、校集体、共青团组织、课外活动队（组）和学科小组等校内正规集体。②校外有组织的集体，如业余学校、少年宫和俱乐部等。这两类都是有组织、有领导的集体组织，这些组织的各种活动陶冶着青少年的集体荣誉感、同志感和义务感。这些情感的增强，不仅是他们集体主义形成的情感基础，而且对于培养他们的事业心起着重要的作用。③非正式的、自发组成的集团。这些集团与有组织、有领导的集体组织不同。一般来说，这些集团的成员的社会成分比较复杂，年龄差异也很大，不受正规组织的管辖。在自发集团成员中极有威信的，往往是品德不良或有劣迹行为的青少年。这些集团有自定的规章、口令，甚至保密暗语。青少年参加这种集团多数由于在正规的组织里或家庭里得不到集体情感的温暖。据调查，有70%以上这种“集体”的成员认为，这种“集体”最关心、最体贴、最了解他们。由此可见，青少年有参加集体生活的需要，容易产生集体感，这既为教育工作提供了进行德育的重要途径，又为教师和家长提出了一个严肃的问题。自发集团往往是青少年品德不良和违法犯罪的土壤，教师和家长应采取以防为主的原则，防止这种自发集团的产生。教师和家长应该想办法把青少年吸引到学习活动中来，要善于组织丰富多彩的活动来吸引他们。同时，教师和家长要给青少年更多的关怀，使他们在情感上感受到温暖；改正简单粗暴的教育方法，避免造成把一些青少年推到街头的自发组成的小集团中去的恶果。

(2) 随着年龄的增长，青少年的自尊心越来越强。中学阶段，特别是八年级之后，随着自我意识的增强，青少年的自尊心也在发展。他们已经不满足于单纯参加集体活动，而更加希望自己的能力能为同年龄的伙伴们所接受，感受到自己为别人所需要、在集体中具有一定的威信。青少年最苦恼的事情常常是失去集体对自己的信任或在集体中失去威信。为了使青少年形成健康的集体感和个性因素，我们应注意培养青少年的集体主义行为修养，如谦虚、谨慎、正直、直率、与人为善、真挚相处并能应对各种变化，以提高他们在集体中的地位，形成正常的同伴关系。

(3) 随着道德品质的发展，青少年集体感的方向性和稳定性逐步加强。集体感的水平往往取决于所在集体的形成水平和集体成员的品德水平。集体间的差异和个体的差异往往要大于年级（年龄）差异，因此，教师和家长要培养青少年形成集体主义的方向性、思想性和原则性，使他们喜欢结交伙伴的愿望成为集体主义的良好基础。同时，年级之间集体感的差异是存在的，集体主义的稳定性、其内容的丰富性随年级升高而发展。我们组织进行的我国首次具有代表性的儿童青少年心理发育特征调查项目①，采用三阶段不等概率抽样，从全国31个省、自治区、直辖市100个区县测查了24070名（不包括港澳台地区）四至九年级学生，发现年级之间的集体主义倾向得分存在差异，学生的集体主义倾向呈“倒U”形分布，小学中高年级阶段随年级升高逐渐上升，初中阶段随年级升高逐渐下降。具体来看，四年级学生的集体主义量表得分显著低于五、六、七年级以及九年级学生；五、六、七年级学生的得分显著高于八、九年级学生，六年级学生的得分显著高于七年级学生。

二、青少年的友谊感

友谊是两个个体之间的一种相互作用的双向关系，而非简单的喜欢或依恋的情绪情感关系；友谊以信任为基础，以亲密性支持为情感特征，具有一定的持续性或稳定性。青少年不仅具有喜欢成群结队的特点，而且具有强烈的友谊需要。中学阶段，特别是十五六岁的青少年，无论是男生还是女生，都会感受到友谊是人们相互关系中最重要的东西。有人对500名犯罪青年和500名一般青年做过“什么时候结交朋友最多”的调查②，发现两组青年都是在中学结交朋友最多。结果如表13-2所示。

表13-2　结交朋友最多的时候

取样 时期	犯罪青年（%）	一般青年（%）
小学	28.3	36.7
中学	58.1	54.4
知青点	6.8	2.2
待业	2.7	1.1
工作后	4.0	5.6
统计考验数据	$T=2.3$，$\chi^2=21.156$，$p>0.05$（无显著差异）	

从表13-2可以看出，中学时期的友谊感在迅速发展着。因为青少年思想比较单纯，好交往，重友情，在同学、同伴的交往中他们的感情是真挚的，中学时代建立起来的友谊往往是终生难忘的。因此，中学时期是人的友谊感发展很快的时期。有人以问卷法测得青少年对重视友谊的认识及其表现，情况如表13-3所示。

表13-3　青少年对重视友谊的认识及其表现

对友谊的认识	百分率
多个朋友多条路	13.4%
在家靠父母，在外靠朋友	9.5%
为朋友可两肋插刀	13.1%
任何时候也不能出卖朋友	3.2%
友谊就是力量	25.3%

① 董奇，林崇德：《当代中国儿童青少年心理发育特征——中国儿童青少年心理发育特征调查项目总报告》，174页，北京，科学出版社，2011。

② 罗大华等：《犯罪心理学》，北京，群众出版社，1983。

可以看出，青少年不仅重视友谊，而且形成了一定的信念，对友谊产生了具有一定情感色彩的认识；不仅有情感上的依恋，而且往往将友谊作为行为的内驱力量。但是，从表13-3也可看出，青少年的友谊感并不成熟。因此，教师和家长应从认识上加强对青少年的教育，使他们在朋友的选择和朋友的关系上具有更高的原则性。在教育中，要充分认识到青少年友谊感的个体特征，进行合理引导和教育。可以进一步参考本书第十八章中对青少年友谊关系的分析。

总之，青少年的友谊感在迅速地发展着，健康而真挚的友谊是青少年之间互相促进、互相帮助的动力；但是，如果引导不好，就会发展成为哥们儿义气，导致拉帮结派、品德不良，甚至违法犯罪。因此，教师和家长要注意青少年情感的变化，要因势利导，把他们逐步引导到正常友谊和集体荣誉感方面来。

三、青少年同伴关系对情绪的影响

青少年的同伴关系对其情绪的健康发展有很多方面的影响。第一，同伴关系提供了一种重要的背景，使得青少年能够表达和调节自己的积极情绪和消极情绪，因为他们是完全平等的。第二，同伴能够在新颖的情境中为青少年提供情绪支持和安全感，这一点在家庭关系比较紧张或者是非支持性的时候，可能尤为重要。第三，同伴之间的友谊提供了一种来自家庭之外的自信源和认可（Asher & Parker，1989）。甚至在那些一直在给青少年提供建议和情绪支持的家庭中，同伴也常常被看成是更能够理解青少年的独特情绪需要的人（Savin-Williams & Berndt，1990）。研究者指出，朋友不仅通过情绪管理来提供帮助，而且也让青少年有机会在没有威胁感的环境中进行自我表白和探索（Asher & Parker，1989）。青少年友谊关系的亲密性源自这样的认识：同伴是平等的，他们会提供一种特别的亲近感和情绪支持。

青少年报告他们最开心的时刻是和朋友在一起，通常他们和朋友在一起要比跟家人在一起快乐得多。研究者（Larson & Richards，1994）发现有两个关键因素导致了这种情况。一是他们发现自己的朋友和自己有着相同的情绪。这与他们和父母相处时的情绪形成剧烈的反差。当和父母在一起时，青少年经常体验到消极的情绪，并希望到别的地方待着。二是青少年觉得面对朋友时感觉更自由，更能真实地表现自己，而面对父母时很少这样。也许，这就是友谊的本质，朋友会接纳和喜欢真实的自己。对青少年来说，有时这意味着能与人探讨自己内心最深处的情感，尤其是正处于萌芽期的恋爱；有时候这也意味着伴随着充沛的活力，青少年会做一些疯狂的、愚蠢的或是放纵的事情。

然而，并不是所有的青少年都能得到同伴团体的情绪支持，或者，并不是所有的青少年都有一个亲密的朋友。同伴接受性和友谊上的这种差异是很重要的，因为其每一方面都可能对个体的社会性发展和情绪健康产生不同的影响（Bukowski & Hoza，1989）。同伴接受性或者受欢迎度是同伴团体对其成员的一种知觉，而友谊是两个人之间的相互喜欢程度，这是两种不同的东西。比如，受欢迎的青少年可能没有什么朋友。然而，同伴团体不喜欢的那些青少年可能更没有什么朋友。研究发现，被同伴喜欢的青少年中，91%的人都会有一个要好的朋友，而同伴接受性低的青少年中，只有54%的人有一个要好的朋友（Parker & Asher，1993）。研究同时发现，那些同伴接受性低的青少年也报告说感到更加孤独，不过有要好的朋友的那些青少年比没有要好朋友的青少年的孤独感少一些。

四、青少年两性爱情的萌芽

爱情是两性之间存在的一种特殊关系的体验。它与性成熟有关，但又比单纯的性需求高洁。人的爱情应通过理智、意志这两个中间环节来实现，应符合社会文明和道德原则。

青春期所出现的生理上的性成熟，必然会反映到这个年龄阶段开始产生的性意识上。性意识的发展可以将青少年引向正常而健康的恋爱和婚姻，也可能引发不符合社会要求或不道德的行为，甚至是违法的行为。心理学家赫洛克（E. Hurlock）把从性意识萌发到爱情的产生和发展分为四个阶段：一是显露出青春萌发期疏远异性的否定倾向期，二是向往年长异性的“牛犊恋”期，三是青春中期积极接近异性的狂热期，四是青春后期正式的浪漫恋爱期。除了第二阶段不一定有普遍性外，其他三个时期的表现在青少年身上都是比较明显的。因此，赫洛克的理论在一定程度上是可以作为借鉴的。

通过观察，我们认为对未来充满理想是处于青春期的青少年的重要年龄特征。由于这个阶段性发育逐步成熟，在他们对未来的憧憬中自然包括两性生活问题在内。但是，青少年的性意识与向往两性爱情的问题是十分复杂的，既有年龄的差别，又有性别的差异；既有一般倾向，又有特殊情况。据我们的观察和调查，一般来说，80%以上的初中生和半数以上的高中生，对两性恋爱还觉得是个谜，往往只是有些念头一闪而过，通常能把主要精力放在学习上；极少数的初中生和20%～30%的高中生已经懂得如何谈情说爱，但由于社会、学校和家庭的正确教育和要求的压力，还不致把这种念头付诸行动；也有10%左右的青少年，主要是高中生，从向往到付诸行动。周东明等人的调查①表明，约7%的青少年有恋爱经历，约12%的青少年单相思。2011年，有研究者对北京市74所高中和33所职业技术学院的19041名学生进行了调查②，发现有6.3%的青少年报告曾有过性行为。

我们发现，少数青少年在两性爱情上“付诸行动”的做法也有区别，大致有：一是出自好奇与对爱情的向往，采取幼稚、

① 周东明，谭红专，李硕颀：《青春期恋爱对中学生心理健康的影响》，载《中国学校卫生》，2000，21（3）。

② 吕若然，徐征，滕立新等：《北京市中学生性行为现状及相关因素分析》，载《中国学校卫生》，2011，32（12）。

神秘的行动，如写情书、送纸条或赠送物品等，这在初中、高中都有，男生多于女生；二是正常的初恋，甚至过早地确定爱情关系，这多见于高中阶段，且女生多于男生；三是受社会上不健康信息的刺激，加之缺乏自身品德的修养，发生不道德的性关系，甚至出现极个别的违法现象，这多见于初中阶段，且女生稍多于男生。这些表现近几年有增加的趋势，表明社会、家庭和学校缺乏有力的正确教育与引导。青春期的中学生，性意识萌发、好奇心盛、模仿力强而识别能力较差，这是产生上述问题的客观因素和心理因素。据我们了解，在那些有理想、有抱负的青少年身上，在那些品学兼优的三好生身上，极少见到此类情况。

尽管很多青少年通过正式的和非正式的同伴团体有了一些社会交往，但是，男女之间更为认真的交往却是通过恋爱发生的。青少年的恋爱实际上经常发生在团体中，他们恋爱时最经常做的事是看电影、吃饭、逛商场、逛校园等（Feiring，1996；Peterson，1997）。

很多青少年在刚刚开始的恋爱关系中，并不是为了满足依恋或者是为了满足性需要。相反，初期的恋爱关系是作为一种背景，从而使得青少年探索自己究竟有多少吸引力、自己应该怎样谈恋爱、同伴眼中的自己是怎样的（Brown，1999）。这时候他们关心的是恋爱关系对自己在同伴团体中的地位的影响。只有在青少年获得某些基本的、与恋爱对象交往的能力之后，对依恋和性需要的满足才会成为这种关系中的核心功能（Furman，2002）。此外，至于约会的原因，年龄较小的青少年往往提到的是娱乐、获得同伴地位；到了青少年后期，年轻人对心理上的亲密感有了更大的需求，这时候他们想要找一个可以提供陪伴、感情和社会支持的人（Collins & van Dulmen，2006）。

实际上，大多数青少年并没有在谈恋爱，一些人只是有过短期的恋爱关系，平均4～5个月，高年级的持续时间长一些（Carver，Joyner & Udry，2003）；并且，随着年龄增长，结束关系的情况也相应增加（Connolly & McIsaac，2008）。特别值得注意的是，过早约会以及和某人外出往往是和青少年怀孕、在家里及学校里的问题联系在一起的（Eaton et al.，2007）。

虽然青少年对性的兴趣在很大程度上受到青春期激素变化的影响，但是，文化对于何时以及如何开始恋爱却有着不同的期望。亚洲的青少年开始恋爱比较晚，与西方社会中的年轻人相比，其恋爱伴侣更少，后者会容忍甚至是鼓励在中学时期就开始恋爱（Carver，Joyner & Udry，2003）。

此外，研究发现，青少年恋爱关系发生倾向与母亲依恋及同伴依恋呈极其显著的负相关，青少年母亲依恋在一定程度上可以预测其恋爱关系的发生，母亲依恋程度较低的青少年更易过早地卷入恋爱关系（刘文、毛晶晶、俞睿玮、李凤杰，2014）。

教师和家长必须心中有数，区别情况，分别对待。对于过早恋爱的青少年，教师和家长应该给予正确的引导，使他们懂得其害处，教育他们将精力放在求知识、学本领上，并让他们懂得在两性问题上应有的道德准则。对于那些为了猎奇或从异性身上寻求快乐的青少年，教师和家长不仅要讲清道理，而且要从道德观念上让他们严肃地认识这些问题。这里，我们要特别强调指出的是，对待青少年的早恋，切忌简单粗暴。有时他们在压力下也能屈从，不过这在情感上对他们是沉重的打击。也有少数的青少年面对压力，出于幼稚无知或好面子，一时认识上不去，为了表示对爱情的坚贞，也可能闹出乱子来。所以，对待这个问题还是从讲道理入手，因势利导为好。

第三节　青少年各种高级情操的发展和培养

人的需要有高级与低级之分。那些直接与人的社会性需要相联系的情感，通常叫作高级情操。高级情操包括道德感、理智感和美感。

一、道德感

什么是道德感呢？道德感就是将自己或他人的思想、意图、行为、举止与一定社会的行为准则做比较时所产生的情感体验。它是直接地与人所具有的一定准则的道德性需要相联系的。当人的思想意图和行为举止符合一定社会准则的需要时，人们就感到道德上的满足；否则，人们就感到悔恨或不满意。

道德感的内容很丰富。它是在实践中发生、发展起来的，受社会历史条件的制约。在阶级社会中，不同阶级有不同的道德标准，不同阶级的成员有不同的道德需要，因而有不同的道德和道德情感。在社会主义社会里，道德感表现为国际主义和爱国主义的情感，对社会主义的情感，社会公德、道德品质的正义情感，对劳动、劳动成果的情感，对同志、集体的情感，对敌人的憎恨情感等。道德感的高度发展可以帮助我们正确衡量周围人们各种不同的行为。在我国首次具有全国代表性的儿童青少年心理发育特征调查项目中，我们对四至九年级学生国家认同的特征进行了研究。① 所谓国家认同，是指国民对于自己国家人群的认同与归属，以及由此带来的国家情感和价值体验。研究发现，我国学生的国家认同整体水平较高，表现出随年级的升高先上升后下降的趋势，小学中高年级随年级升高逐渐上升，初中阶段则随年级升高逐渐下降。

此外，有研究者（卢家楣等，2009）基于较大规模青少年被试的研究发现，道德感与年级的关系不明显。不过，总体上

① 董奇，林崇德：《当代中国儿童青少年心理发育特征——中国儿童青少年心理发育特征调查项目总报告》，176页，北京，科学出版社，2011。

道德情感上的关爱感、爱国感得分较高，正直感、责任感得分较低。

中学阶段是道德感逐步稳定和成熟的时期，阶级情感、劳动情感、社会公德情感等，都要到中学阶段，尤其是高中阶段才能深刻化，并为青少年的世界观从萌芽到形成奠定重要的基础。有关道德感发展的过程，我们在第十七章中再做叙述。但是，由于中学阶段是道德感成熟的时期，所以抓住时机对学生进行道德感的培养，是教师和家长的重要任务。首先，要根据《中小学生守则》，抓好“五爱”教育，并将“五爱”教育和党提出的“四个坚持”结合起来。其次，使情感与行为结合起来，使那些合理而健康的社会情操成为实际行动的内在力量。再次，在当前中学生道德感的培养中，教师和家长应该强调“五讲四美”，使中学生具有文明的精神和高尚的情操。最后，教师和家长还应发挥榜样的感染力，即教师和家长首先要在道德情操上起表率作用，这是培养中学生道德感的一个重要途径。

二、理智感

理智感是人在智慧活动过程中产生的情感体验。人在智慧活动中有新的发现时，会产生喜悦的情感；遇到问题尚未解决时，会产生疑虑的情感；在做出判断又觉得论据不足时，会感到不安；认识某一事理后，会欣然自得，等等，都是理智感的表现。

青少年的理智感主要指求知欲的增强和加深，表现在学习活动上，是指对学习的兴趣、对疑难问题的好奇心和追求解决问题的体验等方面。

有人研究了目前国内青少年的求知欲，发现他们的求知欲存在着明显的差异。第一类学生认为学习挺有意思，他们因学校生活和获得成绩而获得积极肯定的情感体验；第二类学生觉得学习尚有意思；第三类学生认为学习基本没有意思，对学校生活感到厌倦；第四类学生感到学习一点意思也没有，要求提前退学。目前青少年求知欲的趋势见表 13-4。

表 13-4　青少年求知欲的趋势

项目	很有意思	尚可	基本没有意思	一点意思也没有
占总数（500 人）的百分比/%	61.7	5.2	26.1	7.0

我们曾以学生对作业的态度为指标，研究了 1200 名青少年的求知欲。青少年在完成作业时所表现出的情感态度有以下几种，可以归纳为以下三类。

第一类，常常刻苦钻研到深夜；遇到不会的问题，非解决不可；有做不出的题目时，总要反复看几遍，最后独立思考去完成。第二类，边做边玩（或听广播、看电视）；有不会做的题目就抄别人的，遇到难题就去问别人。第三类，不想做作业；不会做就将作业扔到一边去。

调查结果表明，第二类的被试最多（45.2%），第一类的被试几乎接近于第二类（40%），第三类的被试只占少数（12.8%）。

在我国首次具有全国代表性的儿童青

少年心理发育特征调查项目中，我们还对学生的学习观进行了调查。[①] 所谓学习观，是指个体对学习的作用及其与自我关联的总体看法，是求知欲的重要表现。调查发现，我国四至九年级学生的学习观量表得分表现出随着年级升高而逐渐下降的趋势。具体来看，四年级学生的得分显著高于五至九年级学生，五年级学生的得分显著高于六至八年级学生，六至八年级学生的得分显著高于九年级学生。

相似地，有研究者（卢家楣等，2009）基于较大规模青少年被试的研究发现，不同年级学生的理智感及其乐学感和自信感存在差异，多重比较发现小学生、初中生、高中生在上述情感上的得分呈依次递减趋势。同时，理智感中的成就感得分较高，而探究感得分较低。

从上述研究中可以看出，尽管目前青少年的求知欲总的发展趋势是好的，但其积极性还是不算太高，有待于培养。教师和家长有责任培养青少年广泛而浓厚的学习兴趣，使其增强求知欲，积极完成中学的学业，为探求科学真理奠定良好的基础。

三、美感

美感是同审美观相联系的，是基于一定评价标准的对现实生活和艺术作品的美的体验。美感受社会历史条件和阶级的制约，往往与道德融为一体，凡是道德的行为，都是美的；凡是不道德的行为，都是丑的。此外，人的美感还有共同之处，如人们对自然景色的欣赏等往往具有共同的感受。在美感产生的过程中，事物的外部特点（如形状、颜色、发出的声音等）起着一定的作用，但从根本上说美感还是由事物的内容决定的。

青少年美感的发展主要表现在两个方面：①在绘画、音乐、舞蹈、阅读文艺作品等活动中发展了美感；②对人的外貌产生一定的审美体验。

青少年在文艺活动中产生的美感，一般地说，主要是指向作品的内容，很少注意对作品的艺术评价；更多地指向具体事实情节，很少注意艺术技巧。这一点可以从对500名青少年“最喜欢”阅读什么书的调查数据（见表13-5）中得到充分的反映和说明。

表13-5　青少年“最喜欢”阅读的书的类型及占比

反特侦察小说	战斗小说	青年方面作品	爱情作品	外国作品	古典文艺作品	什么也不喜欢
52.6%	9.6%	14.4%	7.7%	2.3%	8.8%	4.6%

① 董奇，林崇德：《当代中国儿童青少年心理发育特征——中国儿童青少年心理发育特征调查项目总报告》，171页，北京，科学出版社，2011。

因此，进一步培养青少年对艺术作品的欣赏力，发展他们的美感，也是教师和家长的责任之一。

有研究者（卢家楣等，2009）基于较大规模青少年被试的研究发现，美感与年级的关系不明显。不过，总体上美感中的艺术美感、环境美感得分较低。另一项研究（贺雯、卢家楣、徐京卫等，2010）发现，我国青少年审美情感正向积极，但总体水平较低，其中最高的是自然美感，最低的是艺术美感；同时，女生审美情感明显优于男生。

从中学阶段开始，由于性意识的萌芽与发展，青少年逐步产生对自己和对他人外貌方面的审美体验。小学儿童是不太注意外貌的，步入中学阶段，这种体验渐渐加强。青少年对自己的形象比较重视，注意穿着打扮、仪表风度，喜欢受到好评。有的青少年开始对自己的外貌表现不安。例如，女生担心发胖，男生顾虑长得矮、脸上长痤疮等。青少年希望改变自己的外貌。有一定生理缺陷的青少年，开始产生为缺陷而痛苦的体验。爱外貌的美，对自己的形象产生新的情感，这是从中学阶段起，整个少年期和青年期较突出的心理特点。教师和家长应该根据这样的心理特点，向青少年传授有关的生理解剖知识并进行美育（仪表美、心灵美的教育），培养他们高尚的情操，引导他们将主要精力投入学习，并健康地成长。

第十四章 青少年的意志

人的心理是在实践中发生和发展的。因此，人在实践的过程中，不仅产生对客观现实的认识，对客观现实形成这样或那样的情感体验，而且有意识地实现着对客观世界的改造。这种最终表现为行动的、积极要求改变现实的心理过程，构成心理活动的另一个重要方面，即意志过程。

意志是人们自觉地克服困难去完成预定的目的任务的心理过程，是人的能动性的突出表现形式。

人类的活动是有意识、有目的、有计划的。只有人类才能在自然界打上自己意志的烙印，能够自觉地确定目的、克服困难。人的目的是主观的、观念的东西。观念要变为现实，必须付诸行动。如果说认识是外部刺激向内部意识事实的转化，意志就是内部意识事实向外部动作和活动的转化。后一个转化表现为意志对人的行动的支配或调节作用。一方面，这种支配调节是根据自觉的目的进行的；另一方面，正是通过这种对行动的支配或调节，自觉的目的才得以实现。意志对行动的调节，有发动和制止两个方面，前者是推动人从事达到预定目的的积极行动，后者表现为抑制或拒绝不符合预定目的的行动。发动和制止这两个方面又在实际活动中得到统一。正是这种调节，才使人克服各种外部的或内部的困难。没有克服困难的行动，就不叫意志行动。国外学者提出的意志的理论结构模型也支持了上述观点。库尔(Kuhl)① 认为意志由六个方面构成：积极的选择性注意、编码控制、情绪控制、动机控制、环境控制和信息加工的节省性。其中，积极的选择性注意主要指促进支持当前目标信息的加工，同时抑制支持竞争性倾向信息的加工；编码控制主要指过滤信息以及加工单一相关意图信息的能力；情绪控制主要指抑制决定一个意图是否执行的情绪状态；动机控制主要涉及重新恢复实现某一意图的反馈加工等；环境控制主要指为了有利于目标实现，以与动机控制或情绪控制相互影响的方式控制环境；信息加工的节省性主要指某项意图可以执

① Kuhl, J., "Volitional Mediators of Cognition-Behavior Consistency: Self-Regulatory Processes and Action Versus State Orientation," in Kuhl, J., & Beckman, J., *Action Control From Cognition*, New York, Springer-Verlag, 1985, pp. 101-128.

行停止控制的能力。平特里奇（Pintrich）① 认为，意志包括动机控制、情绪情感控制、行为控制和环境控制四个因素，具体含义与库尔的观点类似。意志锻炼是一个古老的问题，我国历代学者都提倡品行、意志的陶冶。孟子说过："故天将降大任于斯人也，必先苦其心志，劳其筋骨，饿其体肤，空乏其身，行拂乱其所为，所以动心忍性，曾益其所不能。"可见一个人是否有成就，除客观条件之外，主要取决于自身修养，其中意志力的培养是个重要方面。

然而，意志的研究方法还是个空白点。在心理学里，对意志的研究很少，主要原因是方法欠缺、指标难以确定。目前常见的研究是靠观察、问卷和调查。分析行动和结果往往也是确定意志努力的一个方面。例如，创设困难情境，观察被试的行为，分析这些行为表现，可以判定被试的意志努力。有人用自动计力器的弹簧，测出被试 10 次的平均拉力。第二天，要求被试再拉 10 次，并每次都要超过上一天的平均数。研究表明，每次超过平均数，需要做出意志努力，这种意志努力，既有年龄差异，又有个性差异。如果在教育和教学中，在日常的生活里，我们也创设大量的困难情境，留心观察并记录青少年的行为表现，就能对他们的意志行动做出鉴定。

第一节　青少年意志行动的一般特征

小学儿童在教育的影响下出现了比较复杂的意志行动。他们行动的目的性不断增强，克服困难的毅力逐步发展，并形成一定的意志品质。

到了中学阶段，由于学习活动的复杂程度提高，难度增加，需要青少年做出更大的意志努力；教师不像小学时期那样包班，青少年要通过自己的努力建立班集体，需要具有一定的组织性、自觉性和克服困难的毅力；青春期生理上的剧变、情感的波动，需要青少年增强意志的控制能力。于是，客观的要求促使青少年产生发展意志与意志行动的需要，在小学儿童意志力的基础上，形成了青少年意志行动发展的新特点。

一、意志行动的目的性不断提高

小学生尽管能够依照自己的愿望和意图采取有目的的行动，但在一定程度上，他们的行动还是根据教师和家长的语言指令来调节的，具有很大的依赖性。

青少年随着年龄的增长和年级的升高，依赖性逐渐减少，根据目的而做出意志决定的水平不断提高。所谓意志决定，从产

① Pintrich，P. R.，"Taking Control of Research on Volitional Control：Challenges for Future Theory and Research，" *Learning and Individual Differences*，1999，11（3），pp. 335-354.

生到付诸行动，一般要经过四个阶段：①酝酿一定的目的，为这个目的的实现而准备做出意志努力；②按照目的，考虑是否有实现的可能性，即对此目的对于个人、集体及社会的价值加以考虑；③分析结果，对行动方式加以选择及决断；④做出实际的行动。

某校办工厂把同时进厂的八年级和高一两个班的学生安排在两个车间里劳动。甲车间组装机器，工种精细，技术要求较高，需要认真努力才能完成任务；乙车间组装一种零件，只是一道工序、一个简单重复的动作。第一个星期八年级学生在甲车间，高一学生在乙车间；第二个星期轮换，八年级学生在乙车间，高一学生在甲车间。劳动前对两个班的学生做动员工作，强调劳动纪律和产品的质量。他们劳动两个星期后的成绩见表 14-1 和表 14-2。

表 14-1 第一个星期的表现

安排	完成数	返工率	坚持的劳动时间
八年级（甲车间）	40（台）	7 台（占 17.5%）	1 小时 30 分钟后坐不住
高一（乙车间）	4234（个）	/	2 小时后要求休息

表 14-2 第二个星期的表现

安排	完成数	返工率	坚持的劳动时间
高一（甲车间）	124（台）	4 台（占 3.2%）	干 4 小时未提休息要求
八年级（乙车间）	7345（个）	/	1 小时 30 分钟后坐不住

从表 14-1 和表 14-2 可以得出以下结论。

(1) 按劳动前的动员要求，学生要遵守纪律，坚守岗位，必须做出意志努力。意志努力程度，若以坚持劳动时间为客观指标，高中学生要比初中学生强。

(2) 青少年学生所做出的意志努力，其目的性存在年级（年龄）差异。初中学生往往服从学校、家庭或成人的指令；高中学生却有了自己的主意，即目的性。他们的行动常常摆脱外部的影响，他们所做出的意志行动的努力，既要看所完成任务的具体要求，又取决于兴趣。乙车间简单工序重复动作的劳动，由于不需要复杂的思考，高中生往往不感兴趣，他们所完成的数量还不如初中生；而初中生由于纪律的要求、指令的约束，会尽自己的努力去行动。可见，青少年的意志行动是一个从盲从性向自觉性、选择性发展的过程。也就是说，意志行动的目的性，随着年级升高而发展。

二、克服困难的毅力不断增强

在意志行动过程中，青少年必须克服一系列内部的或外部的困难。例如，胆怯、懒惰、身体不好或对采取的正确决定产生怀疑等，会形成一种内部的困难与障碍；某种活动对有关知识、技能的要求太高，在进行中遇到各种外来的干扰时，就形成了外部的困难与障碍。要克服困难与障碍，就需要坚强的意志努力。

在学习过程中，青少年克服困难、完成学习任务时的学习态度与意志行动是不一样的。在研究青少年品德发展中，我们追踪了一个先进班集体，发现青少年克服困难的毅力随着年级升高而增强。例如，八年级时，持病假条的有 67 人次，实际休息的是 49 人次（约占 73%）；高一年级时，持病假条的有 72 人次，实际休息的才 21 人次（约占 29%）。一次流行性感冒，全班 60%以上的学生患病，可是缺席率不到 5%。可见，在一个良好的班集体中，青少年在克服各种内部（主体）的困难与障碍中，不断提高意志努力。

有人在一个校风良好的中学里做了一次调查，发现初中生因功课跟不上而旷课的或借故请假的占初中生总人数的 3.2%，而高中生中同类情况的只占 1.7%。可见，在一个良好的集体中，青少年在克服各种外部（客观）的困难与障碍中，不断提高意志努力。

青少年克服困难的意志行动的差异是由什么决定的呢？研究表明，这种差异在客观上决定于集体的性质，主观上决定于他们是否已经形成稳定的责任感。

我们曾做了一些粗浅的调查，发现在一些纪律较差的班里，青少年因缺乏意志努力而违反纪律或不能自觉遵守纪律的占 40%～50%；而 100 个先进班集体中的学生，课上课下听指挥、守纪律的占 73%，表现一般的占 23%，不能自觉遵守纪律的仅占 4%。因为先进班集体的成员行动统一，保持和维护各种良好的要求，约束着集体成员不能做出任何违反纪律的行为。集体性越强，集体力量也越显著，集体成员克服违反纪律行为的内外困难的效果也越好。教师和家长培养青少年克服困难的毅力的重要途径是，加强学校与家庭的配合，共同创建良好的班风、校风。

同时，我们在研究青少年运算能力的发展时观察到，青少年对待难题的态度是不一样的，有的学生思维能力平常，遇上难题却反复思考、十分努力，表现出非攻下难题不罢休的责任感，因而取得优良的成绩；相反地，有些学生在思维的智力品质测定时成绩突出，但由于缺乏责任感，一遇到难题就有意回避或置之不理，到头来不能完成任务，成绩平常甚至落后。教师和家长培养青少年克服困难的毅力的另一个重要方面，就是要使他们形成稳定的责任感，逐步提高各种练习与作业的难度，增强他们克服困难的信心和能力。

心理学研究比较关注心理弹性或心理韧性（resilience）。这个概念主要是指个体面对生活逆境、创伤、悲剧、威胁或其他生活重大压力时的良好适应，它意味着面对生活压力和挫折的反弹能力。胡月琴和甘怡群研究发现①，中国青少年的心理弹性包括五个方面：目标专注，即在困境中坚持目标、制订计划、集中精力解决问题；

① 胡月琴，甘怡群：《青少年心理韧性量表的编制和效度验证》，载《心理学报》，2008，40（8）。

人际协助，即个体可以通过有意义的人际关系获取帮助或宣泄情绪；家庭支持，即家人的宽容、尊重和支持性态度；情绪控制，即困境中对情绪波动和悲观的控制与调整；积极认知，即对逆境的辩证看法和乐观态度。他们的研究还进一步发现，与国外同龄人相比，情绪控制和积极认知可能是构成中国青少年心理弹性的独特成分，儒家约束情绪表达、道家宣扬心境平和的主张，以及中国人对待逆境的辩证思想、集体主义的应对策略都可能导致这种现象。有研究者对七年级到高二的学生进行了调查，发现在人际协助维度上，女生显著高于男生，表明女生可以觉知到更多来自外界的支持，但在其他维度上没有发现性别差异；对不同学业成绩水平学生的比较分析发现，在目标专注上，优秀生的得分显著高于学业不良的学生；在情绪控制上，中等生显著高于学业不良学生；在积极认知、家庭支持和人际协助上，优秀生和中等生显著优于学业不良学生。① 此外，还有研究者对高中生的心理弹性与主观幸福感之间的关系进行了研究，结果发现，目标专注、人际协助、情绪控制、积极认知和家庭支持五个维度均与主观幸福感存在显著相关，进一步回归分析揭示，五个维度可以解释主观幸福感44.1%的总变异。②

三、喜欢模仿，善于模仿

模仿是对榜样的一种效法，是对别人的行为和心理活动的反映。简单的模仿是一种本能倾向，复杂的模仿是一种有意识的活动，如感知行为和现象，考虑它的意义与价值，产生积极或消极的情绪态度，估计实现的可能，以及付出一定的意志努力。

青少年喜欢模仿源于两个原因：①他们的思维处于逻辑抽象的经验型向理论型发展、思维品质的独立性与片面性交错发展的时期，他们具有容易接受生动、形象化教育的年龄特征；②他们的意志行动还处在发展的过程之中，意志行动的独立性还未成熟，受暗示性还较强。

青少年产生模仿，既取决于模仿的榜样的特点，又取决于模仿者本身的心理特点。

榜样的生动形象、可接近性、权威性和情绪性容易引起模仿。在众多的模仿对象中，教师、父母和亲近的同学是青少年模仿的首要对象，因为这些榜样对他们亲近，且有一定的权威性，易在情感上接受，尤其是教师和父母的一举一动，每时每刻都逃不过学生的视野；教师和父母的世界观、道德情操、品行、生活作风随时随地都影响着他们。因此，凡是要求他们做到的，教师和父母首先要做到；要求他们遵守的，教师和父母首先要身体力行。榜样的力量是无穷的，榜样的权威作用，有时要比规则、公约、批评更起作用。雷锋的形象之所以能激励和鼓舞青少年，正是因

① 蔦广昱，余嘉元，安敏等：《中学生心理韧性与学业水平的关系研究》，载《赣南师范学院学报》，2010，31（1）。

② 蒋玉涵，李义安：《高中生心理韧性与主观幸福感的关系研究》，载《中国健康心理学杂志》，2011，19（11）。

为英雄形象的权威性。生动形象的榜样能激起青少年的模仿，良好的、生动形象的榜样能促进青少年学英雄、树新风；不良的、生动形象的榜样会导致青少年品德不良，甚至违法犯罪。因此，教师和家长要注意引导青少年做出榜样的选择，以便他们健康成长。

模仿取决于模仿者寻找榜样的需要、选择标准的榜样及榜样与模仿者个性的一致性。所以同样的榜样能否奏效，取决于主体的特点。教师和家长在进行榜样的教育中，应该注意青少年的差异性，针对各个年级、各种不同的青少年，选择和树立不同类型的典型。

第二节 青少年行为动机的发展

行为活动一般是由动机引起的。动机控制和调节着人的行为活动。动机水平的发展、动机斗争的水平的趋势，反映着意志行动的水平。

有关这个方面的研究在国外和国内越来越多。例如，美国著名心理学家布鲁纳利用实验研究了动机与效果的关系，结果表明意志行动的努力程度取决于动机。他把动机分为两大类：一类是情境性的外在动机；另一类是内在动机。外在动机所做的意志努力是微弱而短暂的，内在动机所做的意志努力是强大而持久的。内在动机由人的三种内驱力组成：一是“好奇心”；二是“胜任内驱力”，对胜任的工作总是越做越感兴趣；三是“互惠的内驱力”，指一个人具有与别人和睦共处、协同工作的需要。动机是社会发展的结果，具有很高的社会性。

一、主导动机逐步明确

动机是多层次、成系统的，其中有一种动机起主导作用。这种主导动机，往往决定或支配着行为活动。主导动机越明确，主导动机的水平越高，个体的意志努力越强。

青少年行动的动机一般是正确的、健康的，但是他们缺少社会阅历，还不是很了解社会，不懂得处世的方法，往往好高骛远、急于求成，遇到一些困难和挫折就容易灰心丧气，产生徘徊、犹豫、苦闷、失望的心理，甚至出现轻生的念头，可见青少年的意志力容易动摇，行动的主导动机不太明确。

青少年意志行动的动机有一个发展的过程，一般来说，其趋势是从比较短近的、狭隘的动机逐步向比较自觉的、远大的动机发展；从比较具体的动机逐步向比较抽象的动机发展；从错误的动机向正确的动机发展。后者逐步地成为主导的动机，并被主体所意识。

成就动机是人们在完成任务过程中力求获得成功的内部动因，即个体对自己认为重要的、有价值的事情乐意去做，努力达到完美地步的一种内部推动力量，它与青少年的学习行为有密切关系。我们曾对652名七年级至高三学生成就动机的发展特点进行研究①，从学业自主性动机、学业成就归因、学业自我效能动机和学业成就目标四个大的维度对成就动机进行了测量。其中学业自主性动机又分为任务难度选择、志向水平、行为主动性和情绪表现四个子维度。

在任务难度的选择上，除九年级和高三倾向于选择较容易的任务外，其余四个年级皆倾向于选择较难而富有挑战性的任务，这可能与九年级、高三学生面临中考、高考有关。因为九年级和高三的学生更希望自己获得成功，跨过考试关，能够升入好的学校，所以他们倾向于选择较容易的任务。

在志向水平方面，八年级和高三学生水平最高，九年级次之，高二处于“低谷”，最高点（八年级）与最低点（高二）差异显著，这说明青少年的志向水平处于波动状态。这可能由于高二年级的学生处于人生观和价值观的形成时期，处于对自己的前途进行选择的状态中，而到了高三年级，他们的价值观开始稳定，对自己的前途有了定向性的选择，因此，他们的志向水平有所提高。

在行为主动性方面，从整体看，整个中学时期，学生的行为主动性比其他动机成分水平低。

在情绪表现方面，七年级、九年级与高三学生水平高，而八年级和高二学生水平最低，其中八年级与九年级、高一与高二学生差异显著，这说明在完成困难任务时，七年级、九年级与高三学生感到更快乐，而八年级和高二学生的快乐感较少。

对于学业成就归因，其中内部可控的努力在初中阶段随着年级的升高而有所下降，到了高一上升，但高一后又开始逐渐下降；外部不可控的任务难度则相反，在初中阶段随着年级的升高而略有下降，到了高一继续下降，高一后开始逐渐上升，但年级差异不显著。中学阶段的学习效能动机基础保持平稳的发展趋势，但在初中阶段，八年级的水平略高于七年级和九年级，高中阶段也表现出同样的趋势。与学习效能动机类似，学业成就目标也基本保持平稳的发展趋势，但在学业成就目标的评价观和成功观方面，随着年龄的变化，评价观从七年级到八年级上升，从八年级到高一逐渐下降，从高一到高二、高三又开始上升，且除高三外，七年级与其余的四个年级、八年级与高一、高一与高二之间差异显著；成功观在九年级的分数最高，九年级与其他年级差异显著。

从上述结果可见，八年级和高二年级是确立目标的两个重要时期。德维克（Dweck）认为，学生的学业目标可分为掌握目标和成绩目标两类。掌握目标即掌握模式，它能促进富有挑战性的、有价值的成绩目标的建立、维持和实现，并具有寻求挑战性任务、面对困难时坚持性强的特性。拥有此模式思维的个体关注自身能力

① 沃建中，黄华珍，林崇德：《中学生成就动机的发展特点研究》，载《心理学报》，2001，33（2）。

的提高与知识的掌握，因而在学习过程中易形成掌握模式。[1] 成绩目标即无助模式，它的显著特征是：回避挑战、面对困难时坚持性低。此类模式的个体把注意力集中于自己的成绩，并且更多地在乎他人对自己成绩的评价，这使得他们在学习过程中更易形成无助模式。根据这一理论，我们要关注八年级和高二两个年龄段的学生，使他们形成良好的掌握目标。

几类动机的发展模式见图 14-1。

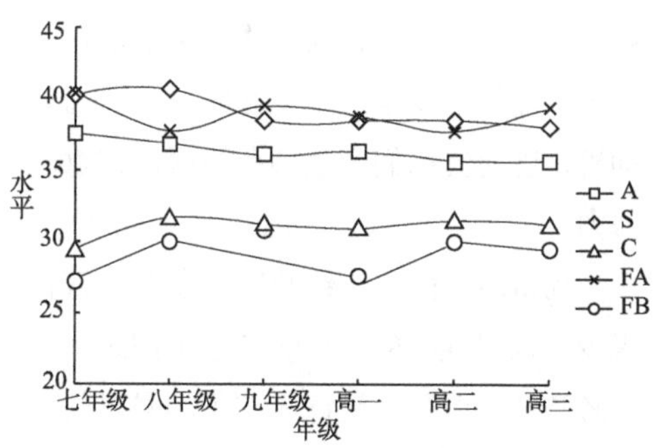

图 14-1 四类动机的变化趋势比较

注：A——自主性动机；S——自我效能；C——归因；FA——掌握目标；FB——成绩目标。

青少年的意志行动容易动摇，与他们缺乏自觉而远大的、正确的主导动机直接有关。发展青少年良好的主导动机是教师和家长的重要任务。

二、动机的多变性与稳定性交织在一起

在一项活动的进行中，有人坚定不移地实施一个动机，并为之不惜做出一切意志努力；有人却多次变化动机，摇摆不定，往往做不出意志的决断。前者是意志行动动机的稳定性表现，后者则是意志行动动机多变性的表现。

青少年的行动动机的多变性与稳定性交织在一起，但以多变性的表现为主。随着年级升高，动机的稳定性逐步发展，多变性逐渐减少。

初中生动机的多变性是比较突出的，有人曾对初中生的日常行动做了系统的观察，发现他们在进行某一活动时，很容易被诱因直接引起的欲望驱使，动机显得简单，带有一定程度的偶发性；在实施某一动机时，多变性也很突出，当完成第一动机任务遇到困难时，常常不是做出意志努力，而是更换动机，一般这种动机是他们事先未做打算的，常带有情境性。初中生动机多变的原因有两个：一是初中生思维过程的稳定性不足，缺乏周密推理，致使动机不稳定；二是初中生的兴趣广泛，什么都想学，什么都想知道，却缺乏兴趣的稳定性，致使动机不稳定。动机的不稳定反映了初中生的意志行动还未成熟，常常处于三心二意的状态。

在正确的教育下，随着思维的发展和兴趣稳定性的提高，高中生的行动动机从确立到付诸行动之间，有一段动机斗争和抉择的过程，为了一件事情往往反复思考和计划，执行计划过程中遇到的困难往往

① Dweck, C. S., *Self-Theories: Their Role in Motivation, Personality and Development*, Philadelphia, Psychology Press, 1999, pp. 118-126.

是事先设想到的，所以，更换动机、重新选择目的等可能性较小。但由于动机斗争的复杂性，遇到困难时，高中学生的动机仍可能出现多变和动摇。

教师和家长在培养青少年动机的稳定性的时候，不仅要启发他们周密思考，逐步学会深思熟虑，提高他们兴趣的稳定性，而且要引导他们在实施动机的时候多设想困难，多预料失败的可能性，多从坏处着想，以便他们增强实施动机时的勇气，及时用意志努力调节和控制行为举止。

三、动机的现实性与社会性的发展

近几年，国内研究资料表明，青少年的学习动机，不仅在社会性方面随着年级升高而发展（占被试的 40％～50％），而且在现实性方面也随着年级升高而发展。追求“实惠”的学习动机在青少年里占 30％～40％，且高中生被试所占的比例稍大于初中生。

在日本，对青少年劳动动机的研究，获得的结果如图 14-2 所示。

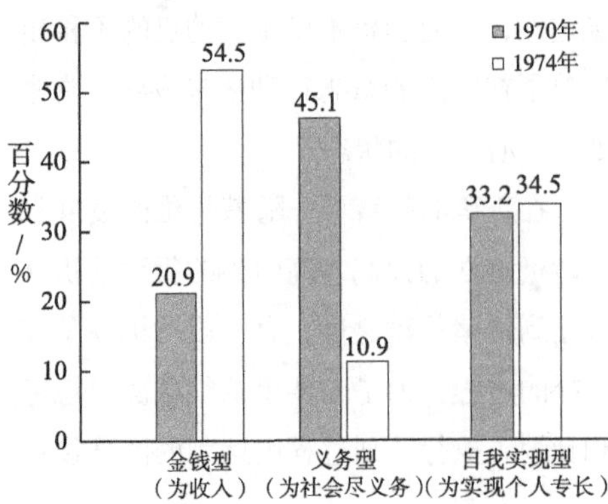

图 14-2　现代青少年未来劳动观的调查图（日本）

研究者认为，人在小学阶段还没有明确的价值观的动机；到了中学阶段，逐渐懂得了什么对自己最重要。小学生最关心的是学习，非常希望取得好成绩，这也是教师和家长培养的结果。然而进入中学以后，随着自我意识的发展，学生已形成自己的价值观，动机的现实性和社会性不断发展，且有一定时期和社会的背景。

国内有些研究反映出目前青少年学习动机的趋势，与日本在这方面的研究结果有相同之处。对此，我们要做实事求是的分析，促使青少年产生良好的行动目的和动机，进而使他们产生持久而深刻的意志努力。

动机现实性随年级升高而发展是符合青少年认识规律的，反映了这个问题上的年龄特征，但是，关键还在于加强思想政治工作，使他们的德、智、体全面发展，并从中做出刻苦的意志努力，克服困难，以取得各项活动的优异成绩。

四、好奇心的变化

产生行为的动机是多方面的，其中很重要的是对各种事情的好奇心。

好奇心是人的需要的一种表现形态，是一种带有情绪色彩的认识倾向。好奇心是青少年学生，特别是初中生的特点。遇事就要讨论，在弄清“所以然”之前，别人越强行制止，他们就越觉得新鲜，越要尝试。例如，有个初中生对电炉丝很好奇，问家长能否换成别的金属丝。家长怕他触电，厉声呵斥，这反倒引起了他的好奇心。家长上班刚走，他就动手“试验”，结果差点儿丧命。

初中生对事物的好奇心促使他们不顾后果地贸然行动，这是由于他们处于半成熟半幼稚的状态。尽管他们思维的独立性与深刻性在增强，但思维的批判性还很差，容易片面地理解事物，往往以好奇心作为认识事物、探究事物、寻找根源的“内驱力”。因此，好奇心的作用不可低估，它是初中生行为动机的一种重要的表现形式。

随着思维的批判性和深刻性的发展，高中生的好奇心常带有意志特点，符合一定行为规范的才去探究，不符合行为规范的则抑制。高中生的好奇心往往发展为更高级的求知欲。

在此，我们应该指出对初中生的好奇心进行引导的问题。初中生由于好奇心强，意志努力不足，往往由于好奇导致了某些不良品德行为和违法犯罪行动。比如，有的初中生由于对发育趋向成熟的性机能有新奇感，而产生了对异性的好奇心，由此引起品德不良的动机；有的初中生出于对侦破工作的好奇，故意制造犯罪事端，想看看是否能够破案及如何破案等。好奇心是构成青少年品德不良与犯罪的一个不可忽视的原因。因此，教师和家长要经常分析青少年学生特别是初中生的好奇、好动、好问的特点，把握其苗头，使好奇心成为青少年求知欲、理智感及良好动机的起点，防止并及时制止可能发生的一切不良行为。

第三节　青少年意志品质的发展和培养

如何断定一个人的意志力呢？主要是看意志品质的表现程度。意志品质是一个人在生活中所形成的比较稳定的意志特点，是人的性格、个性的重要组成因素。教师和家长注意培养青少年积极的意志品质，克服和纠正其消极的意志品质，这在他们心理发展上具有重大的意义。

意志品质的发展既有个体差异，也有年龄特征。一般来说，应从四个方面来培养意志品质。

一、自觉性的发展和培养

对自己行动目的的正确性和重要性有明确而深刻的认识，从而自觉地去行动，以达到既定的目的，这叫作行动的自觉性。人的自觉性是一种高贵的意志品质，它使人自觉、独立地调节自己的行为，使人服从于一定的目的任务，而不是事事依靠外力的督促和管理。例如，学生认识到遵守纪律的重要性，就能自觉地遵守，不需要别人督促。

与自觉性相反的是受暗示性和独断性。有一种人，没有坚定的意志力，很容易受别人的影响而改变既定目的，这叫作受暗示性。也有一种人，不接受别人的合理的建议，毫无理由地坚持自己的错误做法，这叫作独断性。受暗示性与独断性两者从表面上看似乎截然不同，实际上都是意志薄弱的表现。

意志的自觉性从小学三、四年级开始，学生一般能够自觉遵守纪律、自觉独立地工作和参加集体劳动，但小学阶段的受暗示性还是比较强的。

在小学的基础上，初中生的自觉性、独立性有了较大的发展，同时又存在年龄和个体的差异。以自觉遵守纪律为例，初中生能否自觉遵守纪律在很大程度上由班风决定。我们曾以既定的目的性与克服困难的自觉性两项指标为依据，把一个班集体行动的自觉性分为三级水平：第Ⅰ级是统一按照集体目标齐心协力地去行动；第Ⅱ级是靠班主任的决定去行动，班主任的决定就是班集体的自觉行动要求；第Ⅲ级是班集体没有力量，集体如一盘散沙，集体成员没有遵守纪律的自觉性。我们分析100个不同年级的先进班集体的学生，获得了如下的结果，见表14-3。

表14-3　不同年级先进班集体成员的自觉意志行动的水平

年级 趋势 / 水平	小学二年级	小学四年级	八年级	九年级
Ⅰ	0	17%	53%	60%
Ⅱ	100%	83%	47%	40%

由表14-3可见，学生意志行动的自觉性的差异主要取决于所在的集体。而不同年级的良好集体中，学生意志行动的自觉性又存在明显的年龄特征。小学阶段学生的自觉纪律主要来自班主任的权威和决定。随着年龄增大，学生品德判断和行动的独立性逐步提高，八年级之后，良好班集体的成员统一地按照集体准则较自觉地行动，班主任在集体中起主导作用，而不是小学低、中年级的绝对决定作用。

初中生意志行动的自觉性并不完善，具有较强的受暗示性。我们曾调查了北京市一些流行性活动，如玩弹弓、练飞镖。这些活动往往“一处点火，四处蔓延”。10%～20%的男生相互“启示”，很快玩开，而且不计后果，常常造成不良品德行为的出现。

九年级之后，这种受暗示性逐步减少，意志行动的独立性和自觉性不断发展。但高中阶段意志的自觉性品质，容易出现独断性，突出地表现在喜欢争论、争强好胜，且往往理由不足，坚持错误意见，却不能自制。

教师和家长要根据不同基础、不同年级的实际情况，提高中学生行为的自觉性，设法使他们克服受暗示性、防止独断性。不论是学习、作业、劳动和工作，教师和家长要多启发他们自觉地制订计划和独立完成，不要过多地对他们加以督促和帮助。

二、果断性的发展和培养

果断性就是善于迅速地辨明是非，做出决定，执行决定。果断性的发展是与人的自觉性、抽象思维能力的发展分不开的。与果断性相反的是轻率和优柔寡断。有一种人遇事不加考虑，草率地做出决定就采取行动；另一种人却经常表现为三心二意、徘徊犹豫。这两者都不是果断性的表现。

果断性在小学四年级开始有明显的表现，但整个小学阶段和初中阶段，果断性的水平都不高，即在必要时能排除一切不必要的疑惑和踌躇、做出决断的能力还是较低的。同时，轻率和优柔寡断在初中生的意志行动中还都有表现，而且轻率比优柔寡断更为突出。轻率从事，不仅是初中生学习的障碍，而且常常会导致中学生的品德不良。高中阶段，由于认识能力得到发展并趋于成熟，生活经验不断丰富，同时又面临着对未来生活道路的选择，所以学生能够逐渐按照一定的观点、原则，经过深思熟虑去抉择并处理一些充满矛盾斗争的问题，其果断性的意志行动品质才真正形成起来。

教师和家长应该在青少年知识经验和智力水平的基础上，逐步引导他们明辨是非，学会当机立断。特别要强调指出的是防止青少年，尤其是初中生轻率从事，教师和家长要培养他们对社会、集体和劳动的责任感与义务感，要加强他们对行为准则和道德的信念，使他们有健康而强烈的动机在其意志行动的决定和执行上发挥作用。

三、坚持性的发展和培养

坚持性又叫毅力，是人克服外部或内部的困难、坚持完成任务的品质。“贵在坚持”，正说明了意志行动的坚持性的可贵。

与坚持性相反的是意志薄弱。有的人虎头蛇尾，一遇到困难就垂头丧气，这叫作没有毅力；明知行不通，也要顽固地坚持，缺乏纠正的勇气，这不能算是有毅力。

研究表明，小学三年级学生的坚持性已经可以成为比较稳定的意志品质了。因此，在中学阶段，学生之间明显地表现出意志品质的坚持性的个体差异来。中学生坚持性的好坏取决于什么呢？

客观上，坚持性是由所执行任务的要求是否合理决定的，同时还取决于任务的难度。当然，难度又包括很多因素，其中一个重要的因素是时间。观察表明，执行相同性质的任务，所坚持的时间往往与年龄（年级）有关，一般来说，年龄越大，年级越高，所坚持的时间越长。

主观上，坚持性取决于四个因素：①兴趣和需要的程度；②动机和目的的水平；③对所执行任务的意义的理解程度；④习惯的稳定性水平。

青少年意志行动的坚持性的培养，关键在于锻炼。教师和家长要利用一切实践活动和日常生活给他们锻炼的机会。例如，坚持独立地完成各种作业，坚持参加课外学科小组或科技小组活动，坚持公益劳动或做好事，坚持各种体育锻炼，尤其是冬、夏两季的锻炼等。教师和家长在培养青少年的坚持性时，所提的要求要合理；帮助他们在实际行动中克服困难，而不要代替他们克服困难；当他们遇到困难时，要不断鼓励，增强其信心与勇气；对克服困难的方法和技术，要给予指导；不断培养他们良好的习惯和自制力。

四、自制力的发展和培养

自制力是人善于控制和支配自己行动的能力。有时表现在善于迫使自己去完成应当完成的任务，有时表现在善于抑制自己的行动。与自制力相反的是冲动、任性，不善于控制自己，不能自觉地调整行动。那些死气沉沉、呆板拘谨的品质，也不是自制力，我们不应该把自制力和这些不良个性特点混同起来。延迟满足能力是自制力的一个重要方面，对人一生的发展具有重要意义。在20世纪60年代，美国学者米歇尔（Mischel）及其同事设计了一个简单易行的“棉花糖实验范式”来测试学前儿童的延迟满足能力，即在一个拥有单向玻璃的行为实验室中，让儿童被试单独面对一个托盘，托盘中放着一块棉花糖，告诉儿童，如果能坚持规定的时间，将会给儿童另外一块棉花糖，到时儿童将会有两块棉花糖，如果不能坚持规定的时间就把棉花糖吃了，将不会得到另外一块棉花糖。因变量主要是儿童坚持的时间。米歇尔及其同事在20世纪70年代，使用此方法对4岁学前儿童进行了测查，之后进行了长达40年的追踪研究。研究发现，儿童4岁时的延迟满足能力，不仅对其青少年时期的学业成绩有显著的预测作用①，而且对其成年之后的抗压能力、高自我价值感、高教育水平具有显著的预测作用②。

小学三年级时儿童的自制力就有显著的进步和发展。但整个小学阶段，儿童的自制力还是初步的，小学儿童往往易兴奋，易带有一定程度的冲动性。中学生的自制力发展有一个过程，初中生自制力较差，行为举止较难控制；高中生的自制能力则比较强，自我控制与自我调节行为的表现也比较突出，其发展过程与情感稳定性的发展是一致的。初中阶段所表现出来的青春期的激情比高中阶段要强得多，意志努力难以控制；随着情感的稳定性的发展，九年级至高中一年级这一阶段，学生意志行动的自制力也逐步加强。因此，七年级、八年级容易出现“乱班”，高中生的纪律性比较强，九年级第二学期至高一年级学生的品德趋于初步成熟，其中在意志方面的一个较突出的原因，就是学生的自制力获得了迅速发展。

我们培养青少年的自制力，要把发展自制力和意志行动的其他品质（如坚持性等）联系起来；要把培养自制力与控制激情联系起来，特别是要让青少年逐步学会预料到挫折和失败带来的后果，学会调节和控制情感的本领；要把培养自制力与发展性格特征联系起来，鼓励青少年的勇敢行为，使他们克制冒险和蛮干的行为。

---

① Mischel, W., Shoda, Y. & Rodriguez, M. L., “Delay of Gratification in Children,” *Science*, 1989, 244, pp. 933-938.

② Mischel, W., Ayduk, O., Berman, M. G. et al., “Willpower Over the Life Span: Decomposing Self-regulation,” *Social Cognitive and Affective Neuroscience*, 2011, 6 (2), pp. 252-256.

第十五章
青少年的兴趣、动机、价值观与理想

个性这个概念是一个社会范畴，它是许多学科的研究对象。心理学的任务是研究表现在人的心理活动中的个体心理的实质及其形成的规律。个性心理由许多成分组成，主要有个性意识倾向性、个性心理特征和自我意识等。个性意识倾向性又由兴趣、爱好、动机、目的、理想、信念和世界观等因素组成。

这一章将讨论青少年的个性意识倾向性的发展，主要侧重于学习兴趣、学习动机、价值观和理想四种意识倾向性的发展。

个性意识倾向性在一定意义上说，是需要的表现形态。兴趣是一种带有情绪色彩的认识倾向；动机是引起行为的内驱力量；价值观是个体以自己的需要为基础而形成的、对客体的重要性做出判断时所持的内在尺度，是个体关于客体的价值的观点和看法的观念系统的综合；理想是激励一个人为未来的人生目标而奋斗的倾向。对于青少年来说，学习动机、学习兴趣和理想的发展，是形成与发展他们价值观的一个重要基础，是德育内容的一个重要方面。

我们在调查中感到，将理想、价值观、学习动机和兴趣四者结合起来对中学生进行德育是非常重要的。

德育首先要抓方向、抓理想，理想是人生观的核心。因此，不论是学校教育、家庭教育还是社会教育，不抓中学生理想的培养，就会失去政治方向。

要进行理想教育，其中重要的一条是激发中学生的学习动机。不培养、不激发学习动机，学习无动力，任何思想工作都要落空。

要激发学习动机，培养良好的兴趣是很重要的。调查发现，兴趣在学习中是最活跃的因素。要激发中学生去学习，必须要有兴趣作为青少年学习的内在“激素”。

德育的一项重要任务是根据青少年价值观的现状对其进行教育、引导，使其树立正确的人生观、价值观，成为合格的社会公民。

因此，教师和家长从完整的个性结构出发，从个性意识倾向性中兴趣、动机、价值观和理想四者的关系出发，调动中学生的自觉能动性。这是德育工作的一种重要手段和途径。

第一节　青少年的学习兴趣

兴趣是需要的一种表现形式，是动机产生的重要的主观原因，是对客观现实中的对象和现象的一种带有情绪色彩的特殊认知倾向。兴趣具有追求探索的倾向。俄国教育家乌申斯基认为："没有任何兴趣，被迫进行的学习，会扼杀学生掌握知识的意愿。"因此，良好的学习兴趣是学习活动的自觉动力。

研究青少年的学习兴趣，一般分追踪研究和横断研究两种。

追踪研究是对同一研究对象在不同的年龄或阶段进行长期反复观测的方法。我们曾对北京市某区航模组进行了多年的追踪研究，发现青少年的课外活动兴趣不断变化和逐步稳定。稳定兴趣的形成成为他们选择终生职业的内驱力。

横断研究是在某一特定的时间，同时对不同年龄的青少年进行比较的方法。对青少年的兴趣研究主要采用的是问卷法。而问卷法能否成功，关键在于试题是否新颖。

我们曾针对学生对不同学科、课外阅读、课外活动、时事政治的兴趣进行过研究，现分析如下。

一、对不同学科的兴趣

学科兴趣是指学生对自己所学的各门学科的兴趣情况。正如孔子所说，"知之者不如好知者，好知者不如乐知者"，良好的学科兴趣可以激发学生内在的学习动机，对个体的认识过程产生积极的影响。

个体对不同学科的兴趣有一个逐步显现的过程。在整个小学阶段，儿童对不同学科的兴趣最初并没有多大区别，之后才逐渐分化，对不同学科内容产生不同的兴趣偏好，如对语文和数学的爱好表现出个体差异。在中学阶段，个体的学科兴趣进一步发展，对不同学科的兴趣进一步明确、确立。

青少年的学科兴趣呈现出哪些特点呢？我们较早的一项调查发现，在参与调查的中学生中，有95%左右的学生能明确指出他们"最喜欢的一门课"与"最不喜欢的一门课"，这说明在中学阶段学生对不同学科兴趣的分化是明显的。具体来说，这些学生最喜欢的学科是数学（占总人数的32.5%），最不喜欢的学科是外语（占总人数的29.5%）。有研究进一步显示，中学生的学科兴趣与学文还是学理有密切的关系；文科生最喜欢的学科是语文和外语，分别占31.86%和21.08%；理科生最喜欢的学科是数学和物理，分别占了29.48%和19.56%。[①] 这一结果说明高中生在分班的时候，很大程度上是根据自己的兴趣来选择的；其原因可能是对学科的深入学习

① 张寿松，谢廷平：《关于高考生学科兴趣的调查研究》，载《交通高教研究》，2004（6）。

进一步强化了高中生相应的学科兴趣。①

青少年在学科兴趣上存在性别差异。国外有研究显示，男女生在学科兴趣方面存在差异，即女生倾向于“事物—人”维度的“人”这一极，男生则反之。② 我们早期的一项研究也显示，男生对理科的兴趣稍大于女生，女生对文科的兴趣大于男生，如图15-1和图15-2所示。另一项研究也得出了相似的结果，也就是，女生在人文兴趣方面高于男生，男生在数理兴趣方面高于女生。因此，根据男女生对不同学科兴趣的特点，做不同的教育、引导，是教师和家长在青少年教育中必须重视的一个问题。

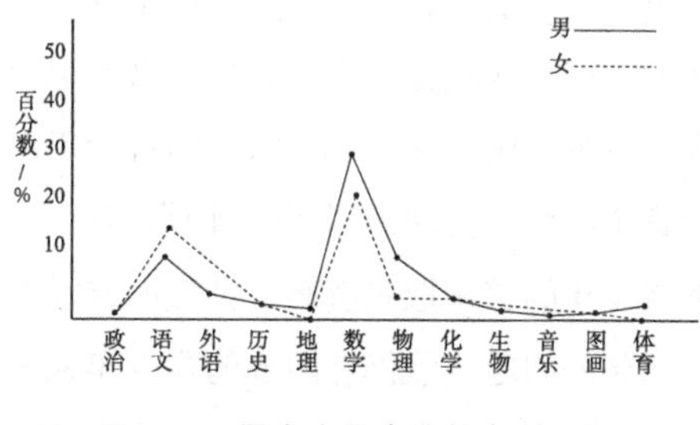

图15-1 男女生最喜欢的学科比较

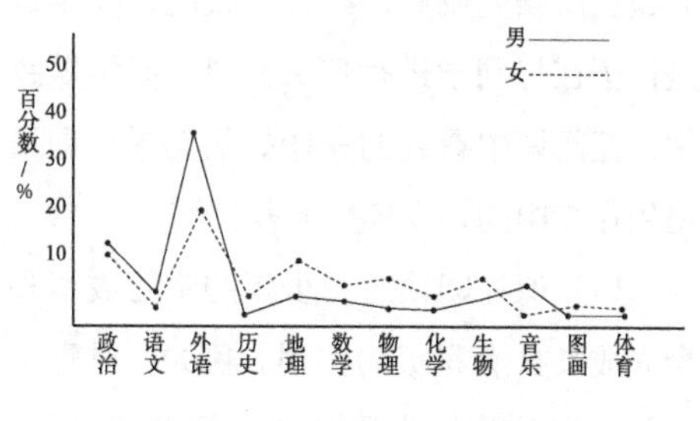

图15-2 男女生最不喜欢的学科比较

至于喜欢某一学科的原因，调查显示主要包括：①“老师讲得好”（34.4%）；②“从小喜欢，基础较好”（22.5%）；③“能动脑子”（19.2%）；④“学了有用”（13.8%）；⑤“其他”（0.1%）。另一项调查有类似的结果，高中生喜欢某一学科的原因按百分比的高低来看依次为，“该学科的内容本身吸引我”“老师水平高，上课有趣，认真负责”“老师关心、重视、表扬我，对我好”“该学科重要，不得不感兴趣”“其他方面的原因”。③ 不喜欢某一学科的原因主要有：①“基础不好”（39.0%）；②“老师讲得不好”（23.3%）；③“学了没用”（13.4%）；④“不喜欢文科或者其他学科”（11.7%）；⑤“其他”（12.6%）。④ 从这一结果我们可以看出，教师讲课水平的高低是影响青少年学科兴趣的重要因素。例如，调查中选择政治课作为最喜欢学科的青少年并不多，但在为数不多的人中，是因为“老师讲得好”而喜欢的占78%；又如，在不喜欢外语的青少年中，其主要原因是“基础不好”与“老师讲课不好”（这两项占94%）。导致学生“基础不好”的原因也可能与教师的教学有关。例如，过去的教师教学不得法或水平较低，未能激发起学生对这门学科

① 彭纯子，周世杰，马惠霞等：《高中生学科兴趣问卷的初步编制》，载《中国心理卫生杂志》，2004，18（7）。

② Reeve C. L.，& Hakel，M. D.，“Toward an Understanding of Adult Intellectual Development：Investigating Within-Individual Convergence of Interest and Knowledge Profiles，” *Journal of Applied Psychology*，2000，85（6），pp. 897-902.

③ 张寿松，谢廷平：《关于高考生学科兴趣的调查研究》，载《交通高教研究》，2004（6）。

④ 北京地区调查协作组：《中学生理想、动机和兴趣的调查》，载《北京师范大学学报（社会科学版）》，1982（1）。

的兴趣。因此，家长的早期教育和教师的教学质量对学生学科兴趣的形成及推动学生积极学习起着决定性作用。

二、对课外阅读的兴趣

阅读是人类认识世界特有的一种社会实践活动。在现代社会中，社会生活各个方面的正常运转离不开阅读活动，后代学习前人创造出来的经验也离不开阅读活动。为此，《普通高中语文课程标准（2017 年版）》明确要求学生：培养广泛的阅读兴趣，努力扩大阅读视野；学会正确、自主地选择阅读材料，读好书，读整本书，多媒介获取信息，提高文化品位，提高阅读与表达能力。因此，激发学生的课外阅读兴趣，培养学生良好的阅读习惯，有利于提高学生通过课外阅读获取信息的能力，使之成为课内阅读的延续和补充。

当前我国青少年的课外阅读兴趣如何？为此，研究者进行了调查。总的来说，当前我国青少年的课外阅读体现出以下几个方面的特征①②。

(1) 虽然青少年对课外阅读有浓厚的兴趣，但是真正用来阅读的时间较少。例如，调查显示，在所调查的样本中，对课外阅读有浓厚兴趣的占 95%，不喜欢课外阅读的只占 5%；但是表示会经常阅读课外书籍的只占 14%，81%的学生表示虽然喜欢阅读课外书，却没有时间去读。这说明在当前应试教育的背景下，繁重的学业任务影响了学生课外阅读活动的开展。

(2) 青少年的阅读兴趣较为广泛，内容上具有丰富的特点。调查显示，文学类书籍是青少年课外阅读主要的方向，其次是故事类和历史类书籍，传记类作品也是学生重点阅读的内容，而青少年对学习辅导类书籍的关注程度不到 30%。这说明随着青少年阅读能力的提高和知识的积累，他们的课外阅读所涉及的面越来越广，已经把目光的触角伸到社会、人生的各个方面。

(3) 青少年课外阅读的习惯有待改进。调查显示，在阅读时，有近半数的青少年会进行其他活动，如听音乐、看电视、吃东西；在阅读的过程中，有写读书笔记习惯的青少年仅占 9%，而 91%的青少年没有这个习惯；当阅读遇到困难时，有一半的青少年能够采取查资料、请教的方式解决遇到的问题，但仍有四成的青少年采取放弃的态度，不求甚解，不想办法去解决问题；阅读完成后，有近半数的青少年只是停留在与同学进行口头交流。能学以致用，把阅读中看到的一些好的句子、词语用到作文中的青少年并不多。

(4) 课外阅读对青少年的学习成绩和个人成长具有积极的作用。例如，对青少年关于课外阅读作用的认识的调查显示，57%的青少年认为课外阅读对提高个人修养有很大帮助，34%的青少年认为帮助不

① 崔玲玲：《加强对高中学生课外阅读方向和目标的指导——高中生课外阅读情况的调查分析及对策》，载《教育实践与研究》，2006 (10)。

② 黄芳：《初中生课外阅读情况调查与分析》，载《文学教育》，2009 (4)。

大，9%的青少年认为没有帮助。就学业成绩来说，语文、数学、英语等学科成绩好的青少年，其阅读兴趣水平显著高于学习成绩一般的青少年；而且阅读文学名著的兴趣与语文成绩呈显著正相关。[①]

另外，青少年在课外阅读上存在一定的差异，具体表现在以下方面。

(1) 发展水平差异：我们将青少年的课外阅读水平分为三个不同的等级。[②] 第一级是不阅读或很少阅读课外材料。第二级是能够阅读课外书籍，但只满足于书本的情节或趣味，如阅读故事书、小说和有趣的科普杂志等。第三级是能对课外材料进行有目的的深入阅读，并且能钻研一些问题。例如，阅读数学、物理、化学、语文、外语等参考书，演算习题或撰写读书笔记等。一般来说，随着年级的升高，青少年的课外阅读兴趣水平也随之提高。

(2) 学校差异：相对于其他学校的学生，重点中学学生的课外阅读兴趣达到第三级水平的人数更多。例如，在中国科技大学少年班中，课外阅读兴趣水平达到第三级的学生占绝大多数；这部分学生不仅能广泛阅读理论的、文艺的和科技的书籍，而且能深入钻研一些问题，知识面较广，有一定深度。而在工读学校学生中，课外阅读兴趣停留在第一级水平的占 60%以上，这部分学生平时不阅读或很少阅读课外书籍。

(3) 性别差异：有研究显示，女中学生的阅读兴趣水平显著高于男中学生。[③]这与人们通常的观念是一致的，即女生对文字的喜好程度总是明显地高于男生。

影响青少年课外阅读的因素，包括内部因素和外部因素。内部因素包括个体的求知欲、知识水平和阅读能力。外部因素包括家庭、学校和社会三个方面。家庭方面，主要是指家庭的阅读氛围和家长对待阅读行为的态度直接影响学生的阅读兴趣；学校方面，主要是指学生的课业负担、课堂教学方式、应试教育的环境；社会方面，主要是指学生的阅读兴趣受社会经济、政治、文化各方面因素的影响。例如，网络媒体的兴起改变了个体的阅读方式；信息传播渠道的多样化使青少年阅读的内容有更多的可选性。[④]

因此，我们要关心和指导青少年的课外阅读。要注重培养青少年的阅读兴趣，使其认识到阅读本身的价值，从而积极主动地阅读；要从青少年的认知特点和兴趣出发，为他们选择优秀的、能够为他们所理解的读物；要加强对青少年阅读方法的指导，帮助他们养成良好的读书习惯，提高阅读的成效。

三、对课外活动的兴趣

课外活动是指在课堂教学任务以外，有目的、有计划、有组织地对学生进行的各种渐进性的教育教学活动。按照活动组织实施的地点，课外活动可以分为校内课

① ③④ 刘青：《中学生文本阅读兴趣的结构与特点研究》，硕士学位论文，西南大学，2009。

② 北京地区调查协作组：《中学生理想、动机和兴趣的调查》，载《北京师范大学学报（社会科学版）》，1982 (1)。

外活动和校外课外活动；按照活动的内容，课外活动又可分为思想政治与道德素养类、学术科技与创新创业类、文化艺术与身心发展类、社会实践与志愿服务类、社团活动与技能培训类。①

课外活动具有以下几个基本特征。

(1) 自主性。由学生自行组织开展，教师只起一个指导的作用。

(2) 灵活性。活动的地点、内容、形式以及考核的方式灵活多样，适应性强。

(3) 开放性。不受课程计划和课内教学的限制。

(4) 创新性。可以创造新的内容和形式以增强课外活动的吸引力。

(5) 趣味性。贴近学生的生活，以增强趣味性。

(6) 多样性。活动的内容和目的具有多样性，涉及学生成长的各个方面。

当前青少年对哪些课外活动更有兴趣呢？有研究从“听先进科技知识讲座”“听先进人物事迹介绍”“听名人故事和保健知识”“参加兴趣小组活动”“参观游览和文娱活动”五个方面进行了调查，结果显示，在所调查的75个项目中，青少年最喜欢的10个项目依次为：组织近郊旅游、欣赏大自然和名胜古迹，听登上月球和登上火星的讲座，参加天文兴趣小组活动，听探险家知识讲座，听科学家讲发展史，听迪斯尼纪录创造者的故事，听名演员的故事，听心理健康知识讲座，听企业家讲发家史，参观自然博物馆。② 另外，有教师对自己任教班级的68名学生进行调查发现，按选择百分比的高低，青少年参加最多的课外活动依次为看电视（27.3%）、上网（25.4%）、看书（16%）、到处游玩（15.3%）、体育活动（12%）、唱歌（3%）。③ 从这一结果可以看出，青少年的课外活动较为单一、贫乏，看电视和上网是青少年课后最主要的活动。

青少年在课外参加的各类兴趣班在一定程度上也可以反映他们的课外活动状况。例如，有一项研究调查了我国青少年的课外兴趣班参与情况，结果显示，在我国青少年中，各类课外兴趣班的受欢迎程度排名依次为：艺术类（33.89%）、英语类（30.20%）、奥数类（13.74%）、语文类（11.57%）、体育类（9.16%）。家长让孩子参加课外兴趣班的主要目标有：提高孩子的学业水平（54.92%），培养兴趣爱好或特长（30.48%），开阔眼界，扩大交际圈（13.86%）。而据一项研究发现，美国80%的初、高中学生放学和周末都参加有组织的课外活动，运动是最受孩子欢迎的活动，其次是艺术、音乐或舞蹈，最后是学术研究。美国孩子希望通过参加校外活动给自己带来乐趣、受到教育并结识更多

① 敌莉华，张珂：《关于学生课外活动的类型及其作用分析》，载《重庆工学院学报（自然科学版）》，2007，21（3）。

② 俞承谋，常寿联：《需要加强中学生的课外活动》，中国心理卫生协会青少年心理卫生专业委员会第九届全国学术年会，呼和浩特，2005。

③ 兰显芳：《学生课外活动的研究——开展课外活动、校外生活，促进学生素质全面发展》，载《中学生英语（教师版）》，2013（1）。

的朋友。美国父母让孩子参加校外活动的理由主要包括：为了发展孩子的兴趣与爱好（41%），让孩子有事情干或者少惹麻烦（27%），让孩子开心（16%）。[①] 在我国有的家长将课外活动等同于补习班，较少从孩子的兴趣爱好的角度帮助孩子选择课外活动，只是将提高孩子的学业水平作为选择课外活动主要考虑的方面。

在发展水平上，青少年对课外活动的兴趣也可以分为三级水平：第一级是对课外活动不感兴趣，或只参加学校规定的课外文体活动。第二级是能够积极参加各种课外活动，但未见专长。第三级是不仅积极参加课外活动，而且能取得一定的成绩。例如，制作航模、无线电接收装置、教具等，或参加文体比赛获得名次等。早期的一项调查显示[②]：①青少年参加课外活动的兴趣水平随着年级升高而呈下降的趋势，表现为第一级水平的人次随年级升高而增多，第三级水平的人次又随着年级升高而减少。②重点学校的学生参加课外活动的积极性不如一般学校。这种现象的产生有主观原因，也有客观原因。从主观上分析，少年期的猎奇心理比青年初期要强烈，这使得初中生比高中生更活泼、好动。从客观上分析，主要是单纯强调升学率的结果，由于追求升学率，相当一部分学生，特别是高年级学生和重点学校的学生把升学当作自己唯一的学习动机，往往过早地偏科或忽视课外活动，包括体育活动，这不利于学生德、智、体的全面发展。

课外体育活动是课外活动的一项重要内容。研究者对青少年参加课外体育活动的情况进行了诸多调查。例如，有调查显示[③]，总体上，无论男生、女生，喜欢课外体育活动的学生都占该群体的 80%以上，但是男生对课外体育活动的喜爱程度更高，有近一半的男生很喜欢课外体育活动，这与男生天性活泼好动的特点基本上是一致的。此外，大约有 17%的青少年对课外体育活动持不喜欢或无所谓的态度，主要是因为他们不擅长体育活动或没有认识到体育锻炼的重要性。因此，教师和家长对这部分学生要进行适当的引导，提高其参与体育活动的热情。

最后，我们并不反对升学考试，但反对把升学率作为衡量学校一切工作的标准。基于当前课外活动的现实，教师应改变认识和评价标准，鼓励学生积极参加各项课外活动，并在这一过程中加以恰当的引导，使学生通过参与课外活动将课堂知识和生活相联系，促进优秀个性品质的形成，实现个人的全面发展。

四、对时事政治的兴趣

时事政治教育是青少年德育的一项重要内容，对于提高青少年的思想政治素质，开阔学生的视野，提高学生分析、解决问题的能力有着重要的意义。

① 参见《中美学生课外活动对比情况调查》，载《中小学德育》，2012（10）。

② 北京地区调查协作组：《中学生理想、动机和兴趣的调查》，载《北京师范大学学报（社会科学版）》，1982（1）。

③ 赵连现，张明记：《中学生课外体育活动现状调查研究》，载《教学与管理》，2008（24）。

青少年对时事政治的兴趣呈现一个逐步发展的过程。在小学阶段，儿童对国内外的大事就逐步发生兴趣，有一些初步的认识。进入中学后，青少年对社会政治事件的兴趣不断发展。我们把青少年对时事政治的兴趣分为三个层级水平①：第一级是对时事政治不够关心，很少听新闻广播和看报；第二级是对政治比较关心，经常看报、听广播，了解时事；第三级是对时事政治非常关心，主动看报，经常关心国内国际大事，对重大问题能发表自己的看法。根据这一划分，我们早期的一项研究显示，青少年对时事政治的兴趣水平随年级升高而逐步提高；同时，青少年对时事政治的兴趣水平存在一定的学校差异，重点学校的青少年达到第三级水平的人数比一般学校要多。

然而，我们也看到，青少年关心时事政治，特别是积极主动地关心时事政治的人数不太多。② 例如，有研究调查了农村青少年对时事政治了解关心的现状，结果如下。

(1) 在农村青少年中，具有良好的时事政治知识的学生仅占 6%，较好的占 14%，而时事政治知识贫乏的占 80%。

(2) 在关心时事政治的态度上，78%的学生认为“无所谓”或“没有必要”，认为“有必要”的仅占 5%。

(3) 在时事政治认知途径方面，通过“看电视和读报”了解时事政治信息的仅为 6%，28%的学生是从道听途说或社会热点话题中获取时事政治知识的，更有近 60%的学生根本不关心或了解时事政治知识。

(4) 在对时事政治认知目的的认知上，“出于关心国家的发展、未来而了解时事政治知识”的仅为 8.8%，53.3%的学生是“为了备考需要”，31.1%的学生是出于“新鲜、有趣”，6.7%的学生根本“无愿望去关心时事政治知识”。

究其原因，一方面与任课教师的教育观念、教学技能有关。一些教师依旧采用“满堂灌”的教学形式，要求学生死记硬背，搞题海战术，未能很好地激发学生学习的兴趣。例如，有研究者通过调查发现③，50%的学生认为政治老师讲课不幽默风趣，无法激发起他们的兴趣；61.22%的学生认为教师讲课不善于联系生活实际举例；10.87%的学生认为教师没有很好地利用多媒体教学手段，使课堂变得有趣和丰富多彩。另一方面也与当前应试教育的环境有关。为了应试、升学，学生的课业负担过重，没有时间关心时事政治。例如，47.65%的学生认为即使老师的课讲得很好，他们也可能不听，而是在课堂上做题备考。

因此，在当前的教育环境下，教师需要改变教学方法，创新教学手段，通过多种途径激发学生了解时事政治的热情和兴趣，提高德育的成效。例如，学校可以开

---

① 北京地区调查协作组：《中学生理想、动机和兴趣的调查》，载《北京师范大学学报（社会科学版）》，1982 (1)。

②③ 田远飞：《关于提高中学生政治课学习兴趣的调查研究——以新疆轮台县中学为例》，载《学理论》，2012 (36)。

发校园新闻媒体，及时更新报纸杂志栏，举办时事政治知识竞赛，根据社会热点问题举办时事政治报告会，等等。

第二节 青少年的学习动机

学习动机是青少年学习过程中最内在的驱动力，其水平如何直接决定着青少年的学习积极性。但学习动机很复杂，按其与社会需要的联系，可以分为直接动机、长远动机等；按照与智力的联系，可以分为具体动机、抽象动机等；按照价值，可以分为正确动机、错误动机等；按照内容，可以分为为个人而学习的动机、为集体而学习的动机等。

研究青少年学习动机的方法，主要是调查方法。我们可以纵向追踪、横断调查，也可以采用谈话法、作品分析法、问卷法等。

我们按照不同的分类标准，探讨了青少年不同动机类型的发展特点。根据青少年动机内容表现的特点，我们将青少年的学习动机分为以下四种类型①。

第一类，学习动机不太明确。表现在：①学习是为了应付家长、老师“差使”，学生在家长和老师的检查督促下被动地进行学习；②学习没有目的，也缺乏学习兴趣，如果老师不督促检查、家长不过问，就抱着混日子的态度；③学习是混日子，中学毕业拿到毕业证书可以找工作，免得待在家里没事干。这类学生并没有远大的理想和追求，也没有学习的主动性和积极性，甚至不愿学习。

第二类，学习只是为了履行社会义务。例如，学习是为了给家族争光、给班级或团组织争荣誉；学习是为了入团或为了免受老师的批评指责；学习是为了不做后进生或留级生；学习是为了获得老师的好评等。此类学生的学习有些内在力量，也具有一定的社会意义，但这种学习动机仅仅服从于眼前利益、老师和家长的要求，而缺乏远大目标，有待于进一步提高。

第三类，学习是为了个人前途。例如，学习成绩是基础，只有学习好，才能有前途；为了上大学，找出路；为了成名成家。

第四类，学习是为了国家与集体的利益。例如，学好文化知识能为社会做贡献，学习是为了提高整个社会的文化水平；经常考虑到要努力学习，把“实现社会的进步发展”作为自己的行动准则。这类学习动机把个人勤奋学习同国家发展紧密结合起来。尽管从认识到行动还有一个过程，但是它代表了正确的学习动机。

按照这一标准，我们早期的一项研究

---

① 北京地区调查协作组：《中学生理想、动机和兴趣的调查》，载《北京师范大学学报（社会科学版）》，1982 (1)。

调查了青少年学习动机的特点，结果如下。[①]

(1) 总体上，青少年认识到应该把自己的学习动机和集体、国家的利益结合起来（即属于第四类）的人次占 44.3%。在四种类型中其比例是最高的。为个人前途而学习的占 23.4%，为履行社会义务的占 17.6%，动机不太明确的占 14.7%。

(2) 在青少年的学习动机上，年龄差异并不明显；相反，七年级学生对正确学习动机的认识的比率比九年级、高二的学生还要高。

(3) 各类学校、各个年级、男女学生在学习动机上是有差别的。例如，省市重点中学第三类学习动机的比率要高于其他类型的学校，九年级、高二学生的第三类学习动机的比率要高于低年级学生。因为省市重点学校更多地要求学生升学，九年级、高二学生面临着毕业，所以他们的学习动机往往与切身利益、个人前途密切联系在一起。

石邵华等人采用类似的分类方法对北京地区 5000 名中学生的动机状况进行了调查[②]，结果显示（按归为某一类动机的最高百分比的项目计），为祖国和集体利益的占 46.0%，为个人前途的占 57.6%，为履行社会义务的占 32.1%，动机不太明确的占 19.4%。对比以上两次调查结果，可以发现第二类和第三类动机在 20 年中增加了一倍。为了实现家长的愿望而学习的人数大大增加，而为了就业而学习的人数超过半数。中学生学习动机的这一变化可以看成当前自我取向的价值观在学习动机中的反映。同时，学习动机与理想之间存在密切的关系（其相关系数为 0.819）。从问卷分析来看，具有远大理想的学生的学习动机一般比较正确，而理想模糊的学生的学习动机往往也是不明确的。

根据与智力的联系，学习动机可分为具体的学习动机和抽象的学习动机。按照这一分类标准，学生学习动机的发展具有以下特点：年级越低，学习动机越具体，学生的学习动机更多地与学习活动本身有直接联系。例如，教学内容的生动性，教学方法的直观性、趣味性，教师和家长的良好评价等，都可以推动他们的学习，提高他们学习的积极性。一般地讲，小学儿童和七年级学生的学习动机以直接动机为主导性动机。八年级开始，由于学科的变化和思维能力的发展，学生的学习动机更加自觉和稳定，间接动机的作用逐渐增强。到高中阶段，随着知识经验逐渐增长和世界观开始形成，学生的学习动机更富有社会性。他们面临升学、就业等问题，学习与未来的工作产生了更为紧密的联系，间接的、长远的学习动机逐渐占据支配的地位。教师和家长要特别注意帮助中学生克服动机上的弱点，培养其自觉的、富有原则性的、比较稳定的学习动机。

成就动机是最重要的一种学习动机。

---

① 北京地区调查协作组：《中学生理想、动机和兴趣的调查》，载《北京师范大学学报（社会科学版）》，1982 (1)。

② 石绍华等：《中学生学习动机及其影响因素研究》，载《教育研究》，2002 (1)。

有研究者从掌握目标、自主性动机、自我效能、成绩目标四个方面考查了青少年成就动机的发展变化。[①] 结果显示，整个中学阶段的不同动机类型在发展水平上是不同的。具体而言，自我效能和掌握目标的水平最高，自主性动机次之，成绩目标最低。这说明青少年把自我效能和掌握目标作为自己主要的学习动力，自主性动机次之，成绩目标所起的动力作用相对较弱。从发展趋势来看，自我效能和掌握目标交替变化，但整体变化幅度不大，成绩目标从七年级到九年级呈上升趋势，高一最低，到高二有所上升，但变化幅度没有超出成就归因的水平。这说明不同动机类型在不同年龄表现出不同的特点，且自主性动机、自我效能与归因处于相对稳定的状态，而掌握目标与成绩目标处于相对波动的状态。

青少年学习动机的发展受多种因素的影响。具体表现在以下几个方面。

(1) 性别是影响青少年学习动机的一个因素。例如，有研究显示，男生比女生更喜欢挑战性的学习任务，而女生的学习兴趣、独立性和内在动机高于男生。[②]

(2) 学习动机表现出一定的年级特点。有研究显示，深层动机与成就型动机随年级的升高而减弱，而表面型动机却随年级的升高而加强，也就是说，随着年级的升高，青少年为应付检查、考试及格而学习的倾向越来越严重；为获得知识、表扬、高分而学习的主动性在降低。[③]

(3) 青少年的学习动机与归因方式和自我效能有关。例如，积极的归因方式（如将成功归因于能力或努力）和高的学习效能会提高个体的内在动机水平。[④]

(4) 青少年的学习动机与家庭环境有关。积极的亲子关系，如父母对孩子的关爱、支持、理解和尊重，会导致较高的内部动机；消极的亲子关系，如父母对孩子过度保护、拒绝，会导致较高的外部动机。

青少年学习动机的高低与个体的学业成绩表现有密切的关系。青少年的学习动机与个体的学习策略有关，并通过学习策略间接影响学业成绩。例如，有研究显示，表面型学习动机与学习策略呈负相关，深层型学习动机、成就型学习动机与学习策略呈正相关。[⑤] 也就是说，那些学习是为了应付教师、家长检查和考试及格的青少年更有可能采取一些应付性的、肤浅的、消极被动的学习方法，学习成绩也更不理想；如果学习出于对所学内容有内在的兴趣，是为了弄懂和掌握知识、提高能力，在这样的动机指导下，学生更有可能采取钻研性的、探索性的、积极主动的学习方

① 沃建中，黄华珍，林崇德：《中学生成就动机的发展特点研究》，载《心理学报》，2001 (2)。

② 李夏：《中学生学习动机发展研究》，载《山东教育科研》，2002 (1)。

③ 张亚玲，杨善禄：《中学生的学习动机与学习策略的研究》，载《心理发展与教育》，1999 (4)。

④ 张学民，申继亮：《中学生学习动机、成就归因、学习效能感与成就状况之间因果关系的研究》，载《心理学探新》，2002 (4)。

⑤ 刘加霞，辛涛，黄高庆等：《中学生学习动机、学习策略与学业成绩的关系研究》，载《教育理论与实践》，2000 (9)。

法，相应地，这些学生的学习成绩也更好。而成就型学习动机是为了获取高分和得到教师、家长的表扬而进行学习的动机，在这类动机的作用下，学生所采取的学习方法更多地受教师和家长的影响，假如教师提倡、鼓励，他们就更有可能采用这类方式、方法。

因此，教师、学校和家长要采取一系列有效措施，保护学生的学习积极性，激发学生学习的动机和兴趣。对于教师来说，应该运用多种教学手段、方法激发学生的求知欲和学习兴趣，培养他们恰当的归因方式，增强他们学习的自我效能，以提高他们的学习动机；对于学校来说，要改变原来把分数作为衡量学生成长发展的唯一尺度，以多元的评价标准来评价学生的在校表现，发现每个学生的优势和长处，让学生在学校生活中获得价值感；对于家长来说，要给予孩子恰当的期望，对他们在学习、生活中获得的进步予以表扬、肯定。

第三节　青少年价值观的逐步形成

世界观是对自然、社会和人生问题带有根本性的总观点。作为世界观的一个方面，价值观是个体以自己的需要为基础而形成的、对客体的重要性做出判断时所持的内在尺度，是个体关于客体的价值的观点和看法的观念系统的综合。① 世界观、价值观的形成不仅是认识问题，而且和人的情感意志、理想动机、立场态度及道德品质等密切联系着。因此，在一个人的心理发展中，世界观、价值观是最后形成的，它们的形成是一个人的个性意识倾向性发展成熟的主要标志。

一、价值观的类型

价值观的结构和内容复杂丰富，其发展经历了一个从单一维度到多维度，从显性结构到潜在结构的过程。② 奥尔波特（G. W. Allport）和弗农（P. V. Vernon）等人根据斯普兰格（E. Spranger，1882—1963）的人格理论，提出经济的、理论的、审美的、社会的、政治的、宗教的六种价值取向。黄希庭等人在此基础上进一步扩展为政治的、道德的、审美的、宗教的、职业的、人际的、婚恋的、自我的、人生的和幸福的十种价值观。③ 这样的分类从领域着手，不利于认识价值观的本质。罗克奇（M. Rokeach）从手段—目的角度将价值观分为终极性价值观和工具性价值观两类：终极性价值观包括舒适自在的生活、有成就感、内心和谐、国家安全、真正的友谊等 18 项；工具性价值观包括有抱负

① 李红：《道德价值观的结构及其教育模式》，载《教育研究》，1994 (10)。

② 岑国桢：《青少年主流价值观：心理学的探索》，上海，上海教育出版社，2007。

③ 黄希庭等：《当代中国青年价值观与教育》，成都，四川教育出版社，1994。

的、心胸开阔、宽容的、服从的、富有想象的等 18 项。[①] 施瓦茨（S. H. Schwartz）等人则认为价值观以开放—保守、自我提高—自我超越作为高阶维度，下含环状结构的 10 个价值观动机类型，分别为权力、成就、享乐主义、刺激、自我定向、普遍性、慈善、传统、遵从、安全。[②]

在个体发展过程中，价值观并不是立即形成和固定不变的。当个体形成了一定水平的自我意识，与他人交往的时候，就会逐渐形成一整套具有普遍性的、有组织的构念系统，形成对自己在大自然中的位置的看法，形成对人与人关系的看法以及对处理人与人、人与环境关系时值得做或不值得做的看法。[③] 以后随着个体认知水平、交往环境、自我需要的不断发展变化，这种看法也会随之而发生变化。[④]

二、青少年价值观的特点

1998 年，我们曾经对青少年价值取向的发展趋势做了调查研究。结果显示如下：①青少年价值取向随年龄的增长而发展变化，表现为注重服从权威到注重平等、公正；从强调个人利益到关心他人与自己的关系，再到看重自我需要和自身发展。②青少年的价值取向相对来说不重视个人需要的表达，而强调对外界要求的适应；不重视个人主义的取向，而强调对权威的服从。③在小学毕业时，权威取向趋于解体，平等取向在小学生身上就有很强的反映。

青少年价值观的形成是其社会化的一个过程。家庭、父母作为儿童社会化的主要来源，是影响儿童价值观发展的重要因素。但是这种影响既不是儿童对父母价值观的简单复制，也不能彻底摆脱父母的价值观而另辟蹊径。例如，陈国鹏等人的研究显示，父亲对儿子价值观的影响更多地集中在普遍性和慈善两个方面，对女儿的影响更多地集中在遵从和安全两个方面。[⑤] 在成就价值观方面，子女都受父亲的影响；而女儿在自我定向这一维度上与母亲有更大的相似性。子女与父母在价值观方面表现出了一定的差异性。陈国鹏等人的研究显示，当代青少年比其父母更重视权力、成就、享乐、刺激、自我定向、普遍性和遵从。张进辅和赵永萍采用自编问卷考查了中学生和父母在价值观上的差异[⑥]。研究显示，在价值观各维度中，学生最看重自我方面，而家长最看重家庭；在次因素中，学生最看重的是家庭氛围、平等、独立和隐私，家长最看重的是家庭气氛、家庭责任、平等、知识价值。

价值观是人们对好（坏）、利（害）、

① Rokeach, M., *The Nature of Human Values*, New York, Free Press, 1973.

② Schwartz, S. H. Verkasalo, M., Antonovsky, A. et al., "Value Priorities and Social Desirability: Much Substance, Some Style," *British Journal of Social Psychology*, 1997, 36 (1), pp. 3-18.

③ 杨宜音：《社会心理领域的价值观研究述要》，载《中国社会科学》，1998 (2)。

④ 林崇德，寇彧：《青少年价值取向发展趋势研究》，载《心理发展与教育》，1998 (4)。

⑤ 陈国鹏，黄丽丽，姚颖蕾：《当代中学生与其父母价值观的异同》，载《心理科学》，2010 (1)。

⑥ 张进辅，赵永萍：《重庆市中学生与其父母价值观的差异研究》，载《心理科学》，2006 (5)。

美（丑）的看法，是在特定历史时期人们关于某一类事物价值的稳定的观念模式。因此，个体的价值观体系往往还会打上时代的烙印，具有时代性。

根据国际上对价值观研究的惯例，每5～10年就要重新进行一次价值观的系统调查，以了解国民价值观随社会政治、经济、文化发展所呈现出来的特点。在我国，黄希庭教授曾采用罗克奇编制的“价值调查表”，在1989年对湖北、广东和四川三省2125名青少年的价值观进行了调查①，结果显示，我国青少年学生的价值观总的来说相当一致，在终极性价值观中，有所作为、追求真正的友谊、自我尊重和关心国家的安全被列为4个最重要的价值观；而内心平静、舒适的生活、兴奋的生活、拯救灵魂被列为4个最不重要的价值观。在工具性价值观中，有抱负、有能力、胸怀宽广被列为很重要的价值观；而整洁、自我控制、服从则被列为很不重要的价值观。此外，有些价值观在性别、年龄和学科专业上也有团体差异和个别差异。黄曼娜对北京等6个城市的青少年学生进行了调查②，结果表明，青少年学生认为最重要的终极性价值观是合家安宁、自由、自尊、国家安全，最重要的工具性价值观是有抱负、胸怀宽广、有能力、诚实。

当前，我国社会正处于一个急剧变化的时期，在社会信息化、经济全球化、网络社会化、文化多元化的影响下，当代青少年的价值观也表现出了一些新的特点。文萍等人调查了北京等7个城市的1080名青少年，并与黄希庭、黄曼娜等人的调查进行了历时性的比较。③ 结果发现，在这十几年间，青少年的价值观发生了重要变化，即青少年价值观的个人主义和现世化趋向日趋增长，具体表现在当代青少年越来越注重个人自身的幸福与快乐，越来越关注自己内心的愉悦。例如，有的青少年认为，“有雄心壮志，家庭不一定就幸福，因此只要家庭幸福，不需要太拼搏”。但是这种价值观的变化不是突然发生的，而是以交迭变迁的方式逐渐演变的。

裴娣娜等人调查北京地区3975名中学生的价值观④，结果显示，当前中学生的价值观表现出以下几个方面的特点。

(1) 在价值主体上，个人本位与社会本位的矛盾。具体表现在：一方面，集体主义的文化传统强调个体对社会的归属和对集体的服从；另一方面，随着社会的发展，中学生的自主意识和主体精神不断得到强化。例如，在调查中发现，有95.2%的中学生认为应有“自理自立”观，75.1%认为“做自己喜欢做的事，不要在乎别人怎么评论”。这种个人本位和社会本位的矛盾冲突给中学生带来价值观的多元选择以及认识与行为的冲突。

① 黄希庭，张进辅，张蜀林：《我国五城市青少年学生价值观的调查》，载《心理学报》，1989 (3)。

② 黄曼娜：《我国青少年学生价值观的比较研究》，载《西南师范大学学报（哲学社会科学版）》，1999 (5)。

③ 文萍，李红，马宽斌：《不同时期我国青少年价值观变化特点的历时性研究》，载《青年研究》，2005 (12)。

④ 裴娣娜，文喆：《社会转型时期中学生价值观探析》，载《教育研究》，2006 (7)。

(2) 在价值选择上，理想主义与现实主义的冲突。中学生有理想、有抱负，多数人不甘平庸，希望自己做出一番轰轰烈烈的事业，服务社会。然而现实是不完美的，中学生长期生活在校园里，对社会的复杂性缺乏充分的认识，当他们用满腔的热情来改造社会受挫时，又会丧失理想。

(3) 在价值取向上由人伦关系走向利益效益关系。当代中学生在主体意识、平等意识、效率观念、竞争意识和讲求实效的务实精神等方面都有所增强，这是社会主义市场经济建设和改革开放的必然结果。例如，在调查中发现，在对待金钱的问题上，多数中学生持现实而又合理的看法：对于“钱不是万能的，但没有钱是万万不能的”这一观点，有 85%的中学生选择“完全同意”或“比较同意”，说明中学生认识到了金钱在现代社会中的重要作用和价值。

(4) 在个体人格价值上，观念意识与行为的脱节。调查表明，当代中学生的人生态度和行为方式之间的脱节、反差比较突出，反映了他们外显的行为方式与深层的价值观之间存在矛盾和差异。例如，在回答“班里要办一期板报，假如你恰巧具有绘画特长，这时你会怎么样”这一问题时，虽然有 57%的中学生表示乐意参加，认为这是显示和锻炼才能的机会，但也有近 14%的中学生认为“办板报太累，不愿参加”，有 13.9%的中学生认为“老师要求，没办法，所以必须参加”，有 15.5%的中学生回答“我愿意参加，但最近自己的事情比较多，下一次再说吧”。

三、青少年价值观的教育

中学阶段是学生价值观初步形成的重要时期。认识和了解当前中学生价值观表现出的新特点，有助于我们更好地对中学生进行价值观教育。在青少年价值观形成过程中，教育具有举足轻重的作用，教师的教育可以帮助中学生形成正确的价值观。但是，在这一过程中要注意避免采用灌输的手段，而是应该让青少年在学习、体验、探索、比较和检验中，自主、主动地去构建自己的价值观。另外，在教育中要坚持宽容和引导相结合的原则，既要对当前青少年价值观中出现的部分多元价值取向给予一定的理解和包容，尊重学生的个人选择和个人需求，又要对青少年中产生的极端个人主义、享乐主义进行必要的调控和引导，通过教师的教育和社会的引导帮助青少年形成正确的价值观。

在价值观教育方面，“价值澄清理论”(Values Clarification) 以其广泛的应用性和切实的可操作性在世界范围内产生了巨大影响（雷雳，1993)。

价值澄清理论力图找到普遍适用的价值观教育形式，即价值澄清，并希望青少年能够通过价值澄清的方式进行自主和主动地选择，确立个体的价值观，以满足社会价值观念复杂多变的选择需要。其主要特点和内容如下。

第一，以价值相对主义和个人经验为理论基石。价值澄清理论将价值相对主义作为理论的基础，把个人经验作为选择价值观的标准，并以其衡量和评价个体的社会行为，它否定社会价值标准的客观存在性，主张在不同的价值观之间保持中立。因为“人们在经验中成长和学习”“不同的经验会导致不同的价值观，而任何个人的价值观将随其经验的积累和改变而更改”，并且，“作为行为准则，价值观随着个体经验的发展成熟而发展成熟”。价值澄清理论认为价值观是个人的、相对的、变化的。因此，每个人都有自己的价值观，世界上并不存在普遍的、客观的、绝对的价值标准。

第二，价值澄清理论认为，青少年价值观的形成不是教育的结果，而是自身选择的产物。因此，价值澄清教育的主要任务不是灌输和传授“某种确定的”价值观，而是帮助青少年通过各种选择进行理智的思考，从而确立自己的价值观念，澄清自己的价值行为。在教育过程中，教育者的作用主要体现在“提出价值问题、引导学生对各种可能结果（及其后果）进行选择并进行讨论，使学生明确并强化自己的选择”等方面。因此，教育者不能将某种特定的价值观或信仰强加给青少年，而应该在价值澄清过程中，采取不干涉青少年价值观的态度，帮助他们澄清进而形成正确的价值观。

第三，在教育方法上反对灌输，强调青少年和儿童的自由选择。价值澄清理论旗帜鲜明地反对思想灌输，强调价值选择的重要性。他们认为，灌输是以教师为中心的教育方法，学生只是被动的接受，师生缺少互动性，同时这也限制了学生的思维空间和选择自由。

在如何培养价值观方面，价值澄清理论将价值的形成过程分成了“三个阶段、七个步骤”。“三个阶段”，即选择、珍视和行动；“七个步骤”，即①自由选择；②从各种可能选择中进行选择；③对每种可能选择的后果进行审慎思考后做出选择；④珍爱，对选择感到满意；⑤愿意向别人确认自己的选择；⑥根据选择采取行动；⑦以某种生活方式不断进行重复。在这一基础上，他们又设计了大量的关于价值澄清的具体方法，包括澄清问答法、书面评价法、班组讨论法、填空法、价值观投票、角色游戏等，包括以生活为中心、对现实认可、鼓励思考、培养个人能力四个方面的内容。这些过程和方法的提出，为帮助青少年形成自己的思维，提高青少年的价值选择能力提供了有益的帮助。

价值澄清理论中对主体性的强调、对生活的关注、对现实的认可、对青少年价值选择能力的培养等，有别于以往传统德育工作的“灌输”做法，对我们的价值观教育有很好的启发和引导作用，但我们也要关注和避免其片面性和偏颇。在加强青少年价值观教育中，我们要适应时代发展的要求，尽可能吸收各种理论包含的教育方法的长处，加以综合运用，提高青少年价值观教育的实效性，促进青少年健康发展。

第四节 青少年的理想

理想是激励一个人为未来的人生目标而奋斗的倾向。对未来充满着理想，并且敢想、敢说，力争实现自己的理想，是青少年理想的显著特点。

如何调查青少年的理想呢？可以采用以下几种方法。①谈话法，通过深入交谈了解他们的理想。②作品分析法，如通过布置命题作文，加以深入分析，了解他们的理想。③长期地深入追踪研究，听其言、观其行，归类分析青少年的理想。④问卷调查，可以直接问答，也可以迂回调查。⑤绘图联想法，画几幅图，让青少年自由联想，随便答题，从中了解他们的理想。青少年理想的发展表现在理想的内容上，也表现在理想的形式上。

一、青少年理想的内容

研究者从不同的角度，将青少年的理想内容划分为不同的方面。

按照理想的内容结构，研究者将理想划分为社会理想和个人理想。[①②] 其中社会理想包括社会道德理想和社会政治理想。社会道德理想是指人们对未来的理想人格的认识，社会政治理想是指人们对未来的社会面貌与政治制度、结构的设想与追求。个人理想则具体包括职业理想、个人道德理想、生活理想和人生理想。具体来说，职业理想是指人们对自己未来工作部门与种类的向往；个人道德理想是指人们对未来道德面貌的想象；生活理想是指人们对未来物质与精神生活的向往；人生理想是指人们基于对人生价值的理想，对自己未来人生道路和贡献的设想和追求。国内也有学者采用定性研究和定量研究相结合的方法，考查了青少年理想的内容结构，结果发现，青少年的理想主要包括物质理想、道德理想、理想人格、身体理想、学业理想、生活理想、职业理想和社会理想八个方面。[③]

按照理想的发展水平，我们早期将我国青少年的理想状况划分为以下四种类型[④]。

第一类，对理想的认识肤浅、模糊，没有明确的目标。例如，“我对未来没有什么想法，只想自由自在地过日子”“我以后要做什么样的人，现在来说还太早”。

第二类，受教师、家长或英雄人物的影响，表现出了对未来的向往，但自觉性较差，有时摇摆不定。例如，“家长、老师也鼓励我奋发图强，有所作为，但一遇到困难，我又有点泄气”。

① 郭永玉：《作为心理学概念的理想、信念、世界观》，载《教育研究与实验》，1995 (3)。

② 卢艳媚，秦素琼：《我国青少年理想研究现状及展望》，载《中小学校长》，2011 (5)。

③ 周宵：《当代青少年理想：结构、现状及特征》，硕士学位论文，安徽师范大学，2012。

④ 北京地区调查协作组：《中学生理想、动机和兴趣的调查》，载《北京师范大学学报（社会科学版）》，1982 (1)。

第三类，认为理想就是职业。从内容来看，主要表现是计划着将来自己干什么，较多地考虑是升学还是就业。此类理想多是愿有一技之长，以便选得一份称心的工作。

第四类，具有远大的理想。初步树立了“祖国利益高于一切”的思想，有为未来的志向或为实现“四化”做出贡献的愿望，往往以英雄人物为榜样，并且不怕困难，严格要求自己。

也有学者从其他角度对理想的内容进行分类。例如，按照理想实现的可能性，理想可以分为可实现的理想和不可实现的理想。[①] 前者是通过努力可以实现的理想，而后者则是通过自己的努力无法实现，但对个体的行为起激励作用的理想。按照理想的性质，理想可分为积极理想和消极理想。积极理想是有助于个体和社会发展的理想，而消极理想是不利于个体和社会发展的理想。[②]

二、青少年理想的特点

在不同时期，我国研究者对当时青少年的理想状况进行了调查。

20 世纪 80 年代，国内学者对青少年的理想研究较多。例如，根据当时的调查，青少年中对理想的认识肤浅、模糊，没有明确目标的（即属于前述的第一种理想类型）人次占 14.9%；认为理想就是职业的（即属于第三种理想类型）人次占 15.4%；具有远大理想的（即属于第四种理想类型）人次占 41.9%；受教师、家长或英雄人物的影响，表现出对未来的向往的（即属于第二种理想类型）人次占 27.8%。第二种和第四种理想类型的青少年占调查人数的 69.7%，这反映了当时的青少年的理想特点，说明当时青少年的思想认识主流是好的。[③]

21 世纪初，研究者调查了当时青少年的理想状况，并与 20 世纪 80 年代青少年的理想状况进行了比较，结果显示如下。

（1）在远大理想一项上，当代青少年比 20 世纪 80 年代下降了近 40 个百分点；而认为“理想就是职业”的学生却比 80 年代剧增了近 75 个百分点，“没有理想或理想不确定”的人数明显少于 80 年代。

（2）当代青少年愿意当工人的比例大幅度下降，愿意当农民的为零；愿意从事军、公、司职业的百分比达到 17.46%，比 20 世纪 80 年代上升了近 14 个百分点；愿意从事企业管理、科技、文艺、医务、教育方面工作的学生百分比，均呈现上升趋势；不同年代愿意从事科技、体育工作的学生人数百分比比较接近。所敬佩的人物中，政治家仍然居多，但比例有所下降；敬佩文学家的比例有所上升；但敬佩中外科学家的人数下降 40 多个百分点。对青少

---

① DeRuyter, D. J., “The Importance of Ideals in Education,” *Journal of Philosophy of Education*, 2003, 37 (3), pp. 467-482.

② Morrison, A. P., “On Ideals and Idealization,” *Annals of the New York Academy of Science*, 2009, 1159, pp. 78-85.

③ 北京地区调查协作组：《中学生理想、动机和兴趣的调查》，载《北京师范大学学报（社会科学版）》，1982 (1)。

年所敬佩的133个理想人物进行排序，排在前5位的分别是周恩来（17.81%）、比尔·盖茨（6.7%）、毛泽东（4.9%）、鲁迅（4.25%）、邓小平（3.27%）。

（3）在价值观方面，当代青少年赞成“人生的价值在于奉献而不在于索取”的观念的比例为44.7%；而20世纪80年代的比例为13.8%，对于“人不为己，天诛地灭”的观念，有超过半数的学生表示反对。

（4）在幸福观方面，调查显示，有21.95%的青少年将自身的发展作为人生的最大幸福，其次为家庭幸福、有知心朋友和良好的同学关系；相应地，青少年将自身才能不足或才能得不到发展作为自己最大的烦恼。

2009年的一项研究调查了全国3636名青少年（12～19岁）的理想状况①，结果如下。

（1）人生目标状况方面：在调查的群体中，70%以上的青少年有“基本明确”或“非常明确”的人生目标。在“希望成为什么样的人”的回答中，有33.8%的青少年希望“能在个人事业上有所成就，自我实现”；26.4%的青少年希望“为国家和人民做出贡献，对社会有用”；而选择“有钱”“有权势有地位”的青少年分别为4.3%和2.7%。

（2）职业理想状况方面：从调查看，科研机构研究人员、教师是青少年最为青睐的职业；其次为企事业管理人员；希望成为自由职业者、医生、技术人员的青少年也比较多，而希望成为公务员、个体私营业主的略少；愿意当工人、农民的青少年更是寥寥无几，均不足1%。

（3）道德理想状况方面：在处理公私关系问题上，多数青少年认为自己能“公私兼顾”，具体来说，有33.7%的青少年赞同应把“大公无私，公而忘私”作为追求目标，32%认为应追求“公私兼顾”，26.9%认为应追求“先公后私，先人后己”，而认为应追求“先私后公”和“损公肥私”的人数比例均低于3%。此外，在对“某银行女职员为保护国家钱财，与持刀歹徒英勇搏斗而致残”这一行为的评价中，认为“很可贵，我也会这么做”的青少年占18.9%，认为“很钦佩，但我不能肯定自己能做到”的占57.3%，认为“很高尚，但我不愿这么做”的占14.4%，有8.1%的青少年认为“太不值得”。

（4）政治理想状况方面：参与调查的青少年中，在入党态度上，愿意申请入党的占79%，表明不少人有一定的政治抱负，希望通过入党参与政治活动。而青少年在申请入党的原因上表现出一定的多样性。例如，“因信仰共产主义而入党”的占13%，“为他人和社会多做贡献”的占30%，“更好地发挥自己的社会作用并早日成才”的占30.7%。此外，有70%左右的青少年对我国社会保持长期稳定具有信心，对我国当前的经济政策表示认可，反映出大多数青少年对建设中国特色社会主义理想的认同与信心。

① 于欧：《当代青少年理想状况分析及其引导》，载《学校党建与思想教育》，2009（5）。

从这一项调查可以看出，当前我国青少年的理想状况表现出了一些新的特点，具体如下。

(1) 追求个人发展与社会需要之间的平衡和统一，但更强调自我价值的实现。

(2) 务实性、功利性成分增加。当代青少年更加注重理想是否有实现的可能，更多地将个人的理想与个人的发展方向或职业联系在一起，在确立个人理想时更多地顾及现实因素。

(3) 人生目标比较明确，但缺乏将远大目标转化为现实的意志。因此，在遭遇挫折的时候往往容易放弃原先的目标。

(4) 时尚元素和传统因素并存。既有希望从事游戏设计师之类时尚职业的理想，也有将“拥有美满和谐的家庭”视为“人生最大的幸福”之类的传统观念。

(5) 自主愿望强烈，但也遵从社会的主导价值取向。一方面，随着独立意识和自主意识的高涨，青少年的理想中表现出对自由和无拘无束的向往；另一方面，他们也渴望与外界交往、投身社会活动，遵从社会的主导价值取向。

此外，有研究者为考查当代中国青少年理想的现状及其影响因素，采用当代青少年理想调查问卷对全国 12 个省份的 5000 名青少年进行调研（姚本先、周宵、全莉娟、张灵，2015），结果如下。

当代中国青少年的理想水平较高，其中男生在身体理想方面的水平高于女生，在道德、人格、学业、生活和职业等理想方面的水平低于女生；初中生在道德、人格、生活和社会等理想方面的水平高于高中和大学低年级学生，在物质、身体、学业和职业等理想方面的水平低于大学低年级学生，而高中生的学业和职业理想的水平低于初中生和大学低年级学生。

三、青少年理想的发展

青少年的理想形式表现出不同的水平，这种水平的区分，既来自客观现实对不同年级学生的不同要求，同时也受自身心理发展规律，特别是认识能力成熟程度的制约。如前所述，个体认识能力的发展一般要经历一个由具体到抽象、由感性到理性的过程。青少年理想的形成，实际上也是一种认识能力发展的问题。当然，这种认识能力的发展是非常复杂的，其中不仅有认识能力的问题，也包含情感、意志等方面的因素，不过认识是其中最核心的因素。

青少年的理想，既有现实成分，又有浪漫色彩。国内外的一些研究显示，在整个中学期间，初中生的理想与高中生的理想是不完全相同的，呈现一个发展的过程。例如，我们早期的研究将中学生的理想从认识能力的角度划分为三种发展水平①：一是具体形象理想，二是综合形象理想，三是概括性理想。调查表明：中学低年级学生（包括小学高年级）的具体形象理想较多；中学中年级学生的综合形象理想较多；概括性理想则在中学高年级较多（见

① 北京地区调查协作组：《中学生理想、动机和兴趣的调查》，载《北京师范大学学报：社会科学版》，1982 (1)。

表 15-1 和图 15-3)。

表 15-1　中学生理想的发展情况

年级*	具体形象理想		综合形象理想		概括性理想		缺乏理想	
	1979 年(%)	1980 年(%)	1979 年(%)	1980 年(%)	1979 年(%)	1980 年(%)	1979 年(%)	1980 年(%)
七年级	75.20	61.79	17.36	21.49	3.31	13.73	4.13	2.99
八年级	/	56.38	/	17.11	/	20.47	/	6.04
九年级	66.88	45.49	22.24	21.89	3.87	29.18	7.01	3.43
高一	67.64	45.52	13.73	22.76	3.92	26.90	14.71	4.83
高二	54.55	41.44	12.59	18.02	6.99	40.54	25.87	0
总平均(%)	66.07	50.12	16.48	20.25	4.52	26.16	12.93	3.46

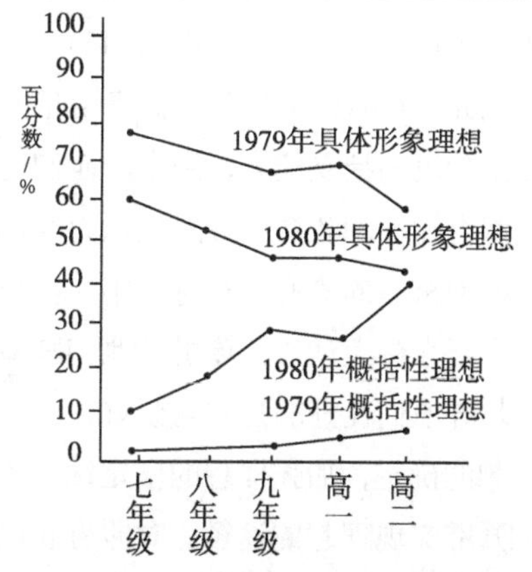

图 15-3　1979 年与 1980 年中学生理想发展水平(具体形象理想与概括性理想)曲线对照图

基于此，有研究者认为中学生的理想在其形式上有如下几个特点。

(1) 初中生，尤其是七年级、八年级学生的理想，大多数是一些具体形象，如某个英雄、模范、科学家等的具体形象；而在高中阶段，他们的理想更多的是一些概括的形象，如英雄、模范、伟人等的思想品质和精神世界。初中阶段的学生，往往竭力模仿其理想的具体人物的外部特征，如走路和说话的风格、衣服的式样等；高中生能够把理想人物的特点加以分析，并综合成一个概括的形象，体现出人物的本质特点所组成的主要人格类型。

(2) 初中生的理想常常只是在一些特殊场合中与现实生活相联系，而高中生的理想经常能够和现实生活相联系。

(3) 未来生活道路的选择，常常对中学生的思想产生深刻的影响。不过，初中生想得比较笼统、肤浅，高中生则较为现实、具体。在“你未来打算干什么”的问卷中，不论是初中生还是高中生，90%能做出回答，但半数以上的初中生说得不具体，而绝大多数高中生能根据自己的现状生动地、具体地写出自己毕业后的打算。

(4) 初中生的理想比较容易变化，一次谈话、一堂课、一次电影都可能引起他们对未来向往的变化；而高中生的理想则比较稳定，他们往往经过一定考虑，把理想与自己的能力、兴趣结合在一起。

另外，也有学者将中小学生理想的形成发展概括为以下四个发展趋势①。

第一，从理想的准备、萌芽期向开始形成期过渡，到最终确立理想。多数小学生处于理想的准备、萌芽阶段，初中生则多处于从理想萌芽发展到理想开始明确阶段过渡，大多数高中生则处于开始形成理想到逐步确立理想的阶段。

第二，从外在性理想向内在性理想逐步发展。即从模仿别人向自我设想的逐步发展。

第三，从个人理想向社会理想发展。个人理想的发展趋势大体是：首先是发展生理理想，然后发展道德理想、职业理想和人生理想。职业理想一般是在九年级由于现实的紧迫感而积极思考产生的；人生理想则与个人的人生观的形成密切联系，主要是在高中阶段才逐渐出现。

第四，从未来与现实的关系来看，由具体形象理想到综合形象理想再到概括性理想发展。

四、青少年理想发展的影响因素

理想是在外部影响因素和内部影响因素相互作用的过程中形成的。个性社会化、自我意识、社会认识等认识能力，高级社会情感，个性倾向性等心理成熟水平是学生理想形成的内部因素。社会、学校和家庭是影响青少年理想发展的重要外部因素。具体来说，社会影响包括社会形势、学生参加的社会活动以及文艺作品等影响；学校影响包括学习、班级组织的各种活动、教师的启迪和榜样的作用；家庭影响包括父母的期望、父母的榜样以及所仰慕的亲友的影响。② 比如，有研究表明，父亲文化程度能够正向预测青少年的职业理想，母亲文化程度对青少年的生活理想有负向预测作用，家庭收入对青少年的物质、生活和身体理想有显著的正向预测作用（姚本先、周宵、全莉娟、张灵，2015）。

因此，教师和家长要根据青少年的不同年龄阶段和接受能力，经常对他们进行前途教育和理想教育，激发他们为实现美好未来而奋斗的决心。对青少年的理想教育，不要光讲大话，应该引导他们脚踏实地，培养他们良好的兴趣与爱好，促进他们理想的确定，加强理想的坚定性，帮助他们开辟实现理想的途径。对即将高中毕业参加工作的学生，要引导他们在实现向往的职业时，能够服从更崇高的理想，通过自己不懈的努力，以“行行出状元”的精神，为社会做贡献。

---

① 韩进之，肖燕娜，魏华忠：《青少年理想的形成和发展再探》，载《教育研究》，1986 (3)。

② 郭俊汝，隋雪：《青少年理想心理问题研究》，载《辽宁师范大学学报（社会科学版）》，2004 (2)。

第十六章
青少年的性格

性格（character）是一个人对待现实的稳固态度以及与之相适应的行为方式的独特结合。性格在人的个性或人格（personality）中起核心作用。必须指出，“人格”一词，在汉语的词义上，可做两种解释：一是心理学里的个性，主要指气质、智能和性格；二是社会学里的品格。前者是指个体差异，可以叫作人格的个性特征；后者是指道德品质的高低，可以叫作人格的品行特征。

以客观现实为主体的反映，不断地渗透到个体的生活经历之中，影响个体的生活活动。这些客观事物的影响通过认识、情感和意志活动，在个体的反映机能中保存下来，固定下来，构成一定的态度体系，并以一定的形式表现在个体的行为之中。它构成每个个体所特有的行为方式，构成人的心理面貌的一个突出的、典型的方面。这些主体对现实的态度体系和行为方式标志着性格的本质特点。例如，一个人对待周围的人们直率或拘谨、诚实或虚伪，对待困难表现出来的坚强或软弱，面临险境时表现出的勇敢或怯懦，对事业积极负责或消极懒惰等，都是性格的表现。如果我们知道了一个人的性格，就可预知在什么情况下，他将怎样行动。因此，我们把握住青少年的性格特点，就可使教育工作做得更加出色、主动。

性格是一个十分复杂的心理结构。这个结构的分类也很不统一。常见的有两种分类的办法：一种是按照人格表现的倾向类型划分，可包括内倾型和外倾型；另一种是按照性格的动力结构划分，可包括自我意识、态度特征、气质特征、意志特征、情感特征和理智特征。

性格是人在生活实践中、与环境的相互作用中形成的。人的生活环境，具体来讲，就是人的家庭、学校、工作、经历等。它们和具体实践是性格形成的外部条件。最初对性格的形成起着重要作用的是家庭，这种作用主要是通过学生在家庭中所处的地位和家庭成员首先是父母对儿童的影响与教育实现的。研究表明，独生子女与非独生子女在性格上往往有所不同，这主要是由他们在家庭中的特殊地位、父母对他们的特殊态度造成的。

第一节　青少年性格“内倾与外倾”的测定

性格的“内倾与外倾”分类方法是由分析心理学创始人——瑞士的荣格（Carl Gustav Jung，1875—1961）提出来的。荣格认为生命力流动的方向决定了人的“人格”类型。人格类型一般可以分为内倾与外倾（即内向与外向）。生命力内流占优势的人属于内倾型，他们重视主观世界，常沉浸在自我欣赏和幻想中；生命力外流占优势的人属于外倾型，他们重视外在世界，好活动，爱社交；大多数人属于中间型，兼有内倾和外倾的特征。

尽管荣格的学说有一定的局限性，因为其所谓生命力，只不过是“一种不可捉摸的‘无意识的生命力’”，这往往会否定人的性格的意识性、社会性和能动性。但是，“内倾型和外倾型”的分类方法确有一定的科学价值，经过后来心理学家们的修正和发展，“内倾”和“外倾”的概念在心理学界被广泛地运用。了解一个人性格的内倾与外倾的特点，对于他的性格培养及其使用、发挥其长处、克服其不足都有一定的意义。

内倾型与外倾型的特点可见表16-1的概括。

表16-1　内倾型和外倾型的特点

内倾型			外倾型	
孤独型	沉默寡言、谨慎、消极、孤独	Ⅰ	爽朗、积极、能言善辩、顺应	社交型
思考型	善于思考、深入钻研、提纲挈领	Ⅱ	现实的、说干就干、易变化、好动	行动型
丧失自信型	自卑感、自责、有较强的罪责感	Ⅲ	瞧不起别人、过高估计自己	过于自信型
不安型	规矩、清高、小心	Ⅳ	度量大、大方、不拘小节	乐天型
冷静型	小心谨慎、沉着、稳重	Ⅴ	敏感、情绪变化无常	感情型

如何测定青少年的性格是内倾、外倾还是中间型呢？青少年性格的测定方法往往要参照某种性格测定量表，并根据青少年的实际情况，以及内倾与外倾的多种类型特点，设计青少年性格的内倾与外倾的测试题。所使用的指示语有：注意下面各题的回答方法，请先仔细地看A和C的内容，若自己的想法、做法适合于A，就在A栏的方格内画个圈，若适合C就在C栏的方格内画个圈，A和C都不合适，就在B栏的方格内画个圈。

量表的试题（略）[①]

Ⅰ

A	A	B	C	C
1. …………				…………
2. …………				…………
3. …………				…………
		…………		
n. …………				…………

（n 一般在 10 项上下）

Ⅱ

A	A	B	C	C
1. …………				…………
2. …………				…………
3. …………				…………
…………				
n. …………				…………

（n 一般在 10 项上下）

Ⅲ

…………

Ⅳ

…………

Ⅴ

…………

如何统计和计算所填的测试题的得分，又怎样进行分析呢？

（1）统计方法：A 栏中的一个圆圈计 0 分，B 栏中的一个圆圈计 1 分，C 栏中的一个圆圈计 2 分，然后把从Ⅰ到Ⅴ的各测试题的得分加在一起，记入“性格雷达表”

① 这里仅讲方法，不涉及具体内容，以回避对某一量表的评价。

(见表 16-2) 中。

表 16-2　性格雷达表

类型	得分	阶段点
Ⅰ		
Ⅱ		
Ⅲ		
Ⅳ		
Ⅴ		

(2) 按换算表，求出各测试题的“阶段点”，并记到雷达图表的阶段点栏里。

(3) 在雷达表的从Ⅰ到Ⅴ的线上，找出各测试题的阶段点，用线联结起来（见图 16-1)。

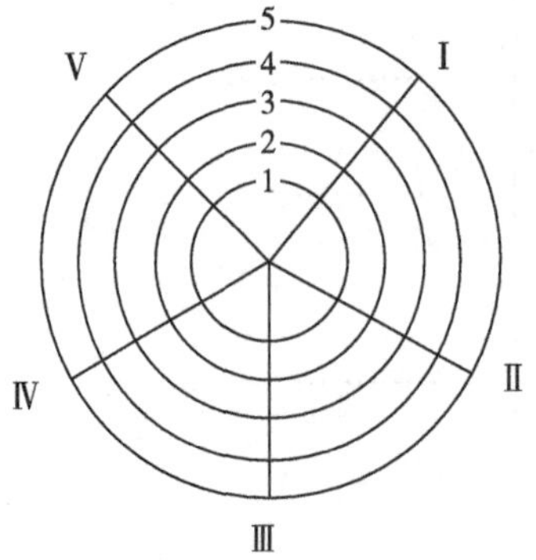

图 16-1　性格雷达图

表 16-3　阶段点换算表

得分范围	阶段点	评语
2 分以下	1	颇内倾型
3～5 分	2	稍内倾型
6～10 分	3	混合型
11～13 分	4	稍外倾型
14 分以上	5	颇外倾型

按照表 16-3 所示统计数据，能够确定被试的性格类型是内倾还是外倾及其具体性质、表现。

研究表明，内倾型和外倾型的人在学习中的表现是不同的。内倾型的人最主要的优点是遇事沉着、善于思考，这是提高学习效率的基本条件；但内倾型的人思想较狭隘，容易产生自卑感，爱抠小事，忽视大局，这也会影响学习。外倾型的人最大的长处是性格爽朗、倔强，遇事不怯场，反应较快，学得也较快；但外倾型的人往往从兴趣、情感出发，缺乏计划性和坚持性，不易形成独立思考的学习习惯。

很多研究者以外语学习为例探讨内外倾性格的差异，主要表现在以下几个方面。

(1) 从外语习得难易程度看，外倾型学生往往在课堂中表现活跃，积极参与课堂讨论，对教师的提问能较快地做出反应，有更多的机会用语言表达自己，因此，外倾型学生学外语比内倾型学生学得更快，而且更容易成功。①

(2) 在学习风格方面，两种类型的学生存在多种风格上的差异。② 由于外倾型学生喜欢与人交往，会积极与同学用英语进行交流，对自己的听力进行锻炼，因此外倾型学生的听力会有极大的提高，会更偏爱听觉型学习风格；内倾型学生则更喜欢一个人安安静静地学习，不愿受外界的干扰，课后学习主要是阅读资料，很少主动进行听力练习，他们更偏爱视觉型学习风格。同时调查还表明，外倾型学生注重整体，善于找出文章的中心以及对文章的整体内容进行认知的猜测，更倾向于场独立型学习风格；内倾型学生认为自己更加感性，对具体部分的分析会更加精确，做细节题时的正确率会更高，更倾向于场依存型学习风格。

(3) 在学习环境方面，外倾型学生更喜欢在喧闹、开放的地点学习，常常边学习边听音乐；内倾型学生更愿意在安静的地方独自学习，远离喧嚣的环境。

(4) 在师生关系方面，外倾型学生因为在各种活动中表现活跃，善于表达自己的思想，较少羞怯，所以常常容易受到教师的关注，他们通常也愿意与教师交流自己在学习中的感受、遇到的困难，常能得到教师的及时帮助；内倾型学生一般不会像外倾型学生那样很快受到教师的关注，他们对教师往往采取敬而远之的态度，不愿主动与教师交流，但他们最终会以自己在学习上的精确和认真而得到教师的关注和喜爱。

从上面的论述中可以看出，内倾型性格和外倾型性格各有优缺点，每一种性格的优势恰是另一种性格的不足。内倾型的人和外倾型的人都可以成为优秀的人，他们需要的只是互相学习和借鉴。

青少年性格的内倾与外倾类型是逐步定型的，一般来说，高中之后已趋于稳定状态。也就是说，性格的内倾与外倾类型及其表现，在高中阶段已经成熟。教师和家长的责任，一是抓紧青少年性格成熟或稳定前的机会进行塑造；二是根据内倾与外倾类型的测定，判断各类不同性格类型的青少年在某种条件下可能发生的行动，有针对性地安排他们的学习和生活，使他们更好地成长。

第二节　青少年性格特征的发展

性格有许多侧面，包括多种多样的性格特征。这些性格特征在每个个体身上独

① 刘大文，王惠萍：《内倾型和外倾型人格特征及其对学习的影响》，载《烟台师范学院学报（哲学社会科学版）》，2002 (4)。

② 吴丽林，马薇：《内/外向性格倾向学习者英语学习风格运用研究》，载《长沙理工大学学报（社会科学版）》，2010，25 (6)。

特地结合成为有机的整体。

青少年有哪些性格特征呢？以下是我们合作研究的结果。①

一、对人、对现实的态度的性格特征

性格，首先表现在对现实的态度上，即表现在处理各种社会关系方面的性格特征上。人对现实态度的性格特征主要表现在：对社会、集体、他人的态度，对学习、劳动、工作的态度，对自己的态度等方面。

如何研究青少年对人、对现实的态度的性格特征呢？可以以被试是否爱交际、是否热情、有无同情心、是否诚实、对人是否尊重为指标来考察他们对社会、集体和他人的态度；可以以被试是否用功、是否认真、对作业是否细心、爱不爱劳动为指标来考察他们对学习、劳动、工作的态度；可以以被试是否谦虚，有无自信心、自尊心，有无独立性，是否自私作弊为指标，来考察他们对自己的态度。

研究表明，青少年对现实逐步地形成自己稳定的态度。在初中阶段动摇性还比较大，到高中阶段，上述指标所列的性格特点，如交际性、同情心、爱劳动和懒惰、谦虚和骄傲等，便逐步变成稳固的心理特征。

二、性格的气质特征

气质是高级神经活动类型在人的行为和活动中的表现。它可以分为胆汁质、多血质、黏液质和抑郁质四种。按照高级神经系统学说，以强度、灵活性分别与平衡性相结合而分为四种类型，相当于四种气质。强、平衡而灵活的神经类型，相当于多血质；强而不平衡的，是容易兴奋、不易抑制的神经类型，相当于胆汁质；强、平衡而不灵活的神经类型，相当于黏液质；弱的神经类型，相当于抑郁质。气质与性格都是个性特征，它们是在统一的人的生活实践中形成的，也是由统一的脑的活动来实现的。两者互相渗透、彼此制约。就气质的自然性质而言，它是性格的基础。气质在人的社会活动中表现出来并获得一定的社会意义，成为人的性格特征。不同气质的人可以形成同一种性格，如勤劳、朴实的性格，哪一种气质类型的人都可获得。同样的气质，可以成为积极的性格特征，也可以形成消极的性格特征。例如，胆汁质的人性急，在社会活动中可以表现为勇敢，也可以表现为鲁莽；多血质的人灵活，在社会活动中可以表现为活泼机智，也可以表现为动摇、冷热病；黏液质的人迟缓，可以表现为镇定、刚毅，也可以表现为顽固、呆板；抑郁质的人可以表现为多虑、爱思索，也可以表现为怀疑心重。

如何研究性格的气质特征呢？除去仪器测定生物指标外，我们在日常生活中可以观察记录三个方面的特征：①行为特征（是否敏捷、灵活、积极或紧张、易疲倦）；②言语特征（爱不爱说话、声音高低、说话的速度或频率、是否有言语缺陷）；③情

① 朱智贤：《中国儿童青少年心理发展与教育》，374～413页，北京，中国卓越出版公司，1990。

绪情感体验特征（是否暴躁、稳定、爱哭或脆弱、多虑）。然后，把它们作为指标来考查被试性格的气质特征的表现。

据我们早期调查，小学生从三年级起，气质类型明显地、逐步地表现出性格特征，但整个小学和初中阶段，气质类型表现为哪一种性格特征，是积极的还是消极的，还不稳定，可塑性很大。自高中之后，随着性格的稳定化与社会化，气质表现越来越少（但仍有表现），而社会性的后天活动的因素越来越明显。因此，中学教师和家长应该注意中学生的气质类型，特别是在初中阶段，更要重视培养，使不同气质的学生将来对社会都能做出积极的贡献。

三、性格的意志特征

性格结构中的意志是形成性格的枢纽。它主要表现在个人对自己行为的自觉调节方式和水平方面的个性心理特征。性格的意志的个体差异，突出表现在意志力的四个品质上，即自觉性（独立性、目的性和纪律性等），果断性（如镇定、果断、勇敢、顽强等），自制力和坚持性（毅力、坚韧、恒心等）。一个人是否能形成坚毅的性格特征，关键在于性格结构中意志力的表现程度。

青少年性格的意志特征，主要可以以是否遵守纪律、有无自制力、有无坚持性与胆量大小四个特征为指标来进行调查研究。

研究结果表明，初中生性格的意志特征还不稳定，他们在克服困难时毅力还不足，往往把坚定与执拗，勇敢与蛮干、冒险混同起来。高中阶段，随着认识能力的提高、意志行动动机的增强和情感的稳定，性格的意志力日趋提高。但是，作为个性心理特征的性格，其意志特征是因人而异的，具有很大的个体性。而性格的这种意志表现，在高中阶段大致稳定。为了培养刚毅、勇敢的性格的意志特征，教师和家长应结合意志发展的特点，着重在意志品质，即对意志的四个特征进行培养（可以参考本书第十四章）。

四、性格的情感特征

人的情感状态影响着其全部活动。当情感对人的活动的影响或人对情感的控制具有某种稳定的、经常表现的特点时，这些特点就构成了性格的情感特征。性格的情感特征可以分为情感的强度、稳定性、持久性和主导情感四个方面。

性格的情感特征，可以以是否爱激动（冲动）、情感是否稳定、是否任性、爱好有何特点等为指标来进行调查研究。

由于初中生处于青春初期，即少年期，其情绪情感变化很大，高兴时欢快跳跃，不高兴时怒气冲天，激情往往占有一定的地位，这就给初中生性格的情感特征的研究带来了一定困难。研究表明，人的性格情感特征随着年龄的增长而日趋稳定。一个人是否爱激动、是否热情、在紧急状态时有何变化（即所谓“应激状态”的特征）、心境持续多久、情感是否外露等特征主要反映在高中阶段。高中阶段性格的情感特征基本上代表着个体成熟后的特征，往往在一生中保持下去，即使有变化，也只是量的增减，而很少有质的变化（可以参考本书第十四章）。

五、性格的理智特征

人的智力差异表现在性格上，往往成为其性格的理智特征。这主要表现在两个方面：一个是思维和想象的类型不同，有艺术型（偏形象）、理论型（偏抽象）、中间型（混合状态）三种；另一个表现在智力品质的差异上。例如，我们在第四章里提到的深刻性、灵活性、独创性、批判性和敏捷性等方面所表现出的差异。

一般来说，性格的理智特征的成熟期，即思维的成熟期，如前所述，出现在高一下学期到高二上学期。中学生性格的理智特征日趋稳定。教师和家长一方面要抓紧中学生性格的理智特征成熟前的培养工作，另一方面要针对他们的理智特征类型，发展他们相应的兴趣和爱好，帮助他们选择符合自己特点的志愿，尽可能地发挥其专长和才能。

六、性格特征诸因素的发展

我们的合作研究表明，初中前后是学生性格发展的骤变期。[①] 研究用 16 种因素考查测量了全国 2127 名中小学生性格发展的性格特征变化后，得出这样的结论：我国学生性格的理智特征在八年级至高一是迅速发展的时期，表现为学生思维的灵活性和权衡性有突飞猛进的变化，与以往不同，从八年级开始，学生能多方面地权衡利弊，灵活选择解题方法，多方位地探索生活中的各种问题；性格的情绪特征在小学六年级出现发展高峰，具体表现为学生的情绪强度加强，情绪变化的持续时间延长，体验更加深刻；性格的意志特征则在八年级以后迅速发展，主要表现在意志的果断性上，出现毫不含糊、大胆决定或自作主张的倾向。所有这些变化，都说明了初中前后是学生性格发展的重要时期，教育者特别需要注意教育方式，提高教育艺术，讲究教育方法，抓住时机改造学生的不良性格，以达到预期的教育目的。

第三节　青少年性格发展的趋势及培养

有的心理学家把性格形成的复杂过程划分为三个阶段。[②] 第一阶段是学龄前儿童所特有的、性格受情境制约的发展阶段，在这个阶段，儿童的行为直接取决于具体

① 刘明，王顺兴：《中国儿童青少年气质发展与教育》，见朱智贤：《中国儿童青少年心理发展与教育》，390～413 页，北京，中国卓越出版公司，1990。

② 朱智贤：《儿童心理学》，第 9 章，北京，人民教育出版社，1979。

的生活情境，直接由外部影响，还未形成稳固的状态。第二阶段是小学与初中学生所特有的、稳定的内外行动形成的阶段。由于稳固的行为方式正在形成的过程中，所以性格正在日趋完成其塑造，但需要施加强有力的教育才能改变已形成的不良习惯。第三阶段是高中生所特有的、内心制约行为的阶段。在这一阶段，稳固的态度和行为方式已经定型，因而性格的改造就比较困难了。

青少年的性格处于形成与定型的阶段，在这个阶段，青少年的自我意识在发展着，性格结构的动力特征在发展着，性格特征的稳定性趋向成熟。

一、青少年自我意识的发展与培养

所谓自我意识，是意识的一个方面、一种形式，即关于作为主体的自我的意识，如自我感觉、自我评价、自我监督、自尊心、自信心等。认识自己，把自己作为主体从客体中区别出来，这是人的个性特征的重要标志之一，它决定性格的行为方式的原则性。人在实践活动中获得生活经验，进行自我教育、自我调节，这是性格的形成、发展或变化的重要途径。同时，这也是人类意识区别于动物心理的重要标志之一。

第十二章第一节里，我们已经对青少年自我意识发展的特点做了分析，在此不再赘述。

自我意识、自我教育在性格变化中起着很大的调节作用。教师和家长应该在了解青少年自我意识发展特点的基础上，有目的地培养其相应的自我评价能力和自我控制能力，这在青少年的性格形成和发展中特别重要。为此，教师和家长要教会他们自我评价或评价他人的方法，为他们树立良好的学习榜样，形成坚强的集体，开展多种评论活动，坚持一分为二地评价青少年的思想言行，这对于培养他们自我评价和评价他人的能力有重要的作用；要尊重他们的“成人感”，不要仅仅把他们当成“小孩子”看待，要运用情感激励的策略与他们相处，关心爱护他们，使他们能够敞开心扉讲心里话，尊重他们的自尊感；对青少年要严格要求，并使严格要求变成他们自我教育的需要，让他们进行主动、积极的自我教育，也能促进其良好性格的发展。相反，如果对青少年加以放纵，则会逐渐地滋长其懒惰和散漫等不良性格特征。

二、青少年性格动力特征的发展与培养

性格并不是各种性格特征的简单堆积。换句话说，一个人的各种性格并非彼此孤立地、静止地存在，而是相互作用、相互制约的。性格表现于人的活动中，而人的活动又是多种多样的。随着环境、情境的变化，人的性格特征会以不同的结合方式表现出来。所有这些使性格的结构具有动力的性质。动力的性质表现为各种性格特征之间有着一定的内在关系，在不同的行动条件下有不同的结合。

青少年的性格处于形成与定型的阶段，他们的性格结构特征明显地出现这种制约的关系，不同的行为有着不同方式的结合，

尽管这种制约有时也表现出不一致性，但中学阶段，性格结构的动力特征明显，特征之间基本上能相互制约，使性格的内容不断丰富。

我们早期的研究表明，青少年学生的学习态度和学习上的意志特征之间关系的密切程度，随着年级升高而加深。初中学生，尤其是七年级、八年级学生，学习的积极性与意志力往往不是来自自身性格的特征，而在一定程度上是由于家长、教师和学校的要求。随着年龄增长与年级的升高，中学生学习勤奋、努力、认真主要是出于他们的学习态度和学习责任心。学习态度端正、学习责任感强的学生，往往自觉地遵守纪律，不管是否聪慧，主观努力都相当突出；相反地，学习态度不端正、缺乏责任感的学生，即使智力基础较好，也常常缺乏毅力，不能始终顽强、刻苦地学习。这种学习态度、责任感和意志特征体现了各种性格特征在不同年级、不同个体身上的独特结合，构成了中学生的性格特点和差异。

总之，性格是整体结构，它是稳固的态度和与之相适应的行为方式的独特结合。随着年龄增长，其动力特征逐步得到发展，到高中阶段，趋于一致性。因此，教师和家长应从整体出发，全面地培养学生性格的各种品质特征。这里，一个重要的方面是稳固的行为方式，即行为的习惯。俗话说“习惯成自然”。如果教师和家长能按照心理规律与教育规律，通过活动和练习来培养青少年良好的行为习惯，及时地对他们正在形成和日趋稳固的良好行为加以肯定，及时强化和鼓励，那么良好的行为习惯就会在整体结构中不断获得巩固。

三、青少年的性格特征日益稳定和成熟

性格作为人的个性心理特征，是稳定的，但又不是一成不变的。性格是在主客观的相互作用中形成的，又在主客观的相互作用中变化。

性格具有可塑性，但这个可塑性在中学时期的各个阶段是不一样的。观察表明，青少年的性格特征日益稳定，到高中二年级就趋于成熟或基本定型。在成熟前，性格的可塑性较大。例如，有的初中生的性格特征常带有消极或软弱的成分，但由于可塑性大，只要教育得法，便会发生显著的变化；在成熟后，性格尽管也能改变，但可塑性较小。

稳固的性格特征主要取决于社会环境与教育条件。例如，一项针对 1088 名中国父母的调查显示，在中国父母心目中，独生子女最为令人担忧的五大性格特征是依赖、任性、娇气、自我中心和爱发脾气。①如前所述，独生子女的消极性格特征往往随着年龄增长而逐渐减少，青少年，尤其是高中阶段的独生子女有这些特征的比小学阶段要少得多，但这往往成为他们较定型的性格特征。

男、女青少年由于社会环境及个体差

① 包蕾萍：《“独生子女”的陷阱与挑战》，载《科学文摘》，2012 (9)。

异而形成了不同的性格。一般来说，小学阶段男、女生的性格差异并不明显，但到中学阶段，他们逐步形成了稳固的对现实的态度和习惯了的行为方式。肖三蓉和徐光兴对中学生人格的性别差异研究显示：在人际交往方面，女生比男生更具有亲和力，待人亲切、温和；在内在品质方面，女生比男生更讲诚信、重感情、情感丰富，表现出较低的利益导向，对他人更友好、顾及他人的感受；在情绪方面，女生比男生的情绪控制能力差，表现为情绪不稳、冲动和对情绪不加掩饰；在个体能力和对待学习和工作的态度方面，男生比女生更有毅力和决断能力，表现为思路敏捷、个性鲜明，做事目标明确、持之以恒。①

教师和家长抓住青少年性格成熟前的时机进行塑造是十分重要的。除去上述我们提到过的一系列措施之外，还应指出，要根据青少年性格的外部表现来有的放矢地培养其性格。人的性格有明显的外部表现：①表现在活动和行为中；②表现在言语上，例如，一个人说话多少、谈吐是否真诚以及言语风格等，都在一定程度上表现着人的性格；③表现在外貌上，如面部表情和身体姿态都有性格的烙印。因此，教师和家长可以根据青少年的外部表现，鉴定他们的性格，对他们的性格做出恰当的分析与评估，如是外倾型、内倾型还是中间型的，性格的外部表现与形成原因之间有哪些联系等，从而帮助性格成熟前的学生按照教育要求形成良好的性格，同时也创造一些条件，改造那些性格初步成熟的学生的一些不良性格。

① 肖三蓉，徐光兴：《中学生人格特质的性别差异研究》，载《中国临床心理学杂志》，2007，15（3）。

第十七章 青少年的品德

品德，又叫作道德品质，即个人的道德面貌，是社会道德现象在个体身上的表现。个人可以依据一定的行为准则产生某些有关道德方面的态度、言论、举动。个人在一系列的道德行为中所体现出来的某一经常的、一贯的共同倾向，便是他的品德。

品德是一个完整的结构，它是一个多层次、多侧面、多联系、多水平的动态的开放的整体或系统。首先，从表层和深层结构的系统来分析，应该把品德看成一种道德行为方式和动机系统的统一。道德的行为方式，就是道德认识、道德情感、道德意志和道德行为四个方面，简称为品德结构的知、情、意、行。道德行为方式可以理解为品德表层结构；品德深层结构成分则为道德动机系统。品德深层结构是本书第二章和第十五章提到的个性意识倾向性，即“需要”的表现形态。它可以表现为与道德有关的兴趣、欲望、信念、理想等各种形态，其核心因素是道德信念和道德理想。与此同时，从品德的心理过程和行为活动的关系来看，是知、情、意、行这四个方面，既有相对的独立性，又是相互联系的。

对品德的知、情、意、行的培养，可从多方面着手。也就是说，品德的培养，有时可以从提高学生的道德认识开始，有时可以从激发学生的道德情感着手，有时则可以从磨炼学生的意志或训练学生的行为习惯做起。具体从何入手，教师和家长要根据学生知、情、意、行的发展状况和教育因素的变化等条件而定，否则就容易脱离实际。品德是一个整体结构，只有当品德的深层的、表层的诸心理成分都得到相应发展时，品德才能更好地形成。

第一节　青少年品德发展的特征

所谓青少年品德发展的特征，是指青少年品德发展的一般的、本质的、典型的特征。它反映了青少年品德的普遍性、稳定性和代表性的道德面貌。

一、青少年品德发展的年龄特征

在整个中学阶段，青少年学生的品德迅速发展，他们正处于伦理形成的时期。

在初中学生品德形成的过程中，伦理道德已开始形成，但在很大程度上表现出两极分化的特点。高中学生的伦理道德则带有很大程度的成熟性，他们可以比较自觉地运用一定的道德观念、原则、信念来调节自己的行为，随之而来的是世界观的初步形成。

（一）青少年个体伦理道德的六个特征

青少年个体的伦理道德是一种以自律为形式、遵守道德准则、运用原则和信念来调节行为的道德品质。这种品德具有六个方面的特征，具体如下。

(1) 青少年能独立、自觉地按照道德准则来调节自己的行为。伦理是指人与人之间的关系以及必须遵守的行为准则。伦理是道德关系的概括，伦理道德是道德发展的最高阶段。从中学阶段开始，青少年逐渐掌握这种伦理道德，并且能独立、自觉地遵守道德准则。我们所说的独立性就是自律，即服从自己的人生观、价值标准和道德准则；我们所讲的自觉性，也就是目的性，即按照自己的道德动机去行动，以符合某种伦理道德的要求。

(2) 道德信念和道德理想在青少年的道德动机中占据重要地位。中学阶段是道德信念和理想形成，并开始用道德信念和理想指导自己行动的时期。这一时期的道德信念和理想在青少年的道德动机中占有重要地位。青少年的道德行为更具原则性、自觉性，更为符合伦理道德的要求，这是人格或个性发展的新阶段。

(3) 青少年品德心理中自我意识的明显化。“吾日三省吾身”，意思是我每天多次反省自己的言行，从青少年品德发展的角度来看，是提倡自我道德修养的反省性和监控性。这一特点从中学阶段开始就越来越明显，它既是道德行为自我强化的基础，又是提高道德修养的手段。所以，自我调节品德心理的全过程，是自觉道德行为的前提。

(4) 青少年的道德行为习惯逐步巩固。在中学阶段的青少年品德发展中，逐渐养成良好的道德习惯是进行道德行为训练的重要手段；与道德伦理相适应的道德习惯的形成，又是道德伦理培养的重要目的。

(5) 青少年品德发展和世界观的形成是一致的。青少年世界观的形成与道德品质的发展有着密切联系。一个人世界观的形成是其人格、个性、品德发展成熟的重要标志。当青少年的世界观开始萌芽和形成的时候，它不仅受主体道德伦理价值观的制约，而且赋予其道德伦理以哲学基础，两者是相辅相成的，是一致的。

(6) 青少年品德结构的组织形式完善化。青少年一旦进入伦理道德阶段，其道德动机和道德心理特征在其组织形式或进程中就形成一个较为完善的动态结构，表现如下：①青少年的道德行动不仅按照自己的准则规范定向，而且通过逐渐稳定的品格产生道德的和不道德的行为方式。②青少年在具体的道德环境中，可以用原有的品德结构定向系统对这个环境做出不同程度的同化。随着年龄的增加，同化程度在增加；也能制定出道德策略，这是与青少年独立性的心理发展相关的；同时还能把道德计划转化为外部的行为特征，并通过行为产生的效果来达到自己的道德目的。③随着青少年反馈信息的增加，他们能够根据反馈信息来调节自己的行为，以满足道德发展的需要。

（二）青少年的品德处于动荡性向成熟型过渡的阶段

在第一章里，当我们论述到青少年的心理发展特点时，提出了“动荡性”的概念，这也正是青少年品德发展的特征。

(1) 初中阶段即少年期品德发展的特点是动荡的。从总体上看，少年期的品德虽然具备了伦理道德的特征，但仍旧是不成熟、不稳定的，且具有较大的动荡性。如前所述，初中生品德动荡性特点的具体表现是：道德动机逐渐理想化、信念化，但又有敏感性、易变性；他们道德观念的原则性、概括性不断增强，但还带有一定程度的具体经验特点；他们的道德情感表现得丰富、强烈，但又好冲动而不拘小节；他们的道德意志虽已形成，但还很脆弱；他们的道德行为有了一定的目的性，渴望独立自主地行动，但愿望与行动又有一定的距离。因此，这个时期既是人生观开始形成的时期，又是容易发生两极分化的时期。品德不良、走歧路、违法犯罪多开始在这个时期。

如前所述，初中阶段是处于人生十字路口的阶段。究其原因，有如下三点：①生理发生剧变，特别是外形、机能的变化和性发育成熟了，然而心理发育却跟不上生理发育，这种状况往往使初中生容易产生笨拙感和冲动性；②从思维品质发展方面来分析，少年期的思维易产生片面性和表面性，因此他们好怀疑、反抗、固执己见、走极端；③从情感发展来分析，少年期的情感时而振奋、奔放、激动，时而又动怒、怄气、争吵、打架，有时甚至会泄气、绝望。总之，初中生的自制力还很薄弱，容易产生动摇。因此，我建议初中教师，特别是八年级的教师，应从“爱的教育”入手，从各个方面帮助学生树立正确的观点，特别是人生观、价值观和道德观，以便他们做出正确的抉择。

(2) 高中阶段或青年初期学生的品德逐步趋向成熟。这时期的品德发展进入了以自律为形式、遵守道德准则、运用原则和信念来调节行为的品德成熟阶段。因此，青年初期是走向独立生活的时期。成熟的指标有两个：①能较自觉地运用一定的道德观点、原则、信念来调节行为；②人生观、价值观、世界观初步形成。这个阶段的任务是形成道德行为的观念体系和规则，并促进进取和开拓精神的发展。

然而，这个时期不是突然到来的。八年级是中学阶段品德发展的关键期，继而初中升高中，开始向成熟转化。其实在八年级之后，一些青少年在许多品德特征上已经逐步趋向成熟；而在高中初期，仍然有一些学生明显地保持着许多少年期动荡性的年龄特征。

二、青少年道德认识发展的研究

青少年道德认识的发展表现在两个方面：一是表现在道德思维的水平上；二是表现在道德观念的程度上。

（一）青少年道德思维的发展

20世纪60年代后，国内外十分重视对道德认识（认知）的研究。道德认识，首先表现在道德知识、道德判断和评价上，它实际上是道德思维水平的反映。人的思维能力的强弱也往往影响到道德认识的水平。

如何研究道德思维的发展呢？在西方的道德判断研究中，以皮亚杰和科尔伯格(L. Kohlberg，1927—1987）为代表的认知学派影响很大，他们通过儿童和青少年对一些道德“两难”问题的回答，将其品德的发展分为若干个从低到高的阶段。下面就是一个两难问题：

甲：有一个名叫A的孩子在外边玩。妈妈喊道：“吃饭啦！”于是他就跑进屋里来。房门后有椅子，椅子上有个盘子。盘子上有个茶碗，由于不知道门后有这些东西，A一开门就把椅子碰倒了，茶碗被打碎了。

乙：有一个名叫B的孩子，一天趁妈妈不在家的时候，想吃放在橱柜里的果酱。但是，果酱放在高处够不着，于是他蹬上椅子去取，正伸手时，碰掉了旁边的一个茶碗，茶碗摔碎了。

你认为哪个孩子坏，为什么？

认知学派认为儿童和青少年的品德发展与其认识活动及其发展水平密切相关，认为他们的品德发展是思维结构的一种自然变化过程。“两难”故事法研究道德思维比较客观、生动和切实可行。研究道德思维还有许多其他方法。例如，是非观念判断的方法，观看电影、幻灯片、戏剧或上网后书写心得，然后分析其心得；对不同道德问题的若干问题选择法，通过讨论道德问题，如讨论“中学生为什么不能抽烟喝酒”“打架骂人错在哪儿”“自由主义有什么危害”等，然后进行系统的、集体的个案追踪，再做深入的解剖。

20世纪80年代初，我们通过以上几种方法对青少年的道德思维做了综合的研究，发现青少年的道德知识与判断表现出四种理解水平。第一，不理解或停留在对观念的重复上，如嘴里说“打架骂人不对”“抽烟不好呗”，但实际上并未真正理解。第二，停留在对现象的认识上，如“年岁不大，叼烟卷不好看”“打架不好，谁把谁打了都麻烦”等认识。第三，初步揭露实质，上升到学生的基本要求和规范上来加以认识。第四，理解到行为规范的实质，提高到社会道德风尚层面去分析。

首都师范大学蓝维主持的“北京市中小学生思想道德发展测评”研究，从2003年至2012年，历经10年的测查发现，北京市中小学生在对“世界与国家”“群体、社会、个人”“社会公德”等不同维度的认识上处于较高水平，但是在“学业问题”“使用文明语言”和“社会适应”等方面的表现则不太令人满意。①

我的弟子寇彧教授关于青少年亲社会行为概念表征的研究也发现，青少年（以小学高年级学生和初中生为主）认同的亲社会行为由四种主要的类型构成，分别是：利他性亲社会行为、特质性亲社会行为、关系性亲社会行为、遵规公益性亲社会行为。②③

纵观上述研究结果，我们可发现青少年的道德思维和发展有如下几个特点。

(1) 道德思维发展是有年龄特征的。就大多数青少年而言，刚入中学时处于第一二级水平，九年级下学期处于第三级水平，高中之后，达到第四级水平的日益增多。

(2) 道德思维的发展存在个体差异，这种个体差异随着一个人整个思维和智力水平的发展，到高一末，个体趋向基本定型。这是年龄特征与个体差异的一种表现形式。苏联心理学家在20世纪七八十年代对道德思维的研究获得了类似的结论，认为“成人的”最后道德准备程度，那些高年级学生（即高中生）在学校里就已经达到了，尽管道德思维在后来也会发展，但“不会产生任何原则上崭新的东西，而只是对原有的东西加以巩固、扩大和完善”④。

(3) 道德思维的发展反映了个体品德发展有一个从不知到知、从不成熟到成熟的过程，这就给教育工作者提供了塑造和转化学生品德的可能性。

(4) 道德思维的发展既反映了时代的特点，也反映了不同社会中人类共同的道德规范。我们主张要对青少年加强德育，要提高他们的道德认识。同时也认为，那种脱离青少年道德认识实际的做法是片面的，因为它不符合道德认识的提高具有思维发展阶段性的规律。

（二）青少年道德是非观念的发展

道德准则是指道德是非的准则，是道德行为善恶的准则，是某一社会关系的行为善恶的标准。

(1) 青少年在良好班集体中道德认识的正确率的变化。青少年道德是非观念是在集体的影响下发展变化的。一个良好的班集体和校集体，尤其是集体舆论是青少年道德是非观念形成的重要基础。我们在研究中看到，集体舆论对集体成员品德形成的作用表现在：①对个体的道德行为做出权威性的肯定或否定、鼓励或制止，是强化的信号；②直接影响着个体道德认识水平的提高；③是集体荣誉感的源泉。如果以这种作用程度为指标，可把一个班集体的舆论分为三级水平：一是有压倒一切的正确集体舆论；二是正确舆论能占上风；三是没有正确的舆论。我们分析100个先

① 蓝维，苗玲冉：《十年测评的反思——北京市中小学思想道德发展测评十年回顾与思考》，学生思想道德发展测评理论与应用研究研讨会，北京，2013。

② 寇彧，付艳，张庆鹏：《青少年认同的亲社会行为：一项焦点群体访谈研究》，载《社会学研究》，2007 (3)。

③ 寇彧，张庆鹏：《青少年亲社会行为的概念表征研究》，载《社会学研究》，2006 (5)。

④ ［苏联］佐西莫夫斯基：《儿童道德发展的年龄特征》，载《苏维埃教育学》，1973 (10)。

进班集体的舆论水平，发现没有一个先进班集体是没有正确的集体舆论的。正确的集体舆论是先进班集体道德心理的组成部分，是集体成员心理变化的“晴雨表”。青少年道德认识的正确率，在班集体的影响下获得发展。

（2）青少年道德信念的形成。中学时期是道德信念形成的时期，是开始以道德信念来指导自己行为的时期。青少年的道德信念是在社会生活条件下，特别是在教育教学条件下，在青少年本身的实践、交往和学习中形成与发展起来的。我们曾以道德认识的稳定性和道德观念的作用程度为指标，分析追踪班学生的道德是非观念形成与发展的水平，这些水平可以分为三个等级：第一级是领会道德要求和掌握知识，接受有关的教育；第二级是产生行为经验，相信自己的经验是正确的（而实际上未必正确，有的甚至是很错误的）；第三级是形成信念或理想，使他们知道自己行为的原则或准则（这“原则”与“准则”也有正确与错误之分）。信念的特点有两个：一个是带有情绪情感色彩，按信念去行动产生肯定的情感，否则就会产生消极的情感；另一个是带有习惯性，自觉且自然而然地按照自己的信念去行动。因此，形成道德信念或理想的青少年，会按照自己的行为准则坚定不移地去行动。我们分析了追踪班学生道德信念的水平变化与发展，看到：①青少年道德信念与道德理想的水平有一个发展过程，在一般情况下，到九年级下学期趋于相对稳定；②在一个真正形成良好班风的先进班集体里，正确的集体舆论和集体准则使班集体的正确道德要求变成绝大部分集体成员的行动指南，有错误信念的学生不仅数量逐渐减少，而且在校内外的不良行为也逐步得到改善，可见形成先进班集体对青少年道德信念的形成与发展的作用较大；③在一个没有正确舆论的班集体里，集体成员的正确信念与理想往往得不到支持，甚至错误的道德信念与准则随年龄增大而滋长。

三、青少年品德发展的年龄特征是中小学德育管理的出发点

教师注意掌握青少年品德发展的年龄特征，从而因材施教是十分重要的，否则就会出问题，带来不应有的损失。有的家长在望子成龙动机的驱使下，企图用简单粗暴的方法来达到立竿见影的效果。但事与愿违，这种拔苗助长的做法违背了青少年品德发展的年龄特征，导致悲剧一次次发生。因此，我们认为，在教育工作中必须提倡科学性，重视青少年品德发展的年龄特征。

（1）教师要以青少年品德发展的年龄特征作为德育工作的出发点，以此引导学生的品德发展。例如，凡在中学工作多年的教师都认为，在整个基础教育阶段，初中学生是最难对付的，简直是“软硬不吃、刀枪不入”，这是事实。原因是初中生处在少年期，是品德发展成熟的前期，动荡而不稳定。教师一定要针对这一特点，动之以情、正面诱导，有的放矢地做好德育工作，引导学生的品德向正确的方向发展。

（2）教师要重视青少年品德发展的关

键期，并采取合理的教育措施。基于多年的教育实践，我认为，小学三年级和八年级分别是小学和中学品德发展的关键期。学校领导在安排人事时，不能只考虑一年级打基础和毕业班的把关问题，也应该注意在这两个年级配备得力的教师。但据我们了解，目前，中小学多把最得力的教师配备在“两头”，即小学一年级和六年级、七年级和九年级。这样做的结果是放弃了中间年级关键期的德育工作，这对学校的德育工作和学生的成长都是十分不利的。

(3) 教师在教育实践中，应考虑到相邻的年龄阶段之间的区别和联系，这样才能做到因人施教。目前，在中小学教育的衔接上存在很多问题。中学教师认为小学教师对学生管得细、窄、死；小学教师则认为中学教师对学生管得粗、宽、放。如果双方能了解中小学生品德发展的联系性，这个问题就不难解决了。在小学高年级多培养学生的独立性及自制能力；在中学时期，教师应多管一些，以使新生适应新环境。没有教育的衔接，是抓不好德育工作的。

(4) 教师在因材施教过程中，既要重视学生品德发展年龄特征的稳定性，又要注意这一特征的可变性。在教育中，教师既要重视品学兼优学生的教育工作，又要重视品德不良学生的教育工作，做到“抓两头，带中间”，处理好三者之间的关系，特别要关心离异家庭子女，使他们有爱的体验，感觉到有奔头，在逆境中顺利成长。这样才能使不同类型的学生都能发挥出最大的潜力，身心得到全面的发展。

第二节　青少年道德习惯的形成

在品德形成的过程中，我反复强调两个因素：一个是前述的道德信念；另一个是通过养成教育培养道德习惯。在教育管理中，养成教育是德育管理中一个不可忽视的内容。人的行为不仅依赖于其动机，而且取决于其习惯。

一、培养道德习惯的意义

良好的道德习惯，能使品德从内心出发，不走弯路而达到高境界；不良的道德习惯会给改造不良品德工作带来困难。因为从系统科学的观点来看，道德习惯是一种能动的自组织过程。一定的道德环境使个体品德达到一个临界状态，品德系统的相变（质变）特点由道德习惯这种序参量决定。在客观的道德环境的作用下，主体的道德习惯往往将一些单个行动协同起来，自动地做出一系列的道德行动。可见，道德习惯是一种自动化道德行动的过程，是一个人由不经常的道德行动转化为品德的突破点，是品德发展的质变指标。

这么分析，是不是否定品德结构中的其他成分呢？不是。品德的发展是指一个人在道德动机作用下的道德认识、情感、意志和行为的全面发展。其中一个显著的特点是提高道德行为水平，形成道德习惯。如前所述，由道德知识经验的领会和掌握而引起的品德发展，是一个由量变到质变的过程，要经历很多阶段。品德整体结构的发展是在掌握和运用道德知识、练习和重复道德行为的过程中完成的。如果一个学生不学习道德知识（如法律知识），不练习道德行为规范，他的品德是得不到发展的。道德知识、认识、训练是品德发展的基础。也就是说，学生的品德是在他们“知”的反复提高和“行”的反复训练中逐步发展起来的，需要经过一个又一个阶段。可见，学生的品德水平取决于两点：一是他们所领会的道德认识，二是他们对正确行为规范要求的不断练习。前者要求理解，以铭记在心中；后者要求形成良好的习惯。品德发展每一个阶段的特征，都集中体现在道德行为习惯的变化上。从这个意义上分析，良好道德行为习惯的形成是一个人的完整品德结构发展中质变的核心。

二、青少年道德行为习惯的特点

青少年在品德发展上，逐步地养成道德行为习惯是进行道德行为训练的重要手段。我们在一系列调查中看到，60%以上的青少年的道德行为习惯是在九年级或九年级之前形成的，20%的青少年的道德行为习惯是在高中形成的，还有近20%的青少年至高中毕业还未形成良好的或不良的道德行为习惯。

良好班集体对个体的影响主要是通过班风和常规进行的：①健康的班风和良好的常规，能够促使班集体成员良好道德行为习惯的确立和定型；②良好班风的建设与常规训练，能促使个体对道德行为不断练习、重复和实践，使良好的道德行为习惯逐步巩固；③健康的班风能够改造那些与良好集体行为相违背的不良行为习惯。20世纪80年代初，我们调查了100个先进班集体改造中学生不良道德行为习惯的情况，结果见表17-1。

表17-1 先进班集体对有不良道德行为习惯的学生的影响作用

性质	影响与效果							
	帮助产生的影响		发生一般变化		发生显著变化		基本无变化	
	人数	百分比（%）	人数	百分比（%）	人数	百分比（%）	人数	百分比（%）
严重品德不良学生（43人）	39	90.7	21	48.8	17	39.5	5	11.7
一般品德不良学生（132人）	132	100	52	39.4	67	50.7	13	9.7

可见，品德不良学生在良好的班集体中能得到改造，集体力量是可以帮助其改变不良道德行为习惯的。

三、习惯养成的途径

习惯和道德习惯是可以培养的。一般来说，习惯的养成或形成的方式与途径有：

①简单重复；②模仿；③有意练习；④与坏习惯做斗争；⑤培养亲社会行为。培养青少年的良好道德习惯也应该从这五种形成方式与途径入手。

（一）选择良好的榜样，作为学生效仿的对象

榜样的选择要有针对性，即针对学校、班级，乃至每个学生某一方面的特点来选择。

榜样的选择要有情绪性，即能使学生产生敬佩、爱慕、愉快、可接受等体验进而效仿。因此，选择的榜样不仅是有权威的英雄人物，而且要接近学生的实际。

榜样的选择要有具体性，即特点生动、突出，便于在行为上重复。学生之所以爱模仿影视中的反面人物的言行，也正是因为这些人物的特点明显、突出，有感染力。

（二）创造重复良好行为的情境，坚持有意练习

重复和练习是习惯形成的关键。不论是良好的道德习惯还是不良的道德习惯，都是靠重复和练习形成的。长期重复一种行为，就能使这种行为趋于自动化，一旦不再重复，往往使人从情感上难以接受，这说明重复养成了习惯。在有意练习和重复时，要明确练习的意义。例如，要使文明礼貌用语成为人们的习惯用语，就要在明确意义的基础上加以练习和重复，使之习惯化。任何良好的文明习惯和道德习惯，都是靠重复和练习养成的。

（三）自觉地与坏习惯决裂

据我们所知，目前青少年中有不少不良习惯，当然，这也表现在道德方面和社会公德方面。有的学生对此很苦恼，有的学生想与坏习惯做斗争，却迟迟没有效果，为此也很焦急。其实，要根除不良的道德习惯，关键在于人。在学校里，一要靠教师的引导，二要靠有不良习惯者痛下同旧习惯决裂的决心。在做法上，应注意两点：①必须知道坏习惯的害处，必须增强克服坏习惯的信心；②必须运用各种有效的具体方法，如活动替代法、铭记警句法，特别是不给重复不良行为的机会。不少工读学校就是这样做的：他们杜绝不良行为重复的机会，以防止不良道德习惯养成；创造良好环境，引导工读学生对良好行为加以重复和练习，以形成良好的道德习惯。

（四）形成优良的集体，使学生在良好的集体风气中养成良好的习惯

学生在学校、班级中生活。学校和班级是一种集体，即一种正规的团体。集体具有以下几个特征：①有明确的共同目的以及由此而产生的共同行动，每一个集体成员都为共同的任务而行动着，彼此关心、互相督促；②有统一的领导；③有共同的纪律，每一个成员都要能使自己的意志服从于集体的意志，使自己的利益服从于集体的利益；④有共同的舆论，舆论是集体形成的重要标志，舆论制约着集体成员的行动。

（五）借助班级或同伴情境，培养亲社会行为

班级或同伴构成了学生的社会生活环境，在这个社会生活环境中，学生逐渐形成自己与他人、自我与社会的关系。从青少年认同的亲社会行为来看，在他们心目中，关系性亲社会行为占到很大的比例。由此可见，对于青少年而言，培养其良好的道德习惯，从他们认同的各种人际关系及相互制约的角度入手，养成健全的关心他人、关心集体、遵规守法及优良品性的亲社会行为，是能够取得好效果的。

个人的习惯只是使一个人的行动自动化，一个集体或一个社会的习惯，却具有无比强大的力量。健康的校风和班风，不仅能够促使集体成员良好道德习惯的确立和定型，而且能够改造那些与良好集体行为相违背的不良行为习惯。由此可见，习惯的力量是巨大的，并且集体习惯的力量远大于个人的习惯。所以，学校管理工作的一项重要任务，是创建一个有良好风气的环境，即学校创建好校风，班级创建好班风，以及学生间建立良好的同伴关系，这对于学生良好道德习惯的形成是非常有益的。

集体风气影响着学生道德行为习惯的形成水平，因此，教师要引导学生养成对集体活动的兴趣，尊重集体和社会的舆论，维护集体荣誉，学习良好社会风尚，这无论对于学生形成各种良好的道德习惯，还是健康的性格都是有意义的。

第三节　品德不良青少年的心理特点

品德不良与违法犯罪是两个概念。尽管这两者之间没有一个绝对的界限，并且前者是后者的“前奏”和“信号”，但是这两者之间又有性质的区别。品德不良是指经常发生违反道德准则或犯有较严重的道德过错的现象；违法犯罪的性质就较为严重。第二次世界大战以后，青少年品德不良和违法犯罪情况严重，已成为国际性的社会问题。20 世纪 80 年代开始，我国也开始觉察到青少年品德不良和违法犯罪问题的严重性。青少年品德不良和违法犯罪，不仅人数多（如青少年违法犯罪在全部违法犯罪中所占比例最高，一般达 70%～80%），而且涉及面广，后果也比较严重，影响面极大。从品德不良开始的年龄看，研究者采用回溯的方法（Robins，1989）发现，对男性和女性来说，偷窃开始的年龄（15 岁前）是 10 岁，故意破坏公物开始的年龄是 11 岁。女孩这些行为开始的年龄通常晚于男孩。从年龄特点上看，青少年品德不良和违法犯罪有一个发展趋势。国内外一些数据统计表明，13～15 岁是初犯品德不良或初犯劣迹行为的高峰年龄，15～18 岁是青少年犯罪的高峰年龄。这两个年龄阶段，大部分处于中学阶段。这里以国内两个研究数据图（见图 17-1、图

17-2）为例，来说明这两个高峰年龄的趋向。

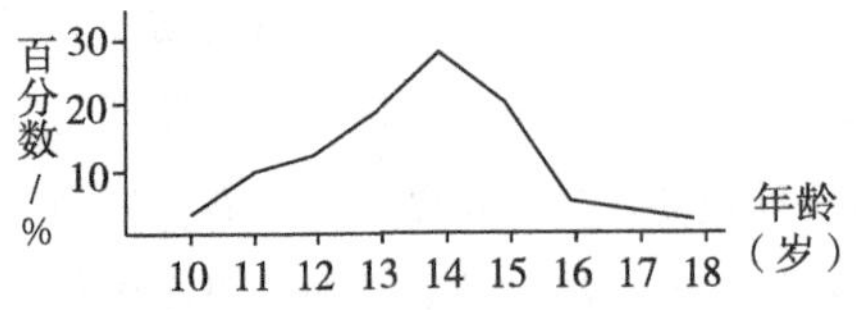

图 17-1　100 名品德不良青少年初犯劣迹行为的年龄（林崇德制）①

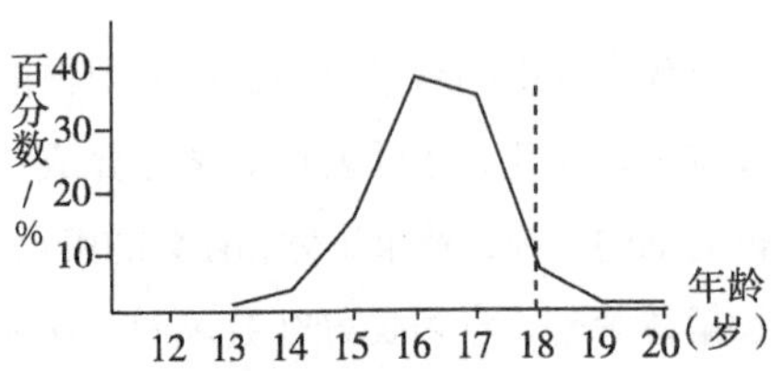

图 17-2　326 名青少年罪犯判决时的年龄（郑玉珍、林思德制）②

研究者（Loeber et al.，1993）提出了一个青少年破坏行为发展的三路径模型。其一，外显路径开始于小的攻击（如欺负），日后发展为身体打斗行为，最终成为严重的暴力。其二，内隐路径开始于小的非暴力行为（如偷商店的东西），然后发展为故意破坏公物行为，最终发展为严重的财物犯罪。其三，权威冲突路径开始为固执行为，然后发展为反抗，最终发展为逃避权威（如离家出走）。通常，如果个体属于外显路径，他沿这一路径发展的同时，也沿着内隐路径发展。这些假设的路径在很大程度上在美国国家青少年调查（U. S. National Youth Survey）以及美国芝加哥青少年发展研究（Chicago Youth Development Study）中得到了证实（Tolan & Gorman-Smith，1998）。

20 世纪七八十年代，国内心理学界围绕品德不良青少年的心理特点开展了一系列的研究。我于“文化大革命”期间曾采用系统性个案分析法，逐个了解 100 名品德不良青少年的过去和现状，了解他们 7～10 年的变化；逐个与他们接触、谈话，或分析他们的作业，查阅有关他们的材料，观察他们的言行，做一些必要的记录，于 1978 年整理成文并做出心理学研究。研究结果如下。

一、品德不良青少年的心理特点

（一）道德认识方面的特点

品德不良青少年的认识特点，反映了他们的人生观、道德观、法纪观等许多方面的问题，也反映了他们认识能力方面的特点。以 100 名被试为例，其表现出的主要特点如下。

（1）缺乏正确道德观点，是非观念模糊或颠倒，为强烈的个人欲望与私欲所驱使。例如，他们对“光荣和耻辱”“美与丑”“公和私”“个人和集体”等关系做出与正确要求截然不同的结论（约占 76%）。

（2）形成错误的处世哲学和人生观。这种人生观的核心是两大精神支柱和三种错误观念（约占 15%）。两大精神支柱是：

①② 林崇德：《品德发展心理学》，399 页，上海，上海教育出版社，1989。

封建主义的哥们儿义气和剥削阶级的吃喝玩乐的享乐主义（约占 4%）。三种错误观念：亡命称霸的英雄观、无政府主义的自由观和低级下流的乐趣观（约占 5%）。

（3）个别学生已形成一定的反社会观念（约占 4%），某个正确的道德观点在一定场合或时间还能起作用（约占 5%）。

可见品德不良青少年的道德认识偏差主要是缺乏正确的道德观点，属于认识问题的范围。针对这些特点，教师和家长应该采取如下两条措施。

（1）要注意和善于把青少年的认识引向正确的方向，加强他们的道德、法纪教育，发展他们的认识能力，特别是要培养他们分辨是非的能力。这不仅是保证他们健康成长的一项重要工作，也是预防他们品德不良的一项治本措施。

（2）对品德不良青少年的教育纠正要从启蒙开始，逐步提高他们的认识，把他们危害社会的倾向扭转到正确的方向上来。为了清除其各种错误认识，也可以在集体中反复制造否定的舆论，或以他们劣迹行为的后果使他们体验到这些错误的危害。

（二）道德感方面的特点

以 100 名被试为例，其表现出的主要特点如下。

（1）重感情，讲义气，“为朋友两肋插刀”。例如，有人为打架纠集“哥们儿”数人或数十人，造成严重的后果（约占 33%）。追求低级情趣，下流的情欲（约占 31%）。

（2）缺乏正义感，没有正确的道德感或好恶颠倒。例如，缺乏对别人起码的尊重和同情心，甚至将别人的痛苦作为自己行乐的途径（约占 30%）。

（3）对抗社会，有反社会的情绪（约占 2%）。

（4）在一般情况下，还是有正确的道德感或感情比较正常，即使“出事”，也只是激情所致或偶然发生（约占 3%）。

人的情感是十分复杂的，往往几种情感交织在一起，讲义气者也可能情趣低级，也未必不追求低级情趣，情趣低级当然也属于无正义感。仅仅是为了便于统计，我们才按每个个案中常起动机作用的主要情感特点进行了分类。

品德不良青少年的道德感也是两头小，中间大。大多数品德不良青少年的情感属于可改造或可以利用的范畴。针对这些特点，教师和家长可以采取如下的措施。

（1）利用青少年重感情的特点，避免和他们造成情感上的对立，让他们体会到善意和温暖，从而将他们的情感引向正确的轨道。这不仅是预防青少年从品德不良向违法犯罪方向发展的一项重要措施，也是改造有劣迹行为的青少年的前提。满腔热情、动之以情的做法能消除品德不良青少年的疑惧心理与对立情绪。尊重他们的自尊心，取得他们的信任，能为教育、团结和改造他们开辟一条通道。

（2）要善于引导青少年控制自己的情感，提高其情绪胜任力。不要故意去激怒他们。尽管青少年常因激情的作用而产生突发性的劣迹行为，但他们往往有一个情感变化的过程。教师和家长要善于察觉他们情感上的变化，如果发现异常，应及时采取措施，防止事故发生。寇彧等人在中小学校开展了多年的“提高学生情绪胜任力”的干预训练，通过培养学生识别情绪、理解情绪、表达情绪、调节情绪的方法，使学生能更好地控制和管理自己的情绪情感，不做或少做冲动的不良行为。①②

(3) 要注意青少年的交往，提高他们的人际交往能力，使其形成良好的同伴关系，同时防止他们与违法犯罪青少年接触，以免他们受到“传染”进而加入团伙。

(三) 道德行为方面的特点

以100名被试为例，其表现出的主要特点如下。

(1) 有较严重的道德过错或犯罪活动，属于不同程度的违法行为 (约占100%)。

(2) 意志薄弱，言行不一。有的青少年有改正的愿望，也做过忏悔的表示，但由于意志薄弱，还会产生不道德的行为 (约占63%)。

(3) 有些青少年在一般情况下尚能控制自己的行为 (约占10%)；而有些青少年已经形成不良行为习惯，只要有犯劣迹行为的条件，就会自然而然地实施行动 (约占27%)。

这100名品德不良的青少年，形成不良行为习惯的占少数，大部分是有过过错，但未定型，这就说明有纠正他们行为的可能性。针对这些特点，教师和家长应该注意做到以下几点。

(1) 锻炼他们的毅力，创造好的条件，杜绝其劣迹行为重犯的机会，鼓励和增强他们拒绝不良道德行为的信心和勇气。

(2) 以预防为主，防止青少年偶发性劣迹行为的产生。

(3) 可以用他们本人或别人的不良行为或违法犯罪的最终结果来教育他们，使他们认识到行为后果的严重性及其危害性，告诫他们只有改邪归正才是唯一出路。

上述心理特点的分析说明，造成青少年品德不良的心理条件是复杂的。因此，教育改造他们的突破口必须与一般品德教育一样，应该是多开端的，对于其知、情、意、行的改造，并没有固定的顺序，要根据具体情况，有的放矢，这样才能收到良好的效果。

二、女生品德不良的特点

国内许多心理学研究表明，在品德不良和违法犯罪中，男女是有差别的。

中学阶段，女生品德不良有哪些特点呢？在我们研究的100个个案中，女学生有22人，其品德不良确实有其特殊性，与男生不完全相同。表17-2、表17-3可以说明这个问题。

---

① 寇彧，徐华女，倪霞玲等：《提高小学四年级学生情绪胜任力的干预研究》，载《心理发展与教育》，2006，22 (2)。

② 黄玉，郭羽熙，伍俊辉等：《中小学生情绪胜任力干预的实践与思考》，载《中国教师》，2012 (18)。

表 17-2 22 名品德不良女生的心理特点

表现	道德观念		情趣低级	追求享乐	意志薄弱	形成不良习惯
	缺乏	错误				
人数	19	3	22	18	17	16
百分比（%）	86	14	100	82	77	73

表 17-3 22 名品德不良女生的行为表现

行为表现	小偷小摸或教唆偷窃	打架或勾人打架	不正当的男女关系或过早的性行为
人数	4	2	16
百分比（%）	18	9	73

可以看出，女生品德不良的心理特点主要属于缺乏道德观念、情趣低级、意志薄弱、追求享乐。其不良行为表现多与过早的性行为有关。

1979 年，我们对 50 名品德不良的女生进行调查，有过早性行为问题的 45 人（占 90%）。她们的年龄集中在 13～16 岁。16 岁之后，有显著的收敛（占 85%以上）。廖丽珠做过类似的调查①，发现女生过早性行为问题的发展过程大致有以下两个阶段。

第一阶段，即异常表现期。一般在十三四岁。所谓异常表现期，就是少女开始热衷于跟男性接触。这个时期的少女在学校里的一般表现是：上课特别容易分心，经常缺交作业，往往迟到、旷课，喜欢奇异打扮，平时爱和男生打闹，甚至会动手动脚或谈论男女风情。

第二阶段，即不良作风表现期。开始年龄多数在十四五岁。所谓不良作风表现期，就是少女作风不正、道德败坏阶段。这个时期，她们在学校经常旷课，惹是生非，在公开场合讲下流话，缺乏羞耻感，听不进正确教育意见，甚至参与男生打架，或借口“逃夜”在外。

廖丽珠将调查结果绘制成图 17-3，表示如下。

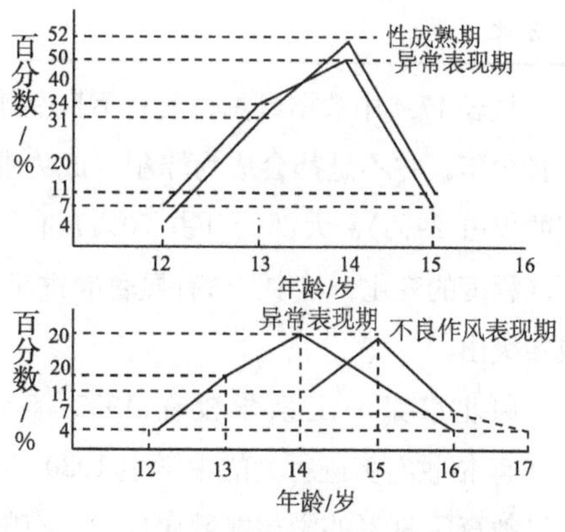

图 17-3 上海某学校品德不良女生相关数据统计比较图

① 廖丽珠：《少女犯罪与性爱心理初探》，见北京政法学院犯罪心理学教研组：《犯罪心理学文集（上）》，北京，中国政法大学内部资料，1981。

上述资料表明，女生过早发生性行为的问题表现出显著的年龄特点，集中在13～16岁。这个时期，少女由于生理、心理的剧烈变化，情感波动不稳定，缺乏自制力，意志较薄弱，容易受到不良影响，从而走上性爱不健康发展的道路。16岁之后，由于自制力的发展，加上对出路、前途的重视和社会舆论感的增强，她们的行为会有显著的收敛或不敢公开，这是女生品德不良心理的一个表现形式。

教师和家长要关心少女的身心健康和心理需求，善于发现她们身上不易被人注意的性爱心理变化，对于有异常表现的少女，要立即给予特殊的关心和教育。对于已经出现过早性行为的少女，不应歧视、宣扬，要控制其与作风不良的人接触，抑制其不良习惯的形成，适当满足她们合理的物质需要，提高她们的道德认识，使她们形成健康的人生观。

三、品德不良青少年的发展结果

品德不良青少年的发展趋势是社会所关注的问题。我们对所研究的100名品德不良青少年的发展结果做了统计，见表17-4。

表17-4　100名品德不良青少年的发展结果

发展结果	成为罪犯					有所转变表现一致	进步显著成绩突出	其他（病死）
	判死刑	叛国被毙	判刑	畏罪自杀	强劳少管			
人数	1	1	5	2	20	63	7	1
	29							
百分比（%）	29					63	7	1

从表17-4中数据可见，具有不良品德的青少年，并不是都会成为罪犯（成为罪犯的仅占29%），大部分（占70%）有了不同程度的变化，其中7%有显著的进步，成绩突出。

原北京第一工读学校在1955年至1966年招收有劣迹行为的中学生1020名，经过教育后80%的学生能健康成长，有的甚至成为地委级、县（团）级的干部，有的当上了工程师、优秀教师和著名文艺工作者。可见，具有不良品德的青少年并不是不可救药的天性恶劣分子，只要抓紧教育，尤其抓紧成熟前阶段的思想教育，他们是可以改正自己的错误并成为有用的人才的。这说明品德不良青少年的心理具有可塑性的特点，这个特点正是教师和家长教育工作的前提和条件。

品德不良青少年的变化，其因素很多，在教育改造时不可忽视的一条，就是要注意他们的不良道德行为习惯是否已形成。在我们研究的100名品德不良青少年中，已经形成不良习惯的有27人，表17-5说明了这27人的变化情况。

表 17-5　形成不良行为习惯者的发展结果

发展结果	形成不良习惯	成为罪犯	有变化但表现一般	进步显著	其他（病死）
人数	27	22	4	0	1
百分比（%）	100	81.5	14.8	/	3.7

从表 17-5 可以看到，品德不良青少年的变化与是否形成不良道德行为习惯有直接的关系，形成不良行为习惯者发展成罪犯的占绝大多数（82%），而转变的只是少数（15%）。我们的 100 名研究对象中，有 29 个成为罪犯，他们大部分（22 名，占罪犯数的 76%）是形成不良行为习惯者。可见，不良的行为习惯是否形成往往是决定品德不良学生的行为是否继续恶化的重要前提条件。因此，教师和家长对尚未形成不良行为习惯的失足青少年，要采取正面引导以避免他们形成不良品德习惯；对已形成一定恶习的青少年，要立足于拉，创造条件让其不良习惯得不到强化，避免重犯。在对不良行为的干预过程中，通常采取初级预防、次级预防和三级预防方案。初级预防是指降低不良行为的发生概率，这是适用于所有学生群体的预防措施；次级预防指降低那些可能发展为严重问题的不良行为在学生中的流行率，这是有选择地针对个别学生的预防措施；三级预防指减少已经存在的不良行为所产生的负面影响，这是针对那些已经表现出不良行为及严重问题的学生的干预措施。

四、青少年问题行为的隐义

实际上，要想真正全面理解青少年的问题行为，我们也必须考虑到行为的积极面——该行为起什么作用或者该行为能够满足青少年的什么需要。比如，以青少年在学校的休息室里吸烟为例，这是一种普通的问题行为。这一“问题”的消极面是显而易见的：弄得到处是烟雾、违反学校的规章制度等。那它有没有积极面呢？也许在休息室里吸烟能够起到一种作用，那就是张扬自己的独立性。

被成人标定为“异常”或“不当”的那些行为，可能恰恰是有助于青少年适应自己的环境的行为。青少年需要学会更为有效的、恰当的其他方法来应对自己的环境，以便在满足自己的需要时，不要惹上麻烦。青少年的各种冒险行为有其潜在的行为功能，能够反映相应的发展任务，这些行为是由一些可能产生破坏性影响的做法引发的，但又是可以通过有益的替代性措施来抵消的（Siegel & Scovill，2000）。从表 17-6 中我们可以看到一些典型的问题行为所蕴含的种种关系。

表 17-6　青少年问题行为的潜在功能及其他

问题行为或反社会行为	行为的潜在功能（青少年可能追寻的结果）	发展任务	对发展不利的做法	可以促进发展的措施
逃学、不服老师管教	无力在学校内获得成功的挫折感的表现	能力	规模较大的学校；班级内师生比很高；按照能力分组	提供个别化的计划；让拥有各种广泛能力的青少年能够获得成功
“青少年行为”（比如，荒诞的服饰、音乐，污言秽语，违反宵禁）	表明个人状态的一种方式（我多么与众不同、多么重要、多么生气）——寻求他人对自己的个人价值的认可，希望做出独特的贡献	自我认同、自主、个体化	大众传媒把青少年作为一个消费群体所设定的目标；青少年缺乏为家庭和社会做出积极贡献的机会	让青少年参与规矩的制定；让他们参加决策；给他们提供更多的贡献社会的方式；在学校组织各种俱乐部
出格行为（如在学校惹麻烦、打架斗殴、威胁恐吓、偷窃、离家出走）	希望别人能够倾听自己的心声，希望得到理解；引起别人对自己所受不公平对待的注意	自我认同、能力、勤奋	未能倾听青少年的心声；没有让他们参加规矩的制定和决策的过程；“替”青少年做一些事，而不是“和”他们一起做事	提供更为有力的、能够倾听青少年心声的成人角色榜样；教给青少年分辨和表达各种情绪的方法；教给他们谈判技能让他们参与决策过程
吸烟、性行为、喝酒	表现从儿童期向成人期过渡的方式——寻求他人认可，自己是不可小视的，试图为自己建立一个角色	向成人期过渡	对成人和青少年的行为采取双重标准	创建更为规范的标志来确认向成人期的过渡；当成人“食言”时，向青少年认错
暴力行为，犯法、行为障碍	表达对成年人权威的反抗或者愤怒——寻求对没有安全感的环境的控制和把握	信任对不信任，安全需要	未能使青少年摆脱贫穷、儿童虐待、忽视、心理劣势	比较早的儿童期干预最有效，而在青少年期则收效甚微

第四节　非智力因素培养是中学德育的新途径

非智力因素，是指除了智力与能力之外的同智力活动发生交互作用的一切心理因素。它有如下特点：①它是指在智力活动中表现出来的非智力因素，不包括诸如热情、大方、潇洒等与智力活动无关的心理因素；②非智力因素是一个整体，具有一定的结构和功能；③非智力因素与智力因素的影响是相互的，而不是单向的；④非智力因素只有与智力因素一起才能发挥它在智力活动中的作用。非智力因素包括：情感，意志，个性意识倾向性（兴趣、动机、理想、信念等），气质，性格和习惯。所有这些因素我们在前面各章中都已涉及，在坚持“以德为先”的中学教育中，我们可把非智力因素的培养视为德育的一条新途径。

一、品德是非智力因素的核心

德育为一切教育的根本，是教育内容的生命所在；德育工作是整个教育工作的基础。诸育只有以德育为首，才能应运而生，才会有其价值。在德育中，必须坚持健康人格教育。一句话，就是有品德。品德，属于非智力因素，并且决定非智力因素的方向和生机，是非智力因素的核心。品德是一个人或个体的道德面貌。当然，品德不是人格或个性心理结构中的一种简单成分（或因素），而是人格或个性心理的一个特殊表现，它的发展呈现出不同的层次、水平和等级。因为品德是指个人的道德品质，所以不同人的品德存在着很大的差异性或区别性。

用什么指标确定品德的差异性，这在心理学、伦理学和教育学中都是一个薄弱的环节。从道德的本质及品德心理成分出发，品德的差异性主要表现在道德规范、道德范畴和心理结构上。

（一）道德规范

道德规范，主要是道德行为的准则或行为善恶的准则，是对待某一社会关系的行为善恶标准。个体所涉及的社会关系主要是三大类：一是个人和社会整体的关系，即所谓群己关系，包括个人与国家、民族、阶级、政党、社团、集体等的关系；二是个人和他人的关系，又称人己关系，包括朋友、敌我、同志、父母、长幼等之间的关系；三是个人对自己的关系，即自我道德修养的准则，如信心、诚信、谨慎、勤奋、简朴等。

人与人品德的差异首先表现在这三类社会关系上。针对这三类关系必然会产生的各种各样的品德标准可衡量人与人之间品德的区别。

以我国为例，从春秋战国的思想家，到近代的孙中山，都推崇“忠”（对国家、对君主），“孝”（对父母、对长者），“仁”（对人民），“义”（对朋友）的品德要求。1949 年，《中国人民政治协商会议共同纲领》曾把我国的公民必须共同遵循的五种基本道德规范概括为“五爱”：爱祖国、爱人民、爱劳动、爱科学、爱护公共财物。几十年来，我国人民十分重视这“五爱”的品德标准。我国台湾教育家冯定亚女士创立“五心”同心会，提倡把忠心呈给国家、把孝心献给父母、把信心留给自己、把热心传给社会、把爱心送给大家，将“五心”作为每个人品德的标准。2006 年 3 月 4 日，胡锦涛同志提出“社会荣辱观”，把热爱祖国、服务人民、崇尚科学、辛勤劳动、团结互助、诚实守信、遵纪守法、艰苦奋斗作为中国公民新时期品德的标准。2017 年 10 月 18 日，习近平同志，在十九大报告中指出，要培养和践行社会主义核心价值观。富强、民主、文明、和谐、自由、平等、公正、法治，爱国、敬业、诚信、友善，这 24 个字是社会主义核心价值观的基本内容。

（二）道德范畴

道德范畴是反映个人对社会、对他人、对自己的本质的、典型的、一般的道德关系的基本概念。道德范畴受道德规范的制约，又是道德规范发挥作用的必要条件。道德范畴体现一定社会对其成员的道德要求，它们必须作为一种信念促使道德行为的主体自觉地行动。

从古至今，国内外的思想家比较一致地承认的道德范畴有：善恶、义务、良心、荣誉、幸福、节操、正直等。人与人之间的品德差异，从内容上来说，主要表现在道德范畴上。由这些道德范畴就自然地会生成各种不同的品德标准，可用来判别人与人之间品德水平的差异性。

（三）心理结构

如前所述，品德是一个统一的心理结构，既包括道德动机或道德意识倾向性，又包括知、情、意、行的道德心理特征，而这个心理结构表现出品德的差异性。

上述表现品德状态差异性的道德规范、道德范畴和心理结构三个方面不是平行的，而是交互作用的。道德规范制约着道德范畴，但只有属于主体的道德范畴才能使道德规范发挥作用。不管是道德规范还是道德范畴，都是以某种道德心理成分表现出来的。以“正直”为例。它是一种道德范畴，必须以一定的社会道德要求为准则，以对社会（“忠诚” “积极”）、对他人（“守信”“礼貌”）、对自己（“节制”“信心”）的一系列道德规范为基础，又以各种心理成分表现出非智力因素的性格特征：在认知上为“正直”，在情感上为“襟怀坦荡”，在意志上为“持志”，在行为上为“廉洁”，构成“正直”的性格等。这里有德纲、有德目，体现出一个人品德层次的特点。正是这些道德规范、道德范畴和道德心理结构方方面面的特色，才产生人与人之间在“正直”这种品德方面的不同层次的区别性。以上这些差异，在青少年之中都有体现。

二、“精神力量”是非智力因素的机制

我们很难忘记毛泽东同志的一句名言，“人是要有一点精神的”。无论是个人还是

集体，干成一件事情都需要有点精神。从生活境界来说，精神集中品德的精华，是最高的思想境界，体现出一个人和一个群体的道德观、幸福观、苦乐观、荣誉观、是非观，甚至生死观。这就可以回答为什么不同的人对事物有不同的态度，有不同的处世方式，有不同的活法，取得不同的成败，获得不同的社会评价。从心理学的角度上分析，精神是一种心理现象，西方心理学把它看作一个人成功的动力。我认为它更多地属于非智力因素，是形成非智力因素的机制或关键，也是青少年德育工作的关键。

（一）精神的心理学内涵

从心理学的视野出发，所谓精神，是指个体或群体在长期的实践中积淀起来的，并在心理和行为中体现出来的心理定式和心理特征。其核心内容和具体表现形式是个体或群体的内在风气、风尚或作风。

良好的精神是一种潜在的心理力量，它是某个个体或一个群体在社会上普遍认可、接受和推崇的风格、习惯、准则。一方面，它体现社会规范形式；另一方面，它又以价值观人格化的形式存在于某个体身上，体现在一个群体的全体成员的个性心理特征上。个体或群体一旦形成一种精神，便可以振奋人的情绪，激励人的意志，调节人的心理，规范人的行为，使道德面貌、个性特征、社会化进程、非智力因素等，从思想上、态度上、风格上、行为作风上都呈现良性循环。因此，在中学教育中强调精神力量的培养非常必要。

不论是个体还是群体，其良好的精神内容主要包括：爱国、爱民、爱家、爱群体的理想观；开拓进取、创造革新的能力观；勤奋、刻苦、严谨、求实的人格观；团结合作、友爱互携的人际观；遵纪守法、文明待人的道德观；民主意识、学术自由的思维观等。

总之，尽管不同国家、不同历史时期、不同文化背景的目标要求有所不同，但是作为一种精神心理素质的要求，精神的心理内涵大体是一致的，并表现在形形色色的行为中。

（二）精神的心理特点和功能

精神作为某个体或群体精神心理生活的存在方式，作为意识对物质的能动作用，对社会道德的发展、对非智力因素的形成具有重要作用。

一般来说，精神或精神生活具有以下几个特点：一是同一性，它是指一个个体或群体对社会的认同与要求具有一致性；二是层次性，它是指在同一水平上的多样性；三是效应性，精神作为某个体或一个群体全体成员的价值观和信念，表现出认同、支持和约束力；四是个别性，不同个体或群体的精神存在着差异，这种差异不但表现在具体表述上，而且表现在性质和发展方向上。这是其个性心理特征的体现。

精神是一种力量，具有驱动功能。精神可以振奋人的情绪、激励人的意志，成为个体或群体心理和行为的驱动力；精神具有凝聚功能，使个体心向社会，使群体中每个成员的力量都凝聚在一起，从而产生一种强大的向心力；精神具有熏陶功能，一个个体或群体一旦形成优良的精神，就会对生活和工作在周边或其中的人群产生潜移默化的影响；精神具有规范功能，对个体来说，精神一旦树立，就是一种社会规范的典范，优良的群体精神一旦树立，就成为一股巨大的心理力量，当个体表现出符合群体规范、符合群体期待的行为时，群体就给予肯定和强化，以支持其行为，从而使其行为进一步定型化，积极地按群体精神的要求去做，自觉地维护群体规范。

（三）精神增进非智力因素的效能

如上所述，尽管“精神”的概念涉及思想、政治和道德的成分，但在一定程度上，它是心理现象，有着一系列的心理特点。它属于非智力因素，又是一种特殊的非智力因素，其特殊性在于增进非智力因素的效能，即促进非智力因素在中学德育中的各种作用。

我国历代学者都强调振奋人的精神的重要性，强调将志向的苦修、情操的陶冶、意志的锻炼等修炼作为取得成就的条件，我们在第十三章（青少年的情感）、第十四章（青少年的意志）中都已提到。不论是个体还是群体是否有成就，除去客观条件之外，主要取决于精神修炼。如果说，这种成就来自非智力因素对智力因素的作用，那么，增进这种作用效能的正是其精神的力量。因为唤起、调节和强化各种非智力因素或非认知因素作用的还有一种内在的力量，它起到定向、选择和驱动的功能，这个内在的力量就是个体或群体的精神力量。因此，我把精神力量视为比非智力因素更深层的因素和主观能动的因素。

个体与群体的精神力量都能增进非智力因素的效能，然而在其形成的心理机制上，却有个体和群体的区别。个体精神力量的心理机制不能排除客观条件的影响，但主要是通过自我修养以形成良好的风尚和习惯；而群体精神力量却是通过感染、模仿、暗示、从众、认同等心理机制，使群体成员在不知不觉中接受影响，引起个体心理和行为的变化，以求与群体精神趋于一致，达到个体心理风格与群体心理定式的融合。

（四）深化非智力因素会显示精神面貌

精神力量增进非智力因素的效能，反过来，深化非智力因素，也会显示出某个个体或群体的精神面貌。

精神力量的修炼，目的是砥砺人品，以获取成就。因此，不仅要培养非智力因素，而且要揭示非智力因素的更深层的精神因素，只有这样，青少年才能具有健康的情操、顽强的意志、积极的兴趣、正确的动机、崇高的理想、坚忍的性格、良好的习惯。

在显示青少年的精神面貌时，我们必须强调艰苦奋斗的精神。艰苦奋斗是人的性格乃至人格的高尚而深刻的品质，其心理学特征有以下四个。

一是具有良好的适应性，能适应处境艰危的环境，做到遇挫折不折、越挫越勇，积极地寻找挫折与机遇的平衡。

二是具有能动性，能在艰难困苦的现实中预见未来，反映出这种品质的目的性、计划性和操作性，反映出主体的胆识和远见卓识，使其成为现实世界中的积极活动者。

三是具有稳定性，能坚持“铁杵磨成细针”的操作方式，长期艰苦努力，不避艰险。艰苦奋斗不是一种短暂行为，而是一种稳定的品质。

四是具有迁移性，能发挥内在的迁移作用，青少年生活上的艰苦奋斗可以转化为学习上的踏实勤奋，反之，在学习上艰苦奋斗也可以接受生活上的艰辛。

深化非智力因素的性格，即加强艰苦奋斗的训导，应成为青少年精神生活的重要内容之一。它不仅在德育活动中显现出百折不挠获取成就的力量，而且能够振奋人心、振兴民族，所以它成为中华民族的传统美德，是中华文化的精华。

三、如何把“非智力因素的培养”作为德育的途径

在德育工作中，我们经常提倡要培养青少年健康的情操、顽强的意志、积极的兴趣、正确的动机、崇高的理想、坚忍的性格、良好的习惯，培养学生的非智力因素就是青少年德育工作的一个环节，也就是说，这些非智力因素已构成德育的不可忽视的成分。

与此同时，情感、意志、兴趣、动机、理想、性格和习惯等非智力因素属于人格因素或个性心理结构的成分，在其价值取向上必然以个性心理的特殊表现——品德为主导。因此，非智力因素与品德因素相互影响，非智力因素的培养则成为德育的新途径。

（一）培养非智力因素，其实质就是培养人的高尚人格

现在我们讲的非智力因素主要是指人格的品行特征，本节开头部分已经涉及非智力因素与人格的关系，因此这里不再赘述。

（二）要培养非智力因素，我们就要掌握非智力因素概念的性质

“非智力因素”是一个中性的心理学概念。这个概念说明人格特征和品德表现包含着水平、等级和品质的差异。所谓培养，无非是为发展变化奠定基础。目前教育界有人担心，非智力因素有好多因素，每一种因素有着不同的性质，有的还有品德好坏之分，提出“培养非智力因素”岂不是好坏不分了吗？其实，这种担心是没有必要的。几乎每一种非智力因素都有一个水平、等级和品质问题，非智力因素的培养意味着提高、发展和矫正，即发展其良好品质的成分，矫正其不良品质的因素。作为中性的心理学概念的非智力因素，它的培养就是强调品德、人格的“扬长避短”。

要培养青少年的非智力因素，应重视从整体性出发。从理论上来说，培养非智力因素，不仅仅是为了培养、提高智力，更是一种德育的新途径；从整体观来看，

在智力活动和德育培养中，各种非智力因素的不同组合都可能对其产生作用，也可能会因某一影响因素而产生不同的作用。因此，我们对各种非智力因素都要予以重视，且要从整体性出发加以培养。

（三）具体措施

我们课题组在20世纪80年代末，曾经和北京通县[①]六中一起为改变其面貌做了一些努力，成为我们课题组一个突出的“培养非智力因素，改变基础薄弱校”的例子，它是我最满意的成果之一。北京通县第一、第二和第六中学三所学校，1986年招收的新生，入学考试的最低成绩分别为193分、180分和121.5分（满分为200分）；智商测定分别为114.5分、104.8分和87.79分（正常智商为90～110分）。我们的实验点——通县六中主要狠抓学生的非智力因素的培养，经过3年的努力，1989年，在初中毕业升高中的中考中名列全县46所中学的第二名，仅次于通县一中。智商不满90分的学生挤入了智商超过110分的学生的行列，做到了学生的品德大幅度进步、学习能力明显提高、学习成绩极大提升。1994年，通县六中被评为北京市中学“特色校”。这里我们不难看出在中学阶段，从非智力因素入手来培养学生的品德、能力和提高教育质量的重要性。

另一个典型的例子是我的弟子寇彧教授的研究，她带领研究团队在北京市部分中小学历经十余年开展“学生亲社会行为促进”的研究。她设置了涉及自我与他人、自我与群体的多维度的亲社会行为培养课程，共包括“认识自我”“提高情绪胜任力”“澄清价值观”“学会人际交往”“学会解决同伴冲突”“学会感恩”“形成良好的人际关系”“促进发展观”八个主题，在中小学校的教育、培养和训练中结果显著。[②③④] 这八个主题的课程，实际上也是从非智力因素入手，以培养学生的健全人格为目标来促进学生的品德发展。

上述经验显示，要培养青少年的非智力因素，须尽量对具体的非智力因素做出具体而谨慎的分析。我们自己从事的教改实验，主要抓住四个方面，即发展兴趣、顾及气质、锻炼性格、养成习惯，且把这四个方面融于日常的社会生活之中，帮助学生处理好自我与他人的关系、个人与群体的关系、成员与社会的关系，以践行“以德为先、能力为重、全面发展”的办学理念。

---

① 现北京通州区。

② 可参考寇彧在《中国教师》上发表的系列文章：《中小学感恩教育的实践与思考》（2012年6月下半月刊，9～14页）；《中小学生同伴冲突解决技能的培养》（2012年7月下半月刊，51～55页）；《中小学生发展观教育的实践与思考》（2012年8月下半月刊，5～9页）；《中小学生情绪胜任力干预的实践与思考》（2012年9月下半月刊，51～55页）；《通过同伴关系的改善来促进青少年的亲社会行为》（2012年10月下半月刊，42～47页）。

③ 寇彧，倪霞玲，徐华女等：《小学中高年级儿童情绪理解力的特点研究》，载《心理科学》，2006，29（4）。

④ 王磊，谭晨，寇彧：《同伴冲突解决的干预训练对小学儿童合作的影响》，载《心理发展与教育》，2005，21（4）。

第四编　全面发展

德育为先、能力为重、全面发展是中学教育的三个密不可分的主题词。这里首先涉及品德发展，影响中学生品德发展的因素很多，互联网在中学生品德形成中成为一把“双刃剑”；心理健康教育成为德育的一个重要途径，人际关系问题是中学生首要的心理问题，更有意义的是，注重青少年的积极发展以及建构学生的核心素养，构成了本编的主要内容——研究中学生的人际关系、上网心理、心理健康与心理卫生、积极发展与核心素养的落实。

第十八章
青少年的人际关系

个体的发展是根植于人际关系的。依据性质的不同，心理学家哈塔普(W. Hartup)区分出了两种人际关系：垂直关系和水平关系。垂直关系是指那些比青少年拥有更多知识和更大权力的成人(主要是父母和教师)与青少年形成的一种关系。这种关系能为青少年提供安全和保护，也可以使青少年学习知识和技能。水平关系是指青少年与那些和他具有相同社会权利的同伴形成的一种关系。几十年来，我一直在追求“对上敬、对下亲、对人和、对事真”的人际关系。中学阶段，青少年的同伴关系、亲子关系和师生关系构成了个体发展的最直接、最重要的人际背景，我希望这种人际背景呈现一片和谐的情境。这些人际关系各具特点，对个体的全面发展起着重要作用。

第一节　青少年的亲子关系

我一次又一次地倡导青少年的孝道。这里要涉及亲子关系问题。亲子关系泛指父母与子女间的关系。亲子冲突和亲子亲合是衡量亲子关系的两个重要维度。亲子冲突是指青少年与父母之间公开的行为对抗或对立，常表现为争吵、分歧、争论，甚至身体冲突等。亲子亲合主要指父母与子女之间亲密的情感联结，包括亲子间的依赖、亲密感、信任与沟通等。它既可以表现于积极的互动行为中，又可以表现在父母与子女心理上对彼此的亲密感受上。

一、青少年亲子关系的特点

亲子亲合与亲子冲突并非是完全对立的。无论在哪一发展阶段，子女与父母的关系经常是冲突与亲合并存的。

（一）青少年与父母的亲子亲合

对亲子关系的研究，人们以前多将重点放在亲子冲突上，可能是因为在中学阶段，亲子冲突是亲子关系最突出的表现。但同样不可忽视的是，无论在哪一发展阶段，个体始终与家庭保持着千丝万缕的联系，子女同父母之间保留着强烈的亲情，因而亲子亲合始终都是亲子关系的一个重要方面。

国外研究表明，亲子关系在中学阶段处于不稳定状态，这除了表现为亲子冲突的增多，还表现为亲子亲合程度的降低。如图 18-1 所示，从七年级到高二这一时期，亲子亲合略有下降趋势；但总体上，青少年仍与父母保持着较高水平的亲子亲合，且与亲子冲突相比，青少年与父母之间的亲合程度发展较为稳定。这也表明了亲子冲突与亲合的相对独立性。亲子冲突的发生更具冲动性和情绪性，而亲子亲合是在长期的互动基础上逐渐发展起来的。

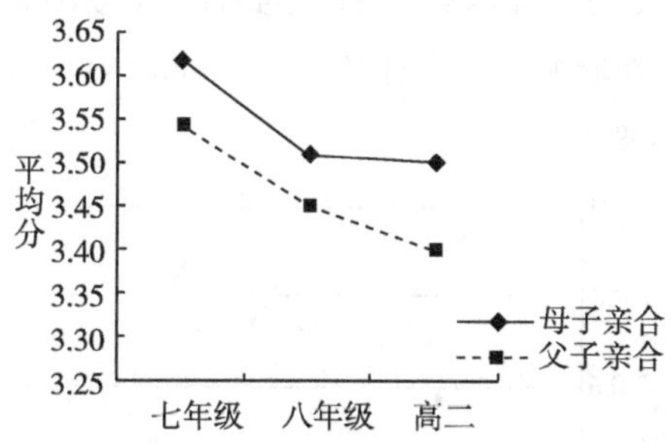

图 18-1　中学生亲子亲合的年级比较

结合对亲子冲突与亲子亲合的研究结论，我们可以发现，青少年与父母（特别是母亲）的关系以高亲密性和高冲突性为主要特征。

（二）青少年与父母的亲子冲突

在亲密的人际关系中，冲突是不可避免、普遍存在的，在家庭关系中尤其如此。王美萍和张文新对初高中生的研究[①]表明：59.2%的中学生一个月内与母亲发生过 1～5 次冲突，20%的发生过 6～10 次冲突，2.8%的发生过 11 次以上的冲突；57.3%的中学生一个月内与父亲发生过 1～5 次冲突，11.7%的发生过 6～10 次冲突，1.5%的发生过 11 次以上的冲突。

中学阶段亲子冲突的内容主要涉及日常事务。有关欧美家庭的研究表明，亲子冲突的发生主要与家庭生活中的日常事件有关，如做家务、选择衣服、交朋友、参加活动和做家庭作业等，而很少是由宗教、政治、性与吸毒等问题引起的。近几年来有关我国青少年的研究也得出了类似的结论。我的弟子方晓义和董奇二位教授的研究[②]进一步表明，按从多到少排列，青少年与母亲发生冲突的顺序依次为：日常生活安排、学业、家务、外表、钱、家庭关系、朋友和隐私；与父亲发生冲突的顺序依次为：日常生活安排、学业、家务、钱、家庭关系、外表、朋友和隐私。

综合起来看，亲子之间一旦发生冲突，其焦点可能集中在五个方面（Laursen, 1995）。

（1）社会生活和习俗。比如，朋友或恋人的选择，外出可以到什么地方，可以参加什么类型的活动，晚上回家的时间，谈恋爱，衣服和发型的选择等。

（2）责任感。在青少年显得不负责任时，父母是最为恼火的。父母希望孩子在

① 王美萍，张文新：《青少年期亲子冲突与亲子亲合的发展特征》，载《心理科学》，2007，30（5）。

② 方晓义，董奇：《初中一、二年级学生的亲子冲突》，载《心理科学》，1998，21（2）。

以下方面负起责任：做家务，挣钱和花钱，注意自己的财物、衣服和房间，打电话，为外人做事，家庭财产的使用（家具、工具、器材等）。

(3) 学校。青少年的学习成绩、在学校的行为以及对学校的态度，都会引起父母的很多注意。

(4) 家庭关系。比如，不成熟的行为，对父母的一般态度和尊重水平，和兄弟姐妹吵架，与亲戚的关系，特别是在家里与老年祖父母的关系，顾家的程度或从家里要求自主的多少。

(5) 价值观和道德。比如，酗酒，抽烟，语言和言语，基本的诚实，性行为，遵守法律、少惹麻烦等。父母特别担心青少年的性行为。

青少年亲子冲突在形式上多为言语冲突和情绪冲突，身体冲突较少发生。这种亲子冲突的激烈性也主要表现在双方的情绪上。王美萍和张文新的研究表明，42.5%的青少年在与母亲发生冲突时感觉“有些不平静”，11.7%的感觉“较为气愤”和“很气愤”；44.6%的青少年与父亲发生冲突时感觉“有些不平静”，12.9%的感觉“较为气愤”和“很气愤”。就亲子冲突的发展模式而言，王美萍和张文新认为亲子冲突在青少年早期呈上升趋势，但从青少年中期开始下降，即呈倒U形的发展趋势。正如图18-2所揭示的：从七年级至九年级中学生与母亲的冲突次数和强度均大致呈上升趋势，九年级后又略呈下降趋势；而青少年与父亲的冲突发展均较稳定。至于具体生活领域的冲突（做家务、选择衣服、交朋友等），该研究并未发现明显的、可靠的年龄差异模式。

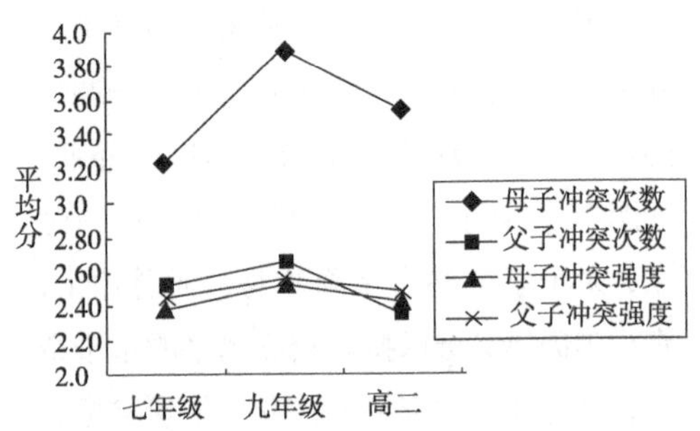

图18-2　中学生亲子冲突次数与强度的年级比较

一项纵向研究通过8年的追踪，分析5种场合下美国母亲和儿子之间的交往录影，结果显示从儿童中期到青少年期冲突是在增加的（见图18-3）（Granic et al., 2003）。

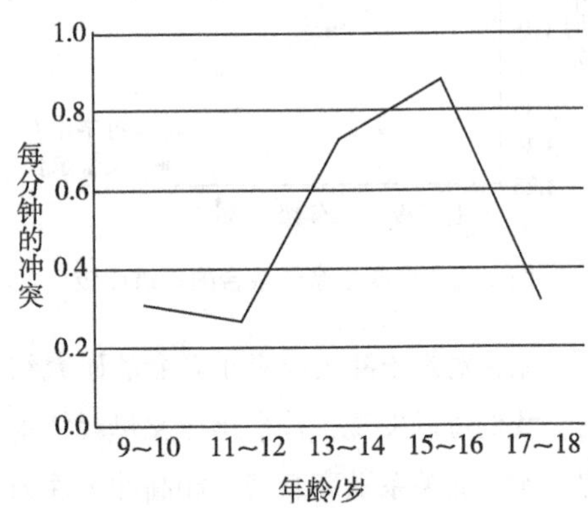

图18-3　青少年期的亲子冲突

大多数青少年亲子冲突发生在母亲与子女之间。这可能有三个方面的原因。

第一，一般而言，母亲更多地参与子女的日常生活管理，这种较多的日常接触增加了母亲与子女发生冲突的可能性。

第二，父母在家庭中的地位不同。父亲在家中处于比母亲更权威的地位，这种权威上的差异可能导致子女更多地向权威地位弱的母亲挑战。

第三，与父母发生冲突可能带来不同的后果。与父亲发生冲突可能带来诸如遭到训斥或挨打等严重后果；而与母亲发生冲突时，母亲比父亲更可能做出妥协或让步。对这些后果的体验和认识可能减少子女与父亲发生冲突的可能性。

另外，方晓义和张文新的这两项研究还发现，男、女青少年的亲子冲突经历的差异主要表现为，男生与父母发生冲突的次数更多、强度更大。造成这种差异的原因可能是我国文化更强调女孩应具有内向、文静的性格特点，她们即使有不同的观点也不太爱公开表达，这减少了女生与父母发生冲突的可能性；而社会期望男生独立自主，这增加了他们与父母发生冲突的可能性。

（三）亲子间的交互社会化

很多年以来，青少年的社会化都被看成一种简单的单向教化的过程。其基本的理念是，儿童和青少年必须接受训练以适应社会，所以，他们就必须形成相应的行为。然而，社会化并不仅仅是塑造儿童和青少年使之成为成熟的成人。儿童和青少年并不像是黏土上没有生命的斑点，可以由雕塑家把它磨光。交互社会化的过程是儿童和青少年使父母社会化的过程，就像父母使他们社会化一样，或称作亲子间的相互影响或双向影响（Willoughby & Hamza，2011）。

对家庭成员相互交往的复杂方式的理解，可以通过家庭系统观（family systems approach），即要理解家庭的功能，就必须理解家庭内部的每种关系如何影响整个家庭（Goldenberg & Goldenberg，2005）。家庭系统由许多子系统组成。例如，在一个由父母双亲和处于青少年期的孩子组成的家庭中，子系统就是母亲和青少年、父亲和青少年以及父亲和母亲组成的子系统。在非独生子女家庭或家庭关系密切的几代同堂的大家庭中，家庭系统有更为复杂的子系统网络，包括二元关系（两个人之间的关系），也包括三人或三人以上各种可能的组合。

在家庭系统中，婚姻关系、养育方式及青少年的行为都可能会对彼此产生直接的和间接的影响。比如，父母的行为对青少年产生的影响是直接的影响，在夫妻关系中一方会采用什么样的方式对待另一方对青少年所产生的影响则是间接影响（Emery & Tuer，1993）。婚姻冲突可能会减弱养育方式的效能，在这种情况下，婚姻冲突会对青少年的行为产生间接的影响。

在家庭中，个体之间的交互作用是可能变化的，这有赖于是谁在场。在一项调查中，研究者对44名青少年分别与母亲、父亲在一起时（二元系统），以及父母都在场时（三元系统）的情形进行了观察（Gjerde，1986）。结果发现，父亲在场会改善母子关系，但是母亲在场却会削减父子关系的质量。这可能是因为父亲通过控制青少年而减轻了母亲的紧张，母亲在场可能减少了父子之间的交互作用，不过这在很多情况下可能并不严重。一项调查发现，儿子在二元情境中针对母亲的负面行为比针对父亲的多。然而，在三元关系中，父亲可能会通过对儿子负面行为的控制而拯救母亲。

二、青少年期亲子关系的影响因素

亲子关系的双方是相互影响的。除了父母的品行影响子女的发展之外，父母对子女的教育方式依赖于子女的特点。正如心理学家贝尔（R. Bell）所指出的[①]，儿童的气质特点决定了他以后的攻击性或顺从性，父母就是根据儿童的特点来调整其教育方式的。与此同时，我们必须考虑亲子双方的影响。特别是在中学阶段，父母对子女的抚养只是亲子关系的一个方面，子女自身的行为特征、认知水平等方面的剧烈变化也对亲子关系起着重要作用。

对亲子关系的影响因素及其后果，要具体问题具体分析。

（一）青少年独立性的发展与亲子关系的变化

随着青春期的开始，青少年的认知水平不断提高，他们不再把父母的观点看作唯一正确的，因此青少年不再一味地服从父母的各种命令，他们对父母的建议和要求提出质疑和反对，认为自己在某些事情上知道的与父母一样多甚至超过父母。这必然导致亲子间冲突的增多和亲合程度的降低。

这一时期，青少年自主性的发展也影响着亲子关系。自主性的发展也意味着青少年要对自己所做的事情和自己的角色担负起越来越多的责任，而不是将其移交给影响和保护他们成长的那些人。随着青少年的自主要求和独立意识的迅速增强，他们对父母在其日常生活中的权威的接受性越来越低，同时他们也变得更加敢于公开反对父母的意见，对与父母公开发生分歧持更为赞同的态度。父母则对孩子这种企图脱离自己控制的做法感到不安，他们认为十几岁的孩子在适应青春期的变化时会遇到困难，所以希望孩子多听取自己的意见。这样，子女与父母间的相互期望变得不一致，出现期望背离现象，亲子间常常因此发生冲突。

有研究者指出，青少年的自主不是在各种行为中一致表现出来的单一个性维度（Hill & Holmbeck，1986）。比如，在一项调查中，中学生被问及25个与从家庭中独立有关的问题（Psathas，1957）。研究者通过分析，提出了青少年自主的四个典型模式。其一被称为“户外活动的容忍度”，如问“你必须向父母解释你的钱是怎么花的吗”；其二是“年龄相关活动的容忍度”，如问“你父母帮你买衣服吗”；其三是“父母对意见的尊重”，如“在家里讨论问题时，你父母鼓励你发表自己的意见吗”；其

① Bell，R. Q.，“Reaserch Strategies，” in Bell，R. Q.，& Harper，L. V.，Eds.，*Child Effects on Edults*，Hillsdale，N. J.，Erlbaum，1977.

四是“有身份地位含义的活动”，如父母对你职业选择的影响。

（二）亲子关系因父母教养方式的不同而存在差异

一项对七年级、八年级、高中二年级学生的研究[①]证明了这一点。研究发现，权威型与溺爱型教养方式下的青少年与父母有最高的亲合性，专制型次之，忽视型教养方式下的青少年与父母的关系最淡漠；但该研究未发现父母教养方式对亲子冲突有显著影响。

家庭是一个完整的系统，因而亲子关系不仅受双方特点的影响，还受到父母间夫妻关系的影响。邹泓的一项研究[②]表明，父母间的亲密与亲子依恋正相关，与亲子冲突负相关；父母间的冲突与亲子依恋负相关，与亲子冲突正相关。这说明父母间低质量的夫妻关系会对亲子关系产生消极影响。该研究还进一步发现，在父母冲突较多的家庭中，有将近一半的家庭亲子冲突也较多。这可能是因为父母间的不和谐容易使青少年产生残缺感、敌意等心理特征，削弱了青少年对家庭和父母的认同，进而对亲子关系产生消极影响。

父母离异会影响亲子关系。在父母离异的前期及离异过程中，父母间的冲突水平很高，这必然会对亲子关系造成消极影响。在父母离异后，非抚养家长与子女的接触时间减少，这也在一定程度上对亲子关系造成消极影响。离异单亲家庭的青少年需要或渴望他们父母的友善和亲近，如果能满足这个要求，则有助于减少他们的亲子冲突。

三、亲子关系在青少年发展中的作用

积极的亲子关系、高水平的亲子亲合能促进青少年的积极适应，但亲子冲突对青少年的发展并非是单一性质的。

（一）亲子关系的作用

一方面，亲子冲突是构成青少年心理压力的重要来源，因而亲子冲突对青少年的发展有其消极的一面。西方的研究表明，亲子冲突会导致青少年的各种问题行为，如离家出走、辍学、药物滥用、网络成瘾、青少年犯罪等。方晓义的一项研究[③]进一步指出，亲子冲突对青少年的不利影响还与其知觉到的父母冲突程度有关：当青少年知觉到的父母冲突多于母亲知觉到的父母冲突时，青少年表现的问题行为最多；当青少年知觉到的父母冲突少于母亲知觉

① 王美萍：《父母教养方式、青少年的父母权威观/行为自主期望与亲子关系研究》，硕士学位论文，山东师范大学，2001。

② 邹泓，李晓巍，张文娟：《青少年家庭人际关系的特点及其对社会适应的作用机制》，载《心理科学》，2010，33(5)。

③ 方晓义，张锦涛，徐洁等：《青少年和母亲知觉的差异及其与青少年问题行为的关系》，载《心理科学》，2004，27(1)。

到的父母冲突时，青少年表现的问题行为居中；当青少年与母亲知觉到的父母冲突一致时，青少年表现的问题行为是最少的。

另一方面，亲子冲突对个体的影响也可能有其积极的一面。青少年早期亲子冲突的增长是亲子逐渐获得同等交往地位的一种手段。亲子冲突能刺激父母和青少年去更改或重新建构对彼此的期望，因而能对青少年和父母间关系的协调、双方各自特征和需要的改变起很大作用。在冲突和冲突的解决过程中，父母能逐渐给予子女更大的自主性和尊重。另外，通过合理解决亲子冲突，青少年也能逐渐获得未来人际交往中必需的一些社交技能。

（二）亲子关系的作用机制

既然良好的亲子关系能促进个体的发展和积极适应，那么亲子关系通过哪些心理机制对青少年发生作用呢？这主要有三个方面的影响机制：态度改变、观察与模仿、认同作用。

态度改变是指父母直接向孩子传授行为规范，并采用种种方法改变孩子的态度，使其接受这些行为规范。所采用的奖励和惩罚使青少年做出某一行为，甚至能使青少年获得不需要父母监督的新的道德标准和信念。

对父母行为的观察与模仿是青少年社会化的主要途径。在社会情境中，青少年直接观察别人的行为就能获得并模仿出一连串新的行为，也就受到了替代强化。青少年模仿父母的行为、态度，可以维持来自父母的情感和奖惩，也能获得对周围环境的适应。

认同作用是指个体认为自己相似于另一个人，并且有意识或无意识地发现以那个人的方式行动能给自己带来满足。认同作用是青少年对其与父母具有相似性的一种信念和增加这种相似性的意向，而不只是单独的模仿。认同作用的前提是青少年对榜样所具有的目标状态的愿望，主要是对掌握感和爱的愿望；然后，这种愿望又导致了要具备榜样的特征的愿望，只要在特征上与榜样相似，就能达到愿望的目标。

亲子关系是父母与子女共同建立的，所以要建立良好的亲子关系需要父母与子女的共同努力。但亲子关系具有不对称的特点，父母在亲子关系中处于主导和权威地位，且青少年的认知水平和自我调节能力尚不完善，所以在亲子交往中父母应承担更多的责任和主动性。因此，父母应采用良好的教养方式，营造良好的家庭氛围，保持良好的亲子沟通。

第二节　青少年的同伴关系

同伴关系是指年龄相同或相近的个体之间在交往过程中建立和发展起来的一种人际关系。同伴构成了个体发展的重要发展背景和社会化动因，个体正是在同伴群体中获得了一系列的技能、态度及行为。我倡导青少年的同伴关系是一种团结协作的关系、相互接纳的关系、彼此合作的关系。在中学阶段，如第一章所述的“闭锁性”特点，青少年开始疏远成年人而热衷于与同伴交往，对同伴倾注了更多的情感与期望。相对于其他时期，青少年与同伴的互动变得更为频繁、持久，同伴关系也变得更为复杂。因此，这一时期的同伴关系对个体的发展和适应具有不可替代的独特作用。同伴关系是一个多层次、多侧面、多水平的网络结构，同伴接纳和友谊是同伴关系中两个重要的层面。

一、青少年的同伴接纳状况

同伴接纳是指群体对个体的喜欢程度，是群体对个体的态度。同伴接纳一般通过社会计量法来测量，即要求青少年列出三位班内最喜欢或最不喜欢的同伴。研究者据此方法确定出了五种不同的同伴接纳类型，分别是：受欢迎者，即被大多数同伴喜欢，这些青少年一般具有较高水平的亲社会行为或领导能力；被拒绝者，即被大多数同伴回避甚至厌恶，这些青少年一般具有高水平的攻击行为或社交退缩倾向；矛盾者，既被某些同伴喜欢，同时又被其他一些同伴回避甚至厌恶；被忽视者，既不被同伴喜欢，同时又不被同伴回避甚至厌恶；一般青少年，被同伴接纳的情况处于一般程度。

一般而言，在一个班集体里，一般的中学生约占 55%，受欢迎的与被拒绝的中学生各约占 15%。从发展的角度来看，同伴接纳呈中等程度的稳定性。在受欢迎的和被拒绝的中学生中，约 50%的个体的社交地位在一年后仍保持稳定；矛盾的和被忽视的中学生的身份稳定性则较低，随年龄的增长，他们总会被部分同伴接纳。

青少年一直不受欢迎会对其产生很多负面影响。总的来说，不受欢迎与抑郁、行为问题、学习问题有关（Gorman et al.，2011）。被拒绝的青少年往往比被忽视的青少年存在更多的问题（Bierman，2004）。对于被拒绝的青少年来说，攻击性往往是他们拒绝他人以及自身出现其他问题的根本原因（Prinstein & LaGreca，2004）。最终，他们会与其他有攻击性的青少年成为朋友，而且与攻击相关的问题出现的概率更高，如他们更容易与同伴、老师和父母出现冲突（Bierman，2004）。他们比其他同伴更容易辍学（Zettergren，2003）。被忽视的儿童在青少年期经常会有不同的问题，如低自尊、孤独、抑郁和酗酒。社交地位也对社交焦虑水平有影响，被拒绝的青少年比受欢迎的和一般的青少年体验到更高的社交焦虑，他们更担心来自别人的否定评价，这种焦虑主要是“指向外部的”；被忽视的青少年的焦虑表现是社交回避与苦恼，这种焦虑主要是“指向内部的”（辛自强，池丽萍，刘丙元，2004）。

与被忽视的青少年相比，被拒绝的青少年往往会在未来的生活中遇到更为严重的适应问题（Dishion & Spracklen，1996）。比如，一项研究对 112 名五年级的男孩进行了 7 年的评估，直至中学毕业（Kupersmidt & Coie，1990）。在预测被拒绝的孩子在青少年期是否会出现犯罪行为或者辍学时，最关键的因素是他们在小学时是否有针对同伴的攻击性。

当然，并非所有被拒绝的青少年都有攻击性（Coie，1999）。尽管被拒绝的青少年一半以上是由攻击性及其相关的冲动性和破坏性等特征决定的，但是10%～20%被拒绝的青少年却是害羞的（Cillessen, et al.，1992）。同伴拒绝可以显著反向预测青少年学生的学业成绩，且这种预测作用不存在显著的性别差异。

二、青少年的友谊关系

在第十三章中，我们已经提到了青少年交朋友的数量几乎是一辈子里最多的，因而，必须重视教育青少年建立良好的友谊关系，这就需要对青少年友谊关系的特点有所认识。在这里，我们将从人际关系的角度论述青少年的友谊关系。综合起来，青少年的友谊关系有下面几个特点。

（1）青少年与小学儿童的友谊关系有所不同。一是小学阶段的友谊关系较少，也不够稳定；到了中学阶段，大多数青少年具有至少一位同性朋友并建立起较稳定的友谊关系。二是青少年与小学儿童的友谊建立在不同的关系基础上。在小学阶段，儿童的友谊主要建立在共同的活动和共同的兴趣的基础上，一般还不那么稳固；青少年的友谊则建立在一定的共同心理的基础上，青少年的友谊逐渐深刻、稳固，具有一定的选择性，他们选择兴趣、爱好、性格、信念相同的人做朋友。由于青少年自我意识的发展及“闭锁性”的特点，他们关心彼此的内心世界，倾诉内心的秘密。调查资料表明，在500名一般的青少年中间，遇到问题时，有19.5%的被试宁肯“向朋友倾吐”，也不愿意和父母商量。因此，青少年往往把互相真诚、坦白、亲密当成友谊的宗旨。

（2）青少年的朋友大多数是相同或相似年龄的同性别的同学。我们曾采用“人际关系量表”对11743名七年级至高三学生，从异性关系、同性关系、父母关系、教师关系和陌生人关系五个方面进行了测查[①]，发现：中学生与同伴交往的水平较高，与异性同伴的关系要好于与同性同伴的关系；中学生与成人交往的水平较低，与陌生成人的关系要好于与父母和教师的关系；八年级到九年级的女生与异性同伴交往的水平迅速提高，九年级后保持稳定；八年级到高一的男生与异性同伴交往的水平迅速提高，高二后保持稳定；九年级到高一的中学生与同性伙伴交往的水平明显提升；七年级到八年级的中学生与父母和教师交往的水平显著下降，高中生与父母的关系有所改善，但与教师的关系一直处于较低的水平上。

友谊的另一个显著特征是，从儿童期到青少年期，朋友一般都是相似的，包括年龄、性别、种族和很多其他的因素（Popp et al.，2008）。比如，如果朋友之间对学习有不同的态度，一人坚持要做完

① 沃建中，林崇德，马红中等：《中学生人际关系发展特点的研究》，载《心理发展与教育》，2001（3）。

作业，另一人坚持要去打篮球，那么这种冲突就可能会减弱他们的友谊，就可能以分道扬镳收场。

我的弟子周宗奎教授曾考查了我国586名初中生的互选友伴情况（见表18-1），说明初中阶段不仅存在大量的同性友谊关系，而且出现了一些较稳定的异性友谊关系。①

表18-1 586名初中生的友伴基本信息分布

年级	性别组合（对）			小计
	男—男友伴	女—女友伴	异性友伴	
七年级	196（14）	190（19）	76（3）	462（36）
八年级	179（17）	284（34）	52（2）	515（53）
九年级	225（12）	184（28）	98（1）	507（41）
总计	600（43）	658（81）	226（6）	1484（130）

（注：每人最多可提名12名朋友；括号外数字是互选友伴数，括号内数字是首次互选友伴数。）

(3) 青少年对友谊关系的认知或友谊观发生了重要变化。小学生对友谊的认知具有很强的主观性，如他们会认为“谁要是没有朋友就会被人瞧不起”，因而小学阶段的友谊认知显得机械、呆板。但从中学阶段开始，青少年对友谊关系的认知越来越客观。青少年能明确意识到朋友双方在心理上的联系，认为朋友之间需要的是相互理解与支持，能把自己放在别人的位置上，开始持一种“双方”的观点。我的弟子邹泓教授的研究表明，初中生认为友谊包括朋友间的关心与帮助、重情轻利、信任与尊重、兴趣相投四个方面。② 从图18-4可以看出，关心与帮助、信任与尊重是青少年最看重的友谊特征，因为他们在新的学校环境中更需要朋友在这两方面的支持；而兴趣相投的重要性相对降低，青少年的友谊关系不再像小学生那样以共同的活动和爱好为基础，而是更多地涉及友谊双方的心理需求。

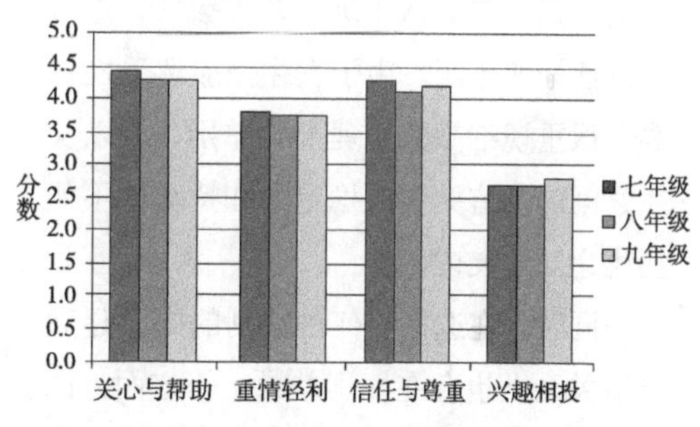

图18-4 初中生的友谊认知状况

从中学阶段开始，亲密性逐渐成为友谊质量的核心特点。中学阶段的朋友在友

① 周宗奎，万晶晶：《初中生友谊特征与攻击行为的关系研究》，《载心理科学》，2005，28（3）。

② 王英春，邹泓，张秋凌：《初中生友谊的发展特点》，载《心理发展与教育》，2006（2）。

谊关系中有更多的亲密行为。国外的一项研究[①]表明，四年级和八年级的学生在不涉及友谊亲密性的方面（如“知道朋友的电话号码”“记得朋友的生日”等）没有显著差异，但在涉及亲密性的方面（如“知道自己的朋友会为什么事情担心”“知道朋友会为什么事情而感到自豪”等），八年级学生对朋友的了解显著多于四年级学生。另外，青少年对亲密朋友的行为反应更敏感。在小学阶段，朋友之间的互助、分享行为远不及一般友伴，小学儿童对朋友和一般友伴的态度也没有差异，这或许是因为朋友之间比一般友伴之间有更多的竞争；但在中学阶段，个体对朋友比对一般友伴更为慷慨和友好。

(4) 青少年的友谊也表现出一定的性别差异。一般来说，女生的友谊感开始较早，同年龄女生对友谊标准提出的要求要比男生高一些。八年级、九年级后，这种差别逐渐变小了。由于女生一般感受性较高，很重视细微的心理上的差别，所以女生之间的友谊关系的稳定性和持久性不如男生之间的友谊关系。

同时，在选择与何种性别的同学建立友谊关系上也存在性别差异。一方面，选女生做友伴的要明显少于选男生做友伴的，这可能是因为进入青春期后，男生的身体得到迅速的发展，在身高、体力、运动能力等方面远远超过女生，而这些方面是进入青春期的中学生在选择友伴时较为关注的方面，因此会有更多的青少年选男生做友伴。另一方面，女生的双向选择型友伴明显地多于男生。这可能有以下几个方面的原因：①女生在心理上发育比男生早，更相互需要、相互依赖，这容易使女生寻求更亲密的友伴关系；②女生比男生更倾向于建立一种相互忠实、亲密的关系；③女生的友伴关系比男生的友伴关系更具有排他性，相对而言，他人比较容易加入男生已经形成的友伴关系中；④女生与友伴之间更喜欢进行室内的、比较安静的活动（如聊天等），而男生与友伴更喜欢进行室外的活动（如运动等），活动性质的不同也为女生与友伴之间建立更加亲密的关系提供了可能。这种性别差异在邹泓的研究中也得到了证实，如图 18-5 所示，研究发现女生在陪伴娱乐、肯定支持和亲密袒露上的得分显著高于男生，而男生在竞争嫉妒上的得分高于女生。

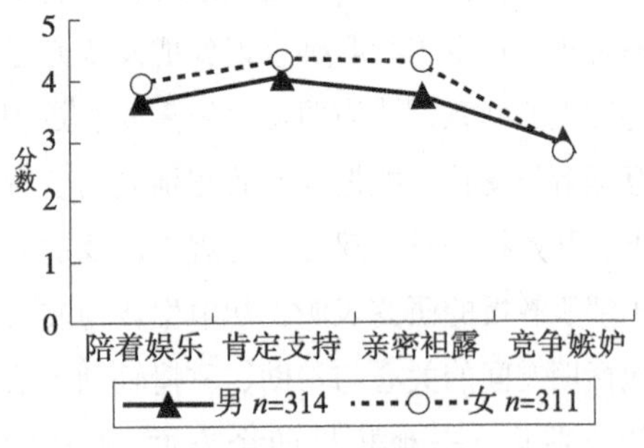

图 18-5　不同性别初中生友谊行为各维度的比较

① Diaz, R., & Berndt, T., "Children's Knowledge of a Best Friend: Fact or Fancy?" *Developmental Psychology*, 1982 (6), pp. 787-794.

三、同伴接纳与友谊的关系

同伴接纳与友谊是同伴关系中两个既有区别又有联系的重要维度，前者反映的是个体在群体中的社交地位，后者反映的是特殊的一对一的亲密感情联系。

（一）青少年接纳和友谊关系的特点

青少年有无互选的最好朋友或拥有的朋友数，与他们在同伴群体中的被接纳水平并不完全一致。研究表明，无论采用严格的还是宽松的标准定义有无朋友和朋友数，都发现一些高接纳者甚至没有一个最好的朋友，而一些有互选最好朋友的可能并不受欢迎。[①] 不过，从总体看，高接纳者在不同标准下拥有朋友的比例均高于一般青少年和被拒绝者。在严格标准下，低接纳者的朋友数减少最多。高接纳者从朋友处得到的帮助、指导与支持显著高于一般者和低接纳者；高接纳者和一般者，两者朋友间的陪伴、娱乐均高于低接纳者；在肯定价值和亲密交流方面，高接纳者同样超过低接纳者，但是在冲突与背叛维度上低接纳者与高接纳者并无显著差异。

同伴接纳水平不同的群体在朋友数量与友谊质量上的差异是由多种因素造成的。同伴接纳和朋友为青少年提供了不同的学习与发展的机会，促进了不同的社交技能和品质的发展。一方面，在大的群体背景下，青少年通过自身的特点、与同伴交往的行为方式等影响到同伴对待他的态度，从而确立自己在同伴团体中的地位；另一方面，在一对一的互选朋友关系中，青少年将其作为安全基地，学习并实践着新的交往模式或技能，建立起交往信心。两种不同类型的关系提供了不同的社交功能，对青少年的归属感、友爱、亲密、信赖、肯定价值、关心支持等重要情感和品质的发展起着不同的作用。在一种关系内发展起来的品质或技能对另一关系类型的发展具有一定的迁移或阻碍作用。

（二）青少年同伴接纳和友谊的功能

同伴接纳和友谊有着各自的功能，且有些功能不可相互替代，在青少年的学校适应中同伴接纳和友谊的作用也是不同的。

同伴接纳与友谊既能为青少年的发展提供不同的功能，也有相似之处。友谊的独特功能在于它为青少年提供了友爱、亲密感和可信赖的同盟，在友谊中被一个人所爱与在同伴接纳中被许多人喜欢有质的不同。没有亲密友谊的个体似乎比没有喜欢他们的群体更容易体验到孤独感，至少在中学阶段如此。在友谊关系中，青少年常与亲密的朋友分享个人的秘密，因而有一个亲密的朋友可以信赖能够增强信任感、接纳感和相互理解感。朋友还为青少年提

① 邹泓，周晖，周燕：《中学生友谊、友谊质量与同伴接纳的关系》，载《北京师范大学学报（社会科学版）》，1998（1）。

供了可信赖的同盟。它教给青少年忠诚的价值和将朋友的需要置于个人欲望之上的重要性。

归属感指一个人属于某个群体并被其接纳的感受。这种感受只能在群体中获得，而无法在一对一的友谊关系中得到。当青少年知道群体中的其他人赞同或肯定自己的某些方面时，他将愿意与他们共享群体的规范，取得群体的认同。这对青少年的自尊感具有积极的影响。归属感的需要在中学时期变得更为强烈。

概括起来，友谊随着青少年彼此交往的加深而产生，它起到六种基本的作用(Gottman & Parker，1987)。一是陪伴。友谊给青少年提供了熟悉的伙伴，他们愿意待在一起，并参加一些相互合作的活动。二是刺激。友谊为青少年带来了有趣的信息、兴奋、快乐。三是物理支持。友谊会提供时间、资源及帮助。四是人格自我支持。友谊会提供对支持、鼓励和反馈的期望，这有助于青少年维持他们对自己的能力、魅力及个人价值的肯定。五是社会比较。友谊提供信息让青少年知道自己和他人的立场，以及他们的所作所为的对错。六是亲密。友谊为青少年提供一种温情的、密切的、信任的相互关系，这种关系中包含了自我表白。

（三）青少年同伴接纳、友谊与适应的关系

(1) 同伴接纳、友谊与学业。总体上，受欢迎的青少年与一般青少年相比有更多的助人行为，被同学认为是好学生。被拒绝的青少年则对学习活动缺乏兴趣、缺少自我肯定、有更多的冲动行为，很少被老师偏爱，被同学当作差生；他们的学习成绩普遍低于受欢迎的青少年，并且其缺勤率和辍学率也很高。

(2) 同伴接纳、友谊与适应行为。友谊关系的质量、友伴的态度与行为等特征都影响着个体的行为适应。例如，前述周宗奎等人的研究表明，初中生朋友间的亲密交流能积极预测关系攻击，朋友间的肯定价值能积极预测外部攻击。方晓义的研究表明，友伴的吸烟饮酒行为和程度、友伴吸烟饮酒人数的多少均与青少年的吸烟饮酒行为有非常密切的关系。[①] 青少年吸烟饮酒的人数比例随友伴吸烟饮酒的程度和吸烟饮酒友伴人数的增加而呈明显增加的趋势。

(3) 同伴接纳、友谊与情绪适应问题。同伴关系与青少年多方面的情绪适应问题有关，其中同伴关系与孤独感的关系最为密切。同伴关系是满足个体的交往需要、归属和爱的需要的重要源泉。当青少年在班集体中被同伴接纳并有一定地位时，能够体验到归属感；当青少年被同伴拒绝、孤立，没有好朋友时，便会产生孤独感。实证研究也发现，被拒绝的青少年比受欢迎、一般、被忽视和矛盾的青少年有更强烈的孤独感。没有最好朋友的青少年显然

① 方晓义：《友伴对青少年吸烟饮酒行为的影响》，载《心理发展与教育》，1997，13 (4)。

比有好朋友的青少年更为孤独；朋友也可能为不受欢迎的青少年提供抵制孤独感的缓冲器。

同伴关系对个体的发展至关重要，因此帮助青少年建立良好的同伴关系成为父母和教师最关心的问题之一。父母和教师首先要培养他们的社交能力，采取适当的干预和训练措施。对于被拒绝的青少年，干预的重点是帮助他们学会去注意同伴，做一个悉心的听众，而不要试图控制别人；教给他们特定的社交技能，如观点采择能力、言语交流的技巧；同时，要训练他们在不干扰同伴群体活动的情况下友好地加入其中。同伴关系不良的原因之一是缺乏恰当的行为策略，如攻击性的和社交退缩的青少年。对于攻击性的青少年，干预的重点应该是减少他们的敌意和攻击行为，培养他们学会分享与合作，努力提高他们的亲社会水平；对于社交退缩的青少年，应给予他们更多的鼓励和支持，帮助他们学会以积极的方式适时地引起同伴的注意。

四、同伴关系与家庭关系

与青少年和父母的关系相比，友谊是基于完全不同结构的人际关系。在青少年期，人际关系的模式和社会背景发生了明显的变化。同伴在陪伴、提供建议和支持与反馈、作为行为榜样以及作为涉及个人品质和能力的比较信息源等方面，都有越来越重要的作用。

青少年与父母的关系在朝着更加平等和互动的方向变化（Hendry et al.，1992），并且他们认为父母的权威也是可以讨价还价的。与父母的交往越来越牵涉到日常生活的方方面面，如整洁、外出和回家的时间、听音乐时的音量等（Smetana & Asquith，1994）。在青少年开始渴望获得更多的平等时，他们也越来越挑战父母的控制。

随着时间的推移，青少年越来越喜欢和同伴在一起，而不是和家人在一起（Larson et al.，1996）。但是，与父母的关系在这一时期及一些未来定向的领域（如教育和职业），仍然是很重要的，只不过同伴对眼前的一些事、时髦和休闲活动的影响越来越大（Hendry et al.，1992）。重要的是，青少年在与父母和朋友探讨人际关系及个人问题时，他们从父母那里获取了主要的生活价值观（Meeus，1989）。

当然，青少年与家人交往的机会减少并不意味着亲密度降低了，或关系的质量下降了（O'Koon，1997），与家人共处时间大大减少的另一个原因是青少年在家里独处的时间增加了（Smith，1997）。

尽管同伴是日常琐事中主要的支持源，但是父母所提供的社会支持在紧急情况下是很关键的。然而，对大多数青少年来说，同伴团体和外部世界（兼职工作、体育运动、恋爱）的吸引力比家人的吸引力大（Larson et al.，1996）。不过，这两种关系在成功应对发展任务上都是重要的。

一般而言，父母和同伴的影响是互相补充的，都为青少年在未来生活中建立成熟的人际关系做准备。儿童期的家庭关系为青少年期的同伴关系提供了强有力的情感基础。同伴往往会相互模仿和强化从父母那里学到的行为及价值观（Chang et al.，2003）。

第三节　青少年的师生关系

师生关系是学校中教师与学生之间以情感、认知和行为交往为主要表现形式的心理关系，也是青少年社会化过程中的重要社会关系之一，贯穿于整个教育的始终，直接关系到学生的健康成长。良好的师生关系是促进学生发展和减少学生问题行为的关键因素，它有利于学生思想品德的养成、学业成绩的提高、智能的培养以及身心的全面发展。

一、教师与学生的相互影响

与亲子关系类似，师生关系也是一种垂直式的人际关系。然而，这种垂直式的关系又不同于亲子关系，它既没有血缘的关系，又不是抚养与被抚养的关系。教师以其自身的教育活动引起、促进学生的身心发展，使他们呈现合乎教育目的的发展和变化；学生以其接受教育影响后发生合乎教育目的的发展和变化，既体现教育“促进人的发展”过程的完成，又反作用于教师的行为，丰富教师的教学和管理经验，形成一种“教学相长”的格局。

（一）教师对学生的影响

良好的师生关系体现着一种感情的关系，它是教师教育学生的感情基础；良好的师生关系促使学生“亲其师”而“信其道”，于是教师就能更好地传道、授业、解惑，在良好的师生关系下实现对学生的积极影响。

（1）教师影响学生的健康。这里的健康，既指身体健康，又指心理健康。教育可增强人的体质，中学阶段是身心发育的关键时期，教师鼓励学生进行体育锻炼，促进学生的心理健康发展，使学生拥有健壮的体魄、全面的体能、坚强的意志，掌握知识和技能，养成自觉的心理修养习惯，提高对自然和社会环境的适应能力。

（2）教师通过教学活动，促进学生增长知识、发展智能。在教学中，教师的期望影响学生的学业表现，教师做出的评价及评价方式对学生的态度、动机和行为表现等有重要影响，其对学生的控制方式影响学生的学习动机和行为。

（3）教师通过教育活动和自身的人格，影响着学生的人格和品德。这是因为：第一，教师对学生的人格和品德施行有目的、有计划、有系统的教育，良师才能带出人格高尚、品德高尚的学生；第二，教师自身的人格反映了社会关系和道德关系，反映在为人处世的道德风尚上，体现在教学风格中，表现在德育的环境里。在教育中，一切师德要求都基于教师的人格，因为师德的魅力主要从人格特征中显示出来，历代教育家提出的“为人师表”“以身作则”“循循善诱”“诲人不倦”“躬行实践”等，既是师德的规范，又是教师良好人格特征的体现。在学生心目中，教师是社会的规范、道德的化身、父母的替身。他们把师德高尚的教师作为学习的榜样，模仿其态度、情趣、品行，乃至行为举止、板书笔迹等。一个班级的班风，在一定程度上是其班主任人格的放大，一个学校的校风是其校长人格的扩展。

（二）学生对教师的影响

学生同样能影响教师的行为。在良好的师生关系中，学生尊重、信赖和爱戴教师，能促进教师的成就感和积极性。教师对学生的期望影响学生的品行和学业，同时教师对学生的期望也来自学生的品德水平、学业成绩、家庭背景、外部行为及以往的日常表现等。换言之，学生的特征能够影响教师对其所持有的期望、情感、态度和威信，乃至身心健康和事业心。

研究表明，通过借用教师们成功"控制"学生的操作原则，学生们也能学会矫正教师的行为。例如，在美国加利福尼亚州的一个课堂上，研究者教给一个由12～15岁学生组成的班集体用微笑、眼神接触和坐直来奖赏教师的良好行为。同时，也教给他们用发言来抑制教师的不良行为，如"你对我发脾气使我很难做好作业"。其结果是惊人的：在为时5个星期的干预期间，教师的良好行为概率增长到以前的4倍，而不良行为在干预结束时则完全消除了；当学生们不再强化教师的行为时，教师良好行为的概率又下降了。

二、中学阶段师生关系的特点

有研究者探讨了国内中小学生的师生关系类型（姚计海，唐丹，2005；王耘等，2001），发现中学生的师生关系可以分为矛盾冲突型、亲密和谐型、疏远平淡型三种类型。矛盾冲突型的学生与教师交往具有较多的冲突和回避，与教师之间的依恋和亲密感也比较低；亲密和谐型的学生与教师之间具有多亲密、多依恋、少冲突、少回避的师生关系，具有良好和谐的师生关系；疏远平淡型的学生与教师交往主要表现出少依恋、少亲密、多回避的特点，与教师交往的态度和行为比较回避疏远。亲密和谐型师生关系的学生人数比例仅占34.8%，而矛盾冲突型和疏远平淡型师生关系的学生比例占65.2%。而且师生关系质量随年级升高呈下降趋势，七年级学生的师生关系最好，八年级和高二学生的师生关系表现得最不理想。

与亲子关系类似，师生关系也能为学生提供反应性的和教育性的环境。国外学者指出，师生关系具有三个基本特征：亲密性（温情与公开的沟通）、冲突性和依赖性。① 王耘在此基础上考查了我国小学师生关系的特点，结果发现我国小学师生关系具有四个方面的基本特征——亲密性、

① Pianta, R. C., Hamre, B., & Stuhlman, M., "Relationships between Teachers and Children," in Reynolds, W., Miller, G., Eds, *Handbook of Psychology* (*Vol* 7), New York, Wiley, 2003, pp. 199-234.

冲突性、支持性和满意度①，与西方文化背景下的师生关系并不完全相同。由于中学生生理、心理的发展，其独立性、自觉性和积极性的提高，中学阶段的师生关系呈现出与小学阶段不同的特点。以往关于师生关系的研究主要关注影响其质量的因素，如教师知觉或学生特点，邹泓则从学生对学校适应的角度考查了中小学生师生关系的特点②，不仅较为系统地分析了中小学生师生关系的不同特点，也为师生关系在中学生发展中起到的重要作用提供了实证依据。

研究选取了 665 名中小学生为被试，采用修订后的师生关系问卷、学校态度问卷、学业行为问卷、社会行为提名问卷等对中小学生的师生关系及其学校适应进行考查。结果显示（见图 18-6），中学生师生关系的亲密性、支持性和满意度三个维度要低于小学生，而冲突性则高于小学生，且这一特点在九年级尤其明显。

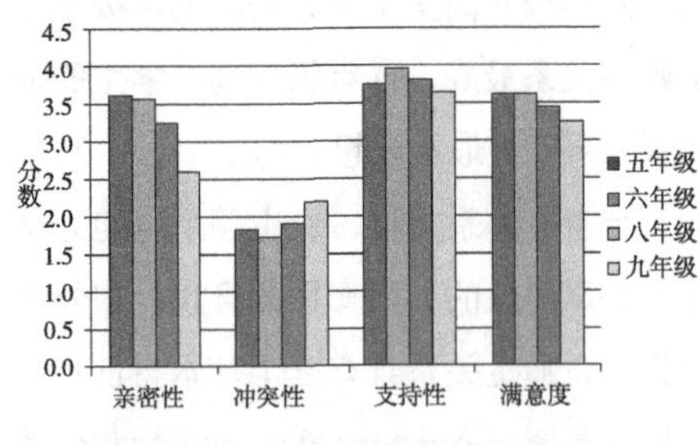

图 18-6　中学生的师生关系特点

这可能有以下两方面的原因。

(1) 初中阶段学生学习的科目增加了很多，课业负担加重，特别是九年级学生面临升学，这使得他们更加注重学习，更少关注师生关系；升学压力又迫使教师常常抓紧时间给学生补课，希望学生掌握更多的知识，因此，课业负担繁重的事实与学生希望减轻学习压力、多一些自由时间的愿望产生了矛盾。同时，由于教师主导（甚至是教师中心）的观念长期以来根深蒂固，所以中学教师依然试图“管”住学生，想让学生听话。因此，就会出现师生关系正向维度分数的降低和负向维度分数的升高。

(2) 随着青春期的开始，第二性征的出现，青少年感到自己在长大，不再是小孩，自我意识的体验增强，产生了成人感。他们不希望老师还像以前一样把他们当孩子看待，对他们过多管束。而且青少年已经会用批判的眼光来看待老师，不再把老师看作绝对的权威，也不再将规则看作不可冒犯的绝对戒律。这样势必会影响到师生关系。

在考察亲密性、支持性、冲突性和满意度四个维度特点的基础上，研究还总结了师生关系的三种类型：亲密型、冲突型和一般型。亲密型指在亲密性、支持性和满意度方面得分都最高，且冲突最少；冲突型指在冲突性方面得分最高，在亲密性、支持性和满意度方面得分均最低；一般型指在冲突性方面得分略高于亲密型师生关系、明显低于冲突

① 王耘，王晓华：《小学生的师生关系特点与学生因素的关系研究》，载《心理发展与教育》，2002，18（3）。

② 邹泓，屈智勇，叶苑：《中小学生的师生关系与其学校适应》，载《心理发展与教育》，2007，23（4）。

型师生关系，在其他三个方面得分略低于亲密型师生关系、明显高于冲突型师生关系。在考查的初中生中，八年级学生中有18.5%属于亲密型，21.1%属于冲突型，22.5%属于一般型；九年级学生中有8.9%属于亲密型，33.1%属于冲突型，26.5%属于一般型。可以看出，随着年级升高，师生关系中的亲密型减少，冲突型和一般型有所增加。

进一步研究发现，在对学校的态度方面，亲密型师生关系的学生对学校的喜欢程度最高，冲突型师生关系的学生对学校的喜欢程度最低，但这三类学生对学校的回避态度并无差异。在学业行为方面，拥有亲密型师生关系的学生的学习兴趣、学习信心和学习效能感水平最高，冲突型最低。另外，拥有亲密型师生关系的学生的亲社会行为水平最高，拥有冲突型师生关系的学生的攻击行为水平最高。这说明，良好的师生关系有利于学生在学校学业和行为的适应，反之亦然。

良好的师生关系不仅能促进学生的学业、个性与社会性的发展，也对教师自身的职业发展起着推动作用。因而教师与学生应积极努力地构建和谐亲密的师生关系。教师在很大程度上对师生关系起着主导作用，因此教师应积极加强自身的师德修养和业务能力；学生应充分地尊重教师，遵守校规校纪，积极表现，展示自己的特长与优势，在师生关系中，学生不是完全被动的；家长不是师生关系的旁观者，他们对良好师生关系的构建也起着重要作用，家长应尽可能多地与教师沟通，使教师对学生的特点与能力有充分的了解，也要对中学生如何建立良好的师生关系给予指导和帮助。

三、亲子关系、同伴关系与师生关系的相互关系

亲子关系、同伴关系与师生关系是个体发展过程中的三种主要人际关系。这三种人际关系各自具有特点和发展模式，但又都对个体的发展起着重要作用。本部分将探讨这三种人际关系的差异以及关于三者关系的历史观点。

（一）亲子关系、同伴关系与师生关系的差异

由于交往双方角色、地位的不同，亲子关系、同伴关系和师生关系在关系性质上各有其特点。亲子关系是家长与孩子间的代际血缘关系，它既是青少年最早的人际关系，也是交往时间最长、最频繁及最为稳定的一种关系。同伴关系则是年龄、心理发展水平和地位等较为相近的伙伴之间的关系，相对于亲子关系和师生关系具有明显的平等性。师生关系是由社会角色规定的，更多地体现为教育者和被教育者之间的关系，带有明显的教育性质。师生关系与亲子关系的一大区别在于其不稳定性。从幼儿园到中学，学生遇到的教师不断更换，与教师的关系也是十分不稳定的；在同一时间，一个学生可能与不同的教师有不同性质的关系。

在不同的年龄阶段，亲子关系、同伴

关系和师生关系对青少年发展的影响程度也是不尽相同的。2岁以前，亲子关系是儿童主要的人际关系，因而对儿童的影响最大。进入学龄期以后，儿童与同伴和教师的交往日益增多，同伴关系和师生关系在个体发展中的作用越来越大。在中学阶段，随着青少年独立性的逐渐增强和心智的不断成熟，他们对成人的权威感有所降低，同伴关系的影响越来越大，甚至超过了亲子关系和师生关系。不过，此时亲子关系和师生关系仍具有相当大的影响力。由此可见，在不同的年龄阶段，这三种人际关系的影响力是有所不同的，三者的相互关系也相应地有所不同。

（二）关于三者关系的观点

在不同的历史时期，不同的研究者对三种人际关系的相互关系持有不同的观点。早期的研究者认为三种人际相互间关系是主从式的相互从属关系，或是彼此独立的，未能认识到不同人际关系的相互影响以及它们对个体发展的相互作用。随着人类发展的生态论和系统论的兴起，研究者开始意识到并关注这三种人际关系间的相互关系和影响。

1. 主从式观点

主从式的观点认为，不同关系在青少年人际关系网络中的地位是有主从、等级差别的：一种关系相对于其他关系更为重要，居于决定性地位；其他关系的发展则受这一关系影响，居于从属的地位。至于是哪种人际关系处于主导地位，不同的研究者则持有不同的观点。

一些研究者认为，亲子关系在青少年人际关系中最为重要，并对其同伴关系和师生关系的发展有决定性的影响。这是因为家庭是影响青少年社会化的第一个，也是最重要的动因。父母作为青少年生活中的重要他人，与青少年的情感联系密切，接触最早、最多，对其社会生活的参与和管理也最为频繁，因此对青少年生活的各个方面，包括人际关系有十分重要的影响。

以群体社会化发展理论为基础的研究者则指出，在青少年人际关系网络中，同伴关系居重要位置，是决定性因素。他们认为，青少年的社会化在很大程度上是在同伴群体中发生的，同伴及其同伴关系的影响最为突出。当然，也有研究者认为师生关系在青少年人际关系网络中的重要程度最高，特别是随着青少年与父母交往的逐渐减少和与教师交往的逐渐增多，师生关系的重要影响尤为突出。

2. 独立式观点

所谓独立，有以下三层含义。

一是指青少年的各种人际关系彼此之间没有必然的联系。例如，不少研究发现，亲子关系不良的青少年，仍会与教师产生良好的师生关系，这种师生关系同样会对其社会能力等的发展产生积极的影响。同样，师生关系不良的青少年，也可能形成积极的同伴关系。

二是指各种关系对青少年发展影响的方面是相对独立的，不同人际关系对青少年发展的不同方面有不同的影响。例如，一些研究发现，亲子关系对青少年的安全感、对外界事物的探究心等影响更大；师生关系对青少年的学校适应影响最大；同伴关系则是影响青少年交往能力与侵犯行为的重要因素。

三是指各种关系的影响和作用是相对独立的。每一种关系对青少年发展影响力的大小，与其他人际关系没有太大的关联，主要受该种关系本身在青少年发展中参与程度的影响。哪种关系参与得越多，哪种关系在青少年生活中发挥作用的频率就越高，对青少年发展的影响也就越大；反之，则对青少年发展没有太大的影响。

3. 整合式观点

受社会生态学、系统论等理论的影响，研究者越来越深刻地认识到亲子关系、同伴关系和师生关系的相互作用。比如，美国著名心理学家布朗芬布伦纳（Urie Bronfenbrenner，1917—2005）的人类发展社会生态学模型指出，青少年发展的生态环境是由相互镶嵌在一起的四个系统组成的，即微系统、中系统、外系统和宏系统。其中，微系统是对个体有着直接影响的环境，主要包括家庭、同伴和学校；中系统指微系统之间的联系与相互影响，如家庭环境质量会影响到青少年在学校中的自信心和同伴关系；外系统是中间系统之外影响个体发展的那部分生态环境，它是指那些个体并非直接参与但对其有影响的环境，如父母的工作环境，尽管青少年并未直接参与父母的工作环境，但间接受到这些环境的影响。这三个发展系统根植于更大的宏系统。宏系统是指个体所处的社会或亚文化中的社会机构的组织和主导意识形态。

这种生态论和系统论的观点给了我们很重要的启示。家庭、学校、社区等是青少年直接生活于其中的微系统环境，这些环境中的人、事、物对青少年的社会化有着极其重要而又直接的影响。家长、同伴和教师以及亲子关系、同伴关系和师生关系是影响青少年发展的直接因素，每一方面的关系都对青少年发展有重要影响。更为重要的是，这种理论观点认识到了中间系统的作用。也就是说，青少年所处的家庭、学校等环境不是孤立存在的，而是彼此联系、互相影响的，并构成一个有机的整体，以合力的形式对青少年发展施加系统、全面的影响。因此，亲子关系、同伴关系和师生关系是青少年社会化过程中的重要影响因素，既对青少年发展有不可忽视的作用，同时又彼此影响，构成一个整合式的系统。

第十九章 青少年的上网心理

无论是在学校、家里或是路上，今天的青少年都被数字媒体包围着，如计算机和互联网、电子游戏、移动电话以及其他的手持设备。他们已经被称为“数字土著”(digital natives)——他们是在数字世界里，并且他们所有的生活都围绕着、渗透在数字世界里。

互联网为青少年提供了数不胜数的活动：收发邮件、发送短信、写博客、刷微博进行网上社交、搜索信息、玩游戏、听音乐、购物理财等，并且这样的应用日新月异、层出不穷。从另一个角度看，互联网的这些应用也提供了各种特征：视觉匿名、文本沟通、空间穿越、时序弹性、地位平等、身份可塑、多重社交、存档可查(雷雳，2016)。在这样的背景下，青少年的成长也呈现出新的特点。

第一节 青少年的在线自我建构

自我建构一直以来都是心理学研究者关注的重要主题。对青少年来说，自我建构是他们在这一时期极为重要的发展任务。然而，随着互联网逐渐深入人们的日常生活，青少年能够在虚拟的数字世界里创造一个不同于线下真实自我的全新形象。因此，在这一节中，我们将从青少年网络身体映像建构、青少年的虚拟自我，以及他们的在线自我表现策略，来阐述并深入了解青少年的在线自我建构。

一、网络身体映像

在青少年自我概念的发展过程中，身体映像被认为是这一过程中的核心要素。身体映像是个体对自身身体特征的态度和反映，对青少年的社会适应有着非常重要的影响。网络的出现为青少年提供了一个可认知的新世界，因此，网络身体映像也是青少年在线自我建构研究的重要主题之一。

(一)网络与身体映像建构

如前所述，青少年由于处在身体成长的迅猛时期，身体映像的改变容易对其情绪情感、自我效能感、人际交往能力等心理健康发展产生深刻影响。

在使用社交网站（如开心网、人人网）和社交软件（如QQ、微信）的过程中，很多网站和软件需要上传头像、照片或者进行装扮（如QQ秀），也就是说，用户需要在网络上呈现一个真实、半真实（如图片处理软件处理过的照片）或虚拟（如QQ秀、某些游戏中角色的选择）的面孔或身体，选择怎样的化身以及如何评价它，需要一个新的概念，这就是“网络身体自我呈现”。

网络的出现为青少年的身体自我呈现提供了新的可能。在这个具有随意创造性的新平台上，青少年可以根据自己的意愿，创造自己的网络形象。网名、年龄、外貌、身体、性别……只要个体愿意，他们就可以利用互联网的特点按照自己想要的方式呈现。这种身体自我呈现的新模式，或是被压抑自我的一种投射，或是现实自我的一种补充，可能影响青少年个体的身体映像以及自我认同的形成，也可能对身体映像与自我认同的关系进行调节。

网络身体自我呈现具体的表现形式可以分为三类（陈月华，毛璐璐，2006）。

一是直接的身体与身体临场性。直接的身体是指通过视频装置未加编辑直接映射到网络中的身体界面，实现了一对一的身体交流。

二是再现的身体与身体不确定性。再现的身体是指把现实中的身体影像通过数码加工的方式上传到网络中的身体界面，既可以是完全依照现实的，如真实的照片；也可以是源于现实但高于现实的，即利用网络技术对身体进行修饰和美化，如用图片处理软件处理后的照片。

三是虚拟的身体与身体的替代性。这类身体是指计算机直接制作生成的、只存在于网络中的、数字化的虚拟身体界面。例如，QQ秀既可能是基于现实而在网络上反映自己的身体状态，又可能是在某种程度上弥补了用户在现实生活中对自身身体的不满意部分。网络提供了扮演多重角色的机会，网民则通过虚拟身体获得对自我身体的认同。

（二）网络身体自我呈现的特点

有研究考查了青少年网络身体自我呈现的特点，结果表明青少年网络身体自我呈现的修饰程度比较低，修饰行为比较少，但是青少年对网络化身修饰的知觉稍高一点（杜岩英，雷雳，2010）。这表明，目前青少年在网络上呈现身体的状况及修饰程度并没有设想中那么多。

另外，青少年网络身体自我呈现总体和网络化身修饰知觉这一维度在年级上有显著的线性变化趋势：随着年级的升高，网络身体自我呈现总体水平和网络化身修饰知觉水平降低，高三显著低于七年级、八年级和高一。这说明在高三的青少年网络身体自我呈现水平，尤其是网络化身身体特征的修饰知觉有了明显的减少。

同时，研究发现青少年总体身体映像与网络身体自我呈现有着显著反向相关，这说明对体型越不满意的青少年，其对网络化身的修饰程度越高；对自己现实身体越满意的个体，其网络身体呈现的程度越低。这十分符合当今社会的现实情况。在生活中，体型肥胖或属于“太平公主”的女性都难免会遭人嘲笑，这也是为什么越来越多的年轻女性愿意花费大量财力、物力去减肥或隆胸。通过网络的化身修饰，创造出美丽动人的化身或头像，可以掩盖真实生活中的身体缺陷，减少因身体问题造成的交流障碍，从而在网络上赢得关注和尊重。

对自己现实身体越满意、体型越好的青少年，越愿意在网络进行身体呈现。在网络化身选择上，认为其如实反映了自身的真实情况，所以网络化身知觉程度比较低，而且，由于身体映像与身体自我密切相关，身体自我又是自我的重要组成部分，所以身体映像水平比较高的人，往往具有较强的自我意识，对自己的认可度也比较高，并不需要更多的网络身体修饰和美化。

（三）网络身体自我呈现的作用

对青少年网络身体自我呈现与总体身体映像和自我认同之间的关系的分析表明，网络身体自我呈现对总体身体映像与自我认同之间的关系有细微影响。此外，网络身体自我呈现不影响体型与自我认同之间的关系，有网络身体修饰行为和网络化身修饰知觉对体型与自我认同的关系有轻微影响。尽管如此，这样的结果同样具有现实意义，至少能够说明，对青少年自我认同造成影响的变量除了认知发展、教养方式、学校教育、社会文化之外，又有了新的变量——网络身体修饰行为。相对于加速认知发展、改善教养方式、提高教育水平、变革社会文化来促进自我认同的实现，网络身体修饰行为更容易做到，也更少费工夫。

对于那些身体映像比较差的个体，如果在网络上对其身体进行修饰，弥补现实的缺陷，令网络上的身体更贴近于自己的理想标准，并将这种网络上虚拟美化后的身体纳入自己的身体映像范畴，获得满足感，就会在一定程度上提升自我认同的水平。对自我差异与自我认同的研究（Makros & McCabe，2001）发现，自我认同扩散型的个体其现实自我与理想自我的差异更大。对于网络身体修饰行为和网络化身修饰知觉而言，对网络上进行身体的美化，进而在网络上得到欣赏和认可，能够缓解现实身体的负面影响，相当于美化了身体自我，进而改善了现实自我，从而减少了现实自我与理想自我的差异，也就可能促进自我认同的完成。只不过，这样的自我认同完成是否具有在现实社会中的适应性，仍需关注。

二、虚拟自我

虚拟自我是个体在互联网这个虚拟世界中主动构建的一个“我”。这个“我”可能是与现实世界中的“我”完全不同的，也可能是以现实中的“我”为脚本构建出的在互联网世界中得到认可的“我”。

（一）虚拟自我的出现

互联网出现后，就成了一个心理实验室（Skitka & Sargis，2006），为人们提供了一个与现实生活环境完全不同的理想的自我表现平台（Iakushina，2002）。网络虚拟世界的匿名性、视觉和听觉线索的缺失、去抑制性等特点激发了一系列五花八门的角色扮演、欺诈、半真半假和夸大的游戏，促进了虚拟自我的出现。

互联网的匿名性给人们提供了一个探索和实验不同的自我的实验室，使个体能够在互联网上共享自我的不同方面，而不用付出很大的代价成面临被识别的危险（Amichai-Hamburger，& Furnham，2007；Bargh，& Mckenna，2004），不用担心受到现实生活中其他人的批评。

虚拟世界中视觉线索的缺失也是互联网匿名性的一个特点，但是它还有另外一层含义，即非言语线索和生理外表线索的缺失。沟通过程中非言语线索的缺失，可以使社交焦虑个体免于焦虑，因此在互联网上表现出另外一种完全不同的我。而生理线索的缺失，可以使生理外表上有污名的个体便于摆脱现实生活中的污名影响，更好地表现自己。

罗杰斯（Rogers，1950）认为，个体能够意识到他们在社交环境中是某种类型的人，同时他们也会保留一些与所属类型不同的、不能够表达的特质和人际能力（如机智、不服从、攻击性等），这些特质是他们想要表达但是又不能够表达的。然而，在去抑制性显著的互联网上，所有这些都是可以表达的。

在网络人际沟通中，个体可以主动地控制人际交往发生的过程，信息发送者可以有充分的时间思考、修改和回复他们的信息（Amichai-Hamburger & Furnham，2007），使这种服务由同步性转变为非同步性的。通过这种方式，使用者可以很好地控制人际交往的节奏，有更多的时间进行充分的思考，构建自己期望建构的形象。研究（Walther，2007）发现，当人际沟通对象对个体有重要意义时，个体会花费更多的时间进行言语的修饰，会根据不同的交流对象调整自己的言语模式和言语的复杂性，这说明了互联网上选择性的自我表现的存在。

（二）虚拟自我的特点

研究者通过对青少年虚拟自我和现实自我描述的内容进行对比分析（马利艳，雷雳，2008）发现青少年虚拟自我和现实自我的特点如下：不论青少年的虚拟自我还是现实自我，都主要集中在心理类型和人际类型两种类别上。这说明青少年对自我的心理状态和人际关系比较关注，而对自我的生理等方面关注相对较少，即他们会用一些心理特质词汇描述自我，而较少对外部特征进行描述，这与以往关于青少年自我概念的研究结果是一致的，也是与青少年心理发展特点相符合的。青少年期正处于抽象思维发展时期，他们更多地用心理术语对自我的内部特征进行描述，而不是对外部特征进行简单的描述。

进一步分析表明，青少年虚拟自我和现实自我的内容呈现出不同的特点。青少年虚拟自我更多是对个体内部心理特征的描述，如高兴、快乐、愉快、沮丧、镇定、轻松等，集中于个体自身，关注自身状态。青少年现实自我更多是对人际过程的描述，个体更多地用友好、亲切、热情、大方、慷慨等词汇对现实自我进行描述。

虚拟自我和现实自我的这种差异性可能源于互联网上的人际交往与现实生活中人际交往的区别。从社会线索滤掉理论(Kiesler，1984) 来看，在以计算机为媒介的人际交往中人们更关注自身，而较少关注人际交往中的对方，较少关注自己对待他人是否友好、是否热情。而个体的自我认识是在人际交往过程中形成的，因此，当要求青少年用 5 个词描述互联网世界中的我时，有关个体自身特质的词会凸显出来，这些词汇具有更高的认知通达性。

“双自我意识理论”也认为，在以计算机为媒介的人际沟通中，使用者有更高的私我意识和更低的公我意识，使用者更关注自己的思想、意识。在对青少年的虚拟自我词汇和现实自我词汇的分析中可以看到，在虚拟自我中，对自身进行描述的词汇占到了总词汇量的 37.6%，对人际过程进行描述的词汇量仅为 8.7%。

同时研究发现，在青少年的虚拟自我中有一类专门用于描述个体使用互联网时的独特状态的词汇呈现出来，这些词汇在个体的现实自我描述中没有出现，如刺激、痴迷、迷恋等。它们是人们在上网过程中体验到的，也体现了互联网对使用者的吸引力。

此外，性别与年级的主效应和交互作用均不显著，表明青少年虚拟自我的表现并未受到性别及年级的影响。

（三）虚拟自我的作用

研究考查了青少年人格的维度与虚拟自我和病理性互联网使用之间的关系，结果发现：一方面，虚拟自我能够显著正向预测个体的病理性互联网使用，说明个体的虚拟自我与现实自我差异越大，越倾向于表现出病理性互联网使用倾向。

个体在互联网上体验到不同于现实自我的虚拟自我可能出于两方面的原因：一是个体出于好奇心而主动在互联网上尝试不同的自我认同角色，构建另一个虚拟自我；二是出于对现实自我的不满，为了逃避现实，个体沉浸于虚拟世界，体验另一个虚拟自我，这个虚拟自我吸引着个体全身心投入互联网世界。有研究发现，经常采用幻想、逃避现实等消极应对方式的青少年更可能卷入病理性互联网使用（李宏利，雷雳，2005，2004)。低自尊的青少年将互联网作为获得虚拟自尊、缓解不良情绪的理想途径，从网络行为中获得他人的赞赏、肯定、认可、关注、接纳，产生成就感、归属感、自我效能感，借以补偿、替代现实中自尊感的缺失（肖汉仕等，2007)。

不管是哪一种原因，虚拟自我对个体都有巨大的吸引力，而且会对个体产生重要的影响，尤其对于那些因为对现实自我不满而在互联网上体验虚拟自我的个体，沉浸于虚拟世界容易导致病理性互联网使用。

另一方面，善良、处世态度能够反向预测虚拟自我，说明善良和处世态度高分者（目标明确坚定、有理想求卓越）其虚拟自我和现实自我的差异可能更小，他们能够通过虚拟自我间接预测病理性互联网使用，对病理性互联网使用起到抑制作用。

虚拟世界的价值评价标准与现实世界的价值评价标准是不尽相同的，在互联网上得到赞赏、认可的行为在现实生活中可能不被认可，甚至是被严厉禁止的。例如，在面对面的交往中表达消极的或者不被社会认可的自我会让个体付出沉重的代价(Bargh，McKenna，& Fitasimons，2002)。对虚拟世界价值评价标准的适应可能会进一步加剧个体对现实生活的适应问题，形成一种恶性循环，导致个体进一步卷入病理性互联网使用。

三、在线自我表现策略

在虚拟的网络世界中，青少年可以选择不同的网络工具和在线平台来完成他们的自我表现。同现实世界类似，青少年能够通过调整在虚拟世界呈现的诸多信息来表达自我。这种基于自身喜好的信息调整，反映了青少年独特的在线自我表现策略。

（一）在线自我表现的过程

互联网为人们提供了可以展示理想自我的最佳平台。人们可以自由地塑造自己想要成为的自我。当然，也有人在互联网上展示的是自己最真实的一面，而这些在生活中通常是被个体隐藏的。与面对面的交流相比，网上交流会让人更好地表达他们真实的自己——他们在现实中想要表达但又觉得不能表达的关于自己的部分(Bargh，Mckenna & Fitasimons，et al.，2002)。甚至，由于在线交流的相对匿名和共享的社会网络的缺失，在线交流可能会让人展示自我概念中潜在的消极方面。

当然，这些通常只是针对陌生人的交流，如果是熟悉的朋友之间，那么互联网只是提供了一个便捷的交流通道，在线和离线是一样的，只是由于视觉线索的缺失导致人们之间的交流变得更容易掩饰，如表情、语气。

另外，研究者（Becker & Stamp，2005）采用在线的深度交流访谈法，研究了网络聊天室里的印象管理行为，发现印象管理的三个动机分别是：社会接纳，即在聊天文化中被接纳的愿望；关系发展与维持，即在聊天室中发展与维持在线关系，进而通过面对面或电话进行交流；自我认同实验，即在线构建自己的理想自我。

这三个动机与互联网为媒介的人际沟通本身的特点影响了四种交流行为：展示、相似性与交互性、使用屏显姓名，以及选择性自我表现。其中展示指的是表现自己对网络聊天文化的掌握，显得经验老到、技巧熟练，如使用网络流行语、表情符号等。相似性与交互性指的是人们在网络上往往选择与自己有相似性的聊天对象，也就容易导致相互认可和激励。使用屏显姓名是指聊天使用自己个性化的网名。选择性自我表现是指聊天时可能故意表现出某种个性，而这可能是其在现实生活中并不具备的，目的是使自己更有吸引力。

通过这些策略，聊天室的研究对象期望达到两个目的：关系发展和自我认同实现。研究者（Connolly-Ahern & Broadway，2007）通过内容分析，发现人们在网络交往中主要采用自我提升和榜样化策略。

（二）在线自我表现策略的特点

1. 青少年的自我表现策略中西有别

研究者考查了青少年网络交往中的自我表现策略的总体情况（任小莉，雷雳，2009），发现青少年网络交往中的自我表现策略使用的频繁程度大致为：事先声明＞逢迎＞找借口＞榜样化＞自我提升，最频繁使用的是事先声明和逢迎，最不经常使用的是自我提升和榜样化①。

这与国外的研究结果（Connolly-Ahern & Broadway，2007）并不完全一致。国外相关的研究发现，个体在网络交往中最频繁使用的是自我提升和榜样化，这可能跟东西方文化的差异有关，东方文化更强调谦虚中庸。在中国文化背景下，自我提升的过分使用可能比较容易招致对方的反感，并不利于建立和维系人际关系，网络人际交往同样如此。相反，事先声明成了青少年网络交往中比较经常采用的自我表现策略。在言语交流中，为避免窘境出现，事先给予声明，使得对方有相应的思想准备，会更容易接纳自己。

2. 自我表现策略男生更常用，无年级差异

从男女生的差异来看，男生在网络交往中自我表现策略使用的频繁程度依次为：事先声明＞逢迎＞找借口＞榜样化＞自我提升，最经常使用的是事先声明和逢迎，最不经常使用的是自我提升和榜样化。女生与男生略有不同，女生更多采用事先声明和找借口，最不经常使用的是自我提升和榜样化，趋势大致为：事先声明＞找借口＞逢迎＞榜样化＞自我提升。

进一步考查青少年网络交往中的自我表现策略的性别、年级差异，结果发现，男生比女生更频繁地使用自我表现策略。年级对青少年在网络交往中使用自我表现策略的频繁程度上没有显著影响。

具体而言，男生比女生更频繁地使用自我提升、逢迎、榜样化策略。这三种自我表现策略均属于张扬性的自我表现策略。侯丹（2004）对现实中自我表现策略的研究也发现了类似的结果。这种特点也与传统性别角色比较吻合。在两种防御性的自我表现策略（即找借口和事先声明）上不存在显著的性别差异，且得分均较高，即男女生均较频繁地使用这两种自我表现策略。可见，现实情境中的人际交往与网络情境中的交往也是有相通之处的。

3. 网络老手的自我表现策略运用自如

研究者考查网龄对青少年网络交往中自我表现策略的影响，结果显示，网龄不同的青少年网络交往中自我表现策略在找借口和自我提升两种策略上差异显著。随着青少年网龄的增加，使用找借口的频繁程度在显著增加，呈现出显著的线性增长

① “找借口”指对消极事件进行口头上的推卸责任，并指出一个不可抗拒的理由。“事先声明”指在窘境出现之前事先给出声明。“自我提升”指个体希望网友关注他的成就和能力，希望他们认为他是有能力的。“逢迎”指为了赢得网友的好感和帮助而说出一些让他们喜欢的言语或表现出对方喜欢的行为，包括讨好、赞同、恭维、附和等。“榜样化”指为表现出自己有道德而做出相应的言语表达，必要时会做出牺牲，以得到网友的尊敬和赞扬。

趋势；在自我提升策略使用的频繁程度上整体上也呈现显著增加的趋势。

进一步的检验表明，网龄在三年以上的青少年比网龄在一年以内的青少年在网络交往中使用找借口策略的频繁程度更高；网龄在一年至三年的青少年比网龄在半年以内的青少年使用找借口策略更频繁。在自我提升策略上，网龄在三年以上的青少年在网络交往中使用自我提升策略的频繁程度比半年以内和一年至三年的青少年更高。

网络交往的最终目的可以归结于自我认同实现和关系发展（Becker & Stamp, 2005），自我表现策略的使用是为了更好地发展网络人际和实现自我认同建构。网龄在三年以上的青少年属于互联网使用的熟手，他们对网络交往非常熟悉，游刃有余，所以非常清楚怎样可以迅速地建立和维系网络人际关系，或者在网络交往中实现自身自我认同的构建，他们懂得如何根据实际的交往对象和情境选择恰当的自我表现策略。

4. 面对陌生人自我表现策略更显心机

青少年网络交往的主要对象也是影响青少年选择自我表现策略的又一个重要因素。我们分析主要的网络交往对象对青少年网络交往中自我表现策略的影响发现，在针对陌生人时，青少年使用找借口、自我提升和逢迎三种自我表现策略更多，这些策略可以帮助互联网使用者建构在他人心里的特定形象，建立和维系网络人际关系；事先声明和榜样化两种自我表现策略的使用没有受到青少年主要网络交往对象的影响。

5. 自我认同完成者的表现策略更张扬

分析自我认同与在线自我表现策略的关系发现，自我认同可以正向预测青少年网络交往中自我提升策略使用的频繁程度，即自我认同完成得越好，自我提升策略的使用就越频繁；同样，自我认同状态可以正向预测青少年网络交往中榜样化策略使用的频繁程度，即自我认同完成得越好，榜样化策略的使用就越频繁。

青少年的自我认同完成得越好，青少年就更容易肯定自己，也更自信，他们致力于建立在他人眼中的特定形象，并且对此会更加自信，也就可能更容易采用张扬性的自我表现策略。自我提升和榜样化都属于张扬性自我表现策略，在缺乏视觉线索的网络交往中更是如此。借助语言建立在他人眼中的特定形象，最好的方式无非是肯定自己，提升自己，这两种策略刚好可以很好地达到这样的目的。

第二节　青少年的在线人际交往

随着在线互动技术的迅猛发展，青少年的人际交往形式得到了极大的丰富，互联网在青少年发展人际关系中发挥着独特新颖的作用。首先，我们总结整理了青少年社交网站使用状况及其特点；其次，我们梳理了青少年在线恋爱关系的形成和特点，以及它与依恋发展的关系；最后，通过分析青少年在互联网中的亲社会行为，我们进一步深化对青少年期网络利他行为的理解。

一、社交网站的使用

社交网站（Social Network Sites，SNS）是一种旨在帮助人们建立社会网络的互联网服务平台，主要目的是提供社交网络服务（Lenhart & Madden，2007）。社交网站是一种集留言、相册、日志、音乐、视频等各种技术于一体的网络服务形式（Livingstone，2008）。用户在社交网站中的行为，如更新状态、发布新照片和日志等行为都会作为新鲜事出现在好友的首页中，好友通过自己的主页进行回复，从而很容易地达到互动的效果。

现在国内流行的社交网站有很多个，为了确定青少年使用比较多的社交网站，研究者（马晓辉，雷雳，2012）首先对245名青少年进行了预调查。结果显示，在国内现有的比较受欢迎的社交网站中，被试中有97.1%的人都在使用QQ空间，因此研究者选择QQ空间作为青少年最常使用的社交网站进行研究。

（一）社交网站使用状况

1. 近九成青少年热衷于使用社交网站

通过对青少年使用社交网站的比例进行分析发现，所有接受问卷调查研究的有效被试青少年共有1107名，其中拥有QQ空间的有917人，比例占到82.8%，另有190人没有开通QQ空间服务，在这190人中有69人报告表示有人人网、开心网或者其他类型的社交网站账户，只有121人没有使用任何社交网站，所以使用社交网站的青少年所占的比例为89.1%。这表明社交网站已经成为大多数青少年网民都偏爱的网络服务之一，与国外对青少年群体的研究结果一致（Hargittai，2007）。可见，对于青少年群体来说，社交网站已经逐渐成为他们普遍使用的网络服务之一。

我们分析青少年使用QQ空间的频率和时间发现，有20.7%的青少年每天登录QQ空间至少一次，每周都会登录QQ空间的比例达到59%，表明超过半数的青少年每周都会使用社交网站服务。我们分析青少年登录QQ空间后停留的时间发现，32.4%的人每次在社交网站中停留的时间为10～20分钟，有10.8%的个体每次在QQ空间消耗超过1小时。

2. 青少年使用社交网站意在自我和人际

分析青少年最喜欢的QQ空间服务，

发现青少年最喜欢的QQ空间模块为日志(67.4%)、相册(58.3%)、说说(58.3%)和留言板(52.9%)，这四种类型的QQ空间服务人数均超过了50%。

我们进一步分析发现，青少年登录QQ空间后最经常做的事情为关注朋友动态、回复留言和评论、浏览好友空间和更新说说，这四种行为比例均超过了40%，而更新皮肤和个人形象、分享信息是最少做的事情，这表明青少年使用社交网站的最主要目的还是跟朋友交流，尝试新鲜事物和分享信息则相对比较次要。

我们分析青少年QQ空间内被好友或他人留言的情况发现，没有留言和评价的占2.9%，很少留言评价占46.2%，经常有留言和评价占49.4%，这表明九成以上青少年的QQ空间有人留言和评价，他们能够通过个人主页得到他人的支持。

3. 男生喜欢娱乐服务女生则爱社交服务

在最喜欢的社交网站服务方面，女生比男生更喜欢相册和说说，而男生比女生更喜欢音乐盒和城市达人服务。在最常做的事情方面，女生比男生更经常更新说说、上传照片、关注朋友动态、浏览他人空间和查看回复留言，而男生比女生更经常分享信息。这表明青少年女生更喜欢使用社交网站的社交服务，而男生更喜欢娱乐性质的服务。国外多项针对大学生的研究结果也表明，女性比男性使用社交网站的比例更高(Hinduja & Patchin，2008)，而且女性更容易过度使用社交网络(Barker，2009)。

总体上说，年轻男性和女性在使用社交网站上表现出不同的特点(Lenhart & Madden，2007)。有关青少年在社交方面的性别差异的研究显示(Valkenburg，Sumter & Peter，2011)，男女生在自我表露的能力发展方面有显著差异。对于女生来说，无论是在网络中还是在面对面交往中，她们表露的水平在10～11岁时显著提高，直到青少年中期开始维持比较稳定的水平；男生虽然也有同样的发展趋势，但是他们的发展时间要比女生晚2年。

4. 青少年对社交服务的重视随年级上升

首先，我们分析不同年级青少年最喜欢的QQ空间服务的差异情况发现，青少年对说说板块的喜欢程度随年级升高而上升，而对音乐盒、礼物和秀世界的喜欢程度随年级升高而呈下降趋势。这表明，随着年级的升高，青少年越来越喜欢可以随时发表心情或想法的说说服务，而对音乐盒、礼物和秀世界的兴趣则随年级升高而减少。

其次，我们对青少年登录QQ空间后最常做的事情进行年级差异比较分析发现，随着年级升高，关心好友动态、查看和回复留言与更新说说三种行为呈上升趋势，而分享、更新皮肤和个人形象两种行为则呈下降趋势。这种结果意味着，到了青少年期后期，他们越来越将社交网站作为跟朋友交流的工具，而不是娱乐消遣的工具。

(二) 社交网站使用的特点

为了详细考查青少年在社交网站中的

使用行为表现，研究者选了100名青少年的QQ空间，对他们在网站中展现的内容逐个进行分析，可以将青少年的主要使用行为分为人际交流和娱乐消遣两方面（虽然两者也有交融），其中人际交流方面包含了青少年展示自我和与来访者互动的各种形式，娱乐消遣方面包含了青少年通过QQ空间服务去浏览信息、共享网络资源等形式。

1. 人际交流方面

首先，从自我展示方面来看，88.3%的青少年主动对自己的QQ空间进行了风格化管理，希望自己的个人主页更加绚丽多彩、与众不同，这表明大部分青少年将QQ空间作为展示自我的一个地方。

在个人兴趣爱好方面，有71.4%的青少年在QQ空间中公开了自己感兴趣的链接信息，这些信息包括QQ的其他服务、明星主页、运动热点新闻等，是青少年通过QQ空间进行娱乐消遣和获取相关信息的体现。

有42.9%的青少年使用了秀世界模块服务，这也是一种青少年展示自我的方式。国外一项对某社交网站的内容分析研究结果也表明，有8%的青少年在年龄问题上作假（Hinduja & Patchin，2008），45%的个人主页是用户自主定义的，也就是经过个性装扮的。

其次，从人际交流的服务内容方面来看，关于日志情况，青少年的大部分日志并非自己写的，而是分享和转载的其他网友的日志内容。相应地，这种情况也导致了日志的被评论率不高。对青少年来说，那些分享和转载的日志更多的是一种存储感兴趣的信息的方式，并非展示自我和与他人交流的方式，因此少有人评论也很正常。

所有的青少年都发表说说，85.7%的人发表的说说会有熟人进行评论，也就是说绝大多数青少年通过发表说说和回复评论来跟好友交流。

最后，在人际信息交流的服务方面，从QQ空间的留言板内容的分析结果来看，几乎所有的空间都会有人留言，从内容看，留言的人大部分是青少年熟悉的朋友和同学。

研究者调查的所有青少年都使用了礼物功能，即便没有送出过礼物，最少的也收到过2份礼物，可见通过QQ空间互送礼物是非常普遍的行为，可以促进青少年与朋友的情感交流。

2. 娱乐消遣方面

首先，对QQ空间中的音乐盒内容进行分析，发现有40.3%的青少年选择了自己喜欢的音乐信息，这表明近半数的青少年通过QQ空间的音乐盒网络服务欣赏音乐。

其次，青少年比较热衷于分享网络资源。80.5%的青少年都有自己的分享链接，他们比较喜欢通过分享链接来了解新信息、学习新知识；有68.8%的人都参与过网络投票，但绝大多数人只是喜欢参与他人发起的投票，通过这种投票可以获得乐趣，获取新信息。

二、在线恋爱关系

在青少年期，恋爱关系成为青少年社会生活发展的重要组成部分。不同于友谊等其他人际关系，恋爱关系在青春期有着独特的诱惑力。随着在线社交功能的完善，青少年不仅可以使用互联网服务于离线的浪漫关系，也能够利用它来寻找和建立在线恋爱关系。

（一）在线恋爱关系的形成

在线背景给恋爱关系提供了不同的机会。比如，一些在线背景并不提供关于身体吸引力方面的信息，而这一信息对离线的爱情而言是举足轻重的成分，尤其是在刚刚开始的时候。因此，在互联网上开始的一段恋爱关系更多涉及的是沟通交流，或者是描述感受和体验。在线吸引力的某些因素包括：接近、共享相同的兴趣、态度和观点、幽默感、自我表露、创造性、智力、沟通能力、“虚拟的超凡魅力”以及“你喜欢我、我喜欢你、你更加喜欢我、我更加喜欢你”的螺旋。可能导致在线吸引力下降的因素是被动、不当的暴露癖以及攻击性（Šmahel & Vesela，2006）。很多网络工具也可能会参与到基本的离线恋爱关系中去，尤其是某些社交网站主页这样的工具可能会被用来寻找更多关于潜在伴侣的信息，也会被用来与之联系。

研究者对超过12000条青少年聊天室记录的分析表明，平均而言，在聊天室的公共空间里每分钟就有2条找寻伴侣的请求（Šmahel & Subrahmanyam，2007）。与表达自我认同不同的是，对伴侣的找寻请求是聊天记录中最为常见的内容，甚至比问候语还多。

在线约会网站是另一种与恋爱关系有关的互联网背景。为了考查青少年的在线约会行为，研究者（Šmahel，2008）调查了一个捷克样本。在483名12～18岁的青少年中，大约43%的青少年报告说他们“有时候”会访问约会网站，23%的青少年在那些网站上有个人主页，并且为了约会而与另一个人联系过。在约会网站的使用上没有性别差异。年龄大一些的青少年（16～18岁）报告他们访问约会网站比年幼一些的青少年（12～15岁）更为频繁（52%∶35%）。在约会网站上拥有个人主页的青少年中有30%给他们的伴侣打过电话，9%使用过视频，8%交换过色情图片，35%面对面地与在线伴侣见过面。令人感兴趣的是，在拥有个人主页的青少年中，只有22%认可他们是在寻求“严肃的约会”，64%要的是没有承诺的约会，46%要的是“纯粹的虚拟关系”，7%报告说他们是为了发生性关系而寻求一次离线会面。在这一研究中，大多数捷克青少年好像参与了在线约会，或是为了探索，或是为了乐趣，或是为了与潜在的伴侣进行交往而不想真正投入或给予承诺。

另一项对16名14～25岁的捷克互联网用户的质性研究揭示了年轻人使用互联网进行约会和发展在线关系的原因（Šmahel，2003）。他们提出的一些原因是无限制的关系来源、无关地理位置的形成关系的能力，以及开始一段关系的容易度。

参与者也认为在线约会和关系对有社交障碍的青少年有着特别的价值，因为他们过分害羞或社交焦虑。

（二）在线恋爱关系的特点

自从互联网让用户能够与完全陌生的人轻而易举且毫无代价地进行交往以来，就有人认为这种交往并不丰富，会导致“弱联系”（Kraut et al.，1998）。一脉相承的是，考虑在线恋爱关系对于年轻人来说到底有多真实，也是很重要的。看起来尽管青少年喜欢在线约会，并且偶尔会结识陌生人并与他们聊天，但是，他们大多数人都认为在线关系“并不真实”，或“不是真的”。这一点与先前的发现是一致的，即在线关系被认为是质量较低的（Mesch & Talmud，2007）。

尽管青少年会和在线恋爱伴侣交换亲密的信息，但是他们声称这种关系并非真实和有效的。他们似乎进退维谷：它是一种关系，然而并不“真实”，亲密的细节彼此心知肚明，但是，他们仍然觉得拥有在任何时候退出关系的自由。

这一研究中的年轻人也似乎相信，与离线关系相比，在线恋爱关系通常是昙花一现、非常肤浅的。他们并不认为纯粹的虚拟关系是非常严肃的，并且在他们严肃地看待这些关系时，他们会试着把自己的虚拟关系转变为离线世界的、面对面的友谊或恋爱关系。

总而言之，尽管青少年会使用互联网来结识新的伴侣，但是他们并不把这种关系看成与离线伴侣的关系一样。他们似乎知道，在线世界无法替代离线物理世界的关系。相反，他们使用互联网，尤其是诸如社交网站和即时通讯这样的工具，似乎只是为了形成或延续与离线时认识的人的恋爱关系。比如，刚刚踏入大学校门的新生通常使用社交网站的个人主页来获取关于室友的信息，并形成相应的看法。当青少年的恋爱关系完全限于网上的人，且与其离线生活无关时，其父母、监护人和专业人士就应该警惕了。

（三）依恋与网恋的关系

随着年龄的增长，尽管青少年与依恋对象的亲近行为不如以前那样紧张和频繁，但是象征性的交流（如电话、书信、互联网等）在提供安慰时越来越有效。有人（Selnow，1984）曾用“电子朋友”的概念来描述把录像游戏当作同伴，后来这个概念延伸到互联网使用者，用以说明青少年会把互联网当作朋友，也会把互联网当作扩大交友范围的重要手段。也就是说，青少年有可能把互联网当作新的依恋对象，也可能通过互联网来寻求新的依恋对象，如网上友谊的形成等。

研究者考查不同性别青少年在网恋卷入倾向上的差异（Lei & Wu，2007；孟庆东，雷雳，马利艳，2009），结果表明，在青少年网恋卷入倾向上，与女生相比，男生有更多的网恋卷入倾向。这与男生对情绪事件的分享倾向有关，并且男性在操作电脑的熟练性、实用性和自发性上都远远高于女性。不同年级青少年网恋卷入倾向并无差异。

有研究者考查青少年网恋卷入倾向、依恋和社会支持之间的关系，结果表明，性别、反映同伴依恋的“同伴沟通”“同伴疏离”能够显著正向预测青少年网恋卷入倾向，反映亲子依恋的“母子沟通”能够显著反向预测青少年网恋卷入倾向，即与女生相比，男生更容易卷入网恋，与同伴的沟通水平、疏离水平越高，与母亲的沟通水平越低，越容易卷入网恋。四个变量联合起来能够解释总变异的24.6%。

同伴沟通和同伴疏离均能够正向预测网恋卷入倾向，这可能反映两种青少年更易卷入网恋：一种是平时与同伴沟通较好的青少年；另一种是平时疏离同伴的青少年。前者善于交际的特点使他们能够非常容易地在网上建立起自己的社交圈，在网上社交中更具吸引力（杨洋，雷雳，2007)。后者由于现实人际交往不够顺畅，需要寻找发泄对象和空间，网络为其提供了自由的时间和空间（程燕，余林，2007)。

从母子沟通能够反向预测青少年网恋卷入倾向来看，青少年与母亲沟通水平越低，就越无法体验到与母亲之间的那种亲密感及母亲所给予的温暖和支持。亲子间的共同观点越少，亲子关系质量越差，个体的孤独感就越高（李彩娜，邹泓，2007)，所以青少年也更加倾向于寻找一个情感寄托，从而避免孤独感。在互联网这一匿名环境中和其他人聊天更有安全感，为减少孤独感提供了机会，倾向于在网上寻求情感支持的人，可能会有更多的网恋卷入倾向。

三、网上亲社会行为

一般而言，网上亲社会行为就是指在互联网上发生的亲社会行为。网上亲社会行为由于发生环境的特别，跟现实中的亲社会行为有所不同。网络环境中的亲社会行为主要表现在以下几个方面（彭庆红，樊富珉，2005；王小璐，风笑天，2004)：①无偿提供信息咨询；②免费提供资源共享；③免费进行技术或方法指导；④提供精神安慰或道义支持；⑤提供虚拟资源援助；⑥宣传与发动社会救助；⑦提供网络管理义务服务。

网络利他行为并非仅仅把现实中的利他行为放到网络环境里进行，而是在数字化、电子化等技术的影响下呈现不同于现实生活的独特性质：①广泛性，网上亲社会行为的参与面具有广泛性，基本不受地域、民族、时间等的限制；②及时性，指的是网络利他行为从求助信号的发出到利他行为反馈的过程基本上可以同步进行；③公开性，除了网民身份信息匿名外，网络利他行为过程都公开地反映在网络上；④非物质性，由于网络空间本身的虚拟性，助人者和求助者之间传递的不是物质，而是信息，同时，网络环境对亲社会行为的激励机制也是非物质性的。

（一）网上亲社会行为的表现

有研究者考查青少年网上亲社会行为的基本特点（马晓辉，雷雳，2011)，发现在5点计分量表中，网上亲社会行为总平均分和各类网上亲社会行为的平均数均分布为3～4，这说明青少年在网络环境中发生亲社会行为水平是较高的。

通过比较不同类型亲社会行为的平均数可以看到，青少年的网上亲社会得分由高到低依次为：紧急型、利他型、情绪型、匿名型、依从型、公开型。这表明，在紧急、高情绪唤醒、有人求助的网络情境下，青少年更容易产生亲社会行为；此外，青少年的功利色彩较淡，更容易表现出利他型亲社会行为，在网络环境中助人的时候并不期待对方有所回报。国外（Carlo，Hausmann，Christiansen et al.，2003）对现实中青少年亲社会行为倾向的研究也显示，青少年报告最多的亲社会行为倾向是利他型、紧急型和情绪型，最少的是公开型。国内另一项研究显示，在现实生活中青少年的利他型亲社会行为倾向最高，其次是紧急型、情绪型、依从型、匿名型和公开型（寇彧，王磊，2003）。

当然，我们也可以看到，在网络环境中紧急型和匿名型亲社会行为的排名比在现实生活中高，这说明网络中的亲社会行为与现实生活环境中的相比有其独特之处。由于网络环境的匿名性和开放性等特点，在网络环境中出现匿名型亲社会行为的情境更多，青少年在不显露自己真实身份的条件下助人的可能性也更大。

（二）网上亲社会行为的性别及年级特点

研究者考查了青少年网上亲社会行为的性别和年级特点。研究结果表明：一方面，性别在利他型网上亲社会行为上的主效应显著，女生做出利他型网上亲社会行为多于男生，女生在网络中帮助别人的时候比男生更少考虑能否得到回报；另一方面，年级除了在紧急型网上亲社会行为上的主效应不显著外，在其他类型网上亲社会行为上的主效应均显著。研究者进一步考查青少年网上亲社会行为的年级变化。研究结果表明，情绪型、利他型、匿名型、依从型和公开型网上亲社会行为在年级上均有显著的线性变化趋势。随着年级的升高，青少年的这五种类型的网上亲社会行为均在减少。并且在情绪型、利他型、匿名型、依从型和公开型网上亲社会行为上，高二学生均显著低于其他年级，其他年级之间差异不显著。这说明青少年的网上亲社会行为在高二的时候发生质变，有了明显的减少。

这与现实中的亲社会行为研究结果有所不同，研究（Carlo，Hausmann & Christiansen et al.，2003）显示，青少年随着年龄的增长，表现出依从型、利他型、紧急型和利他型亲社会行为的倾向均是增加的。国内多项研究显示，现实生活中青少年的亲社会行为在年级之间没有显著的差异（余娟，2006；刘志军，张英，谭千保，2003）。这说明，青少年在网络环境中的亲社会行为表现和发展有其独特之处。曾有研究表明，青少年在网络环境中表现出一定水平的欺骗行为（Li & Lei，2008），随着年级升高和使用互联网时间的增长，青少年对网络环境中存在的欺骗行为会有更多的认识，不会再轻易相信网络中的求助信息，并可能因此而表现出越来越少的网上亲社会行为。

第三节　青少年的网络文化娱乐

互联网的发展日新月异。其中让很多青少年心潮澎湃的应该是网络世界极为丰富的娱乐信息资源。在此，我们着重分析网上音乐和网络游戏的特点，以及它们对青少年心理与行为的影响。

一、网上音乐

随着互联网的发展，数字音乐的出现使得青少年接触音乐更加方便快捷。在线听音乐成了青少年热衷的一项网络服务。第 42 次中国互联网发展统计调查报告（2018）显示，网民对网上音乐的使用率为 71.0%，位居中国各项网络应用第五位。

网上音乐与传统的音乐产品相比，有其自身的优势。首先，是它的经济性，传统音乐产品经过层层的制销环节进行价值增值活动，而网上音乐通过互联网这一载体，就可以直接通过软件公司在网上流通，成本大大低于传统的 CD、磁带等音乐产品。其次，在线听音乐方便快捷，只要点击相关的网站，就可以随时聆听和欣赏自己喜爱的歌曲或乐曲。再次，网上音乐的产品相当丰富，无论老歌、新歌，还是古典音乐、流行音乐，各个时代、各种风格的音乐应有尽有，选择性很强。最后，网上音乐的活动形式多样，不仅包括网上音乐的主要形式——在线听歌、下载音乐等，还包括搜索关于音乐或者歌手的信息、参加音乐论坛等。

（一）网上音乐使用的结构特点

研究者（雷雳，2010；尹娟娟，雷雳，2011）通过编制“青少年网上音乐使用问卷”对青少年的网上音乐使用进行探索，考查了青少年网上音乐使用的基本特点，发现青少年的网上音乐使用体现为三个方面，即“音乐信息”“音乐社交”“音乐欣赏”。

比较青少年对三种网上音乐使用形式的情况，从结果（见图 19-1）中可以看出，在 0（从未使用）～4（总是使用）的 5 级评分中，青少年使用最多的是音乐欣赏，其次是音乐信息，最后是音乐社交。

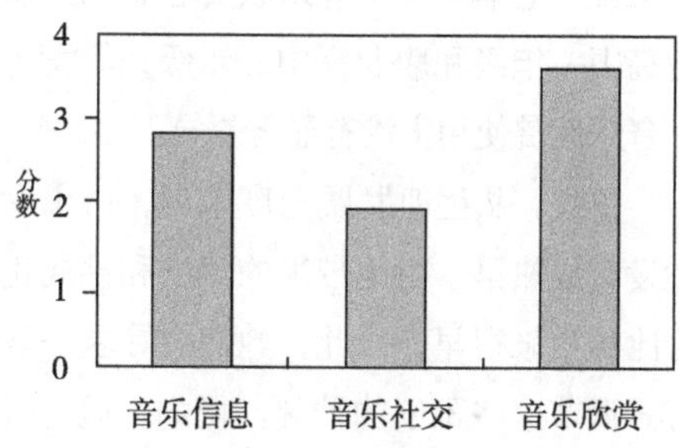

图 19-1　青少年网上音乐使用的结构特点

音乐欣赏主要是在线听歌、下载音乐等活动。青少年喜爱音乐，以前只能听磁带、看电视，随着网上音乐的发展，互联网音乐逐渐取代传统的音乐形式，在互联网上听歌、下载到手机中已经成为青少年新的聆听音乐方式。

音乐信息包括了搜索歌手的信息、浏览音乐新闻和图片、浏览音乐排行榜等活动。很多青少年都有自己喜欢的歌手、音乐风格，在无聊或者情绪低落时就可能会使用音乐信息打发时间，调节情绪。

音乐社交是青少年使用较少的一项服务，可能是因为互联网上关于社交服务的活动不仅局限于网上音乐使用中，在其他的一些互联网服务中也存在，如QQ、博客、电子邮箱等，这些服务与社区论坛等服务相比使用起来更方便、更直接，所以青少年使用音乐社交更少一些。

（二）网上音乐使用的性别及年级特点

对青少年网上音乐使用的性别差异和年级差异的分析表明，只有在音乐欣赏维度上的性别和年级的交互作用明显。对男生来说，七年级使用音乐欣赏显著低于职业高中一年级和职业高中二年级；而女生在音乐欣赏使用上没有显著差异。

首先，从生理发展角度来说，由于女生发育成熟早，由此带来的烦恼和挑战也会比男生来得早，因此，她们会寻求一些方式调节这些不安的情绪。例如，通过听音乐、倾诉等方式对不良情绪进行排解。音乐欣赏主要包括了在线听音乐、下载音乐等与音乐有关的互联网活动，女生使用音乐欣赏从七年级到高中并无显著差异。对于男生来说，七年级刚刚步入青春期，由于发育的滞后性，烦恼和消极情绪都会来得相对晚一些，随着年龄的增长和烦恼的增多，他们也会借助音乐调节一些消极情绪，所以会出现随着年级的升高，男生越来越多地使用音乐欣赏。

另外，青少年在音乐信息、音乐社交和音乐欣赏方面都没有显著的性别差异，说明不论男生还是女生都能在互联网中找到自己感兴趣的音乐活动，所以，青少年在互联网在线音乐使用上可能存在使用内容的不同，但是使用的频次是没有差异的。

其次，单纯从年级上看，音乐信息、音乐社交和音乐欣赏的年级差异都达到了显著水平。总之，三种服务都有明显的相似特点，就是七年级网上音乐使用的水平都显著低于高年级。不过，仅仅是青少年的音乐社交随着年级的升高而增多，其线性趋势显著。

对于七年级的青少年来说，他们刚刚进入初中阶段这个新的环境，在学习、师生关系、同伴关系等方面还没有完全适应和发展起来，比小学阶段面临更多压力源，承受更大压力，因此，他们更可能到网上进行音乐活动。同时，参加网上音乐活动也是社交的需要，熟知最新的娱乐资讯和音乐信息可以为青少年找到共同话题，为青少年带来友谊和优越感。但是，七年级与职业高中三年级相比使用三种服务都没有显著差异。到了职业高中三年级，青少年面临着工作和毕业的双重压力，时间上也不像平时那么充裕，网上音乐服务使用的时间会有所减少。

（三）网上音乐使用与人格、孤独感的关系

我们考查青少年网上音乐使用与其人格、孤独感的关系，发现网上音乐使用具有调节作用。

其一，音乐信息可让外向青少年减少孤独感。外向性通过音乐信息影响孤独感。高外向性的个体使用音乐信息越频繁，体验到的孤独感越少。

其二，音乐社交可让外向青少年减少孤独感。使用音乐社交越频繁，外向性的个体体验到的孤独感越少。

其三，音乐欣赏可让神经质青少年更加孤独。使用音乐欣赏越频繁，神经质的个体体验到的孤独感越多。

其四，音乐欣赏可让外向青少年减少孤独感。也就是说，高外向性的个体使用音乐欣赏越频繁，体验到的孤独感越少。

二、网络游戏

相比传统游戏，诞生于互联网时代的网络游戏（Online Games）具有新的特点。青少年是使用网络游戏的主要群体，网络游戏给他们带来的究竟是消极影响还是积极影响？此外，当青少年的注意力被网络游戏牢牢占据时，他们的网络游戏体验很可能发展成网络游戏成瘾，这之间的因果关系该如何澄清呢？

（一）网络游戏的特点

网络游戏简称网游，是电子游戏与互联网结合而成的一种新型娱乐方式。通常说的网络游戏一般指“大型多人在线角色扮演游戏”。它是以互联网为传输基础，能够使多个用户同时进入某个游戏场景，操作具有某种社会特性的游戏角色，并且能与其他游戏用户控制的角色实现实时互动的游戏产品。中国网络游戏市场，男性青少年比较喜欢的游戏有《穿越火线》《特种部队》《疯狂赛车》《街头篮球》等，女性青少年比较喜欢的游戏有《劲舞团》《QQ炫舞》等。其他类型的游戏还包括“多人在线游戏”“休闲类网络游戏”（张国华，雷雳，2013）。

网络游戏之所以能够吸引大量的青少年群体，是因为它所具有的一些特点。

首先，从技术层面上看，网络游戏采用最先进的技术手段，呈现虚幻逼真的场景，将虚幻世界展示得美轮美奂，令人心旷神怡、流连忘返。网络游戏中所运用的三维（3D）技术，可以演绎出壮观的场面、优美的画面和动听的音乐，游戏玩家则以数字化的虚拟身份来展示或想象主体身临其境的状态。网络游戏所营造的空间为玩家提供了一种更直观精细、更接近真实世界的认知方式，使玩家在游戏世界中产生更为真切的感觉。

其次，从心理需求层面看，网络游戏将网络和传统电子游戏相结合，具有以往单机游戏所不具备的人际互动性、情节开放性、更大的情感卷入等特点（郑宏明，孙延军，2006）。研究者（Griffiths, Dovies & Chappell, 2004）认为，玩家之所以喜欢玩网络游戏，是因为他们在玩游戏的时候既可以进行社会交往，也可以独

自玩耍、享受暴力带来的乐趣，而且可以在游戏过程中进行探险、策略性思考和角色建构等。

（二）网络游戏的消极影响

现在，有关暴力网络游戏对攻击的影响成为研究的焦点。研究表明，暴力游戏会引起游戏玩家的不良生理反应（刘桂芹，张大均，2010；郭晓丽，江光荣，2007），启动攻击性认知、情绪和行为（李婧洁等，2008），提升其内隐攻击性（陈美芬，陈舜蓬，2005；崔丽娟等，2006）；游戏中频繁出现的暴力会使用户敏感性降低，对现实生活中的暴力采取漠视的态度（Bushman & Huesmann，2006），也可能让青少年对暴力行为更加宽容，并使青少年改变“暴力行为是不好的”观念，增加现实生活中的攻击行为并且减少助人行为（Anderson，2004）。

对暴力游戏的横向和纵向研究结果大致相同（Bushman & Huesmann，2006；魏华等，2010）。研究发现，网络游戏的攻击和暴力内容在短期内可能导致对暴力脱敏（郭晓丽，江光荣，朱旭，2009）以及敌意倾向的提高（刘桂芹，张大均，2010），并唤起个体的攻击倾向，启动个体已有的攻击性图式、认知，提高个体的生理唤醒，自动引发个体对观察到的攻击性行为的模仿，其长期效应可能导致个体习得攻击性图式和攻击性信念，减少被试对攻击性行为的消极感受（Bushman & Huesmann，2006）。对暴力游戏与攻击性关系的元分析也表明，暴力游戏增加了被试在现实生活和实验室情境中的攻击性认知、情绪、生理唤起及行为，其他的消极影响还包括降低同情心与亲社会倾向等（Anderson et al.，2010）。对有些青少年来说，暴力网络游戏甚至会促使他们做出一些犯罪行为（Gentile et al.，2009）。

此外，虽然网络游戏不像烟、酒、毒品等物质的依赖力量大，但在虚拟游戏的刺激下，青少年会感受到在现实世界体会不到的快感，无法抑制游戏带来的乐趣，很多青少年会出现网络游戏成瘾（Gentile et al.，2009；Mehroof & Griffiths，2010）。通常来说，网络游戏使人成瘾的因素包括：想完成游戏的动力、竞争的动力、提高操作技巧的动力、渴望探险的动力、获得高得分的动力（张璇等，2006）。网络游戏成瘾者常常在虚拟世界的象征中去“实现”对权力、财富等需求的满足，并逐步代替现实中的有效行为，从而导致他们情绪低落、志趣丧失、生物钟紊乱、烦躁不安、丧失人际交往的能力等（Peters & Malesky，2008），对玩家的心理健康产生消极影响（南洪钧，钱俊平，吴俊杰，2011）。

（三）网络游戏的积极影响

目前，绝大多数研究者认为网络游戏会对用户起消极作用，但也有少数研究表明网络游戏可能对青少年产生积极影响。网络游戏之所以盛行，与它能够满足人们的心理需求是分不开的。有研究者指出，网络游戏可以让用户宣泄在现实生活中产生的不良情绪，满足缺失型需要（Suler，

2001)。此外，网络游戏可以让玩家舒缓压力、放松身心，达到宣泄郁闷情绪的目的。

同时，在网络游戏中青少年还可以和其他玩家交流（Greitemeyer，Osswald & Markus，2010），接触到许多在现实生活中无法碰到的人和事，增加对他人和社会的了解，锻炼社会交往能力。在很多社交性的亲社会型网络游戏（甚至是合作性的暴力游戏）中，青少年可以通过团队合作来学习协作的技巧，培养团队合作意识、集体主义观念以及亲社会行为（Greitemeyer，Osswald & Markus，2010；Greitemeyer，Traut-Mattausch & Osswald，2012），增加共情并减少攻击性行为（Greitemeyer，Osswald & Brauer，2010；Greitemeyer，Agthe，Turneret al.，2012），有些研究甚至发现接触攻击性媒体会对个体产生积极影响。

此外，网络游戏还可以为青少年提供丰富的角色扮演机会，使青少年可以通过体验不同的角色来更好地把握现实生活中的角色选择和定位。国外的很多研究都表明，适量玩网络游戏可以培养孩子们在收集、整理、分析、计划、创新等方面的能力（Gentile et al.，2009），帮助玩家从压力和紧张中恢复过来（Reinecke，2009），促进心理健康和社会性发展（Greitemeyer，Osswald & Markus，2010）。

总的来说，网络游戏影响的具体性质和强度取决于游戏量、游戏内容、游戏情境、空间结构和游戏技巧（赵永乐，何莹，郑涌，2011；Gentile et al.，2009）。网络游戏对青少年成长有一定的积极作用，适当的游戏方式能够起到促进他们的社会化进程的作用。

（四）网络游戏体验

有研究发现，获得网络游戏体验是青少年网络游戏玩家最为重要的游戏目的和动机之一，玩家在过去经历过的游戏体验能够显著预测后来的网络游戏行为。

研究者选取有代表性的青少年群体为研究样本（共计 1217 人次），采用文献综述、访谈法、问卷法和追踪研究设计等研究方法，系统考查青少年的网络游戏体验（张国华，雷雳，2013），揭示青少年网络游戏体验的结构和特点，探索网络游戏体验对网络游戏成瘾影响的内在心理机制，澄清网络游戏体验与网络游戏成瘾之间的因果关系。结果如下。

青少年网络游戏体验包括社交体验、控制体验、角色扮演、娱乐体验、沉醉体验和成就体验六个维度，这可以作为识别和筛查青少年网络游戏成瘾者的辅助工具。

青少年在网络游戏体验上总体处于偏低的水平，这说明青少年对网络游戏的体验程度较轻。从人口统计学方面看，高中二年级分数显著低于其他年级，男生的分数显著高于女生分数，男生的网络游戏体验强于女生。对青少年网络游戏体验相关影响因素的分析表明，网络游戏时间越长、网络游戏难度与技能匹配度越高，青少年的网络游戏体验就越强。

网络游戏品质和网络游戏体验能够直接预测网络游戏成瘾，同时两者通过对网络游戏的态度间接预测网络游戏成瘾，即网络游戏品质越高，青少年游戏成瘾的倾向越低，但对网络游戏的态度越积极，则网络游戏品质对网络游戏成瘾的保护作用可能会削弱。

有用感也能通过对网络游戏的态度间接预测网络游戏成瘾，即青少年认为网络游戏有助于提升自己表现，不会直接提高网络游戏成瘾倾向（即可能不会选择网络游戏来提升自我表现，有可能选择现实生活中的活动），但如果对网络游戏态度积极的话，则可能选择网络游戏来提升自我表现，增加网络游戏行为，导致成瘾水平提高。

追踪研究表明，青少年的网络游戏体验强度在追踪期间有所下降，网络游戏成瘾倾向保持稳定。交叉滞后回归分析表明，网络游戏体验在更大程度上影响青少年的网络游戏成瘾。

第四节　健康上网与网络安全

近年来，常有报道称一些人因为过度沉迷上网而出现怠于学习工作、忽视亲朋好友，以及影响自身健康状况的现象。此外，多数人可能经历过上网设备崩溃、重要文件被毁、隐私信息暴露等情况，这些情况可以被概括为健康上网与网络安全问题。基于现实生活的需要，我们通过梳理健康上网的表现、形态及其影响因素和一些关于网络安全的建议，来帮助青少年学习如何在网络世界健康又安全地成长。

一、健康上网

互联网已经成为现代人的一种生活方式，并渗透在青少年的日常生活中，成为影响他们成长的重要因素。与此同时，伴随“网络成瘾”等带来的心理、教育和社会问题也变得严峻起来。因此，普及宣传青少年健康上网的观念和行动也悄然而起。

公众是怎样理解健康上网的呢？研究者（郑思明，雷雳，2006）在调查青少年健康上网的公众观时，有些人直言不讳地说，“你要是调查青少年使用互联网的坏处，我可以说一堆给你听”“健康上网是什么样的，乍一想，脑子里真没想法，没有思考过”。在访谈教师时，有的教师说：“我目睹过很多学生由于沉迷互联网荒废学业，我希望尽可能地避免孩子使用互联网。”但又有许多公众提道：“不久的将来，学校、社区、社会广泛地使用互联网是必然趋势。”可见，家长和教师在这个势不可挡的网络时代带来的强烈冲击面前，尚未做好足够的心理和行动准备。

因青少年使用互联网引发的一系列心理、社会问题极度困扰着家庭和社会，所以健康上网对青少年个体的成长和发展乃至个人潜能的发挥，都可能具有非常重要的作用。

研究者（郑思明，雷雳，2006）主要采用质性研究方法，对青少年做深入的半结构访谈。在此基础上，运用扎根理论、个案分析，并结合量化测量、统计分析等多种研究手段，建构了青少年健康上网行为的概念、结构以及有利影响因素、各个因素之间的关系结构。

（一）健康上网的表现

通过对青少年健康上网行为概念进行统计分析，经过开放编码—主轴编码的反复比较、分析归类，抽象概括出类别，研究者提取了青少年健康上网概念的大体内容。

抵制不良：不登录黄色、暴力等网站，限制浏览不良网页及信息等。

不可沉迷：尤其是不沉迷游戏，不依赖、不成瘾等。

不扰常规：不影响正常学习生活，不带来消极影响，或最起码不要有害。

控制时间：由家长帮忙限制、控制上网的时间。

健康时限：给定一个健康上网的“健康”时间限度，自觉控制自己。

放松身心：愉快身心、释放压力、调节自己。

辅助学习：利用互联网，大部分用在学习上，帮助学习、拓展知识等。

长远获益：从长期来看有积极影响，给学习、生活和身心带来积极的影响，有益发展。

我们可以看到，时间对青少年科学健康地使用互联网有着指导和测量的作用。因此，研究者提取了一个“健康时限”维度，即针对我国目前青少年的日程常规来说，每天使用互联网不超过 1.5 小时、每周不超过 10 小时，这可以作为衡量青少年健康上网行为的参照标准。

（二）健康上网行为的形态

结合以上概念，按照控制的内—外方向和个体寻求有益影响的现实—虚拟倾向，研究形成了青少年健康上网行为结构的两个维度。第一个维度可以命名为“控制性”维度，其正向是由内部控制的行为特征，命名为“内控型”，其负向为受外部控制的行为特征，命名为“外控型”。第二个维度可以命名为“有益度”维度，其正向含义包括利用资源，拓展知识，获得对学习、生活、身心发展有益的结果，命名为“现实型”，其负向为“虚拟型”，包括代偿满足、追求虚拟生活。

由这两个维度构成的二维空间可以把青少年的健康上网行为进一步分为“健康型”“成长型”“满足型”和“边缘型”。

从对个案的分析中也可以归纳出每个典型个案的关键特点，具体表现如下：健康型的突出特点是能自觉控制自己，利用互联网学习和主动寻求有益发展；成长型的突出特点是能够有效利用互联网帮助学习、寻求发展、提高自我的约束能力；满足型的突出特点是利用互联网代偿需求、愉悦心情，利用互联网帮助现实（学习）少，无不良影响；边缘型的突出特点是追求虚拟生活、利用互联网帮助现实（学习）少，自觉性较差，无不良影响。

综合来看，这四种类型既是不同的，又有两两相似的特点，它们之间会互相转化。也就是说，对个体而言，其有可能同时具有两种有相似性的健康上网行为。比如，健康型和满足型都具有自我控制性，健康型和成长型都具有寻求现实发展的积极性。

（三）健康上网行为的影响因素

在分析青少年多次提及的重要影响因素的基础上，研究者分别整理出教师和学校、家长和社会、自己和同伴三组因素发挥作用的关键特征。

首先，教师和学校因素对青少年的作用是显然的，来自教师和学校的因素是“教育指导作用”。教师和学校发挥特有的教学功能，对青少年怎样正确使用互联网、如何有效利用互联网等各个方面都可以起到积极的作用。

其次，来自家长和社会的“经验引导作用”。由于许多家长本身对互联网的了解极为有限，在青少年应该如何使用互联网的问题上，他们借助于电视、报纸等各种媒体上的各种事实、案例，以这些为替代的经验引导青少年健康上网。

最后，自己和同伴为一组突出反映的是青少年个体及群体的特点，也强调了同伴关系在青少年的发展中起着成人无法替代的独特作用，称为“心理参照作用”。青少年同伴群体是一个联合而成的群体，在其中，学生交互作用，并获得一个评价个人态度、价值和行为的参考性框架；现如今使用互联网的行为方式已然成为独特的青少年同伴群体文化的内容之一，青少年的思想和行为在与同伴群体文化规范的对照中得以调整和修正。

虽然澄清有利于青少年健康上网行为的影响因素很重要，但是澄清那些不利于健康上网行为的因素也同样是极有意义的。在访谈过程中研究者发现，不少青少年在提到有利因素的同时，也提到了不利因素。归纳起来，不利于健康上网行为的因素主要有两个。一是社会的消极作用。比如，大肆宣传网络成瘾而损害了互联网的形象。二是青春期问题带来的消极影响，以逆反心理为主，正如有些孩子谈到的那样，“开始就是觉得，你们说不好，我觉得很好呀，我就验证给你们看看，肯定是很好的事”“他不让我们去，我们就偏去。比如，他说不要去摸电门，青少年都不要摸，我们就在想凭什么不让我们摸，我们就过去摸，反正就是这种意思”。

二、网络安全

在青少年期，个体会形成更高的独立性，这在他们的在线生活中会体现出来。这种独立性也带来了更大的责任，包括要更加仔细地管控他们的在线生活。但如今，大多数青少年都在社交网络上创建了至少一个甚至多个账户。有些青少年很容易将自己的父母加为好友，而有些则极力抗拒与父母进行在线联系。还有一些青少年则创建虚假个人资料，用来和父母、家人联系，同时使用另一个账户来从事真实、更值得调查的行为。

青少年通过各种互联网应用程序可以相互之间交流自己生活的点点滴滴，他们的所思所想在网络上到处都可以留下数字痕迹。他们往往并不知道（或者已经忘了）

自己在网络上发布的一切所有人都能看到，而且可能会无限期地存留在那里。五年、十年甚至二十年后，潜在室友、恋爱对象、高校招生办工作人员或潜在雇主只需在网络上搜索一下，他们的所有照片、观点和想法可能就会永远呈现在大家面前，因此，网络安全顾问针对青少年的网络安全，为父母提出了一些具体的建议和对策（Merritt，2012），以帮助青少年尽早开始管理自己的数字声誉。主要建议包括以下十二个方面。

（1）父母要强化关于保持适宜得体在线行为（语言、隐私信息和影像、网络道德规范、非法下载、限制使用小时数以及避开不良成人站点）的规则。

（2）父母要了解孩子的在线生活（社交网站、照片、隐私信息、俱乐部和体育活动），不管是他们在自己站点上的活动、在好友站点上的举动，还是在他们学校网页上的行为，都要了解。

（3）父母要检查孩子访问的站点，不要害怕讨论令自己不悦或让自己担忧的站点，必要时可以限制这类站点。

（4）父母需要谨记，孩子会在家、在学校、在朋友家、在图书馆通过手机甚至使用游戏机来访问互联网——因此需要与他们交流他们在所有这些情况下的活动。

（5）与孩子讨论有关性短信的隐私问题。性短信是年龄较大的青少年在恋爱关系中最经常发生的行为，被很多年轻人视作一项正常活动。

（6）要求孩子在未经父母许可的情况下不要下载文件（音乐、游戏、屏幕保护程序、手机铃声）或进行财务交易。

（7）告诫他们千万不要透露密码，并且当使用共用或公共电脑或者他们认为可能不安全的电脑时在键入隐私信息方面要小心谨慎。账户应始终处于未登录状态，即使在家时也是如此。

（8）告诫他们千万不要点击电子邮件或即时通信中的链接——这是人们的电子设备感染病毒或向不法分子泄露隐私信息和有价值信息的常见方式。

（9）只要有可能，就应将电脑和手机放在家里的公共区域，而不是放在孩子的卧室内。至少应让孩子夜间在卧室外给手机充电，以免深夜他们禁不住诱惑使用手机，从而影响他们的睡眠。

（10）培养孩子坦诚交流的习惯，鼓励孩子在网上有东西让他们感到不安时向父母诉说。请谨记，他们虽然已是青少年，但仍然只是孩子。

（11）提醒孩子要负责使互联网安全软件始终得到维护并保持最新状态，从而可以保护他们。

（12）进行“光说不干”交流，并且一定要让孩子教您一些有关互联网的新事物。

第二十章 青春期心理健康与心理卫生

在1983年版《中学生心理学》中，我率先提出了“心理卫生”[①]“心理治疗”的概念，并率先在学校中倡导心理健康教育的设想。随着时间的推进，特别是20世纪90年代后，大、中、小学心理健康教育的深入开展，“良好的心理素质是人的全面素质中的重要组成部分”“心理健康教育是实施素质教育的重要内容”逐步成为学校工作的共识。

处于青春期的青少年，其心理健康及其教育，与大学生（和成年人）或小学生既有共同之处，又有所不同。

开展青少年心理健康教育的依据是教育部颁布的《中小学心理健康教育指导纲要》（以下简称《纲要》），《纲要》既论述了中小学心理健康教育的共同性问题，又强调了年龄特征，对初中生与高中生的心理健康教育内容和方法做了科学的阐述。

第一节 积极开展青少年心理健康教育

中学心理健康教育是提高青少年学生心理素质、促进其心理健康和谐发展的教育，是进一步加强和改进中学德育工作、全面推进素质教育的重要组成部分。

一、科学地理解心理健康

如前所述，我曾于2001年接受《中国教育报》采访时提出，心理健康教育的路子一定要走正，其意是必须科学地理解心理健康，强调心理健康教育必须坚持正面教育。心理健康教育必须面向全体学生，以提高全体学生的心理素质。

早在1983年版的《中学生心理学》中我就指出，常态心理与变态心理的区别只是相对的，在实际生活中很难划一条明确的界限。曾有心理学家挑选了100个身体极为健康的青年进行心理测验，结果，严格意义上的常态心理的人一个也没发现，因此，常态心理并不意味着一点问题也没有。那些基本上不影响一般心理活动的轻微的精神或心理障碍，不能作为判断心理变态的标准。如在日常生活中，人们由于

① 在国际上，“mental health”既可理解为“心理卫生”，也可译为“心理健康”。

种种原因而暂时出现的心理异常——恐惧、烦恼、胆怯、孤独、激动、与人相处不好、个性中某些特征不足或过多等，不能视为变态心理。直到今天，心理健康的含义、组成因素和有无误区，在国际心理学界仍是有争议的。

（一）什么是心理健康与心理健康教育

心理健康指一种良好的心理或精神状态。心理健康的概念既代表心理健康，也表示它的相反方向——心理问题。国际心理学界更多地强调围绕心理健康开展的教育，即心理健康教育。

（二）当前我国心理健康教育的进展与问题

自20世纪90年代初开始，我国大、中、小学陆续开展了大、中、小学生心理健康教育，成绩十分显著：建立了大、中、小学心理健康教育体系；积极探索了心理健康教育的机制；认真开展了心理健康教育活动（全国性的和地方性的），如建立“5·25大学生心理健康节”、建立心理健康教育的网站等；进行了心理健康和心理健康教育一系列课题的研究；积极建设心理健康教育教师队伍，特别是有些省市的人事部门解决了中、小学心理健康教育教师的编制和职称等问题；积极贯彻中央有关文件中关于心理健康教育的指导精神，认真实施教育部大、中、小学心理健康教育指导纲要。

当然，我国大、中、小学的心理健康教育也有一些不足。例如，专业化、规范化建设不够，队伍质量和水平有待提高，资源整合尚需深入，工作发展不够平衡等。大、中、小学心理健康教育组织机制建设问题是摆在我们面前亟待处理的大事。

（三）“心理和谐”问题的提出

2006年，《中共中央关于构建社会主义和谐社会若干重大问题的决定》（以下简称《决定》）中首次阐述了社会和谐与心理和谐的关系。《决定》指出，要“注重促进人的心理和谐，加强人文关怀和心理疏导，引导人们正确对待自己、他人和社会，正确对待困难、挫折和荣誉。加强心理健康教育和保健，健全心理咨询网络，塑造自尊自信、理性平和、积极向上的社会心态”。从中我们体会到，心理和谐是心理健康教育的指导思想，心理和谐也对我国学校心理健康教育指出了方向并提出了具体的要求。

二、心理和谐对心理健康教育提出更高的要求

心理和谐不仅对心理健康做了分析，而且对心理健康教育提出了更高的要求。

（一）心理健康教育必须要坚持正面教育

在本书中，我们多次提出应看到广大学生的两个主流：一是学生心理健康是主流；二是有些学生由于某些心理问题要求

接受咨询和辅导，这也是主流。包括中学心理健康教育在内的心理健康教育必须坚持以积极心理学的观点来开展正面教育。然而，长期以来，病理学与缺陷观占据着心理学的主要地位，而忽视了对人类积极特征（乐观、希望、知识、智力和创造力等）的研究。

积极心理学是关于人类幸福和力量的科学，创始人是塞利格曼（M. E. P. Seligman），以研究人类的积极心理品质，关注人类的健康幸福与和谐发展为主要内容，试图以新的理念、开放的姿态诠释与实践心理学。

从内涵上说，心理和谐包含了比积极心理学更深刻的核心内容；从外延上说，心理和谐囊括并扩展了积极心理学的各个方面。把心理和谐作为心理健康教育指导思想，目的就是要坚持正面教育。

（二）健全心理健康教育网络

根据北京师范大学的经验，一个完善、系统的心理健康教育体系应该包括工作网络、教育网络、服务支持网络。

工作网络分为三级：第一级工作网络是心理辅导指导委员会及其下设的专业机构，负责制定心理健康教育的相关方针和政策；第二级工作网络是心理辅导人员在接受专门培训后与咨询者直接接触，了解其面临的问题和可能出现的问题，并对一些紧急情况做出预防和预警；第三级工作网络由专门的心理咨询组织以及其他各级各类组织构成。

教育网络根据教育对象的不同也分为三级：第一级教育对象是正常、健康的个体；第二级教育对象是有轻度心理障碍的个体，如有问题行为、不良习惯、人际关系问题、环境适应问题、抑郁心理、各种生活危机等的个体；第三级教育对象是较严重的心理障碍者，第三级教育主要由社会心理健康治疗组织或医院来承担。

服务支持网络包括建立专门的心理健康网站和心理健康论坛，并建立心理健康教育网站大联盟和心理健康总论坛。总之，这三个部分构成一个有机整体，相互配合，在社会上形成一个完整而高效的心理健康教育体系和结构，从整体上维护人们的心理健康。

（三）处理好教育模式与医疗模式

教育部印发的《中小学心理健康指导纲要》科学地指导和规范中小学心理健康教育工作。《中华人民共和国精神卫生法》主要是针对我国精神病患者的法律。在包括中学在内的学校里所进行的心理健康教育主要是教育模式，医院中进行的则是医疗模式。当然，教育模式与医疗模式是相辅相成、辩证统一的。

（四）加强幸福指数的研究

心理和谐会要求社会和谐，重视幸福指数。在国际上从 20 世纪 60 年代开始，主观幸福指数逐渐成为评价一个国家国民幸福程度的重要指标。什么是幸福？幸福指数包括哪些内容？尽管在提法上各有千秋，但国际上主要获得了三点共识：一是幸福以认知、情感和个性等心理因素为支撑；二是从纵横比较中获知是否幸福；三是金钱绝不代表幸福。

当前，国民主观幸福指数测量工具的设计和标准化，是摆在我国心理学家面前的一项重要课题。我们必须从国情出发，根据我国的特点来设计幸福指数的测量工具，心理健康追求的正是国民的幸福健康，青少年也不例外。

（五）关注职业倦怠

所谓职业倦怠，主要是指从事高强度、高人际接触频率的人员（如警察、医生和中小学教师等）所产生的情绪衰竭、去个性化和个人成就感低落的症状。我国中小学教师中有相当一部分表现出一定的职业倦怠症状。有些研究曾提出16%的概率，按这个概率推算，全国就有100多万中小学教师处于职业倦怠的痛苦之中。因此，学校开展心理健康教育时，还应从人文关怀角度关心中小学教师，提高他们的心理健康水平。

三、心理和谐要求我们关注学生的心理问题

心理健康教育要求我们做好以下人群的人文关怀工作。

（一）重视学生的心理问题和行为问题

尽管学生心理健康是主流，但我们必须看到，目前学生中出现越来越多的心理问题和行为问题，迫切需要开展和加强心理健康教育。

（二）关怀儿童青少年中的弱势群体

（1）重视留守儿童青少年。20世纪八九十年代以来，在农村剩余劳动力涌向城市的同时，很多人把孩子留在了农村，并托付他人代为照看，形成了中国特有的一个新的处境不利群体。如何使留守儿童青少年在缺乏父爱或母爱的家庭环境中保持心理的和谐和健康、摆脱孤独感等，为心理学的研究工作提出了新要求和新挑战。

（2）关怀流动儿童青少年。父母进城工作的同时把孩子也带进城里，这些进城的儿童形成了另外一个新的处境不利群体。如何使流动儿童青少年更好地适应城市生活、融入社会以及接受教育，都为心理学研究提出了新要求。

（3）关怀贫困儿童青少年。城市的和乡村的贫困儿童青少年都应得到关怀，这就要求注重教育的普惠性，推动公共教育资源向农村、中西部地区、贫困地区、边疆地区、民族地区倾斜。

（4）关怀艾滋病致孤孤儿。艾滋病致孤是指儿童由于父母双方或一方感染艾滋病病毒而成为孤儿。我国因艾滋病致孤的孤儿逐年增加。国务院办公厅印发的《中国遏制与预防艾滋病“十二五”行动计划》提出了“民政部门要将艾滋病致孤孤儿全部纳入孤儿保障制度”。

（三）关心离异家庭儿童青少年

离异家庭的儿童青少年是指父母婚姻破裂而导致家庭解体后出现的特殊社会群

体。当前，离异家庭儿童青少年的心理发展和教育，以及他们出现的问题，尤其是因父母离异后严重影响学习而离家出走，甚至违法犯罪成为少年犯，已成为一个世界性的社会问题。

（四）关注受灾学生的心理疏导

灾难发生后，幸存人群的心理变化一般分为三个阶段：紧急应变期、冲击期、心理重建期。如何应对受灾群体，特别是儿童青少年发生的心理变化，以及如何加强人文关怀都值得我们好好研究。

2008 年 5 月 12 日，四川汶川发生特大地震，震后一大批心理学工作者奔赴灾区进行心理疏导工作。教育部成立国家心理疏导培训班，作为领导小组组长，我在成都对当时四川灾后心理疏导工作提出了四点建议：①帮忙不添乱，决不能造成二次伤害；②科学有序地按民政部的划片，每个省市的心理学工作者到该去的区域，做好从心理救助到心理援助的工作；③积极培训，不论谁（包括我自己）只要没有学过创伤心理学的都得参加培训；④加强伦理性与科学性，更好地做灾后群体心理疏导工作。

第二节　青少年心理健康的标准

国际上关于心理健康的标准有很多。

首先，在判断心理健康的指标上，适应性指标（一切不适应社会现象的都属于不健康）和发展性指标（强调从发展视野分析心理健康问题）是公认的两种指标，后者是根本性的指标。

其次，对心理健康标准的具体表示主要采用三家的意见。一是国际心理卫生大会的标准（四条）：身体、智力、情绪协调，适应环境、人际交往顺利，有幸福感，发挥潜能；二是人本主义心理学的标准（十条）：安全感，了解自己，理想、目标切合实际，适应环境，保持人格的完整与和谐，善于从经验中学习，良好的人际关系，控制情绪，适应群体、发挥个性，适当满足个人需要；三是美国人格心理学的标准（七条）：自我开放（不自我封闭），有良好的人际关系，具有安全感，正确地认识现实，胜任自己的工作，有自知之明，内在统一。

再次，2001 年世界卫生组织提出的心理健康概念认为："心理健康是一种健康或幸福的状态。在这种状态下，个体可以实现自我，能够应对日常的生活压力，工作富有成效和成果，以及有能力对所在社区做出贡献。"

最后，在心理健康的标志上，较多的是强调没有心理障碍和具有一种积极向上发展的心理状态。

以上四个方面为我们讨论青少年心理健康的标准提供了有益的依据。

一、心理健康的标准的提出必须坚持科学性

早在1983年我们就提出了关于心理健康与心理不健康的标准问题，当时我们就强调标准的提出必须坚持科学性。今天我们仍然坚持这个观点。

1983年对心理健康标准初探后我写道："究竟怎样的情况才算变态心理呢？一般地以三个方面为指标。①看心理活动与客观环境是否统一，所作所为是否符合他所生活的特定环境对他提出的要求，其言行能否被一般人理解，有没有明显的离奇和出格的地方。②看心理活动本身是否完整和协调。他的认识过程、情感体验和意志行动是否协调一致。③看心理活动本身是否统一。个性心理特征是否具有相对稳定性，它在各种心理过程中是否得到体现。如何测定，用什么方法加以鉴别呢？到目前为止，还没有一套科学的分析和检查的办法。现在国内外常用的判定办法大致有四个：①以经验为标准，根据研究者对自己的心理状态的比较来鉴别常态和变态；②以对社会适应性为标准，对环境不能适应则为异常；③以变态或障碍原因、状态严重与否为标准，有些变态心理现象或导致障碍因素在常态人身上是绝对不存在的；④以统计数据为标准，将心理活动的行为表现数量化，并制作常态分布曲线，对照被试的行为表现，看其是否变态。"

今天看来，当年的标准和测定方法的科学性与本节引言中的判断指标、名家标准和公认的标志是一致的。

二、青少年心理健康的标准

青少年心理健康存在的问题可归纳为三个方面：一是学习造成的压力；二是人际关系的紧张；三是在自我方面出现问题。根据国际上公认的判断指标、标准和标志，针对青少年学生的学习、人际关系与自我三个方面，我们做了一些探索，对于广大学生的心理健康在每个方面的具体标准，我们很难包揽无遗地逐条列出，但是从问题的正面出发，大体可概括为：一是敬业；二是乐群；三是自我修养。

学习是学生的主要活动。心理健康的学生能够在学习方面敬业，从中获得智力与能力，并将习得的智力与能力用于进一步的学习中。在学习中充分发挥智力与能力的学生，就会产生成就感；由成就感而乐学，进而会学和活学，如此形成一个良性循环。具体地说，在学习方面，学生的心理健康表现为如下六点：成为学习的主体；从学习中获得满足感；从学习中增进体脑发展；在学习中保持与现实环境的接触；在学习中排除不必要的忧惧；形成良好的学习习惯。

人总要与他人交往，并建立一定的人际关系。学生的人际关系主要涉及亲子关系、师生关系和同伴关系等。学生与双亲、与教师的关系是一种垂直方向的关系，而与同伴的关系则是水平的关系。每个学生总是"定格"于人际关系网络中某个特定的位置，同时又与别人发生各种方式的联系。学生处理错综复杂的人际关系的能力直接体现了其心理健康水平。在人际关系

方面，学生的心理健康表现为如下六点：能了解彼此的权利和义务；能客观地了解他人；关心他人的要求；诚心地赞美和善意地批评；积极地沟通；保持自身人格的完整性。

心理健康的人了解自己，并接纳自己。“人贵有自知之明”，健康的人能正确客观地认识自我，加强自我修养，既不自卑，也不盲目自信；他们经常进行反思，看到自己的长处，更能容纳自己的不足，并寻求方法加以改进；他们常常能正确地认识、体验和控制自我。在自我方面，学生的心理健康主要表现为如下六点：善于正确地评价自我；通过别人来认识自己；及时而正确地归因并能够达到自我认识的目的；扩展自己的生活经验；根据自身实际情况确立抱负水平；具有自制力。

我们按照这三个方面 18 点编制了“心理健康测查量表”，并在全国范围内逐步推广测试和使用，取得了一定的效果（俞国良等，1999）。

三、青少年心理健康教育的任务及其内容

根据上述标准，青少年心理健康教育如何进行，必须从教育部颁布的《中小学心理健康教育指导纲要》（以下简称《纲要》）出发。

（一）坚持青少年心理健康教育的目标

心理健康教育的总目标是：提高全体学生的心理素质，培养他们积极乐观、健康向上的心理品质，充分开发他们的心理潜能，促进学生的身心和谐可持续发展，为他们的健康成长和幸福生活奠定基础。

心理健康教育的具体目标是：使学生学会学习，正确认识自我，提高自主自助和自我教育能力，增强调控情绪、承受挫折、适应环境的能力，培养学生健全的人格和良好的个性心理品质；对有心理困扰或心理问题的学生，进行科学有效的心理疏导，及时实施必要的危机干预，提高其心理健康水平。

（二）强化青少年心理健康教育的主要任务

心理健康教育的主要任务是：全面推进素质教育，增强学校德育工作的针对性、实效性和吸引力，开发学生的心理潜能，提高学生的心理健康水平，促进学生形成健康的心理素质，减少和避免各种不利因素对学生心理健康的影响，培养具有社会责任感、创新精神和实践能力的德智体美劳全面发展的社会主义建设者和接班人。

按照“全面推进、突出重点、分类指导、协调发展”的工作原则，不同地区应根据本地实际情况，积极做好心理健康教育工作。

（三）按年龄特征确定青少年心理健康教育内容

初中阶段的心理健康教育内容主要包括：帮助学生加强自我认识，客观评价自

己，认识青春期的生理特征和心理特征；适应中学阶段的学习环境和学习要求，培养正确的学习观念，发展学习能力，改善学习方法，提高学习效率；积极与教师及父母进行沟通，把握与异性交往的尺度，建立良好的人际关系；鼓励学生进行积极的情绪体验与表达，并对自己的情绪进行有效管理，克服厌学心理，抑制冲动行为；把握升学选择的方向，培养职业规划意识，树立早期职业发展目标；逐步适应生活和社会的各种变化，着重培养应对失败和挫折的能力。

高中阶段的心理健康教育内容主要包括：帮助学生确立正确的自我意识，树立人生理想和信念，形成正确的世界观、人生观和价值观；培养创新精神和创新能力，掌握学习策略，开发学习潜能，提高学习效率，积极应对考试压力，克服考试焦虑；正确认识自己的人际关系状况，培养人际沟通能力，促进人际间的积极情感反应和体验，正确对待和异性同伴的交往，知道友谊和爱情的界限；帮助学生进一步提高承受失败和应对挫折的能力，形成良好的意志品质；在充分了解自己的兴趣、能力、性格、特长和社会需要的基础上，确立自己的职业志向，培养职业道德意识，为升学就业做准备，培养担当意识和社会责任感。

第三节　青春期心理卫生

在1983年版的《中学生心理学》中我提出了青春期心理卫生的原则。尽管在今天看来有不足之处，但可以作为参考，而今天在讨论青春期心理卫生的原则时必须以《纲要》为指南。

一、青春期心理卫生的原则

青春发育期是身心发育的重要阶段。处于青春期的青少年学生，绝大部分都在健康地成长。可是也有少数青少年由于各种原因出现心理健康问题，有的甚至有了心理障碍，痛苦至极。

这里，提出一个重要的问题：为什么有少数青少年的心理不能健康地发展？原因是复杂的，与青春期的心理卫生“保健”有一定的关系。这里，我想重提当年自己提出的心理卫生原则。

（一）关于生理机制方面的心理卫生原则

心理是人脑的机能，人脑是心理的生理机制。要使心理健康成长，首先要保护大脑与神经系统的健康。

人体从事某项活动时，大脑皮质相应区域的细胞也处于兴奋状态。各项活动都会引起大脑相应区域细胞的兴奋，兴奋必然也伴随着细胞的物质消耗，如果消耗过程占据优势，使大脑皮质转入抑制，就会出现疲劳。疲劳对大脑皮质细胞具有保护作用，是需要休息的信号。

青少年精力旺盛，往往兴奋占据优势。因此青少年需要合理的休息，并补充消耗的物质。如果负担过重，活动过量，脑细胞长期处于兴奋状态，致使某种皮质细胞损伤，结果就会入睡困难、失眠，早晨起不来，白天昏昏沉沉，学习精力不集中，缺乏学习兴趣，效率很低，逐步发展为神经衰弱。神经衰弱与学习效果不良又形成恶性循环，使心理健康逐渐恶化。

因此，青少年必须有足够的休息和睡眠，有合理的营养和新鲜的空气，有适度的学习负担。学校生活制度与家庭生活秩序如何适应他们身心发育的要求，是教师和家长需要关注的课题。

（二）关于生活节奏性的原则

我国自古以来对日常生活节律是十分重视的。《黄帝内经》中主张“食饮有节，起居有常，不妄作劳”。现代生理学提出“积极性休息”的观点。所谓“积极性休息”，就是神经细胞的活动依次轮替，大脑皮质的兴奋和抑制过程重新分配的现象。生活有节奏性，不仅使大脑和神经系统充分地获得交替和更新，而且使生活“习惯化”，在大脑中形成“动力定型”。动力定型既可以使大脑皮质活动消耗量少，工作效率高，不易疲劳，又可以提高人们，尤其是中小学生从事某项活动的兴趣。

中学阶段要使学生生活有节奏性，首先要有科学的作息制度，合理地组织、安排他们一天的学习、劳动、体育锻炼、课外活动和休息。这样，才能保证青少年养成良好的生活习惯，使生活和学习按规律进行，保护大脑和神经系统的健康，提高学习成效，达到德智体美劳全面发展的目的。图 20-1 是中学生作息时间分配表供教师和家长参考。

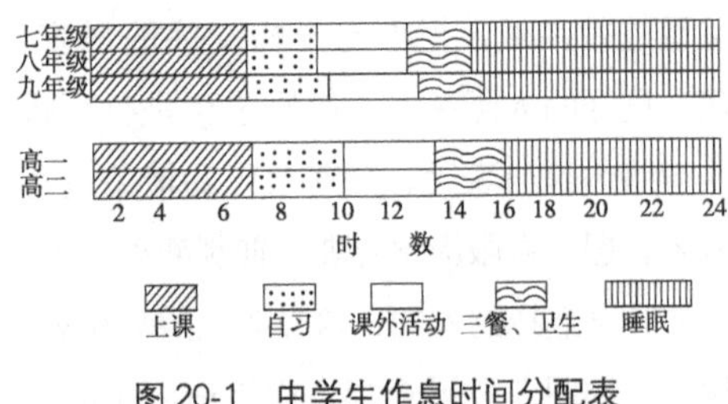

图 20-1　中学生作息时间分配表

文体活动是消除疲劳和丰富生活的积极性休息的措施，对于保持人的精神饱满、心情愉快极为重要。文娱活动能启发想象力和创造力，是使学生兴趣丰富、情感健康的一个途径。体育锻炼不仅能增强体魄，而且能加强人的自尊心和独立感，消除沮丧的情绪，增强意志力，培养勇敢、坚毅、乐观的性格。因此，在青少年中大力开展文体活动是保证青春期心理健康发展的一项重要措施。

（三）关于情绪情感方面的心理卫生原则

情绪情感与疾病直接相关。情绪情感对躯体的生理功能，诸如食欲、消化、心血管、肌肉、呼吸、泌尿和内分泌等功能有很大的影响。情绪情感与一般疾病关系密切，情绪急躁、易激动的成年人容易得冠心病；在患心肌梗死的病人中，焦虑和抑郁情绪的发病率比正常人明显增加。情绪情感更是心理障碍的内在因素，甚至一些心因性精神病也由情绪情感的波动所致。同时，良好的情绪情感在疾病治疗中也能起到很好的作用。心理治疗的目的，就是要调动患者良好的情绪情感以起到除病的作用。

如第十三章所述，青春期的情感极不稳定、波动性很大，这是心理问题和行为问题，甚至是心理障碍、神经症发生的一个诱因。中学生在学习、准备就业或升学以及文娱生活等方面会出现一系列的情感抑郁和情绪波动，甚至出现心因性反应等，这些都需要对心理加以调适。

教师和家长要引导青少年学会控制自己的情绪。另外，在批评他们时，教师和家长要心平气和地讲道理，使其乐于接受。动之以情的教育方法正是执行心理卫生原则的一项良好措施。

（四）关于性教育的心理卫生原则

处于青春发育期的青少年，突出的生理特点是性发育及性成熟。他们逐步产生性意识，开始对性知识发生兴趣，有的因性的要求和好奇心或由于某些媒体、网络与文艺作品的刺激，出现手淫的现象。有些青少年业已形成习惯，明知不对，但又不能自制，于是产生悔恨、恐惧、自怨自艾等心理，造成精神紧张，从而影响健康。青少年中的早恋者，往往因恋爱不顺利或社会的压力而产生抑郁和激动情绪，引起精神萎靡，严重地影响学习和身心健康。青春期有些心理障碍的精神因素正是来自这一点。

教师和家长要理解这个时期学生在生理上的变化和需要，要主动关心他们，给予正确的引导和帮助。教师、家长和卫生工作者应该根据青少年的不同年龄阶段，适当地对其进行性教育。当然，性教育不仅是关于性的生理知识，还应作为伦理道德和人生观教育的组成部分。我们提倡性教育，绝不是提倡性的开放，而是引导处于青春期的青少年正确地对待异性，正确地对待自己，让他们懂得高尚品德的可贵。教师和家长要注意消除引起他们性行为的语言、书刊和传媒中的某些不良影响，安排好他们的日常生活和文体活动，使他们的心理健康地发展。

（五）关于气质与性格的心理卫生原则

心理障碍的发生，往往与气质类型有关。研究表明，强而不可制约型（胆汁质）和弱型（抑郁质）的人较那些强而均衡型（多血质和黏液质）的人发生心理障碍的可能性更大。但气质类型具有高度的可塑性。因此，对胆汁质的人不断地进行训练，抑制其内部冲动性，培养其忍耐、克制和涵养能力，可以消除过多的兴奋性，从而促进兴奋和抑制的均衡。对抑郁质的人，在一定的个体发育条件下，经过培养和锻炼，也能消除过多的被动防御反射。训练可以增进神经过程的灵活性，防止因环境的急剧变化而造成精神的过度紧张。

在中学阶段，培养学生良好的性格，不仅能够补偿气质类型的不足或缺陷，而且能为防御和抵抗心理障碍奠定内在的有力基础。教师和家长除了要按第十六章所述正确培养青少年的性格外，对使他们产生惊吓、拘束、紧张、犹豫、自卑等的因素也要设法消除，因为这些因素历时过久或刺激过强，都会影响他们的心理健康。

（六）关于防止意外死亡的心理卫生原则

表 20-1 是某地儿童青少年死因调查中的一部分。

表 20-1　儿童青少年各年龄组意外死亡情况

年龄组	意外死亡位次	意外死亡占死亡总数的百分比（%）
1～2 岁	4	3.53
3～6 岁	3	10.43
7～11 岁	2	13.58
12～17 岁	1	22.35

从表 20-1 中可以看出，随着年龄的增长，意外死亡在各种死亡中由年龄的第四位上升为第一位，在各种死亡中所占的比例也逐渐升高，由 1～2 岁的 3.53%上升到青春期的 22.35%。在医院急诊室中，同样可以看出这个年龄阶段的孩子在外伤病人中占据的比重最大。这说明青春期的意外伤亡确实是一个值得注意的问题。造成伤亡的原因主要是车祸、溺水、锻炼损伤、烧伤和斗殴等。为什么这个年龄阶段的伤亡率这么高呢？主要是心理因素：一是血气方刚，容易激动，容易参与打架斗殴事件；二是缺乏经验，过高地估计自己而力量又不足；三是出自好奇心，不妥当地探险、蛮干、鲁莽从事而出事故。这些正反映了过渡期的青少年处于半幼稚半成熟状态的心理与行为之间的关系。教师和家长应该根据这些特点，教育他们正确地估计自己，谦虚谨慎。

二、心理健康教育的原则

教育部指出，开展中小学心理健康教育，要以学生发展为根本，遵循学生身心发展规律，坚持四个原则：一是坚持科学性与时效性相结合；二是坚持发展、预防和外界干预相结合；三是坚持面向全体学生和关注个别差异相结合；四是坚持教师的主导性与学生的主体性相结合。

我们在落实教育部《纲要》精神的基础上，提出开展大、中、小学生心理健康教育，要重在指导，立足于国家的教育方针，遵循学生身心发展的规律，保证心理健康教育的针对性、实践性和实效性。

对青少年的心理健康教育必须坚持如下六条原则。

（一）坚持心理健康教育的科学性

心理健康教育，在发达国家一直受到重视。今天，它又被我国教育领导部门列为大、中、小学的教育内容，并被写进中央文件。其如此受重视的原因之一是，心理健康教育是一门科学。科学性是其灵魂，坚持科学态度是对教育工作者的职业要求。所谓心理健康教育的科学性，主要有两层意思：一是理论和方法的依据是学校心理学；二是尊重学生的客观心理事实。

（二）尊重与理解学生

教师在进行心理健康教育时必须尊重和理解学生。教师对学生的尊重意味着信任和鼓励，有助于他们形成积极的自我观念和健康的人格。只有尊重学生，才能与学生建立良好的信任关系，才能打开师生情感交流的渠道，这样，教师才能进行心理健康教育。对学生进行心理健康教育还必须理解学生。理解学生包括同情性理解、认识性理解两种。前者是指教师要站在学生的角度，用当事人的眼睛去看，用当事人的耳朵去听，用当事人的心去体会，设身处地地理解他们的忧伤与痛苦；后者是指了解学生的心理状况、心理问题和行为问题的实质以及问题产生的原因，这样，心理健康教育才能做到有的放矢。

（三）预防、治疗和发展相结合

心理健康教育有两种目标。积极目标是协助学生在其自身和环境许可范围内达到最佳的心理功能，使潜能得到最大限度的开发，人格或个性日趋完美。从积极的角度看，心理健康教育不仅仅针对有心理和行为问题的学生，更重要的是促进每个学生最大限度地发展自己。消极目标就是预防和治疗各种心理和行为问题。从消极的角度看，心理健康教育的上策是预防而不是治疗。

（四）全体与个别相结合

心理健康教育作为教育的一部分，应该面向全体学生，目的在于使每个学生的心理潜能得到充分发展，当然也同时预防各种心理异常和心理问题的发生。对于较可能发生或已经发生心理和行为问题的个别学生，要做到个别辅导、重点治疗。另外，对于一般的日常心理健康教育，可以采取面向全体的教育方式，而对于少数需要帮助的学生则宜采取个别辅导、咨询和治疗的方式。在个别教育中，应该针对每个学生的个性特点和个别差异，采取相应的措施。在心理健康教育中，要灵活地坚持全体与个别相结合的原则。

（五）助人自助，最终达到教育目的

心理健康教育既然是教育，就必须坚持以教育为最终的、最高的目标，促进全体学生身心健康、全面发展。当然，开展心理辅导和治疗也是教育的一个环节。心理辅导与治疗的最终目的是助人自助，即帮助学生学会独立地解决自己面临的问题，而不是替其解决问题。如果教师越俎代庖，对学生应该自己做的事也包办代替，不仅无助于其心理和行为问题的解决，反而会害了学生。

（六）从年龄特征出发，进行有的放矢的教育

在大、中、小学生中进行的心理健康教育，必须按照学生心理发展的规律，从学生的年龄特征出发，循序渐进，设置分阶段的具体教育内容。正如前面提到的，在中学开展的心理健康教育要按初中和高中两个不同的阶段，有针对性地安排心理

健康教育内容。

第四节　关于青少年心理咨询与干预

我认为，青少年的心理咨询与干预以及心理治疗的理论根据是学校心理学。

一、学校心理学的发展与工作

学校心理学是在教育心理学、发展心理学、临床心理学、心理测量、心理咨询及特殊教育学的基础上发展起来的。其研究对象主要是中小学教育系统中有身心缺陷或学习困难的儿童青少年。其根本任务是为中小学生提供直接或间接的心理服务，帮助他们克服学习上的障碍，促进心理的健康发展，并提高其社会适应能力。

（一）学校心理学的发展

有关学校心理学的实践始于 19 世纪末。1896 年，美国特殊教育专家威特默（L. R. Witmer，1867—1956）创立世界上第一个专门用于研究和解决儿童学习困难的心理实验室，他也因此被誉为“学校心理学之父”。1915 年，美国的格塞尔（Arnold Gesell，1880—1961）成为第一个去学校工作的学校心理学家，开始真正意义上的学校心理学实践。学校心理学在作为一门独立学科诞生的过程中，除受到教育实践需要的推动外，心理测量运动、特殊教育运动、心理健康与心理卫生运动以及学习理论的发展都对其起到了极大的促进作用。自 20 世纪 70 年代后，该学科在北美、欧洲的一些国家迅速发展，主要研究课题：①儿童多动症的认知—行为矫正研究；②离异家庭子女的心理特点及其良好适应性的研究；③学习困难儿童和学校恐惧症儿童的临床心理学研究；④青少年抽烟、饮酒、吸毒等问题的研究。

学校心理学服务主要针对在校学生的学校适应问题提供筛选、评价、咨询、辅导或治疗等方面的服务，是心理学服务的一种。服务的范围、性质和组织形式存在较大的国别差异，尚无固定模式，受国家工业化水平、学龄儿童的入学比例、国家对为个体提供心理学服务的重视程度以及学校的地理位置（如城市或乡村）等因素的影响。在许多国家，心理学家、社会工作者、咨询专家和特殊教育专家提供的服务相互交叉，我们很难确定应当把哪些服务称为心理学服务。在提供综合性服务的国家中，有些由儿童指导诊所或专门化诊所进行，有些由心理学家直接在学校提供。在北美，大城市通常有学区服务中心，中等规模的学区大多直接安排心理学家到几所学校工作，农村地区有合作性服务中心为一些学区服务。在一些仅为特殊教育提供一般性指导和评价的国家，常运用临床模式。

（二）学校心理学的主要工作

我认为，学校心理学作为青少年心理咨询与治疗的理论根据，在于学校心理学的主要工作为以下几个方面。

(1) 心理预防，即对学生在校学习期间，尤其是心理发展敏感期可能出现的问题，采取必要的心理卫生措施，促进其心理健康发展。

(2) 心理评估，即施行各种心理诊断测验，分析学生在智力、情绪、人格、学习和行为等方面的心理症状，提出排除障碍的措施。

(3) 心理咨询，即针对学生的心理问题进行辅导，帮助他们解决心理发展过程中的各种疑难问题和障碍。

(4) 行为矫正，即对学生言语、认知、人格、行为等方面的问题进行心理干预，具体帮助学习困难、情绪挫折、行为越轨、社会适应不良的学生获得正常发展。

(5) 学习辅导，即帮助学生掌握科学的学习策略，选择良好的学习方法，使他们按照一定的学习目标和学习程序进行学习，以获得系统的知识和一定的能力。

(6) 职业指导，即通过心理测量手段，在考虑学生的能力、性格、体力、家庭、经历等特点的基础上，指导学生选择适当的职业。

二、青少年心理咨询与治疗

心理咨询又叫作心理辅导，是青少年心理健康教育的一个重要手段。所谓心理咨询包括广义和狭义两种。广义的心理咨询往往包括心理咨询和心理治疗，有时心理评估与诊断、心理测验也被列入心理咨询的范围。心理测验往往成了心理咨询的基础，有了测验，必然会涉及咨询结果，解释结果，如何对待结果，有时也可以理解为咨询。狭义的心理咨询不包括心理治疗、心理评估与诊断、心理测验，而只局限于咨询者通过面谈、书信和电话等手段向来访者提供心理援助这一具体的过程，即平常所说的心理咨询。①

（一）中学生心理治疗

1983 年版《中学生心理学》提出了中学生心理治疗。心理治疗是运用心理的能动作用的原理，使机体得到有利的改变。如果有了较严重的心理障碍，应通过心理治疗与药物治疗相结合的方式，使障碍者的大脑机能获得恢复，使他们的精神和身体状态得到改善，从而达到治疗的目的。由于当时我国还没有真正意义上的学校心理咨询，1983 年我提出的在中学生中进行心理治疗，仅仅是一种尝试或探索。

现在我认为，严格地说，学校心理健康教育一般都以心理咨询或辅导为主，以心理治疗和矫正为辅。

（二）中学生心理咨询的内容

中学生心理咨询应该从教育模式出发，学校的心理咨询的重点是发展性咨询，同

---

① 张日昇：《咨询心理学》(第 2 版)，北京，人民教育出版社，2009。

时辅以障碍性咨询，既可以从学生的心理问题出发，譬如学习、人际关系和自我的问题，也可以从正面出发进行咨询引导。所谓发展性咨询，一是需要咨询，引导学生产生正确的社会需要和良好的精神需要，解决学生中无理想、无动力、无兴趣的问题；二是成长咨询，学生在不同的年龄发展阶段会产生一些相应的心理问题，需要对其进行有针对性的辅导；三是成功咨询，指导学生发挥自己的潜能获取学业成功和成才，我们不能单凭智商取人，要看到非智力因素对学生成才的影响；四是创新咨询，引导学生成为高素质的创造性人才。

如果极个别的青少年有了较严重的心理障碍，应主要采用医疗模式，辅以教育模式，此时教师、家长应配合医务工作人员鼓励学生实事求是地正确对待，树立乐观主义精神，并教给他们暗示自己，“既来之，则安之，自己完全不要着急，让体内慢慢生长抵抗力，与它做斗争直至最后战胜之”，也就是充分调动他们的主观能动性，使其有信心、有毅力去战胜障碍。实践表明，青少年处于生长发育期，可塑性大，只要发挥其主观能动性，进行合理治疗，青少年之中的心理障碍者绝大多数都可以治愈。

对患心理障碍青少年的治疗办法很多，可以采取团体治疗，也可以采取个体心理治疗，还可以采取认知行为治疗、箱庭治疗等。这里，对教师和家长来说，对他们的心理障碍，主要应采取个体的心理治疗，特别对青少年中极个别的神经症患者和精神病恢复期的患者，诚恳、温和、带有鼓励性且有暗示肯定的谈话，能使他们消除恐惧和顾虑，增强对治疗和恢复健康的信心；帮助这些青少年克服困难，在生活上、学习上给予他们多方面的照顾和帮助，并做好他们的同学和兄弟姐妹的工作，不能对他们有任何歧视与讥讽，要使他们感到班集体和家庭的温暖，从而增强他们的生活勇气，以增进机体和心理的健康。

（三）青少年心理咨询的类型

青少年心理咨询按形式可以分为如下三类。

(1) 个体心理咨询。个体心理咨询是心理咨询的主要形式，一般意义上的心理咨询就是指个体心理咨询。面谈咨询是最常见、最主要的个体心理咨询方式。

(2) 团体心理咨询。它的产生基于实际生活，人类的许多适应或不适应、心理健康或障碍往往起源于人际关系。通过团体人际交互作用的方式，模拟社会生活的情境，来促进个体的自我认识、自我调整、自我发展，这是一种有针对性的咨询理论和方法。

(3) 家庭心理咨询。家庭是一个动力结构，每个成员之间相互作用，形成相对稳定的互动方式，以此维系着家庭的存在。家庭某一成员出现问题，往往不是孤立的，而是与其他家庭成员有关，是家庭成员相互作用的结果。进行家庭心理咨询的前提是所处理的问题是在家庭中产生的，问题可以表现为个人的，也可以是家庭成员共同面临的。

负责学校咨询的教师，尤其是心理健

康教育的专职教师，应在这三种心理咨询的技能上下功夫。

（四）青少年心理咨询应该注意的问题

（1）建立良好的信赖关系。应该激发青少年前来接受心理咨询的意愿。一般来说，青少年能意识到自己在心理上存在问题，希望获得心理上的援助，但是又担心心理咨询老师跟其他大人一样不能理解自己的苦衷，反而将大人的思维方式强加于自己，从而对心理咨询老师存在疑虑和顾忌，对心理咨询采取拒绝的、排斥的态度。因此，心理咨询老师应该以诚恳耐心的态度讲明心理咨询的基本精神和原理，尤其是告诉他们心理咨询的保密原则，帮助他们消除顾忌和疑虑，从而改善咨询谈话的气氛，建立相互信赖的咨询关系。

（2）分清心理问题是发展过程中的一时现象还是障碍反应。中学时期经常表现出来的青春期特有的问题行为、青春期身心症及性的不适应等，往往是伴随着青春期的开始而出现的，也伴随着青春期的结束而急速地消失或减少，即可以认定为一种一时性的心理或精神障碍或行为上的问题表现。同时，极个别学生所表现出的各种神经症、边缘状态、精神分裂症等成人的精神病理现象，也往往在这一时期出现苗头。心理咨询老师要深刻地认识到这一时期的青少年心理、行为的各种问题、症状等现象，心理咨询工作也要对应作为来访者的青少年的障碍水平，并以灵活的姿态协调好心理咨询的过程结构。

（3）避免说教和口头议论。心理咨询老师的主要任务是促使来访学生谈话，耐心倾听并细心观察来访者的言谈举止，不要轻易打断来访者，特别是需要避免说教和口头议论。由心理咨询老师共情、耐心诚恳的态度形成的和谐的交谈气氛和相互信任的咨询关系，可以起到帮助来访者解除心理负担、放松紧张情绪的作用，从而使来访者心头的郁结得以消解，在厘清自己的思绪的基础上，找到问题症状的原因并积极寻找解决问题的对策。

（4）重视非语言表达的作用。进入青春期的中学生在心理咨询的时候未必完全能够用语言来表现自己。在这种情况下，在心理咨询过程中，还可以积极导入游戏疗法。箱庭疗法作为游戏疗法的一种，是不需要较多言语表达的咨询方法。也可以将来访者的信件、日记、诗歌、绘画、漫画等作为心理咨询的辅助手段予以使用。有时，这些辅助手段的使用可以直接影响心理咨询的状况及其顺利展开，从而左右心理咨询是否成功。

（5）关注闪光点。对青少年在发展中出现的一些特定问题，我们应加以正确引导。其实，每一个学生都是可爱的，每一个学生身上都有等待我们去发现的闪光点，这是心理咨询老师应该牢牢记住的。

（五）心理咨询的原则和伦理要求

心理咨询的原则是对咨询工作的基本要求，它对心理咨询工作具有非常重要的意义，是顺利开展咨询工作的保障。一般来说，在咨询过程中咨询师应遵守以下一些重要原则：①保密原则，这是心理咨询中最重要的一条原则；②主体原则，在咨询中，来访者既是咨询的对象，又是咨询活动的主体；③转介原则，指当咨询者认为一个个案超出自已的能力范围或时间不够，使自己不能很好地解决问题时，将此个案转介给其他的专业人士或机构；④时间限定原则，指心理咨询必须遵守一定的时间限制；⑤态度中立的原则，咨询师在咨询过程中应保持中立的立场，不将私人情感掺杂到咨询中，不过度卷入咨询中；⑥咨询、治疗和预防相结合的原则，在咨询过程中通过这三个方面的工作来促进来访者的利益得到最大限度的保障。

除了上述的原则，心理咨询十分讲究伦理道德标准。心理咨询伦理道德标准的意义在于帮助咨询师在遇到冲突时找到处理的方法和准则；对咨询师的咨询过程提供必要的方向和指导；确保公众不会因个别不良咨询师的做法而对心理咨询失去信心；保障咨询专业的自由和完整性。咨询师应遵守的心理咨询的伦理道德标准有：提供合格的专业服务；维护来访者的权利和利益；避免与来访者建立双重或多重关系。

咨询师在心理咨询与治疗过程中能否遵循心理咨询与治疗的基本原则，关系到心理咨询与治疗工作能否顺利开展，也决定着心理咨询与治疗工作的成败和效果。

三、学校危机干预

构建学校心理危机干预体系的必要性来自时代发展的需要、教育发展的需要，更来自现实的需要。

危机往往是指“生死存亡的关头”“危险与机遇”，是强调“转机与恶化的分水岭”。所谓心理危机，是指危机事件带来的威胁和挑战超出了人们有效应对的能力范围，使人们内心的平衡被打破，从而引起混乱和不安。地震、水灾、疾病暴发、恐怖袭击、战争等危机事件都有可能导致个体内心的失衡，引发其心理危机。学校心理危机，是指在学校内外爆发的，在学校一定范围内引起恐慌和混乱的、对学校的生存和发展造成不良影响的事件。由于这些事件给学校成员（师生、行政管理人员等）心中留下创伤，往往依照常规的模式或者往常的经验无法解决，需要学校领导或相关部门在短时间内做出及时的处理。

（一）如何构建学校心理危机干预体系

从广义上以及实际效果上来说，有效的学校心理危机干预不是始于危机事件发生后的反应，而是在危机事件发生之前业已开始的。完整而系统的学校心理危机干预体系应包括危机发生前的预防和准备、危机发生后的心理危机处理以及心理危机干预的有效性评估三个方面。

危机发生后一般应做以下处理。

(1) 确保生理需要。危机发生后，学校首先要确保学生的基本生理需要，包括提供安全的场所、必要的食物和水等，同时给学生提供相关的信息，让学生得知危机事件的始末以及目前的情况。这样做可以增强他们的安全感。只有基本的生理需要满足了，才能进一步开展心理干预。

(2) 评估心理创伤。在心理干预开始之前，首先要评估每个学生的心理创伤水平。青少年和成年人的心理需求是不同的，而且每个学生的反应可能差异很大。评估工作最好由学校内部及周边的心理健康专业人员进行（如学校心理教师、社会工作者以及职业心理咨询师等)。

(3) 提供心理干预并满足对师生的心理需求。进行评估之后，就要针对不同的干预对象及其不同需求，提供不同形式的或分层的危机干预。第一层是普及性的危机干预，重新建立其社会支持系统；第二层是选择性的危机干预，如心理教育式的团体辅导、急救性质的个体和团体咨询等；第三层是指定性的危机干预，主要提供给那些受到最严重心理创伤的个体。

（二）学校心理危机干预团队的建立

建设学校系统的心理危机干预团队，可以从微观和宏观两个角度加以考虑。微观层面：学校内部的危机干预团队建设。宏观层面：更大区域范围和更加系统的团队建设。学校内部心理危机干预团队的规模取决于学校的大小，一般是 4～8 人。

（三）对心理危机干预的展望

(1) 在危机干预团队中要兼顾具体成员的组成和职能。学校建立的团队，应和当地的教科所等研究机构进行合作，开展危机前的预防工作，在社会上形成一个完整而高效的心理健康教育体系和结构，从整体上维护和预防师生的心理健康。

(2) 借鉴国外经验，进一步完善危机干预团队的建设，保证团队成员各司其职，相互配合，从而及时、有效地开展危机中的心理疏导、干预工作。关注危机中学校管理人员、教师、心理学专业教师以及校外援助人员的资源整合、分工合作；关注学校领导、教师等在危机中的心理健康与情绪应激状态。

(3) 建立客观反映人类发展的人文和社会因素评价指标，要求心理学重视发展与教育各项指标的研究。对于经历危机的师生进行危机干预之后，定期对干预的效果进行长期追踪评估，确保干预的有效性；编制并验证中国文化背景下心理危机干预的测验工具。

(4) 进一步细化学校心理危机干预体系：幼儿园危机干预心理预案、中小学校园危机心理预案、高级中学校园危机心理预案、大学校园危机心理预案。收集并整理我国校园危机管理案例集及开发校园危机管理课程，这一系列纵深的研究，定会让校园危机管理更加科学，更符合时代的要求。

第二十一章
青少年的积极发展与核心素养

自从20世纪初美国心理学家斯坦利·霍尔创立青少年心理学以来长达一个多世纪的时间里，青少年发展研究在很大程度上一直以青少年“缺陷”（deficit）观为基础。在该观点的影响之下，直到20世纪80年代，发展科学家关注的重点一直围绕在“事情是如何变坏的”以及“如何解决青少年问题”（Larson，2000；Benson，Scales，& Roehlkepartain，1999）等方面。可以说，发展心理学在某种程度上已逐渐演变为发展心理病理学。20世纪七八十年代以来，随着“发展系统理论”（Developmental Systems Theory）逐步成为青少年研究和实践服务领域的主导性理论框架，发展心理学研究开始关注人类发展潜在的可塑性（Lerner，1998）。持积极青少年发展观的当代发展心理学家强调青少年自身所具备的健康发展的潜力，主张应把青少年作为一种资源去培育，而不是作为问题去管理（Damon，2004；Roth & Brooks-Gunn，2003），所以我把这些理论或观点展示出来。

过去几十年间，发展心理学家在家庭、学校、社区等影响个体发展的背景因素方面开展了大量研究并获得了有意义的研究成果。在探讨了关于青少年的一系列问题之后，我们最后来关注他们的积极发展，介绍关于积极青少年发展的理论，以及在实践中如何培养青少年的积极品质、促进他们的身心健康等内容。

无独有偶，因应我国教育发展的新形势，“培养什么人、怎样培养人”也成了我国教育领域中的重大问题。由我领衔的研究团队研制了中国学生发展核心素养，就是希望深入回答这一问题，这也是顺应世界教育改革发展趋势、大力提升我国教育国际竞争力的迫切需要，是全面实施素质教育、深化教育领域综合改革、着力提高教育质量的迫切需要。

第一节　积极青少年发展观

“积极青少年发展观”（Positive Youth Development Perspective，PYD）强调青少年自身具备健康发展的潜力，不应该把青少年作为问题去管理，而是应该培养他们的积极品质（Damon，2004；Roth & Brooks-Gunn，2003）。关注青少年的"优势"（strengths）是对长久以来在发展心理学中占据主导地位的"缺陷"观的补充和平衡，其出现迅速推动了发展心理学知识的创新与应用。

积极青少年发展观是一个涵盖了多个学科的理论体系（Benson，Scales，Hamilton et al.，2006），包含了一系列从新的视角描述人类积极发展指标、路径和条件的概念模型和理论框架。我们认为，作为一个上位概念，积极青少年发展观的核心观点包括：将优势视为发展的基础，强调阐释促进最佳发展的因素而不是与问题行为有关的因素；强调儿童青少年在家庭、学校、邻里等多重背景中发展，任何试图描述发展的研究都必须反映各种各样的发展背景；重视关系，认为积极发展是青少年意向性和有意义的关系的作用结果。

一、有关发展的促进因素的概念模型

为确认那些有助于个体与情境之间融合的积极发展经验，20 世纪 90 年代后研究者提出了多个概念模型，由此也产生了一系列描述发展促进因素的词汇，如支持、机会、发展的"营养素"（developmental nutrients）、发展优势以及发展资源等（Benson，Scalse，Hamilton et al.，2006）。这些模型通过对发展促进性过程的定义和理论分析，区分出了促进人类发展的关键因素及其测量学指标。由于视角与侧重点的不同，有关发展的促进因素的概念模型大致可以分为三类。

（一）关注外部环境的理论

第一类模型主要关注促进青少年发展的外部环境的积极特征。例如，皮特曼等人（Pittman，Irby，Tolman et al.，2001）提出了促进青少年发展的七项关键"投入"（key inputs）：①稳定的场所；②基本关心和服务；③健康的同伴关系与亲子关系；④高期望和标准；⑤角色榜样、资源与人际网络；⑥具有挑战性的经验和参与、贡献的机会；⑦高质量的指导和培训。他们尤其重视在成人的支持下让青少年通过真正参与社区生活掌握有关技能来为家庭和社区做出贡献。

另有研究者（Gambone & Connell，2004）则认为成功发展与以下六项条件相关联：充足的营养、健康和保护、成人和同伴的多种支持、在挑战性活动中学习经验、以成员身份参与活动的机会、身体和情感的安全。

这两个模型均强调青少年发展的需要以及支持、机会、经验等发展的外部促进条件，旨在确定促进青少年发展的最佳情境因素，并假设青少年越多接触这类资源和经验，就越有可能获得积极发展。

（二）关注个体特征的理论

第二类模型以埃克尔斯和古特曼（Eccles & Gootman，2002）提出的关注积极发展的个体特征为代表。埃克尔斯和古特曼代表美国国家研究委员会与美国医学会（National Research Council and Institute of

Medicine，NRCIM）提交的报告《促进积极的青少年发展的社区计划》描述了 28 种既能够促进青少年时期的成功发展，又可以推动个体向下一阶段——成年期实现最优化过渡的个体资源。这些资源分为四个维度：身体发展（如良好的健康习惯）、智力发展（如学业成功、理性思维习惯）、心理与情绪发展（如良好的情绪调节技能、个体效能信念）、社会性发展（如联系感、公民参与义务感）。他们认为，尽管积极发展并非要求青少年拥有四个维度中的所有资源，但同时拥有四个维度的资源是非常有益的。

该模型的一个重要贡献是明确了与青少年积极发展相关联的资源的多个维度及多项指标，但所确定的指标都是个体性质的，对促进个体发展的家庭、学校和社区背景的特点缺乏关注。

（三）关注个体与环境交互的理论

第三类模型则同时关注健康发展的个体和环境特征以及二者之间的交互作用。巴博尔和奥尔森（Barber & Olsen，1997）用“联结”（connection）、“规则”（regulation）和“自主”（autonomy）三类社会化经验来界定青少年与家庭、学校、同伴及邻里交互作用的特征。

研究证实，当青少年在一种背景下（如家庭）获得积极经验时，他们也可能在另一种背景下（如同伴群体）获得积极经验。而且，当青少年报告在一个社会化领域（如规则）有积极的交互作用时，他们更倾向于报告在另外两个方面具有积极的交互作用。研究还发现这三类经验能够独立预测青少年的积极发展结果。

二、发展资源理论

在促进发展的有利条件方面，平衡情境因素与个人因素的发展资源模型是关注个体与环境交互理论中出现较早并最具影响力的一个代表模型，所以我们重点介绍该理论。发展资源理论框架（the Developmental Assets Framework）试图从整体或关系的视角出发考虑影响青少年健康成长的综合因素。除了受到已有青少年发展研究的影响之外，该模型提出的重要理论基础和背景主要涉及人类发展的生态学理论、积极青少年发展观以及心理弹性和预防干预领域的应用研究（Benson et al.，1999）。

（一）青少年的发展资源

在描述青少年发展的促进因素的词汇中，发展资源（developmental assets）一词的使用频率相当高（Benson，2003，2006；Eccles & Gootman，2002；Zeldin & Price，1995）。这一概念指的是一系列能够有效促进所有青少年获得健康发展结果的相关经验、关系、技能和价值观（Benson，Leffert，Scales et al.，1998），是增强儿童和青少年健康发展的社会与心理优势（Benson，2003）。Search 研究院最初提出的发展资源有 30 种，在继续查阅大量相关文献、访谈青少年服务的实践专家以及开展实证研究的基础上，1996 年，Search 研究院重新扩充了原有的资源框架，将其包含的资源发展为40种，外部资源（见表21-1）和内部资源（见表21-2）分别有20种（常淑敏，张文新，2013）。

外部资源代表了能够促进青少年健康发展的环境特征，又称为生态资源，主要指成人通过加强联系以及提供机会使青少年获得积极的发展经验（Benson，2002）。具体说来，外部资源可以分为四类：支持（support）、授权（empowerment）、规范及期望（boundary-and-expectation）和有效利用时间（constructive-use-of-time）。支持包括来自家庭、邻里和学校等多重环境的肯定、赞成和接受。它使青少年在良好的人际关系中体验到温馨、关爱的氛围。授权是指鼓励儿童和青少年参与社区团体活动，感受到自身的价值和社会人士的重视，其中安全感是一个重要的潜在资源（Zeldin &Price，1995）。规范及期望表达了一种来自多重背景的明确一致的信息，即家庭、学校和邻里都有责任规范青少年的行为，成人和同伴在积极的负责任的行为方面以身作则。有效利用时间指为所有青少年特别是10～18岁的青少年创造条件以保证他们有时间参加学校或社区组织的各项创造性活动。这些创造性活动类似布朗芬布伦纳所提倡的对青少年更具激励作用的适宜发展的活动（Bronfenbrenner & Morris，1998）。

表21-1　青少年发展的外部资源

类别	外部资源	定义
支持	1. 家庭支持	家庭生活给青少年提供高水平的爱与支持
	2. 积极的家庭沟通	青少年与父母进行积极沟通，愿意从父母那里获得建议和忠告
	3. 与其他长者建立良好关系	青少年从三个或更多长者（非父母）那里得到支持
	4. 邻居的关怀	青少年得到邻居的关照与爱护
	5. 关爱的学校氛围	学校提供关心的、鼓励的环境
	6. 父母参与学校生活	父母积极参与，帮助青少年取得学业成功
授权	7. 社区重视青少年	青少年感受到社区成人重视他们
	8. 青少年是一种资源	青少年在社区里被委以重任
	9. 为他人服务	青少年每星期参与社区服务1小时或更多
	10. 安全	青少年在家里、学校和邻舍中感到安全

续表

类别	外部资源	定义
规范及期望	11. 家庭规范	家庭有明确的纪律和奖惩办法，并监控青少年的行踪
	12. 学校规范	学校有明确的纪律和奖惩办法
	13. 邻里规范	邻居有责任监控青少年在社区内的所作所为
	14. 成人角色示范	父母和其他成人做出积极的、负责任的行为
	15. 积极的同伴影响	青少年最好的朋友表现出积极的、负责任的行为
	16. 高期望	父母和老师都鼓励青少年凡事要尽其所能去做好
有效利用时间	17. 创意活动	青少年每星期至少花 3 小时用于音乐、戏剧或其他艺术形式的课程或实践活动
	18. 青少年项目	青少年每星期至少花 3 小时参加社会或学校、社区组织的集体活动
	19. 宗教社团	青少年每星期至少花 1 小时参加宗教团体活动
	20. 留在家中	青少年每星期与朋友外出“游荡”少于两个晚上

资料来源：Benson (2006)。

内部资源代表了青少年个体具有的引导其行为的价值标准、胜任特征和技能等 (Benson，2002)。内部资源也划分为四类：对学习的承诺（commitment-to-learning）、积极价值观（positive-value）、社会能力 (social-competency）和积极的自我认同 (positive-identity)。其中，对学习的承诺综合了促进学业成功的个人信念、价值观和技能，包括学校归属感、参与学习活动并期望获得成功等。积极价值观代表了亲社会的价值观念和个人的品格，如诚信、正直、有责任感等，有证据表明这些价值观念和品格反映了社会大众的价值标准，非常接近当今科技发达社会的核心价值观念（Benson，2002)。社会能力主要是指对待多重选择、挑战和机遇的个人综合素质，如计划和决策能力、和平化解纷争及文化沟通能力等，它们通常反映了个人的良好适应状况。积极的自我认同是指年轻人关于未来和人生目标等方面的积极看法以及较高的自我价值感，它反映了青少年期的关键发展任务——自我认同的形成。如果没有这类资源，青少年将失去发展的动力、方向或目的。

表 21-2　青少年发展的内部资源

类别	内部资源	定义
对学习的承诺	21. 成就动机	青少年力求学业有良好表现
	22. 学校参与	青少年积极投入学习
	23. 家庭作业	青少年每个学日至少做 1 小时的家庭作业
	24. 关心学校	青少年关心自己的学校
	25. 阅读乐趣	青少年每星期至少花 3 小时为乐趣而读书
积极价值观	26. 关爱	青少年看重助人品行
	27. 平等与社会公正	青少年以提倡平等、减少饥饿和贫穷为己任
	28. 正直	青少年按照信念行事并坚持信仰
	29. 诚实	青少年即使在困难的情况下仍选择说实话
	30. 责任感	青少年接受和履行个人责任
	31. 克制	青少年认为不纵欲、不滥用酒精和药物很重要
社会能力	32. 制订计划和决策能力	青少年知道怎样制订计划及做出明智选择
	33. 交往能力	青少年具备同情心、敏感性和交友技巧
	34. 文化的能力	青少年对不同文化、种族、民族的人有所了解，并能和他们安然共处
	35. 抵制技巧	青少年能够抵制不良同伴压力和应对危险的处境
	36. 和平解决冲突	青少年寻求通过非暴力的方式解决冲突
积极的自我认同	37. 个人潜能	青少年感到自己有能力控制发生在自己身上的事情
	38. 自尊	青少年拥有高自尊水平
	39. 目标感	青少年意识到“我的人生有目标”
	40. 积极看待未来	青少年对自己的未来持乐观态度

（二）发展资源模型的重要理论假设及研究证据

在发展资源框架的理论研究与实践探索中，Search研究院提出了几个重要的理论假设，这些假设都获得了一系列实证研究结果的支持。

1. 假设Ⅰ：堆积效应

堆积效应（Cumulative Impact）可以简单表述为资源越多越好。本森（Benson，2003，2006，2007）在多篇文献中描述过资源的堆积效应，并提出了垂直堆积（vertical pileup）与水平堆积（horizontal pileup）两个概念。

垂直堆积主要表现为在任一时间点上青少年获得的资源总数与当前及今后发展结果的关系。一些研究发现，在青少年获得的资源的四分位水平上，从资源贫乏（0～10个资源）到资源富足（31～40个资源）的每一个连续增长（如当青少年获得的资源数由0～10个增加到10～20个时）都与青少年积极发展结果的增加和危险行为的减少显著相关（Benson et al.，1999；Scales，Sesma，& Bolstrom，2004；Theokas & Lerner，2006）。且研究还发现，资源富足水平与发展结果的这种关系适用于不同性别、种族、城乡、社会经济地位的青少年群体（Benson，Scales，& Syvertsen，2011）。同时，大量研究还发现，发展资源对于青少年积极发展结果的影响不仅限于当前，还包括将来。斯凯尔斯等人（Scales & Leffert，2004）回顾了有关青少年与儿童中期发展资源研究的全面文献，发现发展资源的经验显著影响随后对危险行为的预防和对积极发展的促进。有研究还发现，那些在儿童和青少年时期明显比其他同伴参加更多学校社团活动的年轻人更可能在成年早期（18～22岁）报告更多的积极结果，如与父母更亲密的关系和参与更多的社区事务或志愿者工作（Moore & Glei，1995）。因此，更多的发展资源有助于青少年发展重要的能力、技能和价值观，随着时间的推移，这些资源可以使个体对自身的需求进行适应性的自我调节，以成功塑造和驾驭生活（Benson et al.，2006）。

水平堆积主要指青少年获得更多相关资源的体验能增加资源与发展结果在某一时间点上的联系（Benson et al.，2006）。换言之，水平堆积表现了资源的情境宽度效应，即比起单一情境中的资源，在多个生态情境中（如家庭、学校、邻里/社区、同伴和校外项目）体验到的资源的累积与积极发展结果的相关更高。有研究者（Gutman & Midgely，2000）对非裔美籍贫困小学毕业生的研究发现，那些同时拥有家庭和学校资源的学生比仅拥有其中一种情境资源的学生的学业成就更高。对欧裔美籍6～12年级学生的研究发现，成就动机单独解释了这些学生学业成功中19%的变异，而学校参与青少年项目的时间、计划与决策、父母参与等则解释了另外12%的变异（Scales，Benson，Leffert et al.，2000）。当所有情境变量（家庭、学校和同伴）都被放入回归方程时，青少年发展结果中能被解释的变异显著增加（Eccles et al.，1997）。这一结果表明，跨情境的积极经验对于积极发展的影响是线性且独立的。因此，个别情境对发展的影响一般是相当有限的，而青少年的多个积极情境的累积影响则是巨大的（Cook，Herman，Phillips et al.，2002）。

以上研究结果表明，个体生活于其中的每一生态背景中的促进因素对人的发展都有重要影响，但当不同生态领域中的背景相互融合而产生资源提升时，单一情境中积极经验的促进或保护效应会被扩大。正如本森（Benson et al.，2003）所总结的：与发展性的生态环境进行多层面、大量的接触，可以增加年轻人的安全感、被支持感以及胜任感。经验到这种资源冗余的年轻人应该比没有经验这种资源水平堆积的年轻人更可能避免风险，实现充分发展。

2. 假设Ⅱ：共同愿景，多种路径

构建发展资源框架的目的之一在于为理解个体与情境之间的交互作用和促进青少年积极发展提供理论基础，同时，发展资源的分类法也创造了一个实践的愿景，即为了一个共同目的（积极的青少年发展）把社区乃至城市的公民联合起来，使这一共同愿景在催化社区和社会改变方面发挥重要作用（Benson，2007）。虽然来自美国文化背景的相关研究证实了发展资源分类的有效性，但本森进一步指出要关注文化多样性以及考虑文化价值观和发展资源框架之间的拟合优度。

虽然跨文化背景的研究都验证了资源越多越好的堆积效应，但随着青少年所处情境与发展历史的不同，发展资源对特定发展结果的解释程度却存在差异性。有研究在对217277名（包括69731名有色人种青少年）6～12年级学生的发展资源与发展结果关系的考查中发现了种族差异。例如，限制与期望这一资源在帮助避免反社会行为方面对所有青少年来说都很重要，但它们对美国印第安人、多种族混血儿及欧裔美籍的青少年具有更强的预防作用（Scales & Roehlkepartain，2003）。另一个包含多个种族的6000名青少年的积极发展研究则发现了发展资源作用的种族间差异。例如，与非父母成人的支持性关系对多种族、美国印第安、欧裔美籍青少年的充分发展指标有重要影响，“阅读乐趣”则对非裔美籍和西班牙籍青少年的充分发展指标影响更大（Scales et al.，2000）。

共同愿景、多种路径（Shared Vision，Many Pathways）的假设及相关实证研究结果表明，在为积极青少年发展提供资源及构建资源结构时要考虑文化变量，把对不同民族优良文化传统的继承与创新结合起来。

3. 假设Ⅲ：社区改变

社区是一个宽泛的概念，是由那些对发展有调节作用的情境、生态和设施所构成的连锁系统。

这个系统包含了大量影响青少年发展的因素，如家庭、邻里、学校、运动场所与各种集会等，此外还包括这些因素之内和之间的关系以及一个社区的政治、商业和经济基础（Benson et al.，2006）。社区改变假设（Transforming Communities）强调，社区是一个重要场所，通过社区水平上各种资源的激活、改变和联合而实现的资源建构，可以最大限度增加生态发展资源和个体发展资源的融合。因此，社区水平的资源建构与个体水平的资源同样重要，积极的青少年发展会随那些社区改变取向的干预或预防计划而得到最大的改善。

社区资源对于个体发展的重要作用已经得到实证研究的支持。例如，研究发现，青少年在1998年时拥有的社区发展资源状况（包括青少年计划、宗教服务、服务他人和其他成人关系和成人角色榜样）的得分每高1分，他们2001年时的学业成绩处于高分组（B＋及以上）的可能性就比其他学生高3倍（Scales & Roehlkepartain，2003)。青少年一周花3小时或更多时间参加体育运动、俱乐部或学校及社区组织与其积极发展的结果联系最密切（Scales et al.，2000)。有学者认为，这些结果的存在可归因于最佳青少年发展项目所具有的三大特征，即积极的、持续的成人—青少年关系（至少要1年），培养技能的活动，以及青少年有机会使用这些技能参加和领导基于社区的活动（Lerner，2004)。目前，几乎所有学者都认同社区水平上开展的课外活动对促进典型的积极发展是至关重要的（Roth & Brooks-Gunn，2003；Theokas，Lerner，Lerner et al.，2006)。

有学者对相关研究的综述也表明，综合性计划（同时关注学生健康、性格、学业表现、公民权利义务与社区联系、学校定位等）可以改变青少年的生活情境，青少年会因这些情境的改变而改变（Greenberg et al.，2003)。为了促进积极的青少年发展，社区水平的资源构建不仅应包括正规的组织和计划，还应包括非正式的规范和关系。研究表明，如果在青少年所处的社区中，成年人对一些基本价值、规范和期望持有共识，则青少年会发展得更好(Damon，2004)。优秀的儿童青少年项目为青少年提供了接近有爱心的成人、有责任感的同伴以及发展技能活动的机会，从而进一步增强了他们在学校中取得好成绩和保持健康体魄的技能和价值观。（Scales & Benson，2000）近年来，Search研究院已在美国、加拿大等国家发动了全国范围的“健康社区、健康青年”社区改变运动。此项改变运动动员了600个社区通过各种创新型试验来改变情境和生态环境，尤其重视对具有资源创造性的成人和同伴关系的构建。

第二节　青少年积极发展的特征

青少年究竟具备什么特征才能算获得了积极发展呢？目前，关注青少年积极发展的研究者主要关注青少年身上的哪些积极品质能够促进其达成理想的发展结果？他们将积极品质看作青少年积极发展的内容。目前，对青少年进行品格教育，已经越来越受到青少年、家长、社区、研究者以及实践工作者的关注和认可。研究者也致力于制定广泛适用的原理、概念和策略。

从现有观点来看，青少年的积极品质涵盖了态度、多方面的特征、社会支持和技能四个方面的内容。关注个体特征的研究者认为只有具备了某些指标的青少年才能算作实现了积极发展，这方面主要代表性理论为理查德·勒纳（Richard Lerner）等人提出的“5C”模型。侧重实践的研究者们更关注的是如何帮助青少年实现积极发展，并将培养青少年的各项技能作为促进他们积极发展的手段，这方面的主要代表性观点为以提高生活技能为目标的“4-H”模型。

一、勒纳等人的“5C”模型

1990 年，国际青少年基金会指出青少年发展应以 4C 发展为任务，所谓 4C 分别是指能力（competence）、联结（connection）、品格（character）及自信（confidence）。1995 年，勒纳等人提出青少年的发展还需要第五个 C——关爱（caring），进而确定了积极发展应包含 5 个方面的成分：能力、自信、联结、品格、关爱，即“5C”模型（图 21-1）。

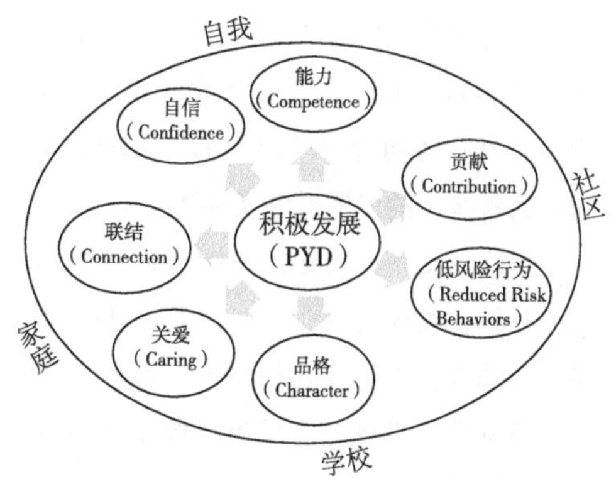

图 21-1　青少年积极发展的“5C”模型

勒纳等人指出，每个青少年都具备积极发展的潜力，所具备 5 种积极品质的水平越高，代表青少年积极发展的水平越高。其中，每个 C 都对应了更为具体的含义（Lerner，2003，2004；Lerner et al.，2008）。

第一个 C——能力，是一个综合的概念，包括以下几个内容：①学业能力，不仅包括取得好的考试成绩的能力，也包括适应学校生活的能力，如积极参与学校体育活动、文艺表演、学生会组织。②认知能力，这是与智力相关的能力，包括三个方面：准确地陈述和有力地辩论自己观点的能力，如喜欢参与辩论会，与同学、老师讨论问题；能够有效获得信息的能力，如经常看历史读物、新闻等；创造力，如创作诗歌、绘画、即兴演奏钢琴等。③社会能力，指的是了解不同社会情境需要，并且能够遵守社会规范，与不同年龄、地位的人相处的能力。例如，社会能力强的学生具有良好的师生关系，朋友多，对待服务员、推销员礼貌得体，能够解决与陌生人的冲突。④职业能力，在工作中可以学到如何与老板、上级、同事、下属友好相处，也能锻炼耐心、毅力，承担责任及服从命令。

第二个 C——自信，是指个体对自身能够通过行动达到既定目标的感知。自信与能力有着内在的联系，能力越高的人越自信，相应地，自信也有助于提高能力。

第三个 C——联结，是指青少年与周围人（家庭成员、同学、教师、教练、邻里等）建立良好的关系，在这一关系中青少年能够为周围人的幸福贡献力量，同样周围人可以帮助青少年建立信念、增加才智，为青少年的发展提供指导和支持。

第四个C——品格，是指个体具有良好的品格，表现为以下三种特征。①有明确的是非观：无论在任何场合，都能以道德判断标准为准则，不仅自己能做正确的事情，同时也要帮助他人做正确的事情。②这种是非观是一致和可靠的：即使在面对非常困难的抉择时，依然正直诚实。③每个人在这种是非观面前都是平等的，即能够公正地对待每一个人。

第五个C——关爱，包括共情和同情。共情就是能设身处地地站在别人的角度，理解和欣赏别人的感情；同情是指对他人的苦难、不幸会产生关怀、理解的情感反应。这种关爱的情感能力，在人际交流中起着重要作用，能帮助个人形成良好的人际关系和道德品质，保持心理健康。

另外，勒纳等人还提出了青少年积极发展的假设，即当5个C同时展现在一个青少年身上时，就会发展出第6个C——贡献（contribution）。因此，贡献是青少年积极发展的重要结果，也是青少年积极发展的标志。在随后的研究中，勒纳等人对这一假设进行了验证，研究结果支持了这一假设（Lerner et al.，2010）。

总之，“5C”模型是从理论与反思出发，采用自上而下的方式进行推论得到的，具备能力、自信、联结、品格及关爱五种积极品质的水平越高，则意味着青少年积极发展的水平越高。另外，研究者们还提出了青少年积极发展结果的重要假设，即贡献是青少年积极发展不可忽视的发展结果，青少年积极发展不仅能够抵御风险问题，更能够为青少年成为合格的公民做准备。

二、以提高生活技能为目标的“4-H”模型

以提高生活技能为目标的模型是把培养青少年的生活技能作为促进他们积极发展的手段。该模型的主旨是帮助青少年提高生活技能，使青少年能够自我引导，具有生活能力及为社会做贡献的精神和态度。

以培养生活技能为目标的模型是为美国的青少年提供公民教育而创设的，属于产生于应用项目的实践模型。亨德里克斯（Hendricks，1996）在教育项目工作推广中提出，应提高青少年的生活技能，并对生活技能的目标和作用进行了解释，即四项基本素质和能力，简称“4-H”，即头脑（head）、心智（heart）、健康（health）、实践（hand）。其具体内容包含4个方面8个类别，可以细分为35种能力。

其中，头脑包含自我管理（managing）和思考（thinking）两类能力。自我管理能力包括适应、纪录保持、合理利用资源、制订计划、设定目标；思考能力包括批判性思维、解决问题、决策、学会学习。

心智包含关联（relating）和关爱两类能力。关联能力包括良好的沟通、合作、社会交往技能、解决冲突以及接受差异；

关爱能力包括关爱他人、洞察力、分享、保持关系。

健康包括品格或做人（being）和生存（living）两类能力。品格或做人能力包括自尊、责任心、人格、情绪调节以及自律；生存能力包括健康的生活方式、对自身健康的管理、预防疾病、维护个人安全。

实践包括工作（working）和付出（giving）两类能力。工作能力包括市场技能、团队协作和自我激励；付出能力包括社区志愿服务、做有责任感的公民和为团队贡献。

“4-H”教育项目的最基本的理念是提倡学生亲自动手，鼓励青少年实践、创新及独立思考。其教育的内容主要涉及三个方面：科学、工程和技术，健康生活，以及公民意识培养。经过一段时间的努力，“4-H”教育项目得到了研究者、实践者及青少年的广泛认可，但在具体应如何评估教育的结果方面，“4-H”模型还做得不够。为了进一步解决这个问题，有研究者对北美的青少年积极发展项目进行了考查（Catalano, Berglund, Ryan et al., 2002)。他们通过研究资料和分析数据，抽取了青少年教育的15项培养目标。

(1) 亲密关系的构建与维持，是指青少年与家庭、同伴、学校、社区、社会文化形成良好的社会关系，能够做出承诺，承担义务。

(2) 心理弹性，是指青少年能够以健康、灵活的方式适应变化和压力的能力。

(3) 社交能力，是指青少年能够结合自身感受、思考、行动来进行社会交往的技能。

(4) 情感能力，是指青少年能够察觉自己和他人的情绪，并做出适当的反应。

(5) 认知能力，包括学习能力和解决问题的能力，如能够进行观点采择、理解社会规范。

(6) 行为能力，指有效的行动，进行非语言、语言沟通及参加积极性质的活动。

(7) 道德能力，是青少年对涉及道德、情感及社会公正的问题能够正确地评估和应对。

(8) 自觉性，是指青少年能够独立思考，并使其思想与行为相一致。

(9) 精神信仰，指对宗教的信仰。

(10) 自我效能，是指青少年相信通过自己的行动可以达到自己期望的目标。

(11) 清楚并积极的自我认同，具有一致的自我觉知。

(12) 对未来充满希望，对未来可能发生的事情抱有积极的态度。

(13) 对积极行为能够做出有效识别和提供支持，项目的组织、工作人员为青少年的积极行为做出积极反馈，给予支持。

(14) 提供社交活动的机会，鼓励青少年在课余时间参与不同的社会活动。

(15) 社交的行为标准，是指青少年具有亲社会的社会规范行为，鼓励青少年建立健康的信念和清晰的行为标准。

以上15项目标并不完全是针对青少年的，也有对项目活动组织者的要求，如第(13)项、第(14)项。

第三节 青少年积极发展的促进

通过前面的理论介绍和分析，我们可以了解积极青少年发展观的主要观点有以下几个方面：首先，所有的青少年都具有积极成长和发展的能力，并且青少年是自身发展的主导者和创立积极发展的关系、背景和生态系统的重要动因；其次，良好的环境会激活青少年积极发展的轨迹，所有的青少年都可以从良好的环境中获益，支持、授权、承诺对所有青少年来说都是重要的发展资源；再次，当青少年参与到多重的、“滋养发展”的关系（亲子关系、同伴关系、师生关系等），背景和生态中时，会进一步激发其积极发展；最后，社区（含学校环境）是青少年积极发展的关键的“承载系统”。这些理论，使我联想到本书第二章“儿童青少年心理发展的基本规律”，早在20世纪60年代初，恩师朱老就提出了相关问题，几乎早于这些理论半个世纪。

这些积极发展观点与另一研究领域——心理弹性（resilience）的保护性因素很相似。心理弹性研究始于20世纪60到70年代，其所关注的核心问题是个体如何在逆境中保持良好的心理机能以及相关的保护性因素（Luthar，Cicchetti & Becker，2000)。心理学家和精神病学家关于处境不利儿童群体内部发展结果的变异性问题研究揭示，心理弹性并非儿童固有的特质，而是儿童与环境相互影响的结果。保护性因素指可以调节、缓冲、隔离或抵消危险性因素带来的不良后果，或即使在危机状态下也可以抑制不良行为发生，促进良好社会适应的各种因素（金灿灿，邹泓，李晓巍，2011)。研究表明如下三类因素对儿童具有保护性作用：儿童已有的个体因素（如婴儿期气质良好、社会技能高等）和家庭因素（父母关系和谐、亲子关系良好等）和更广泛的社会生态因素（社会支持网络、积极的学校经验等）(Benson et al.，2003；Garmezy，1985)。同样地，第二章的发展内外因观点对此更具有概括性。

下面我们将从个体、家庭和社会三个方面来论述如何在实践活动中帮助青少年获得积极发展。

一、积极的个体因素

能够促进积极发展和成长的个体因素包括积极气质特征、积极的自我概念（自尊、自信和自控等)、道德秩序信念和积极的价值观、高学业技能、积极的应对能力（问题解决技能和社会技能）等方面。除了受遗传影响更大的气质因素之外，积极的自我概念、价值观和应对能力都是可以通过后天的学习来建立和形成的。

（一）积极的自我概念

自我概念，在我国更多地被称为自我意识。它是一个多维度的概念，主要指的是关于自己的特长、能力、外表和社会接受性方面的态度、情感和知觉，这种自我知觉是人在内心深处对于自己形象的看法和评价。一切外部影响力量要内化为个人的个性品质，都需经过自我概念的中介（宋剑辉等，1998）。自我概念的形成和发展是一个长期而复杂的过程，在这个过程中，家庭、学校、同伴群体以及个人的性格类型、成就动机等因素都会对其产生影响。

初高中阶段，青少年自我概念的发展具有其独特之处（贾凤芹，冯成志，2002）。国内外学者都发现，青少年的各项自我概念基本上呈U形发展趋势：从七年级开始下降，到高中后开始回升。这说明中学阶段是自我概念发展的关键时期，这段时间青少年的自我探索对于完成自我认同、形成积极自我概念非常重要。青少年要想建立积极的自我概念，需要通过多种途径来探索自己的多个方面，形成对自己的客观认识和评价。

除了青少年自己的探索和努力之外，很多研究者对于改变个体的自我概念也提出了干预的方法。有研究发现，当个体顺利参与并完成某一团体任务后，会有一种很愉快的感觉（Marsh，Riehards，& Barnes，1986），这种现象被称为后团体欣快效应（post-group euphoria effect）。研究者利用后团体欣快效应设计了一系列标准课程，用于改变个体的自我概念。结果发现，实施这种标准课程，并配合以父母的支持，将提高学业成绩较差的在校男生的学业成绩和学业自我概念。此外，还有一种方法叫作动机训练，主要通过引导个体在预先设定的领域中获得高成就，培养个体的特定技能与能力，或者通过改变个体的习惯、态度和期望等方法，使个体形成追求成就的倾向与态度，帮其提高自我概念。最后，还有就是通过积极的再归因训练，帮中小学生提高成就动机水平和自信心（宋剑辉等，1998）。

（二）积极的道德和价值观

在之前的章节中，我们曾经讨论过青少年的道德与价值观，得到的结论是他们的道德和价值观总体来说是积极向上的，大多数学生能够紧贴时代，视野开阔，思想活跃，兴趣广泛，关注祖国的进步和繁荣，体现了新时期青少年鲜明的特征。

但从调查研究（杨韶刚，万增奎，2010）中也发现，在涉及青少年的日常生活，需要他们做出现实努力的道德要求时，道德行为就会出现偏差和欠缺。例如，他们认同责任感，却缺乏从我做起的责任意识；有高社会公德价值取向，却没有良好的遵守社会公德习惯；认同诚信价值理念，但却在考试中作弊，做出弄虚作假等行为。道德认知不需要个体做出现实努力，青少年的认同是不需要付出代价的，也是相对容易的。而道德行为不仅需要青少年做出实际努力，有时甚至需要放弃部分的个人利益。这在一定程度上反映了青少年并没有真正将他们所认为正确的观念内化，并让这些观念影响自己的行为。

价值观的形成过程是个体与他人、社会、现有观念及各种事件交互作用的结果。青少年要形成积极的道德与价值观念。首先，要通过探索来进行选择，价值观不可能通过强制或压迫而获得，它是一种心甘情愿做出的选择，是在仔细考虑与衡量所有的选择途径及其可能后果后做出的决定；其次，要重视自己选择的观念，价值观的形成过程不仅包括认识的过程，也蕴含着情感的层面，这种选择是自己所乐于接受的，并且是自己非常重视的；最后，要在行动中坚持自己选择的观念，只有在行动中实现或体验到选择和所重视的事情，才是真正意义上实现了价值观的形成。当然，社会、学校和家庭等要为“什么是正确的和重要的”提供更健康的背景环境，鼓励青少年公开和讨论自己的观点，帮助他们做正确的选择。

（三）积极的应对能力

我们强调重视青少年的积极发展，并不意味着就不关心他们所面对的问题。处于青少年期的学生，需要面对学业、人际等各方面的压力，而如何应对这些压力就成为能否减轻消极影响、促进积极发展的关键。

目前，关于应对方式和策略的研究很多，研究者们对应对方式的分类也有所不同。但总体上看，应对方式包括问题解决、直接行动、计划、信息搜寻、认知重建、寻求理解和支持、放松、接受、分心、正面思考、回避、否定、情绪宣泄、情绪调节、幻想、自责及求助宗教等多个方面(Rim，1993)。在这些方式中，属于积极应对方式的有问题解决与行动、寻求社会支持、保持平静、认知重建、幽默、分心、容忍/接受和自我放松等。较多使用问题解决与行动、认知重建、自我放松等积极应对方式的个体幸福感水平更高，心理健康状况更好（Folkman & Moskowitz，2004；王极盛，丁新华，2003；施承孙、董燕等，2002）。

可见，青少年要提高应对能力，需要从学习积极的应对方式出发，遇到问题时：①积极面对不逃避，从多种渠道获取解决问题的知识和信息，寻求解决问题的方法和技巧；②利用身边的人际关系，主动倾诉和寻求他人的帮助；③从认识上客观看待自己面临的困境，对未来有积极的期望；④在情绪上保持平静，学会从消极情绪中分散注意力，放松心情，换个角度看问题，接受生活中的不如意。

二、积极的家庭因素

能促进青少年积极发展的因素中，家庭因素可以细分为家庭社会经济地位、家庭结构、亲子关系和家庭氛围等方面。从现有研究结论看，想要保护青少年、帮助其获得更好的发展结果，积极的家庭因素主要体现在以下几个方面。

（一）家庭社会经济地位

社会经济地位是结合经济学和社会学关于某个人工作经历和个体或家庭基于收入、教育和职业等因素相对于其他人的经济和社会地位的总体衡量。分析一个家庭的社会经济地位时，这个家庭的收入、家庭劳动力的受教育程度，以及劳动力的职业会被当作整体纳入考量。也就说，家庭社会经济地位涉及父母受教育水平、职业状况和家庭收入等方面。

家庭的社会经济情况可以被分成高、中、低社会经济地位三类。通过评估一个人或一个家庭在收入、教育、职业中一个或多个因素上的表现，我们可以把他（们）按照以上三种社会经济地位进行归类。

我们应该从一分为二的辩证关系去分析家庭社会经济地位与青少年发展的问题，但同时我们要重视下边的现象。

较高的社会经济地位对于青少年各方面的发展都具有保护性作用：与家庭社会经济地位低的青少年相比，家庭经济地位高的青少年在社会适应方面表现出优势。家庭社会经济地位低的青少年更多在非重点学校学习，家庭社会经济地位高的青少年更多在重点学校接受教育。父母的受教育水平和家庭经济状况决定了父母和家庭所能提供给孩子的教育投入，包括成长环境、生活质量和教育资源等，教育投入可能进一步影响青少年各方面的发展（邹泓等，2015）。

（二）家庭结构与亲子关系

1. 家庭结构

家庭结构主要指的是家庭中成员的构成及其相互作用、相互影响的状态，以及由这种状态形成的相对稳定的联系模式。

在家庭结构方面，以往研究重点考查的是单亲和离异家庭对青少年的影响。虽然很多研究都发现，单亲和离异家庭的孩子在心理健康与社会适应方面表现都比完整家庭的孩子差，出现心理和行为问题的情况也更多（林崇德，1990；王兴华，2008），但并不能认为所有单亲和离异家庭的孩子不能获得积极发展，更符合科学的做法是关注家庭成员之间的关系对孩子的影响。随着时代的发展和离婚率的升高，现在离异和重组家庭越来越多，只要家庭中父母关心孩子，彼此建立起积极的亲子关系，照样能够促进青少年积极发展。

2. 亲子关系

家庭亲子关系的具体内容包括依恋、养育方式和教养行为等。首先，在依恋方面，研究发现亲子依恋情况与青少年的社会适应显著相关：亲子信任和亲子沟通维度与自我肯定、亲社会倾向、行事效率及积极应对四个积极社会适应维度显著正相关（金灿灿，邹泓，曾荣等，2010）。

其次，积极的父母教养行为也能促进孩子的积极发展。如在之前章节中的探讨一样，权威型教养方式是最好的：这类父母与子女的关系近似朋友关系，与子女之间有着积极的情感交流，既尊重理解孩子，又对他们的行为有一定限制；既让孩子直言不讳，敢于发表意见，又对孩子的幼稚和错误循循善诱，而不是无端训斥，使子女在民主和平等的气氛中接受父母的影响，容易形成善社交、独立、坦率、协作、亲切等有利于心理健康发展的良好的个性特征。从具体的教养行为上来看，父母的支持陪伴、了解孩子的程度、积极监控等行为与孩子的自我肯定、亲社会倾向、行事效率及积极应对等积极发展显著正相关（张文娟，邹泓，李晓巍，2011）。

（三）家庭功能和氛围

家庭功能是家庭系统运行状况、家庭成员关系以及家庭的环境适应能力等方面的综合评定，是影响家庭成员的重要因素（池丽萍，辛自强，2001）。父母在与孩子沟通、对孩子的关注、监控等家庭人际互动过程中，发挥良好的家庭功能对青少年的积极发展具有促进作用：家庭功能的相互关系、沟通、父母关注与孩子的人际适应显著正相关，与孩子的人际疏离呈显著负相关。

在家庭环境氛围方面，父母能为孩子做好健康行为榜样的、成员之间的亲密度越高的家庭，孩子的行为问题越少；而家庭冲突越多、父母对孩子的控制水平越高的家庭，孩子的人际疏离水平也越高（程玉洁，邹泓，2011）。

三、积极的学校、同伴和社会因素

为了促进青少年的积极发展，学校方面首先要做好教育工作，通过课程设置和校园活动来培养学生在学习、交往和情绪等方面的能力；支持与指导老师，构建积极的师生关系，维护正常的同伴关系；建立良好的学校氛围，确保校园环境的安全；保持与学生家庭的交流，通过良好的家校关系合力促进学生的积极发展。此外，学校的心理健康教育工作不仅要关注学生的问题和缺点，更要致力于促进学生的优势或者能力的发展。

同伴因素在青少年的成长中非常重要。青少年能够获得积极发展，与友谊质量和同伴是否有反社会行为有关。在友谊关系中，亲密袒露、交流和陪伴娱乐等行为越多，信任支持度越高，青少年的问题行为就越少；相反，如果冲突和背叛行为越多，青少年的烦恼就越多，社会疏离感也越高（曾荣，邹泓，张冲，2010）。当然，产生积极影响的同伴不会出现很多反社会行为，那些拥有不良同伴的青少年更容易出现问题行为（邹泓等，2015）。

积极的社会因素涵盖了参与社会活动和工作的机会及其回报、邻里关系、社区整体环境以及大的社会背景等方面。要促进青少年的积极发展，首先，社区等机构应该为青少年提供更多的参与机会，如志愿者活动、兼职或勤工俭学等，参与这些活动可能帮青少年锻炼实践和社会能力；其次，构建良好的邻里关系和社区环境，确保社区的安全，让青少年在健康的环境中生活，避免社区的消极影响；最后，关于社会背景的影响，有元分析研究发现中国自改革开放以来，社会上出现的贫富差距扩大，失业率、离婚率和犯罪率的上升等因素使得青少年的心理健康水平有所下降（辛涛，张梅，2009）。这说明，要对青少年产生积极影响，社会应该尽量减少两极分化，促进就业，保持稳定、平稳的发展，构建良好的成长大环境。

第四节　学生核心素养框架的建构

核心素养是学生在接受相应学段的教育过程中，逐步形成的适应个人终身发展和社会发展需要的必备品格和关键能力。因应我国教育发展的新形势，由我主持的研究团队研发中国学生发展核心素养①，就是希望深入回答教育要“培养什么人、怎样培养人”这一重大问题，这也是顺应世界教育改革发展趋势，大力提升我国教育国际竞争力的迫切需要，是全面实施素质教育、深化教育领域综合改革、着力提高教育质量的迫切需要。

通过核心素养的教育政策研究、国际比较研究、传统文化分析、课程标准分析以及实证调查等支撑性研究，我们建构了三大领域六项素养十八个指标的中国学生核心素养体系总框架。

建构学生发展核心素养总框架，是要把立德树人根本任务落到实处，把德、智、体、美、劳全面发展的教育目标细化为学生应形成的必备品格和关键能力的具体要求，最终促进学生的终生发展和社会的健康发展。为此，核心素养指标的遴选，必须坚持落实党的教育方针和教育目标的有关要求，坚持国际化与中国化相结合，坚持传统与现代相融合。基于对学生核心素养的教育政策研究、国际比较研究、传统文化分析、课程标准分析和实证研究等支撑性研究结论的整合，课题组初步遴选出12项学生核心素养指标，形成学生发展核心素养总框架。经过多轮专家意见征询，课题组又将总框架的核心素养指标缩减为6项。最终，学生发展核心素养总框架的界定为：中国学生发展核心素养，以“全面发展的人”为核心，包括自主发展、社会参与和文化基础三个领域、六项核心素养指标（见图 21-2），综合表现为学会学习、健康生活、责任担当、实践创新、人文底蕴、科学精神。根据这一总体框架，可针对学生年龄特点进一步提出各学段学生的具体表现要求。

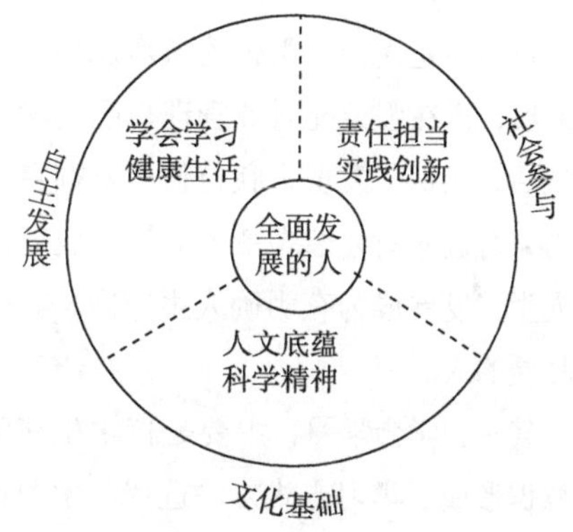

图 21-2　中国学生发展核心素养体系总框架

一、文化基础

文化是人存在的根和魂。文化基础，重在强调能习得人文、科学等领域的知识

① 参加该课题的核心成员有：华南师范大学莫雷，山东师范大学张文新，河南大学赵国祥，辽宁师范大学李红，北京师范大学方晓义、陈英和、辛涛、刘霞、胡清芬、刘艳、贾绪计等。

和技能，掌握和运用人类优秀智慧成果，涵养内在精神，追求真善美的统一，发展成为有深厚文化基础、有更高精神追求的人。

其一，人文底蕴。主要是学生在学习、理解、运用人文领域知识和技能等方面所形成的基本能力、情感态度和价值取向。具体包括人文积淀、人文情怀和审美情趣等基本要点。

其二，科学精神。主要是学生在学习、理解、运用科学知识和技能等方面所形成的价值标准、思维方式和行为表现。具体包括理性思维、批判质疑、勇于探究等基本要点。

二、自主发展

自主性是人作为主体的根本属性。自主发展，重在强调能有效管理自己的学习和生活，认识和发现自我价值，发掘自身潜力，有效应对复杂多变的环境，成就出彩人生，发展成为有明确人生方向、有生活品质的人。

其一，学会学习，主要是指学生在学习意识形成、学习方式方法选择、学习进程评估调控等方面的综合表现。具体包括乐学善学、勤于反思、信息意识等基本要点。

其二，健康生活，主要是指学生在认识自我、发展身心、规划人生等方面的综合表现。它具体包括珍爱生命、健全人格、自我管理等基本要点。

三、社会参与

社会性是人的本质属性。社会参与，重在强调能处理好自我与社会的关系，养成现代公民所必须遵守和履行的道德准则和行为规范，增强社会责任感，提升创新精神和实践能力，促进个人价值实现，推动社会发展进步，发展成为有理想信念、敢于担当的人。

其一，责任担当，主要是指学生在处理与社会、国家、国际等关系方面所形成的情感态度、价值取向和行为方式。具体包括社会责任、国家认同、国际理解等基本要点。

其二，实践创新，主要是指学生在日常活动、问题解决、适应挑战等方面所形成的实践能力、创新意识和行为表现。它具体包括劳动意识、问题解决、技术应用等基本要点。

核心素养各指标的主要表现见表21-3。

表 21-3　核心素养各指标的主要表现

	核心素养	基本要点	主要表现描述
文化基础	人文底蕴	人文积淀	重点是：具有古今中外人文领域基本知识和成果的积累；能理解和掌握人文思想中所蕴含的认识方法和实践方法等
		人文情怀	重点是：具有以人为本的意识，尊重、维护人的尊严和价值；能关切人的生存、发展和幸福等
		审美情趣	重点是：具有艺术知识、技能与方法的积累；能理解和尊重文化艺术的多样性，具有发现、感知、欣赏、评价美的意识和基本能力；具有健康的审美价值取向；具有艺术表达和创意表现的兴趣和意识，能在生活中拓展和升华美等
	科学精神	理性思维	重点是：崇尚真知，能理解和掌握基本的科学原理和方法；尊重事实和证据，有实证意识和严谨的求知态度；逻辑清晰，能运用科学的思维方式认识事物、解决问题、指导行为等
		批判质疑	重点是：具有问题意识；能独立思考、独立判断；思维缜密，能多角度、辩证地分析问题，做出选择和决定等
		勇于探究	重点是：具有好奇心和想象力；能不畏困难，有坚持不懈的探索精神；能大胆尝试，积极寻求有效的问题解决方法等
自主发展	学会学习	乐学善学	重点是：能正确认识和理解学习的价值，具有积极的学习态度和浓厚的学习兴趣；能养成良好的学习习惯，掌握适合自身的学习方法；能自主学习，具有终身学习的意识和能力等
		勤于反思	重点是：具有对自己的学习状态进行审视的意识和习惯，善于总结经验；能够根据不同情境和自身实际，选择或调整学习策略和方法等
		信息意识	重点是：能自觉、有效地获取、评估、鉴别、使用信息；具有数字化生存能力，主动适应“互联网＋”等社会信息化发展趋势；具有网络伦理道德与信息安全意识等

续表

	核心素养	基本要点	主要表现描述
自主发展	健康生活	珍爱生命	重点是：理解生命意义和人生价值；具有安全意识与自我保护能力；掌握适合自身的运动方法和技能，养成健康文明的行为习惯和生活方式等
		健全人格	重点是：具有积极的心理品质，自信自爱，坚韧乐观；有自制力，能调节和管理自己的情绪，具有抗挫折能力等
		自我管理	重点是：能正确认识与评估自我；依据自身个性和潜质选择适合的发展方向；合理分配和使用时间与精力；具有达成目标的持续行动力等
社会参与	责任担当	社会责任	重点是：自尊自律，文明礼貌，诚信友善，宽和待人；孝亲敬长，有感恩之心；热心公益和志愿服务，敬业奉献，具有团队意识和互助精神；能主动作为，履职尽责，对自我和他人负责；能明辨是非，具有规则与法治意识，积极履行公民义务，理性行使公民权利；崇尚自由平等，能维护社会公平正义；热爱并尊重自然，具有绿色生活方式和可持续发展理念及行动等
		国家认同	重点是：具有国家意识，了解国情历史，认同国民身份，能自觉捍卫国家主权、尊严和利益；具有文化自信，尊重中华民族的优秀文明成果，能传播弘扬中华优秀传统文化和社会主义先进文化；了解中国共产党的历史和光荣传统，具有热爱党、拥护党的意识和行动；理解、接受并自觉践行社会主义核心价值观，具有中国特色社会主义共同理想，有为实现中华民族伟大复兴中国梦而不懈奋斗的信念和行动
		国际理解	重点是：具有全球意识和开放的心态，了解人类文明进程和世界发展动态；能尊重世界多元文化的多样性和差异性，积极参与跨文化交流；关注人类面临的全球性挑战，理解人类命运共同体的内涵与价值等

续表

	核心素养	基本要点	主要表现描述
社会参与	实践创新	劳动意识	重点是：尊重劳动，具有积极的劳动态度和良好的劳动习惯；具有动手操作能力，掌握一定的劳动技能；在主动参加的家务劳动、生产劳动、公益活动和社会实践中，具有改进和创新劳动方式、提高劳动效率的意识；具有通过诚实合法劳动创造成功生活的意识和行动等
		问题解决	重点是：善于发现和提出新颖、独特且有意义的问题，有解决问题的兴趣和热情；能依据特定情境和具体条件，选择制订合理的解决方案；具有在复杂环境中行动的能力等
		技术应用	重点是：理解技术与人类文明的有机联系，具有学习技术的兴趣和意愿；具有工程思维，能将创意和方案转化为有形物品或对已有物品进行改进与优化等

第五节　学生核心素养的落实与推行

学生核心素养的形成和培育需要通过教育教学实践得以落实。基于学生发展核心素养体系总框架，建构融目标、过程与方法、评价为一体，贯通各学段的整体课程改革框架，是当前世界各国家或地区所面临的重大挑战，也是未来研究的重要问题。借鉴已有国际经验，结合我国当前的实际情况，可以从以下几个方面进行落实和推行。

一、核心素养体系总框架在各学段的具体化

核心素养体系总框架研究是一项比较宏观的研究，主要关注通过不同教育阶段的教育过程后，学生最终能够达成的关键性素养全貌，在整个核心素养研究体系中处于核心和统领地位。在完成核心素养体系总框架的基础上，基于总框架确定各学段的核心素养及其表现特点，从学生发展的角度做好不同学段核心素养的纵向衔接，是核心素养最终落实和培养的重要环节。

在核心素养体系总框架研究的基础上我们进一步深入各个学段，从素养发展的角度提出各学段学生在不同核心素养指标上的表现特点与水平，把核心素养体系总框架具体化到各学段，确定核心素养在不同学段的关键内涵。具体而言，研究将分别针对小学、初中、高中和大学四个学段核心素养具体指标的主要表现特点与水平，实现核心素养体系总框架在各学段的垂直

贯通，为核心素养与各学科课程的有机结合搭建桥梁。

二、基于核心素养的学业质量标准研发

核心素养是学生适应个人终生发展和未来社会发展所需要的必备品格和关键能力，是相对宏观且宽泛的素养。学业质量标准则主要界定学生经过一段时间教育后应该或必须达到的基本能力水平和程度要求，是学生核心素养在具体学段、具体学科中的体现。

如何基于核心素养发展教育质量评估的目标、内容和手段，是各国际组织、国家或地区落实与推进核心素养的重要方式。当前，世界很多国家或地区在其课程标准中均有与课程内容相对应的质量标准或能力表现标准，我国现行课程标准主要是对课程内容的界定。它虽然从知识和能力、过程和方法、情感态度和价值观三维角度对课程进行了说明，但主要对学什么、学多少讲得比较详细，大部分学科对学到什么程度要求不明确，难以量化、分级，缺乏明确、具体的能力表现标准，导致各地、各校评判教育质量的标准不一致。建立基于核心素养的学生学业质量标准，将学习内容要求和质量要求有机结合在一起，完善现行课程标准，有助于解决上述问题。

参照国际经验和发展趋势，我国学业质量标准的研发需要根据各学段的核心素养体系，明确学生完成不同学段、不同年级、不同学科学习内容后应该达到的具体水平和程度，并进一步丰富质量评估内容和手段，以指导教师准确把握教学的深度和广度，使考试评价更加准确反映新时期的人才培养要求（姜宇，辛涛，刘霞，等，2016）。

三、基于核心素养的课程体系改革

在“关注学生发展、培养学生核心素养”教育改革趋势的影响下，各国落实学生核心素养的一个重要方式就是基于核心素养进行课程体系改革。统观世界各国教育改革与发展、课程体系的变革与推新，我国的课程改革也需要建立基于核心素养的新课程体系，以与国际教育改革接轨，培养学生适应未来社会的核心素养。

现代课程体系应至少含有四个部分：①具体化的教学目标，即描述课程教学所要达到的目标，需要落实到要培养学生哪些核心素养；②内容标准，即规定学生在具体核心学科领域（如数学、阅读、科学等）应知应会的知识技能等；③教学建议，也称机会标准，即为保障受教育者的学习质量所提供的教育经验和资源，包括课堂讲授内容的结构、组织安排、重点处理及传授方式，以及学校公平性、教育资源的分配、学习环境的创设等；④表现标准，即描述经历一段时间的教育之后，学生在知识技能、继续接受教育、适应未来社会等方面应该或必须达到的基本能力水平和程度要求（辛涛，姜宇，王烨辉，2014）。

根据国际经验和我国现有课程体系的特点，在我国建立基于核心素养的现代课程体系，以上四个部分的关系如图 21-3 所示。

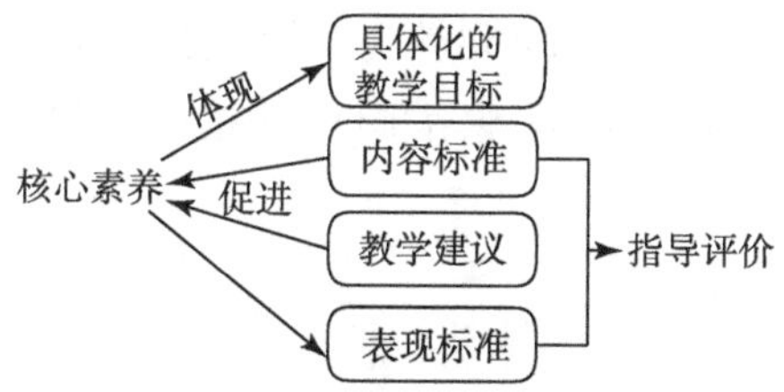

图 21-3　基于核心素养的课程体系基本结构

具体来看，首先，具体化的教学目标一定是体现学生发展核心素养的教学目标。每一个学科需要根据本学段学生核心素养的主要内容与表现形式，结合本学科的学科内容与特点，提出该学科实现本学段核心素养的具体目标，要体现本学科特色。其次，内容标准和教学建议是促进学生形成核心素养的保证。各学科需要结合本学科、本学段的学生核心素养要求来安排学科知识，并且要根据素养培养目标和学科内容特点提出有针对性的教学建议，以促进学生核心素养的形成。最后，表现标准是学生核心素养在学业上的具体体现。学生核心素养可以为衡量学生全面发展状况提供评判依据，通过核心素养与学业表现标准的紧密结合，不仅可以更加有效地指导教育教学实践，结合了内容标准后，还可以用来指导教育评价，监测学生核心素养达到的程度，并最终促进学生核心素养的形成和发展。

四、基于核心素养的教师专业发展

教师是影响核心素养落实的重要因素，在学生核心素养的发展过程中扮演着转化者的重要角色。为了将核心素养融入实际的教学过程中，需要加强对教师专业发展的引领。事实上，已有各国际组织和国家在落实和推行核心素养过程中都十分重视促进教师的专业发展。例如，美国在促进教师专业发展方面共发布了三份报告，其中《专业发展：21 世纪核心素养实施指南》主要用以指导具备评价策略的州领导、政策制定者或地区、学校领导推动 21 世纪核心素养的实施；《21 世纪的教师专业发展》主要是帮助教师或校长将 21 世纪核心素养整合进课程与教学；欧盟在 2005 年通过并发布了通用的教师能力和资格标准，旨在通过对教师的能力与资格设置共同标准，来支持国家或区域一级的决策者推动核心素养的落实。

在我国的教育教学实践中，为了促进学生核心素养的有效落实和推进，相关部门也应重视将核心素养的相关内容融入教师培训及专业化发展指导过程中，最终将核心素养融入实际的教学过程，确保教师能够成为学生核心素养形成和发展的有力的引导者、辅导者、咨询者以及合作者，并最终实现师生核心素养的共同发展。

五、基于核心素养的学习环境创设

学生核心素养的培养不仅仅局限于学校范围内，一些关键性素养（如行为规范、态度、价值观等）的养成也离不开家庭环境和社会环境的支持。因此，国家有必要通过整合全部社会力量来共同促进学生核心素养的落实和推行。例如，我们应把家庭教育作为学生核心素养培养的重要阵地，并把社会学习、终生学习等理念及教育机制也纳入其中，共同配合学校教育达成良好结果。此外，我们还可以通过多种方式对遴选和提炼出的核心素养进行宣传，更新普通大众人才培养观，为学校教育落实和推行学生核心素养提供良好的社会环境。

参考文献

曾荣，张冲，邹泓. 2010. 中学生的学校人际关系特点及其与社会适应的关系 [J]. 中国特殊教育，12：74-79.

常淑敏，张文新. 2013. 人类积极发展的资源模型——积极青少年发展研究的一个重要取向和领域 [J]. 心理科学进展，21 (1)：86-95.

陈美芬，陈舜蓬. 2005. 攻击性网络游戏对个体内隐攻击性的影响 [J]. 心理科学，28 (2)：458-460.

陈月华，毛璐璐. 2006. 试论网络传播中的身体 [J]. 哈尔滨工业大学学报 (社会科学版)，8 (5)：149-152.

程燕，余林. 2007. 大学生"网恋"心理与行为的初步研究 [J]. 中国临床心理学杂志，15 (1)：42-45.

程玉洁，邹泓. 2011. 中学生人际适应的特点及其与家庭功能、情绪智力的关系 [J]. 中国特殊教育，2：65-69.

池丽萍，辛自强. 2001. 家庭功能及其相关因素研究 [J]. 心理学探新，(3)：55-60.

崔丽娟，胡海龙，吴明证，等. 2006. 网络游戏成瘾者的内隐攻击性研究 [J]. 心理科学，29 (3)：570-573.

杜岩英，雷雳，马晓辉. 2010. 身体映像影响因素的生态系统分析 [J]. 心理科学进展，18 (3)：480-486.

范珍桃，方富熹. 2004. 儿童性别恒常性发展 [J]. 心理科学进展，(1)：45-51.

郭晓丽，江光荣. 2007. 暴力电子游戏对儿童及青少年的影响研究综述 [J]. 中国临床心理学杂志，15 (2)：188-190.

郭晓丽，江光荣，朱旭. 2009. 暴力电子游戏的短期脱敏效应：两种接触方式比较 [J]. 心理学报 (3)：259-266.

韩进之，肖燕娜，魏华忠. 1981. 青少年理想的形成和发展 [J]. 教育研究，(11)：6-13.

韩进之，张丽华. 1990. 现代心理学关于能力的研究 [J]. 复印报刊资料 (心理学) (1)：31-37.

何先友. 2016. 青少年发展与教育心理学 [M]. 北京：高等教育出版社.

贺雯，卢家楣，徐京卫，等. 2010. 中国当代青少年审美情感现状调查研究 [J]. 心理科学，33 (6)：1324-1328.

侯丹. 2004. 小学六～八年级学生的自我表现策略研究 [D]. 上海：华东师范大学.

惠新义. 2007. 新加坡高中课程结构改革及其启示 [J]. 武汉市教育科学研究院学报，5 (2)：145-150.

贾凤芹，冯成志. 2002. 中学生自我概念发展特点研究 [J]. 社会心理研究，(4)：27-33.

姜宇，辛涛，刘霞，等. 2016. 基于核心素养的教育改革实践途径与策略 [J]. 中国教育学刊，(6)：29-32.

金灿灿，邹泓，曾荣，等. 2010. 中学生亲子依恋的特点及其对社会适应的影响：父母亲密的调节作用 [J]. 心理发展与教育，(6)：577-583.

金灿灿，邹泓，侯珂. 2011. 青少年的社会适应：保护性和危险性因素及其累积效应 [J]. 北京师范大学学报 (社会科学版)，(1)：2-20.

寇彧，王磊. 2003. 儿童亲社会行为及其干预研究述评 [J]. 心理发展与教育，19 (4)：86-91.

雷雳. 1993. 美国青少年道德教育中的基本方法 [J]. 外国教育研究，(3)：54-56.

雷雳. 2010. 鼠标上的青春舞蹈：青少年互联网心理学 [M]. 上海：华东师范大学出版社.

雷雳. 2016. 互联网心理学：新心理与行为研究的兴起 [M]. 北京：北京师范大学出版社.

雷雳，张雷. 2015. 青少年心理发展 [M]. 北京：北京大学出版社.

李彩娜，邹泓. 2007. 亲子间家庭功能的知觉差异及其与青少年孤独感的关系 [J]. 心理科学，30 (4)：810-813.

李春密. 2002. 高中生物理实验操作能力的发展研究 [D]. 北京：北京师范大学.

李宏利，雷雳. 2004. 青少年的时间透视、应对方式与互联网使用的关系 [J]. 心理发展与教育，20 (2)：29-33.

李宏利，雷雳. 2005. 中学生的互联网使用与其应对方式的关系 [J]. 心理学报，37 (1)：87-91.

李婧洁，张卫，甄霜菊，等. 2008. 暴力电脑游戏对个体攻击性的影响 [J]. 心理发展与教育，(2)：108-112.

李西营，刘小先，申继亮. 2014. 青少年创造性人格和创造性的关系：来自中美比较的证据 [J]. 心理学探新，34 (2)：186-192.

林崇德. 2017. 中国学生核心素养研究 [J]. 心理与行为研究，15 (2)：145-154.

刘桂芹，张大均. 2010. 暴力网络游戏对青少年心理发展的影响及干预措施［J］. 教育科学研究，(7)：65-67.

刘文，毛晶晶，俞睿玮，等. 2014. 青少年恋爱关系内隐倾向发展特点及其与依恋的关系［J］. 心理科学，37（3）：593-600.

刘志军，张英，谭千保. 2003. 高中生的自我概念、父母教养方式与其亲社会行为的关系研究［J］. 湘潭师范学院学报（自然科学版），25（3）：112-115.

卢家楣，刘伟，贺雯，等. 2009. 我国当代青少年情感素质现状调查［J］. 心理学报，41（12）：1152-1164.

路易斯·拉思斯. 2003. 价值与教学［M］. 谭松贤，译. 杭州：浙江教育出版社.

马利艳，雷雳. 2008. 初中生生活事件、即时通讯与孤独感之间的关系［J］. 心理发展与教育，24（4）：106-112.

马晓辉，雷雳. 2011. 青少年网络道德与其网络亲社会行为的关系［J］. 心理科学，34（2）：423-428.

马晓辉. 2012. 青少年的社交网站使用动机［C］. 第十五届全国心理学学术会议论文摘要集. 北京：中国心理学会：117-118.

孟庆东，雷雳，马利艳. 2009. 青少年的依恋与“网恋”的关系［J］. 心理研究，2（2）：75-80.

南洪钧，钱俊平，吴俊杰. 2011. 网络游戏行为对大学生心理健康的影响［J］. 内蒙古师范大学学报（教育科学版），24（1）：46-49.

潘颖秋. 2015. 初中青少年自尊发展趋势及影响因素的追踪分析［J］. 心理学报，47（6）：787-796.

彭庆红，樊富珉. 2005. 大学生网络利他行为及其对高校德育的启示［J］. 思想理论教育导刊，(12)：49-51.

任小莉. 2009. 青少年网络交往中的自我表现策略及与其自我认同的关系［C］. 北京市社会心理学会 2009 年学术年会论文摘要集. 北京：北京市社会心理学会：31.

施承孙，董燕，侯玉波. 2002. 应付方式量表的初步编制［J］. 心理学报，34（4）：414-420.

宋剑辉，郭德俊. 1998. 青少年自我概念特点及培养［J］. 心理科学，(3)：277-278.

王极盛，丁新华. 2003. 初中生主观幸福感与应对方式的关系研究［J］. 中国公共卫生，19（10）：1181-1182.

王小璐，风笑天. 2004. 网络中的青少年利他行为新探［J］. 广东青年干部学院学报（1）：16-19.

王兴华. 2008. 我国单亲家庭青少年心理问题研究［D］. 贵州：贵州大学.

王耘，王晓华，张红川. 2001. 3—6 年级小学生师生关系：结构、类型及其发展 [J]. 心理发展与教育，17 (3)：16-21.

魏华，张丛丽，周宗奎，等. 2010. 媒体暴力对大学生攻击性的长时效应和短时效应 [J]. 心理发展与教育，(5)：489-494.

席居哲，左志宏，Wu Wei. 2013. 不同心理韧性高中生的日常情绪状态与情绪自我调节方式 [J]. 中国心理卫生杂志，27 (9)：709-714.

肖汉仕，苏林雁，高雪屏，等. 2007. 中学生互联网过度使用倾向的影响因素分析 [J]. 中国临床心理学杂志，15 (2)：149-151.

辛涛，姜宇，王烨辉. 2014. 基于学生核心素养的课程体系建构 [J]. 北京师范大学学报 (社会科学版) (1)：5-11.

辛自强，张梅. 2009. 1992 年以来中学生心理健康的变迁：一项横断历史研究 [J]. 心理学报，41 (1)：69-78.

辛自强，池丽萍，刘丙元. 2004. 不同社交地位初中生的社交焦虑特点 [J]. 中国心理卫生杂志，18 (4)：231-232，221.

杨晶，余俊宣，寇彧，等. 2015. 干预初中生的同伴关系以促进其亲社会行为 [J].. 心理发展与教育，31 (2)：239-245.

杨韶刚，万增奎. 2010. 中国伦理道德报告 [M]. 北京：中国社会科学出版社.

杨洋，雷雳. 2007. 青少年外向/宜人性人格、互联网服务偏好与“网络成瘾”的关系 [J]. 心理发展与教育，23 (2)：42-48.

姚本先，周宵，全莉娟，张灵. 2015. 当代中国青少年理想的现状及影响因素研究 [J]. 心理发展与教育，31 (1)：71-77.

姚计海，唐丹. 2005. 中学生师生关系的结构、类型及其发展特点 [J]. 心理与行为研究，3 (4)：275-280.

叶之红. 2007. 关于拔尖创新人才早期培养的基本认识 [J]. 教育研究，(6)：36-42.

尹娟娟，雷雳. 2011. 青少年网上音乐使用问卷的编制及应用 [J]. 社会心理科学，26 (4)：65-70.

余娟. 2006. 中学生亲社会行为及其与自我概念的相关研究 [D]. 兰州：西北师范大学.

张国华，雷雳. 2013. 网络游戏感知和体验与青少年网络游戏成瘾的关系：网络游戏态度的中介作用 [C]. 第十六届全国心理学学术会议论文集. 北京：中国心理学会：857.

张庆林. 1995. 当代认知心理学在教学中的应用——如何教会学生学会学习和思维 [M]. 重庆：西南师范大学出版社.

张日昇. 2009. 咨询心理学 [M]. 北京：人民教育出版社.

张文娟，邹泓，李晓巍. 2011. 青少年的父母监控状况及其对社会适应的影响 [J]. 心理发展与教育，(3)：267—273.

张璇，谢敏，胡晓晴，等. 2006. 大学生电脑游戏成瘾及其影响因素初探 [J]. 中国临床心理学杂志，14 (2)：150-152.

赵永乐，何莹，郑涌. 2011. 电子游戏的消极影响及争议 [J]. 心理科学进展，19 (12)：1788-1797.

郑宏明，孙延军. 2006. 暴力电子游戏对攻击行为及相关变量的影响 [J]. 心理科学进展，14 (2)：266-272.

郑思明，雷雳. 2006. 青少年使用互联网公众观之健康上网调查 [J]. 中国教育学刊，(8)：39-43.

郑思明. 2007. 青少年健康上网行为的结构及其影响因素 [D]. 北京：首都师范大学.

中国学生体质与健康研究组. 2002. 2000 年中国学生体质与健康调研报告 [M]. 北京：高等教育出版社.

中华人民共和国教育部等. 2007. 2005 年中国学生体质与健康调研报告 [M]. 北京：高等教育出版社.

邹泓，刘艳，张文娟，等. 2015. 青少年社会适应的保护性与危险性因素的评估 [J]. 心理发展与教育，31 (1)：29-36.

Adams, C. R. & Singh, K. 1998. Direct and indirect effects of school learning variables on the academic achievement of african american 10th graders [J]. Journal of Negro Education, 67 (1): 48.

Amichai-Hamburger, Y. & Furnham, A. 2007. The positive net [J]. Computers in Human Behavior, 23 (2): 1033-1045.

Anderman, E. M. & Midgley, C. 1997. Changes in achievement goal orientations, perceived academic competence, and grades across the transition to middle-level schools [J]. Contemporary Educational Psychology, 22 (3): 269-298.

Anderson, C. A. 2004. An update on the effects of playing violent video games [J]. Journal of Adolescence, 27: 113-122.

Anderson, C. A., Shibuya, A., Ihori, N., et al. 2010. Violent video game effects on aggression, empathy, and prosocial behavior in eastern and western countries: a meta-analytic review [J]. Psychological Bulletin, 136 (2): 151-173.

Arnett, J. J. 1999. Adolescent storm and stress, reconsidered [J]. American Psychologist, 54 (5): 317-326.

Asher, S. & Parker, J. 1989. Significance of peer relationship problems in childhood [M] // Schneider, B., Attili, G., Nadel, J., et al. Social competence in developmental perspective. Dordrecht Springer: 5-23.

Barber, B. K. & Olsen, J. A. 1997. Socialization in context: connection, regulation, and autonomy in the family, school, and neighborhood, and with peers [J]. Journal of Adolescent Research, 12 (2): 287-315.

Barber, B. K. & Olsen, J. A. 2004. Assessing the transitions to middle and high school [J]. Journal of Adolescent Research, 19 (1): 3-30.

Bargh, J. A. & McKenna, K. Y. 2004. The internet and social life [J]. Annual Review of Psychology, 55: 573-590.

Bargh, J. A., McKenna, K. Y. A. & Fitzsimons, G. M. 2002. Can you see the real me? Activation and expression of the "true self" on the internet [J]. Journal of Social Issues, 58 (1): 33-48.

Barker, V. 2009. Older adolescents' motivations for social network site use: the influence of gender, group identity, and collective self-esteem [J]. CyberPsychology & Behavior, 12 (2): 209-213.

Bartusch, D. R., Lynam, D. R., Moffitt, T. E., et al. 1997. Is age important? Testing a general versus a developmental theory of antisocial behavior [J]. Criminology, 35: 13-48.

Becker, H. J. & Stamp. Glen H. 2005. Impression management in chat rooms: a grounded theory model [J]. Communication Studies, 56: 243-260.

Bell, R. Q. 1977. Research Stratigies [M] // Bell R. Q., Harper L. V. Child effects on adults. Hillsdale, N. J.: Erlbaum.

Benson, P. L. 2002. Adolescent development in social and community context: a program of research [M] //R. M. Lerner, C. S. Taylor & A. von Eye. New directions for youth development: theory practice research. Pathways to positive development among diverse youth. San Francisco, CA, US: Jossey-Bass: 123-147.

Benson, P. L. 2003. Developmental assets and asset-building community: conceptual and empirical foundations [M] // R. M. Lerner & P. L. Benson. Developmental assets and asset-building communities: implications for research, policy, and practice. New York: Kluwer Academic/Plenum Publishers: 19-43.

Benson, P. L. 2006. All kids are our kids: what communities must do to raise caring and responsible children and adolescents [M]. San Francisco: Jossey-Bass.

Benson, P. L. 2007. Developmental asset: an overview of theory, research, and practice [M] //R. K. Silbereisen & R. M. Lerner. Approaches to positive youth development.

Thousand Oaks, CA: Sage: 33-58.

Benson, P. L., Leffert, N., Scales, P. C., et al. & Blyth, D. A. 1998. Beyond the "village" rhetoric: creating healthy communities for children and adolescents [J]. Applied Developmental Science, 2 (3): 138-159.

Benson, P. L., Scales, P. C. & Mannes, M. 2003. Developmental strengths and their sources: implications for the study and practice of community building [M] // R. M. Lerner, F. Jacobs & D. Wertlieb. Handbook of applied developmental science: applying developmental science for youth and families: Historical and theoretical foundations (Vol. 1). Thousand Oaks, CA: Sage: 369-406.

Benson, P. L., Scales, P. C. & Syvertsen, A. K. 2011. The contribution of the developmental assets framework to positive youth development theory and practice [J]. Advances in Child Development and Behavior, 4: 197-230.

Benson, P. L., Scales, P. C., Hamilton, S. F., et al. 2006. Positive youth development: theory, research, and applications [M]//R. M. Lerner. Theoretical models of human development. Volume 1 of Handbook of Child Psychology, 6th ed. Hoboken, NJ: Wiley: 894-941.

Benson, P. L., Scales, P. & Roehlkepartain, E. C. 1999. A fragile foundation: the state of developmental assets among American youth [M]. Minneapolis. Search Institute.

Bergeman, C. S. & Plomin, R. 1989. Genotype-environment interaction [M] // M. H. Bornstein & J. S. Bruner. Crosscurrents in contemporary psychology. Interaction in human development. Hillsdale, NJ, US: Lawrence Erlbaum Associates, Inc: 157-171.

Bierman. 2004. Peer rejection: developmental processes and intervention strategies [M]. New York Guilford Press.

Bronfenbrenner, U. & Morris, P. 1998. The ecology of development processes [M] // W. Damon & R. M. Lerner. Handbooks of child psychology: Vol. 1. Theoretical models of human development (5th ed.). New York: Wiley: 993-1028.

Brown, B. B. 1999. "You're going out with who?" Peer group influences on adolescent romantic relationships [M] //W. Furman, B. B. Brown & C. Feiring. The development of romantic relationships in adolescence. New York: Cambridge University Press: 291-329.

Bukowski, W. & Hoza B. 1989. Popularity and friendship: issues in theory measurement and outcome [M] //T. J. Berndt & G. W. Ladd. Peer relationships in child development. New York: Wiley: 15-45.

Bushman, B. & Huesmann, L. R. 2006. Short-term and long-term effects of violent media on aggression in children and adults [J]. Archives of Pediatric and Adolescent Medicine, 160 (40): 348 -352.

Buss, D. M. 2000. Evolutionary psychology [M] // A. Kazdin. Encyclopedia of psychology. Washington, DC, and New York: American Psychological Association and Oxford University Press.

Byrne, B. M. 1986. Self-concept academic achievement relations: an investigation of dimensionality, stability and causality [J]. Canadian Journal of Behavioral Science, 18 (2): 173-186.

Calvert, L. 1999. An exploration of gender differences in the experience of self-esteem and related aspects of self-concept in young adults [J]. Dissertation Abstracts International: Section, 60 (1-B): 0386.

Carlo, G., Hausmann, A., Christiansen, S., et al. Sociocognitive and behavioral correlates of a measure of prosocial tendencies for adolescents [J]. Acoustics, Speech, and Signal Processing Newsletter. 23 (1): 107-134.

Carver, K., Joyner, K. & Udry, J. R. 2003. National estimates of adolescent romantic relationships [M] //P. Florsheim. Adolescent romantic relations and sexual behavior: theory, research, and practical implications. Mahwah, NJ: Erlbaum: 23-56.

Casey, B. J., Jones, R. M. & Somerville, L. H. 2011. Braking and accelerating of the adolescent brain [J]. Journal of Research on Adolescence, 21 (1): 21-33.

Catalano, R F., Berglund, M. L., Ryan, J M., et al. 2002. Positive youth development in the United States: research findings on evaluations of positive youth development programs [J]. Prevention and Treatment, 5 (15).

Chang, L., Stewart, S., McBride-Chang, C., et al. Life satisfaction, self-concept, and family relations in Chinese adolescents and children [J]. International Journal of Behavioral Development, 27: 182-190.

Cillessen, A. H. N., Van Ijzendoorn, H. W., Van Lieshout, C. F. M., et al. 1992. Helerogeneity among peer-rejected boys: subtypes and stabilities [J]. Child Development, 63: 893-905.

Coie, J. 1999. Some Implications of children peer relationship their future adjustment [C]. Invited presentation, Dept. of Psychology University of Texas at Dallas, April, Richardson.

Collins, A. & van Dulmen, M. 2006. Friendships and Romance in Emerging Adulthood: assessing distinctiveness in close relationships [M] // J. J. Arnett & J. L. Tanner.

Emerging adults in America: coming of age in the 21st century. Washington, DC, US: American Psychological Association: 219-234.

Collins, W. A., Maccoby, E. E., Steinberg, L., et al. 2000. Contemporary research on parenting: the case for nature and nurture [J]. American psychologist, 55 (2): 218.

Connolly, J. & McIsaac, C. 2008. Adolescent romantic relationship: beginning, ending, and psychological challenges [J]. International Society for the Study of Behavioral Development Newsletter, 1: 1-5.

Connolly-Ahern, C. & Broadway, S. C. 2007. The importance of appearing competent: ananalysis of corporate impression management strategies on the World Wide Web [J]. Public Relations Review, 33 (3): 343-345.

Cook, T. D., Herman, M. R., Phillips, M., et al. 2002. Some ways in which neighborhoods, nuclear families, friendship groups, and schools jointly affect changes in early adolescent development [J]. Child Development, 73 (4): 1283-1309.

Damon, W. 2004. What is positive youth development [J]. The Annals of the American Academy of Political and Social Science, 591 (1): 13-24.

Danesi, M. 1994. Cool: the signs and meanings of adolescence [M]. University of Toronto Press, Scholarly Publishing Division.

Dishion, T. J. & Spracklen, K. M. 1996. Childhood peer rejection in the development of adolescent substance abuse [C]. Meeting of the Society for Research on Adolescence, Boston.

Eaton, D. K., Davia, K. S., Barrios, L., et al. 2007. Associations of dating violence victimization with lifetime participation, co-occurrence, and early initiation of risk behaviors among U. S. high school students [J]. Journal of Interpersonal Violence, 22 (5): 585-602.

Eccles, J. S. 2004. Schools, academic motivation, and stage-environment fit [M] // R. M. Lerner & L. Steinberg. Handbook of adolescent psychology. Hoboken, NJ, US: John Wiley & Sons Inc: 125-153.

Eccles, J. S. & Gootman, J. A. 2002. Community programsto promote youth development [M]. Washington, DC: NationalAcademy Press.

Eccles, J. S., Early, D., Frasier, K., et al. 1997. The relation of connection, regulation, and support for autonomy to adolescents' functioning [J]. Journal of Adolescent Research, 12 (2): 263-286.

Elkind, D. 1967. Egocentrism in adolescence [J]. Child Development, 38: 1025-1034.

Elkind, D. 1998. All grown up and no place to go: teenagers in crisis [M]. Da Capo Press.

Emery, R. E. & Tuer, M. 1993. Parenting and the marital relationship [M] //T. Luster & L. Okagaki. Parenting: an ecological perspective. Hillsdale, NJ: Erlbaum.

Feiring, C. 1996. Concepts of romance in 15-year-old adolescents [J]. Journal of Research on Adolescence, 6 (2): 181-200.

Folkman, S. & Moskowitz, J. T. 2004. Coping: pitfall and promise [J]. Annual Review Psychology, 55: 745-774.

Furman, W. 2002. The emerging field of adolescent romantic relationships [J]. Current Directions in Psychological Science, 11 (5): 177-180.

Gambone, M. A. & Connell, J. P. 2004. The community action framework for youth development [J]. The Prevention Researcher, 11 (2): 6-10.

Gardner, H. 1983. Frames of mind: the theory of multiple intelligences [M]. New York: Basic Books.

Gardner, H. 1999. Intelligence reframed: multiple intelligences for the 21st century [M]. New York: Basic Books.

Gardner, H. 2002. MI millennium: multiple intelligences for the new millennium [DB/OL]. Los Angeles: Into the [2018-09-08] https://www. kanopy. com/product/mi—millennium.

Garmezy, N. 1985. Stress-resistant children: the search for protective factors [M] // J. E. Stevenson. Recent research in developmental psychopathology. Journal of Child Psychology and Psychiatry. Oxford: Pergamon Press: 213-233.

Gentile, B. C., Grabe, S., Dolan-Pascoe, B. J., et al. 2009. Gender differences in domain-specific self-esteem: ameta-analysis [J]. Review of General Psychology, 13 (1): 34-45.

Gjerde, P. 1986. The interpersonal structure of family interaction settings. Parent - adolescents relations in dyads and triads [J]. Developmental Psychology, 22 (3): 297-304.

Goldenberg, H. & Goldenberg, I. 2005. Family therapy [M] // R. J. Corsini & D. Wedding. Current psychotherapies. Belmont, CA, US: Thomson Brooks/Cole Publishing Co: 372-404.

Goossens, L., Beyers, W., Emmen, M., et al. 2002. The imaginary audience and personal fable: factor analyses and concurrent validity of the "new look" measures [J]. Journal of Research on Adolescence, 12: 193-215.

Gorman, A. H., Schwartz, D., Nakamoto, J., et al. 2011. Unpopularity and disliking among peers: partially distinct dimensions of adolescents' social experiences [J]. Journal of Applied Developmental Psychology, 32 (4): 208- 217.

Gottman, J. & Parker, J. 1987. Conversations with friends [M]. New York: Cambridge University Press.

Granic, I., Hollenstein, T., Dishion, T. J., et al. 2003. Longitudinal analysis of flexibility and reorganization in early adolescence: a dynamic systems study of family interactions [J]. Developmental Psychology, 39 (3): 606-617.

Greenberg, M. T., Weissberg, R. P., O'Brien, M. U., et al. 2003. Enhancing school-based prevention and youth development through coordinated social, emotional, and academic learning [J]. American Psychologist, 58 (6-7): 466-474.

Greene, A. L. 1990. Patterns of affectivity in the transition to adolescence [J]. Journal of Experimental Child Psychology, 50: 340-356.

Greene, K., Krcmar, M., Walters, L. H., et al. 2000. Targeting adolescent risk-taking behaviors: the contributions of egocentrism and sensation-seeking [J]. Journal of adolescence, 23 (4): 439-461.

Greitemeyer, T., Agthe, M., Turne, R., et al. 2012. Acting prosocially reduces retaliation: effects of prosocial video games on aggressive behavior [J]. European Journal of Social Psychology, 42: 235-242.

Greitemeyer, T., Traut-Mattausch, E. & Osswald, S. 2012. How to ameliorate negative effects of violent video games on cooperation: play it cooperatively in a team [J]. Computers in Human Behavior, 28: 1465-1470.

Greitemeyer, T. & Osswald, S. 2010. Effects of prosocial video games on prosocial behavior [J]. Journal of Personality and Social Psychology, 98 (2): 211-221.

Greitemeyer, T., Osswald, S. & Markus, B. 2010. Playing prosocial video games increases empathy and decreases schadenfreude [J]. Emotion, 10 (6): 796-802.

Griffiths, M. D., Davies, M. N. & Chappell, D. 2004. Online computer gaming: a comparison of adolescent and adult gamers [J]. Journal of adolescence, 27 (1): 87-96.

Grolnick, W. S., Kurowsk, C. O., Dunlap, K. G., et al. 2000. Parental resources and the transition to junior high [J]. Journal of Research on Adolescence, 10 (4): 465-488.

Gutman, L. M. & Midgley, C. 2000. The role of protective factors in supporting the academic achievement of poor African American students during the middle school transition

[J]. Journal of Youth and Adolescence, 29 (2): 223-249.

Halpern, D. F. & LaMay, M. L. 2000. The smarter sex: a critical review of sex differences in intelligence [J]. Educational Psychology Review, 12 (2): 229-246.

Hargittai, E. 2007. Whose space? Differences among users and non-users of social network sites [J]. Journal of Computer-Mediated Communication, 13 (1): 276-297.

Hendricks, P. A. 1996. Targeting life skills model [M]. Ames, IA: Iowa State University Extension.

Hendry, L. B., Roberts, W., Glendinning, A. & Coleman, J. 1992. Adolescents' perception of significant individuals in their lives [J]. Journal of Adolescence, 15 (3): 255-270.

Hill, J. P. & Holmbeck, G. N. 1986. Attachment and autonomy during adolescence [M] // G. T. Whitehurst. Annals of child development (Vol. 3). Greenwich CT: JAI: 145-189.

Hill, J. P. & Lynch, M. E. 1983. The intensification of gender-related role expectations during early adolescence [M] // Brooks-Gunn, J. & Peterson, A. C. Girls at puberty. Springer, Boston, MA: 201-228.

Hinduja, S. & Patchin, J. W. 2008. Personal information of adolescents on the internet: a quantitative content analysis of myspace [J]. Journal of Adolescence, 31 (1): 125-146.

Iakushina, E. 2002. Adolescents on the internet: the specific character of information interaction [J]. Russian Education and Society, 44 (11): 81-95.

Kackar, H. Z., Shumow, L., Schmidt, J. A., et al. 2001. Age and gender differences in adolescents' homework experiences [J]. Journal of Applied Developmental Psychology, 32 (2): 70-77.

Kiesler, S., Seigel, J. & McGuire, T. 1984. Social psychological aspects of computer-mediated communication [J]. American Psychologist, 39 (10): 1123-1134.

Klaczynski, P. A. 1997. Bias in adolescents' everyday reasoning and its relationship with intellectual ability, personal theories, and self-serving motivation [J]. Developmental Psychology, 33 (2): 273 -83.

Kohlberg, L. 1966. A cognitive-developmental analysis of children's sex-role concepts and attitudes [M] // E. E. Maccoby. The development of sex difference. Stanford: Stanford University Press.

Kohlberg, L. & Ullian, D. 1974. Stages in the development of psychosexual concepts and attitudes [M] // R. Friedman, R Richard & R. Van Wiele. Sex differences in behavior. New York: Wiley.

Konner, M. 2010. The evolution of childhood: relationships, emotion, mind [M]. Cambridge, MA, US: Belknap Press/Harvard University Press.

Kraut, R., Patterson, M., Lundmark, V., et al. 1998. Internet paradox: asocial technology that reduces social involvement and psychological well-being [J]. The American Psychologist, 53 (9): 1017-1031.

Kupersmidt, J. B., Coie, J. D. & Dodge, K. A. 1990. The role of poor peer relationships in the development of disorders [M] // S. R. Asher & J. D. Coie. Peer rejection in childhood. New York: Cambridge University Press: 274-305.

Larson, R. & Richards, M. 1994. Divergent realities: the emotional lives of mothers, fathers, and adolescents [M]. New York: Basic Books.

Larson, R. M. 2000. Toward a psychology of positive youth development [J]. American Psychologist, 55 (1): 170-183.

Larson, R. & Richards, M. H. 1994. Divergent realities: the emotional lives of mothers, fathers, and adolescents. [M] New York, NY, US: Basic Books.

Larson, R., Richards, M., Moneta, G., et al. 1996. Changes in adolescent daily interactions with their families from ages 10 to 18: Disengagement and transformation [J]. Developmental Psychology, 32 (4): 744-754.

Laursen, B. 1995. Conflict and social interaction in adolescent relationships [J]. Journal of Research on Adolescence, 5 (1): 55-70.

LeBlanc, M. 1993. Late adolescence deceleration of criminal activity and development of self- and social control [J]. Studies on Crime and Crime Prevention, 2: 51-68.

Lei, L. & Wu, Y. 2007. Adolescents' Paternal Attachment and Internet Use [J]. CyberPsychology & Behavior, 10 (5): 633-639.

Lenhart, A. & Madden, M. 2007. Teens, privacy & online social networks: how teens manage their online identities and personal information in the age of myspace [M]. Washington DC: Pew Internet & American Life Project.

Lerner, J. V., Phelps, E., Forman, Y., et al. Positive youth development [M] // R. M. Lerner & D. L. Steinberg. Handbook of Adolescent Psychology (3rd ed.). New York: Wiley: 524-554.

Lerner, R. M. 1998. Theories of human development: contemporary perspectives [M] // W. Damon & R. M. Lerner. Handbook of child psychology: theoretical models of human development. Hoboken, NJ, US: John Wiley & Sons Inc: 1-24.

Lerner, R. M. 2003. Developmental assets and asset-building communities: a view of the issues [M] // R. M. Lerner & P. L. Benson. The Search Institute series on developmentally attentive community and society. Developmental assets and asset-building communities: Implications for research, policy, and practice. New York, NY, US: Kluwer Academic/Plenum Publishers: 3-18.

Lerner R. M., von Eye, A., Lerner, J. V., et al. 2010. Special issue introduction: the meaning and measurement of thriving: a view of the issues [J]. Journal of Youth and Adolescence, 39 (7): 707-719.

Lerner, R. M. 2004. Programs promoting positive youth development and civil society [M] // R. M. Lerner. Liberty: thriving and civic engagement among America's youth. Thousand Oaks, CA: Sage: 109-142.

Li, D. M. & Lei, L. 2008. The Deviant Behaviors on the Internet among Chinese Adolescents [M] // S. Hall & M. Lewis. Education in China: 21st century issues and challenges. Yew York: NOVA.

Lightfoot, C. 1997. The culture of adolescent risk-taking [M]. New York: Guilford Press.

Livingstone, S. 2008. Taking risky opportunities in youthful content creation: Teenagers' use of social networking sites for intimacy, privacy and self-expression [J]. New Media & Society, 10 (3): 393-411.

Loeber, R., Wung, P., Keenan, K., et al. 1993. Developmental pathways in disruptive child behavior [J]. Development and Psychopathology, 5 (1-2): 103-133.

Luthar, S. S., Cicchetti, D. & Becker, B. 2000. The construct of resilience: a critical evaluation and guidelines for future work [J]. Child Development, 71 (3): 543-562.

Makros, J. & McCabe, M. P. 2001. Relationships between identity and self-representations during adolescence [J]. Journal of Youth and Adolescence, 30 (5): 623-639.

Marsh, H. W., Richards, G. & Barnes, J. 1986. Multidimensional self-concepts: a long-term follow-up of the effect of participation in an Outward Bound Program [J]. Personality and Social Psychology Bulletin, 12: 475-492.

Meeus, W. 1989. Parental and peer support in adolescence [M] // K. Hurrelmann & U. Engel. The Social World of Adolescents. New York: De Gruyter: 167-185.

Mehroof, M. & Griffiths, M. D. 2010. Online gaming addiction: the role of sensation seeking, self-control, neuroticism, aggression, state anxiety, and trait anxiety [J]. Cyberpsychology, Behavior, and Social Networking, 13: 313-316.

Mesch, G. & Talmud, I. 2007. Similarity and the quality of online and offline social relationships among adolescents in Israel [J]. Journal of Research on Adolescence, 17 (2): 455-465.

Moffitt, T. E. 1993. Adolescence-limited and life-course persistent antisocial behavior: a developmental taxonomy [J]. Psychological Review, 100 (4): 674-701.

Moffitt, T. E. 2007. A review of research on the taxonomy of life-course persistent versus adolescence-limited antisocial behavior [M]. The Cambridge handbook of violent behavior and aggression: 49-74.

Moore, K. A. & Glei, D. A. 1995. Taking the plunge: an examination of positive youth development [J]. Journal of Adolescent Research, 10 (1): 15-40.

Newmann, F. M. 1992. The prospects for classroom thoughtfulness in high school social studies. [M] // C. Collins & J. N. Mangieri. Teaching thinking: an agenda for the twenty-first century. Hillsdale, NJ, US: Lawrence Erlbaum Associates, Inc: 105-132.

O'Koon, J. 1997. Attachment to parents and peers in late adolescence and their relationship with self image [J]. Adolescence, 32 (126): 471-482.

Olweus D. 1979. Stability of aggressive reaction patterns in males: a review [J]. Psychological Bulletin, 86 (4): 852-875.

Owens, R. E. 1996. Language development [M] (4th.). Boston: Allyn and Bacon.

Paludi, M. 1998. The Psychology of women [M]. Upper Saddle River, NJ: Prentice-Hall.

Parker, J. G. & Asher, S. R. 1993. Friendship and friendship quality in middle childhood: links with peer group acceptance and feelings of loneliness and social dissatisfaction [J]. Developmental Psychology, 29 (4): 611-621.

Perkins D N. Outsmarting IQ: The Emergence science of learnable intelligence [M]. New York: Free Press, 1995.

Peters, C. S. & Malesky, L. A. 2008. Problematic Usage among highly-engaged players of massively multiplayer online role playing games [J]. CyberPsychology and Behavior, 11 (4): 481-484.

Peterson, C. & Roberts, C. 2003. Like mother, like daughter: similarities in narrative style [J]. Developmental Psychology, 39, 551-562.

Peterson, K. A. 1997. In high school, dating is a world unto itself [N]. USA Today, 1-2D.

Petrides, K. & Furnham, A. 2000. On the dimensional structure of emotional intelligence [J]. Personality and Individual Differences, 29: 313-320.

Petrides, K., Frederickson, N. & Furnham, A. 2004. The role of trait emotional intelligence in academic performance and deviant behavior at school [J]. Personality and Individual Differences, 36: 277-293.

Petrides, K., Furnham, A. & Mavroveli, S. 2007. Trait emotional intelligence: ooving forward in the field of EI [M] // G. Matthews, M. Zeidner & R. Roberts. Emotional intelligence: knowns and unknowns (Series in Affective Science). Oxford: Oxford University Press.

Phillips, T., Stanton, B., Provan, A, et al. 1994. A study of the impact of leg ulcers on quality of life: financial, social, and psychological implications [J]. Journal of the American Academy Dermatology, 31: 49-53.

Pittman, K. J., Irby M., Tolman, J., Yohalem, N. & Ferber, T. 2003. Preventing problems, promoting development, encouraging engagement: competing priorities orinseparable goals [M]. Washington, DC: The Forum for Youth Investment, Impact Strategies, Inc.

Plomin, R. 2009. The nature of nurture [M] // Kathleen McCartney and Richard A. Weinberg. Experience and development: a festschrift in honor of Sandra Wood Scarr: 61-80.

Popp, D., Lauren, B., Kerr, M., Stattin, H. & Burk, W. K. 2008. Modeling homophily over time with an actor- partner independence model [J]. Developmental Psychology, 44: 1028-1039.

Prensky, M. 2003. Digital natives, digital immigrants [J]. On the Horizon, MCB University Press, 9 (5).

Prinstein, M. J. & La Greca, A. M. 2004. Childhood peer rejection and aggression as predictors of adolescent girls' externalizing and health risk behaviors: a 6-year longitudinal study [J]. Journal of Consulting and Clinical Psychology, 72 (1): 103-112.

Psathas, G. 1957. Ethnicity, social-class, and adolescent independence from parental control [J]. American Sociological Review, 22 (4): 415-423.

Reinecke, L. 2009. Games and recovery: the use of video and computer games to recuperate from stress and strain [J]. Journal of Media Psychology: Theorics, Methods, and Applications, 21 (3): 126-142.

Rim, Y. 1993. Coping styles, schizotypy and the opposite directions-effect [J]. Personality and Individual Differences, 14 (5): 741-745.

Roberts, D. F. & Foehr, U. G. 2008. Trends in media use [J]. The Future of Children, 18 (1): 11-37.

Robins, L. N. 1989. Conduct problems as predictors of substance abuse [M] // M. H. Schmidt & H. Remschmidt. Needs and prospects of child and adolescent psychiatry. Ashland, OH, US: Hogrefe & Huber Publishers: 187-211.

Roeser, R. W., Eccles, J. S. & Sameroff, A. J. 2000. School as a context of early adolescents' academic and social- emotional development: asummary of research findings [J]. The Elementary School Journal, 100: 443- 471.

Rogers, C. R. 1950. The significance of the self-regarding attitudes and perceptions [M] // M. L. Reymart. Feeling and emotions. New York: McGraw-Hill.

Rosenberg, M. 1986. Self-concept from middle childhood through adolescence [M] // J. Suls & A. G. Greenwald. Psycholog1cal perspective on the self (Vol. 3). Hillsdale, NJ: Erlbaum.

Roth, J. L. & Brooks-Gunn, J. 2003. What exactly is a youth development program? Answers from research and practice [J]. Applied Developmental Science, 7 (2): 94-111.

Roth, J. L. & Brooks-Gunn, J. 2003. What exactly is a youth development program? Answers from research and practice [J]. Applied Developmental Science, 7 (2): 94-111.

Rudolph, K. D., Lambert, S. F., Clark, A. G., et al. 2001. Negotiating the transition to middle school: the role of self-regulatory processes [J]. Child Development, 72 (3): 929-946.

Rueger, S., Malecki, C. & Demaray, M. 2010. Relationship between multiple sources of perceived social support and psychological and academic adjustment in early adolescence: comparisons across gender [J]. Journal of Youth and Adolescence, 39: 47-61.

Rutter, M. 1998. Developmental catch-up, and deficit, following adoption after severe global early privation [J]. Journal of Child Psychology and Psychiatry and Allied Disciplines, 39 (4): 465-476.

Sadker, M. & Sadker, D. 1994. Failing at fairness: How America' s schools cheat girls [M]. New York: Charles Scribner' s Sons.

Savin-Williams, R. & Berndt, T. 1990. Friendship and peer relation [M] // S. Feldman& G. Elliott. At the threshold: the developing adolescent. Cambridge, MA: Harvard University Press: 277-307.

Scales, P. C. & Leffert, N. 2004. Developmental assets: asynthesis of the scientific research on adolescent development (2nd ed.) [M]. Minneapolis: Search Institute.

Scales, P. C. & Roehlkepartain, E. C. 2003. Boosting student achievement: new research on the power of developmental assets [J]. Search Institute Insights & Evidence, 1 (1): 1-10.

Scales, P. C., Benson, P. L., Leffert, N. & Blyth, D. A. 2000. Contribution of developmental assets to the prediction of thriving among adolescents [J]. Applied Developmental Science, 4 (1): 27-46.

Scales, P. C., Sesma, A., Jr. & Bolstrom, B. 2004. Coming into their own: How developmental assets help promote positive growth in middle childhood [M]. Minneapolis: Search Institute.

Schulenberg, J. E., Asp, C. E. & Petersen, A. C. 1984. School from the young adolescent's perspective: a descriptive report [J]. Journal of Early Adolescence, 4 (2): 107-130.

Seidman, E., Aber, J. & French, S. 2004. Assessing the transitions to middle and high school [J]. Journal of Adolescent Research, 19: 3-30.

Seidman, E., Lambert, L. E., Allen, L., et al. 2003. Urban adolescents' transition to junior high school and protective family transactions [J]. The Journal of Early Adolescence, 23 (2): 166-193.

Selnow, G. W. 1984. Playing video games: the electronic friend [J]. Journal of Communication, 34 (2): 148-156.

Shanahan, S. 2007. Lost and found: the sociological ambivalence toward childhood [J]. Annual Review of Sociology, 33: 407-428.

Siegel, A. & Scovill, L. 2000. Problem behavior: the double symptom of adolescence [J]. Development and Psychopathology, 12 (4): 763-793.

Simmons, R. G. & Blyth, D. A. 1987. Moving into adolescence: the impact of pubertal change and school context [M]. New York: Aldine De Gruyter.

Skitka, L. J. & Sargis, E. G. 2006. The Internet as psychological laboratory [J]. Annual Review of Psychology, 57: 529-555.

Šmahel, D. & Subrahmanyam, K. 2007. Any girls want to chat press 911: partner selection in monitored and unmonitored teen chat rooms [J]. Cyber Psychology & Behavior 10 (3): 346-353.

Šmahel, D. 2003. Psychologie a internet: děti dospělými, dospělí dětmi [M]. Psychology and Internet: Children being adults, adults being children. Prague: Triton.

Šmahel, D. 2008. Attending online communities: culture of youth [M] //Sudweeks,

F. , Rachovec. H. & Ess. Ch. Cultural attitudes towards technotogy and communication. Australia: School of Information Technology, Murdoch University: 446-451.

Šmahel, D. & Vesela, M. 2006. Interpersonal attraction in the virtual environment [J]. Ceskoslovenska Psychologie, 50: 174-186.

Smetana, J. & Asquith, P. 1994. Adolescents' and parents' conceptions of parental authority and personal autonomy [J]. Child Development, 65: 1147-1162.

Smith, K. 1997. Student teachers' beliefs about developmentally appropriate practice: pattern, stability, and the influence of locus of control [J]. Early Childhood Research Quarterly, 12 (2): 221-243.

Sørensen, K. , Mouritsen, A. , Aksglaede, L. , et al. 2012. Recent secular trends in pubertal timing: implications for evaluation and diagnosis of precocious puberty [J]. Hormone research in paediatrics, 77 (3): 137-145.

Suler, J. 2001. The psychology of cyberspace. [2018-09-23] http: //users. rider. edu/ ~suler/ psy- cyber/ psycyber. html.

Theokas, C. & Lerner, R. M. 2006. Observed ecological assets in families, schools, and neighborhoods: conceptualization, measurement and relations with positive and negative developmental outcomes [J]. Applied Developmental Science, 10 (2): 61-74.

Theokas, C. , Lerner, J. V. , Lerner, R. M. & Phelps, E. 2006. Cacophony and change in youth after school activities: implications for development and practice from the 4-H study of positive youth development [J]. Journal of Youth Development: Bridging Research and Practice, 1, 0601FA001.

Tiemeier, H. , Lenroot, R. K. , Greenstein, D. K. , Tran, L. , Pierson, R. & Giedd, J. N. 2010. Cerebellum development during childhood and adolescence: a longitudinal morphometric MRI study [J]. Neuroimage, 49 (1): 63-70.

Tolan, P. H. & Gorman-Smith, D. 1998. Development of serious and violent offending careers [M] //R. Loeber & D. P. Farrington. Serious & violent juvenile offenders: risk factors and successful interventions. Thousand Oaks, CA, US: Sage Publications, Inc: 68-85.

Ullian D Z. 1976. The development of conceptions of masculinity and femininity [M] // Lloyd B, Ascher. Exploring Sex Differences. London: Academic Press.

Valkenburg, P M. , Sumter S R. & Peter, J. 2011. Gender differences in online and offline self-disclosure in pre-adolescence and adolescence [J]. British Journal of Developmental Psychology. 29: 253-269.

Walther, J. B. 2007. Selective self-presentation in computer-mediated communication: hyperpersonal dimensions of technology, language, and cognition [J]. Computers in Human Behavior, 23 (5): 2538-2557.

Willoughby, T. & Hamza, C. A. 2011. A longitudinal examination of the bidirectional associations among perceived parenting behaviors, adolescent disclosure and problem behavior across the high school years [J]. Journal of Youth and Adolescence, 40 (4): 463-478.

Yunger, J. L., Carve, P. R. & Perry, D. G. 2004. Does gender identity influence children's psychological well-being [J]. Developmental Psychology, 40: 572-582.

Zeldin, S. & Price, L. A. 1995. Creating supportive communities for adolescent development: challenges to scholars—an introduction [J]. Journal of Adolescent Research, 10 (1): 6-14.

Zettergren, P. 2003. School adjustment in adolescence for previously rejected, average and popular children [J]. British Journal of Educational Psychology, 73 (2): 207-221.